Erfolgreich bewerben
für Dummies

200 Jahre Wiley – Wissen für Generationen

Jede Generation hat besondere Bedürfnisse und Ziele. Als Charles Wiley 1807 eine kleine Druckerei in Manhattan gründete, hatte seine Generation Aufbruchsmöglichkeiten wie keine zuvor. Wiley half, die neue amerikanische Literatur zu etablieren. Etwa ein halbes Jahrhundert später, während der »zweiten industriellen Revolution« in den Vereinigten Staaten, konzentrierte sich die nächste Generation auf den Aufbau dieser industriellen Zukunft. Wiley bot die notwendigen Fachinformationen für Techniker, Ingenieure und Wissenschaftler. Das ganze 20. Jahrhundert wurde durch die Internationalisierung vieler Beziehungen geprägt – auch Wiley verstärkte seine verlegerischen Aktivitäten und schuf ein internationales Netzwerk, um den Austausch von Ideen, Informationen und Wissen rund um den Globus zu unterstützen.

Wiley begleitete während der vergangenen 200 Jahre jede Generation auf ihrer Reise und fördert heute den weltweit vernetzten Informationsfluss, damit auch die Ansprüche unserer global wirkenden Generation erfüllt werden und sie ihr Ziel erreicht. Immer rascher verändert sich unsere Welt, und es entstehen neue Technologien, die unser Leben und Lernen zum Teil tiefgreifend verändern. Beständig nimmt Wiley diese Herausforderungen an und stellt für Sie das notwendige Wissen bereit, das Sie neue Welten, neue Möglichkeiten und neue Gelegenheiten erschließen lässt.

Generationen kommen und gehen: Aber Sie können sich darauf verlassen, dass Wiley Sie als beständiger und zuverlässiger Partner mit dem notwendigen Wissen versorgt.

William J. Pesce
President and Chief Executive Officer

Peter Booth Wiley
Chairman of the Board

Andrea Schimbeno

Erfolgreich bewerben
für Dummies

Fachkorrektur von
Prof. Dr. Peter Mudra

WILEY-VCH Verlag GmbH & Co. KGaA

Bibliografische Information Der Deutschen Nationalbibliothek
Die Deutsche Nationalbibliothek verzeichnet diese Publikation
in der Deutschen Nationalbibliografie; detaillierte bibliografische
Daten sind im Internet über http://dnb.d-nb.de abrufbar.

1. Auflage 2007

Printed in Italy

Gedruckt auf säurefreiem Papier

Korrektur   Petra Heubach-Erdmann und Jürgen Erdmann, Düsseldorf
Satz   Lieselotte und Conrad Neumann, München
Druck und Bindung Legoprint S.p.A., Lavis (TN)
Wiley Bicentennial Logo   Richard J. Pacifico
Coverfoto   Digital Vision

ISBN 978-3-527-70325-8

Über die Autorin

Andrea Schimbeno bereitet seit vielen Jahren an der Fachhochschule in Ludwigshafen am Rhein im Rahmen ihres Lehrauftrages Studierende mit gezielten Bewerbertrainings auf unterschiedliche Bewerberauswahlverfahren vor. Aufgrund der in den Bewerberworkshops und selbst durchgeführten Assessment-Centern gesammelten Erfahrungen ist die Idee zu diesem Buch entstanden. Die Intention der Autorin ist es, Jobsuchende so praxisorientiert wie nur möglich auf ihre eigenen Bewerbungen vorzubereiten. Bewerbungen und Bewerberauswahlverfahren sollen nicht mehr länger ein Buch mit sieben Siegeln für Jobsuchende sein. Deshalb hat die Autorin großen Wert auf klare Bewerbungsstrukturen gelegt, die mit zahlreichen praktischen Beispielen untermauert werden.

Andrea Schimbeno bereitet auch Studierende auf deren Ausbildereignungsprüfung vor der Industrie- und Handelskammer vor und ist selbst ehrenamtliche Prüferin im IHK-Prüfungsausschuss für Banken. Prüfungssituationen und die Vorbereitung auf solche, aber auch insbesondere die Ängste der Prüflinge sind ihr daher absolut vertraut. Ein weiterer Grund für dieses Mutmach-Buch.

Danksagung der Autorin

Ich möchte an dieser Stelle meinem langjährigen guten Freund und Wegbegleiter Professor Dr. Peter Mudra ganz herzlich Dankeschön sagen für seine stets motivierende Unterstützung, seine Fachkorrektur und sein unerschütterliches Vertrauen in mich. Ebenso danke ich meiner Publisherin Esther Neuendorf, die mit ihren vielen Anregungen und ihren unersättlichen Wünschen nach Beispielen meine Kreativität permanent beflügelt hat.

Mein ganz besonderer Dank gilt meinem Ehemann Thomas, der mir den Rücken nicht nur frei gehalten, sondern auch gestärkt hat, damit ich »so nebenbei« noch Zeit zum Schreiben gefunden habe, und der meine abendlichen und nächtlichen Schreibaktivitäten rücksichtsvoll mit viel Humor ertragen hat. Ich danke meinen Eltern, Inge und Heinz Daum, für ihre Unterstützung und dass sie unermüdlich an mich geglaubt haben, meinem Bruder Jörg Daum und seiner Freundin Karolin Krah für ihr Engagement, ihre Beiträge, Ideen und ihren liebevollen Beistand, vor allem, wenn ich mal wieder am Verzweifeln war. Bedanken möchte ich mich auch bei meinen Freundinnen Barbara Lee und Christine Holzwarth dafür, dass sie mir als lebendige Beispiele zur Verfügung gestanden haben, und bei meinem Freund Rüdiger Müller, ohne dessen Hilfe ich so manches Problem, insbesondere was die liebe PC-Technik angeht, nicht in den Griff bekommen hätte.

Widmung

Für meine beste Freundin und langjährige Weggefährtin Frilly und ihrer Tochter Cheyenne. Euer unerschütterlicher Wille, vor allem auch schwierige Zeiten mit Geduld, Durchhaltevermögen und Optimismus zu meistern, haben mir den Mut gegeben, dieses Buch zu schreiben.

Cartoons im Überblick
von Rich Tennant

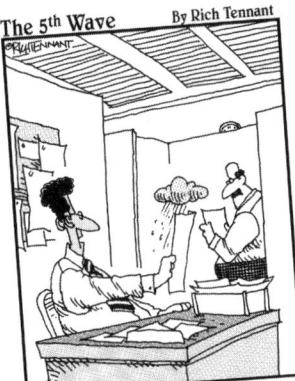

» Ich habe hier den Lebenslauf eines Bewerbers für den Meteorologen-Posten, wirklich sehr vielversprechend!«

Seite 29

Seite 83

»Ich bin zu einem Vorstellungsgespräch bei einem Rechtsanwalt eingeladen und möchte einen guten Eindruck machen.«

Seite 139

»Sie haben mich am Strand angesprochen, ob ich nicht Interesse an einem Job hätte. Und so hatte ich dann mein erstes Vorstellungsgespräch, das beendet werden musste, weil die Flut kam.«

Seite 157

»Eine wirklich gute Antwort! Ich hätte da noch eine andere Frage ...«

Seite 249

»Es gibt leider zur Zeit nicht viele Angebote für Könige mit langer Berufserfahrung. Aber ich habe eine offene Stelle für einen Türsteher in einem Vergnügungspark. Wie wäre es damit?«

Seite 313

Fax: 001-978-546-7747
Internet: www.the5thwave.com
E-Mail: richtennant@the5thwave.com

Inhaltsverzeichnis

Teil II
Die Bewerbungsunterlagen druckreif machen

Teil VI
Der Top-Ten-Teil
313

Einführung

Noch ein Bewerberratgeber? Zu dem Thema gibt es doch schon Lektüre in Hülle und Fülle. Richtig. Bewerben ist nun mal auch ein Dauerbrenner, der Sie durch Ihr ganzes Leben begleitet. Immer wieder aktuell. Wann fangen Sie an, sich das erste Mal richtig intensiv mit diesem Thema auseinanderzusetzen? Wenn Sie einen Ausbildungsplatz suchen. Während Ihrer Ausbildung haben Sie erst mal Ruhe. Dann kommt womöglich die Suche nach einem festen Arbeitsplatz nach Ihrer Ausbildung oder auch nach Ihrem Studium. Sie müssen sich also erneut intensiv mit Ihren Bewerbungen auseinandersetzen und werden feststellen, dass Unternehmen andere Anforderungen an Sie als Mitarbeiter haben, als das bei Ihrer Bewerbung um einen Ausbildungsplatz der Fall war.

Selbst als langjähriger Arbeitnehmer kann es Ihnen heutzutage ganz schnell passieren, dass Sie sich nach einem anderen Job umschauen müssen. Viele Unternehmen wandern von einer Strukturmaßnahme zur nächsten Reorganisation, immer mit dem Ziel, ihre Gewinne weiter zu optimieren, meistens leider durch das »Freisetzen von Arbeitskräften«. Selten treffen Sie diese Personalmaßnahmen in einem Alter, in dem Sie sich bereits auf Ihre Rente freuen können. Ganz im Gegenteil. Bis zum wohlverdienten Ruhestand haben Sie noch einige Jahre vor sich und selbst wenn Ihnen Ihr Noch-Arbeitgeber eine Abfindung zahlt, reicht die gerade mal für ein paar Monate. Ich gehe mal davon aus, dass Sie nicht zu den wenigen topbezahlten Managern gehören, die mit ihrer Abfindung in Saus und Braus bis ans Ende ihrer Tage leben können. Sonst hätten Sie wohl kaum dieses Buch aufgeschlagen.

Natürlich können Sie auch ganz einfach aus eigenem Antrieb auf Jobsuche gehen. Sie wollen sich beruflich aus welchen Gründen auch immer verändern und brauchen eine praktische Hilfestellung, wie Sie das erfolgreich anstellen. Aber welches Buch nimmt Sie schon an die Hand und zeigt Ihnen Schritt für Schritt, was alles zum richtigen »Bewerben« dazu gehört?

Über dieses Buch

Dieses Buch nimmt Sie an die Hand und erklärt Ihnen, was »Bewerben« heißt. Es ist kein wissenschaftlich orientierter Ratgeber, der Sie mit Fachbegriffen zuschüttet und Ihnen »den einzig richtigen Weg zur erfolgreichen Bewerbung« zeigt.

Dieses Buch ist praxisorientiert und basiert auf vielen persönlichen Erfahrungen. Gerade deshalb werden Sie viele »Aha-Erlebnisse« haben und Bewerben wird für Sie kein Buch mit sieben Siegeln oder gar das allseits verhasste rote Tuch mehr sein. Sie werden sukzessive an Ihre eigenen Bewerbungen herangeführt, lernen, wie Bewerbungsgespräche und Testverfahren bis hin zu Assessment-Centern ablaufen können. Sie erhalten wertvolle Tipps und Orientierungshilfen. Manches werden Sie annehmen und umsetzen oder auch mal mit einem »das kommt für mich nicht in Frage« ad acta legen. Wie Sie während Ihres Bewerbungsprozesses vorgehen wollen, ist am Ende Ihre ganz persönliche Entscheidung. Prima wäre es, wenn Sie mit Hilfe dieses Buches bei Ihren Bewerbungen eine gewisse Experimentierfreude entwickeln, sich neue Strategien überlegen und sogar ausprobieren. Bewerben muss nicht immer nach Schema F ablaufen. Sie dürfen durchaus selbst kreativ werden.

Wie? Das Buch ist Ihnen zu dick? Keine Sorge, Sie müssen sich nicht durch jede Seite quälen. Zu jedem Themenbereich rund ums Bewerben gibt es einzelne Kapitel, die sinnvoll eingeteilt und leicht lesbar sind. Sie interessiert, was Sie alles bei einem Gruppeninterview erwartet? Dann schlagen Sie das entsprechende Kapitel auf und lesen in aller Ruhe, was auf Sie zukommen kann. So können Sie mit jedem Thema umgehen, das Ihnen gerade in den Kopf kommt. Manchmal gebe ich Querverweise auf andere Kapitel, damit Sie an der richtigen Stelle erfahren, wo Sie weitere Informationen finden.

Eine Bitte habe ich: Stellen Sie das Buch nicht gleich in irgendeines Ihrer Bücherregale. Es eignet sich zwar hervorragend mit diesem auffälligen gelb-schwarzen Einband zur Dekoration, aber Sie versäumen einfach zu viel, was Ihnen bei Ihren eigenen Bewerbungen hilft. Lassen Sie sich überraschen!

Konventionen in diesem Buch

Erfolgreich bewerben für Dummies richtet sich an weibliche wie männliche Leser. Der Einfachheit halber habe ich mich für die männliche Version in diesem Buch entschieden. Sie werden also durchweg »nur« mit *dem Bewerber* angesprochen. Dies stellt aber absolut keine Wertung dar oder ist für Sie, liebe weibliche Leser, eine Benachteiligung im Sinne des Allgemeinen Gleichbehandlungsgesetzes.

Dieses Buch ist, wie bereits erwähnt, eine Orientierungshilfe, damit Sie sich während Ihres eigenen Bewerbungsprozesses einfach und unkompliziert zurechtfinden. Damit Sie dieses Buch auch als praktisches Nachschlagewerk nutzen können, möchte ich noch folgende Vereinbarungen mit Ihnen treffen:

✔ *Kursivdruck* benutze ich, um wichtige Aussagen hervorzuheben und Sie auf konkrete Begriffe aufmerksam zu machen, die anschließend erläutert werden.

✔ **Fett gedruckte Wörter** sind Signalwörter in gegliederten Aufzählungen.

✔ Checklisten erhalten Sie immer dann von mir, wenn Analysen angesagt sind, damit Sie am Ende Ihrer Analyse einen übersichtlichen Vergleich haben.

✔ Übungsaufgaben habe ich in einzelne Kapitel integriert, um Ihnen für verschiedene Themenkomplexe einfache Beispiele an die Hand zu geben und Sie insbesondere auch anschaulich auf die unterschiedlichsten Testverfahren vorzubereiten.

✔ Die Checklisten und Übungsaufgaben finden Sie als Download unter: `http://www.wiley-vch.de/publish/dt/books/ISBN3-527-70325-X`.

✔ Und wie Sie gerade gesehen haben, werden Internet-Adressen `in dieser Schrift` dargestellt.

Was Sie nicht lesen müssen

Sie müssen dieses Buch nicht von der ersten bis zur letzten Seite lesen. Sie entscheiden, was Sie interessiert, und das lesen Sie. Dafür gibt's schließlich die einzelnen Kapitel. Es macht allerdings wenig Sinn, innerhalb eines Kapitels »springen« zu wollen und einzelne Abschnitte nicht zu beachten, denn jedes Kapitel ist in sich logisch aufgebaut und führt Sie schrittweise von einem Thema zum nächsten. Deshalb ist es für das Verständnis wichtig, einzelne Kapitel komplett zu lesen.

Törichte Annahmen über den Leser

Erfolgreich Bewerben für Dummies ist für ein breites Publikum geschrieben, von dem ich konkrete Vorstellungen habe. Deshalb gehe ich davon aus, dass einige der folgenden Aussagen auf Sie zutreffen:

✔ Sie werden demnächst Ihre Ausbildung beenden, wissen, dass Sie von Ihrem Ausbildungsbetrieb nicht in ein festes Angestelltenverhältnis übernommen werden und wollen sich deshalb frühzeitig nach einem neuen Job umsehen. Sie haben allerdings keine Lust, sich durch die Masse an Bewerbungsliteratur zu quälen, sondern wollen klare und einfache Hilfestellungen, wie Sie am besten vorgehen.

✔ Ihr Studium neigt sich dem Ende zu und Sie suchen einen passenden Arbeitsplatz, bei dem Sie Ihre erworbenen Qualifikationen optimal einsetzen können. Deshalb suchen Sie einen Ratgeber, der Ihnen kurz und prägnant erklärt, worauf es gerade bei Ihrer Suche ankommt.

✔ Sie sind ein »Job-Hopper«, der alle drei bis fünf Jahre ein neues Betätigungsfeld anstrebt und ein so gutes Bewerber-Nachschlagewerk braucht, dass es auch in zehn Jahren noch die richtigen Tipps parat hat.

✔ Sie stehen schon eine ganze Weile mit beiden Beinen im Berufsleben, aber Ihr jetziger Job macht Ihnen Null-Spaß mehr. Sie wollen sich verändern und wünschen sich einen leicht verständlichen Ratgeber, der Ihnen einfache Strategien zeigt.

✔ Sie arbeiten seit Jahrzehnten für ein und dieselbe Firma, die Sie aber jetzt relativ kurzfristig wegen Strukturierungsmaßnahmen und damit einhergehendem Arbeitsplatzabbau oder Arbeitsplatzverlagerungen »nach janz weit draußen« auf die Straße setzt. Für die Rente sind Sie noch zu jung, außerdem sind Sie finanziell auf Ihren Job angewiesen, aber für einen neuen Arbeitgeber sind Sie wiederum »zu alt«. Allein diese Situation frustriert Sie schon gewaltig und jetzt sollen Sie sich auch noch *bewerben!* Wie um alles in der Welt geht das denn noch mal? Sie brauchen schnelle Hilfe, die Ihnen unkompliziert und schrittweise klarmacht, wie einfach Bewerben ist.

✔ Sie wollen Teilzeit arbeiten und glauben, Sie haben überhaupt keine Chance, einen passenden Job zu finden.

✔ Sie sind arbeitslos und haben schon einige Bewerbungen an den Markt gegeben, aber immer wieder nur Absagen erhalten. Sie wollen endlich wissen, *was* Sie falsch machen. Sie sehnen sich nach einer erfolgreichen Bewerbung.

✔ Ihr Job ist es, künftig Mitarbeiter einzustellen. Noch ist das völliges Neuland für Sie. Sie brauchen ein informatives, handliches Werkzeug, das alles rund ums Bewerben abdeckt und Ihnen auf die Sprünge hilft, was Sie alles bei Ihrer Personalauswahl beachten sollten.

Wie dieses Buch aufgebaut ist

Dieses Buch besteht aus sechs Teilen, die wiederum in einzelne Kapitel zu verschiedenen Themen gegliedert sind. Die Kapitel sind in sich abgeschlossene Einheiten, so dass Sie sich nicht von Kapitel zu Kapitel arbeiten müssen, sondern selbst die Reihenfolge bestimmen, in der Sie die Kapitel lesen. Damit Ihnen auch tatsächlich nichts entgeht, enthalten die Kapitel immer mal wieder Querverweise zu anderen Kapiteln, die den gerade angesprochenen Aspekt intensiver behandeln. Hier ist ein Überblick, was Sie in den einzelnen Teilen finden:

Teil I: Auf der Suche nach einem (neuen) Job

Teil I umfasst die Kapitel eins bis drei. Diese drei Kapitel bilden die Grundlage für Ihre ganz persönliche Bewerbung. Kapitel 1 gibt Ihnen allgemeine und brandaktuelle Infos zum Thema Bewerben. Das nächste Kapitel zeigt Ihnen, wie entscheidend Ihre eigene Vorbereitung für den gesamten Verlauf Ihres Bewerbungsprozesses ist. Sie werden sich also erst einmal mit sich selbst befassen, bevor Sie nach einem ganz konkreten Job greifen dürfen. Wie diese Jobs aussehen und was sich alles hinter vielen schönen Worten verbergen kann, erklärt Ihnen Kapitel 3.

Teil II: Die Bewerbungsunterlagen druckreif machen

Jetzt kommt Arbeit auf Sie zu! Drei Kapitel erklären Ihnen ausführlich, was alles zu Ihren schriftlichen Bewerbungsunterlagen gehört oder auch mal weggelassen werden sollte. Sehr detailliert wird auf Ihr Anschreiben und Ihren Lebenslauf eingegangen, weil beides ausschlaggebend ist, wenn ein potenzieller Arbeitgeber seine Vorauswahl trifft und entscheidet, ob er Sie näher kennen lernen möchte. Zusätzlich erfahren Sie alles Wichtige über Zeugnisse und lernen, wie Sie Ihre schriftlichen Bewerbungsunterlagen wirkungsvoll aufbereiten.

Teil III: Das bange Warten auf die Rückmeldung

Ein bislang noch immer unterschätztes Thema wird in zwei Kapiteln ausführlich beschrieben. Wie geschickt verhalten Sie sich, wenn Sie eine telefonische Auskunft von einem Unternehmen wollen? Kapitel 7 erklärt es Ihnen. In unserer schnelllebigen Zeit kommt es immer häufiger vor, dass ein potenzieller neuer Arbeitgeber mal blitzartig zum Telefon greift und Sie auf diesem Wege in die Mangel nimmt. Kapitel 8 bereitet Sie intensiv auf solche Anrufe vor.

Teil IV: Das Vorstellungsgespräch

Ganze fünf Kapitel zeigen Ihnen, was alles zu einem Vorstellungsgespräch gehört. Sie werden ausführlich auf das Vorstellungsgespräch vorbereitet und erfahren, was Ihnen dort so alles passieren kann. Kapitel 11 hält einen Fragefundus und auch so manche Antwort für Sie bereit. Außerdem erfahren Sie, wie wichtig es ist, dass Sie Ihr Vorstellungsgespräch »verdauen«. Gruppeninterview und psychologische Testverfahren schließen sich häufig an Vorstellungsgespräche an. Damit Sie wissen, was dabei alles auf Sie zukommt, habe ich jedem Part ein eigenes Kapitel gewidmet.

Teil V: Das Assessment-Center

Über Assessment-Center gibt es ganz viele Bücher, die sich über hunderte von Seiten nur mit diesem Thema befassen. Ganz so viel Platz nimmt dieser Bereich in meinem Buch nicht ein. In drei Kapiteln erfahren Sie, was ein Assessment-Center ist und wie Sie sich auf die verschiedenen Übungen vorbereiten können. Mir ist wichtig, dass Sie eine konkrete Vorstellung davon bekommen, welchen Sinn und Zweck diese unterschiedlichen Übungen in einem Assessment-Center haben. Deshalb liegt der Fokus dieses fünften Teils auch eindeutig auf diesen Übungen.

Teil VI: Der Top-Ten-Teil

Der letzte Teil meines Buches hält jede Menge nützlicher Tipps für Sie bereit und sorgt dafür, dass Sie an so manchem Fettnäpfchen elegant vorbeigehen. Ich wollte auch nicht versäumen, Ihnen noch einmal klarzumachen, dass es gute Gründe gibt, warum Sie sich mit dem Thema Bewerben beschäftigen und auseinandersetzen sollen. Und zu guter Letzt bekommen Sie einen Überblick, wie Sie sich auf Englisch bewerben können.

Symbole, die in diesem Buch verwendet werden

Dieses Buch arbeitet mit nur vier _Symbolen_, kleine Grafiken an den Seitenrändern, die Ihnen nützliche Hinweise geben:

Dieses Symbol präsentiert Ihnen Ideen und Tipps und erklärt Ihnen, wie Sie diese in der Praxis umsetzen können.

Wie die Optik schon zeigt, kommt hier eine Warnung: Vermeiden Sie diese Dinge unbedingt bei Ihren Bewerbungen.

Dieses Symbol signalisiert einen Gedanken, den Sie für Ihre Bewerbungsstrategie im Hinterkopf behalten sollten.

Dieses Symbol steht bei jeder Übung, die Sie als Zip-Datei zum Downloaden unter `http://www.wiley-vch.de/publish/dt/books/ISBN3-527-70325-X` finden.

Wie es weitergeht

Sie halten ein nützliches Werkzeug in Ihren Händen, das Ihnen nun mit den nächsten Seiten hilft, Ihre ganz persönliche Bewerbungsstrategie zu entwickeln. Wie Sie Ihre Strategie aufbauen und ob Sie dazu nacheinander Kapitel für Kapitel lesen oder nur die Kapitel zu Rate ziehen, die Sie interessieren, bleibt Ihnen überlassen. Eine Bitte habe ich an Sie: Wo auch immer Ihr Interessenschwerpunkt liegt, beginnen Sie mit den Kapiteln 1, 2 und 3, weil diese die Grundlage für cleveres Bewerben und den Rest des Buches bilden. Und nun: Viel Spaß beim Lesen!

Teil I

Auf der Suche nach einem (neuen) Job

» Ich habe hier den Lebenslauf eines Bewerbers für den Meteorologen-Posten, wirklich sehr vielversprechend!«

In diesem Teil ...

Seit Wochen und Monaten schieben Sie dieses lästige Thema »Bewerben« vor sich her, nicht wahr? Und das nur, weil Sie einfach nicht so recht wissen, wie Sie es anpacken sollen. Klar wissen Sie, was alles zu einer Bewerbung gehört:

✔ Lebenslauf

✔ Lichtbild

✔ Anschreiben

✔ Zeugnisse

✔ Berufliche Qualifizierungsnachweise.

Aber wie gehen Sie damit um? Packen Sie immer alles in Ihre Bewerbungsunterlagen oder gehen Sie jede Bewerbung differenziert an? Was ist wirklich wichtig? Wie können Sie sich bewerben? Welche Stelle ist überhaupt interessant für Sie? All das erfahren Sie auf den nächsten Seiten. Kapitel 1 zeigt Ihnen, welche Möglichkeiten Sie haben, um sich zu bewerben, und worauf zu achten ist. Bevor Sie mit Ihrer Bewerbung loslegen, hilft Ihnen Kapitel 2 herauszufinden, was Sie überhaupt wollen, und in Kapitel 3 lernen Sie zu erkennen, welche Stellenanzeigen für Sie interessant sind. Also los geht's.

Warum pfiffiges Bewerben immer wichtiger wird

In diesem Kapitel

▶ Einfach mal ganz schnell bewerben – das funktioniert nicht!

▶ Bewerbungen können viele Facetten haben

▶ Gleichbehandlung gilt auch für Bewerbungen

▶ Was passiert nach dem schriftlichen Teil

Immer mehr Menschen suchen einen (neuen) Job. Das bedeutet für die Arbeitgeber, dass sie häufig eine Flut von Bewerbungen auf den Tisch bekommen und eine breite Auswahl an möglichen Kandidaten haben. Was heißt das aber noch? Nun, ganz einfach: dass »Null-Acht-Fünfzehn-Bewerbungen« keine Chance haben! Standardisierte Anschreiben und nichts sagende Lebensläufe sind stilistisch farblos und aussageschwach. Die landen postwendend auf dem Absagestapel! Vor allem, wenn in Anschreiben die üblichen Phrasen verwendet werden, wie zum Beispiel: »Gerne würde ich auch in Ihrem Unternehmen einer Tätigkeit nachgehen ...« – in welchem anderen Unternehmen wollen Sie denn noch gerne arbeiten und welche Tätigkeit meinen Sie überhaupt? Oder »Ich sehe meine berufliche Zukunft in Ihrem Unternehmen ...« – stellt sich nicht eher die Frage, ob das Unternehmen überhaupt eine berufliche Zukunft für Sie bei sich sieht, was haben Sie denn zu bieten? Merken Sie etwas? Genau: Sie müssen also einen Weg finden, mit Ihren Unterlagen einem potenziellen Arbeitgeber sofort ins Auge zu stechen! Wie das wirkungsvoll geht, lernen Sie in Teil II *Die Bewerbungsunterlagen druckreif machen*. Vorab gibt es allerdings noch ein paar Kleinigkeiten, die Sie wissen sollten.

Der weite Weg zur neuen Stelle

Keine Sorge, so weit ist der Weg gar nicht. Und beschwerlich ist er schon dreimal nicht. Im Gegenteil: Bewerben kann richtig Spaß machen, vor allem, wenn Sie den Bogen raus haben! Warum suchen Sie einen (neuen) Job? Sind Sie:

✔ arbeitslos?

✔ von Ihrem Noch-Arbeitgeber gekündigt worden?

✔ mit Ihrem jetzigen Job unzufrieden und wollen sich beruflich verändern?

✔ einfach nur mal neugierig, herauszufinden, ob und welchen »Marktwert« Sie haben?

Wie auch immer. Es hilft nichts, wenn Sie jetzt losrennen, aus allen Schubladen Ihre Unterlagen hervorkramen, in eine Bewerbungsmappe stecken, wegschicken und hoffen, dass Sie bestimmt Glück haben. Gehen Sie systematisch vor! Zum erfolgreichen Bewerben gehört zwar auch ein bisschen Glück, noch besser ist eine gute Strategie! Wer strategisch vorgeht, muss auch links und rechts schauen, was es so alles gibt. Beginnen Sie bei null und lernen Sie jetzt erst einmal die unterschiedlichsten Bewerbungsmöglichkeiten kennen. Mal sehen, ob die passende für Sie dabei ist.

Hiermit bewerbe ich mich ...

Wann haben Sie diesen Satzanfang das letzte Mal geschrieben? Als Sie eine Ausbildung gesucht haben? Während Ihres Studiums oder direkt danach? Oder können Sie sich gar nicht mehr so recht erinnern? Was wollen Sie mit diesen wenigen Worten sagen? Logisch, dass Sie eine Stelle suchen und zwar eine ganz konkrete. Sie sind also gedanklich schon beim Ausarbeiten Ihrer schriftlichen Bewerbungsunterlagen. Meistens startet Ihr Anschreiben genau mit diesem Satz, nicht wahr? Kapitel 4 _Das wirkungsvolle Anschreiben_ zeigt Ihnen, welche Möglichkeiten Sie hier haben, Ihren potenziellen Arbeitgeber zu beeindrucken. Ihr Anschreiben ist ein ebenso grundlegendes Element wie Ihr Lebenslauf, mit dem sich Kapitel 5 _Der Lebenslauf_ eingehend befasst, und gehört zu jeder Bewerbung. Wie auch immer diese aussieht. Wie? Sie können sich gar nicht vorstellen, dass Bewerbungen viele Facetten haben können? Na, dann lesen Sie mal weiter.

Die klassische Bewerbung

Die kennt doch jeder! Sie auch. Woraus besteht die? Na klar, aus:

✔ Anschreiben

✔ Lebenslauf

✔ Lichtbild

✔ Zeugnisse über Ihren beruflichen Werdegang

✔ Schulische Zeugnisse

Das ganze Papier packen Sie dann ordentlich aufbereitet in eine flotte Bewerbungsmappe und schicken es per Post an das Unternehmen. An welches Unternehmen? Aha, an das Unternehmen, das einen Mitarbeiter mit Ihren Qualifikationen sucht. Woher wissen Sie denn, dass das Unternehmen jemanden wie Sie sucht? Aus einer Stellenanzeige, die das Unternehmen entweder in einer Tageszeitung, einer Fachzeitschrift oder einem Stellenanzeiger inseriert hat. Sie haben also eine konkrete Suchanzeige einer Firma vorliegen und beziehen sich mit Ihrer Bewerbung auf diese. Das ist der klassische Weg, den Firmen wählen, um einen geeigneten neuen Mitarbeiter zu finden. Kein Wunder also, dass auch Ihre Bewerbung eine klassische ist. Diese Methode hat sich seit Jahren bewährt, auch wenn ein potenzieller Arbeitgeber so jede Menge Papier auf seinen Tisch bekommt. Das weiß der sehr wohl und er will es auch so, sonst hätte er einen anderen Weg gewählt, um nach Ihnen zu suchen. Alle von Ihnen gewünschten Unterlagen werden entweder namentlich in der Anzeige genannt oder als »aussagekräftige Unterlagen« verlangt.

Es gibt auch andere Möglichkeiten, Sie kennen zu lernen. Haben Sie eine Vorstellung, welche?

Kurz und knackig: Die Kurzbewerbung

Hier kommt wirklich das Sprichwort zum Tragen: »In der Kürze liegt die Würze«! Denn zu einer Kurzbewerbung gehören gerade mal zwei schriftliche Unterlagen:

✔ Ihr Lebenslauf und

✔ ein passendes Anschreiben.

Mehr nicht. Auf sämtliche Zeugnisse, Urkunden und auch ein Bewerbungsfoto wird verzichtet. Sie finden, das sei doch ein bisschen wenig? Überlegen Sie mal:

✔ Ihr Lebenslauf spiegelt Ihre berufliche Laufbahn wider und verrät durch Ihre Hobbys und Sonstiges einiges über Sie persönlich. Was Ihr Lebenslauf alles über Sie erzählt, erfahren Sie ausführlich in Kapitel 5 *Der Lebenslauf*.

✔ Ihr Anschreiben bringt Ihre Interesse an und Ihre Qualifikationen für den Job auf den Punkt. Kapitel 4 *Das wirkungsvolle Anschreiben* zeigt Ihnen, wie's geht.

Und? Damit hat Ihr potenzieller Arbeitgeber doch schon mal die absolut wichtigsten Informationen über Sie. Wenn Sie es nicht geschafft haben, mit diesen beiden »Instrumenten«, Lebenslauf und Anschreiben, sein Interesse und seine Neugierde zu wecken, dann helfen Zeugnisse und sonstige »Beilagen« auch nicht mehr.

 Wie? Sie meinen, wenn eine Kurzbewerbung so effektiv ist, können Sie die auf jede Stellenanzeige losschicken? Bitte nicht! Eine Kurzbewerbung schicken Sie nur dann, wenn diese in der Stellenanzeige konkret gewünscht wird. Ansonsten schicken Sie bitte Ihre kompletten Bewerbungsunterlagen zu.

Also wann ist denn eine Kurzbewerbung sinnvoll? Ganz einfach: immer dann, wenn Sie an einer konkreten Position in einer bestimmten Firma interessiert sind, diese Firma aber offiziell keine Mitarbeiter sucht. Sie informieren sich am besten über die Internet-Seite Ihres Wunscharbeitgebers, welche Möglichkeiten der Mitarbeit in dem Unternehmen angeboten werden. Diese Infos stehen unter

✔ »Wir über uns«

✔ »Unser Unternehmen«

✔ »Unsere Mitarbeiter« oder

✔ »Karrieremöglichkeiten«

Hat Ihr Wunscharbeitgeber keine eigene Homepage, wird das Ganze schwieriger. Weiterhelfen können die jeweiligen Industrie- und Handelskammern. Diese haben auf alle Fälle eine Internet-Seite und dort finden Sie konkrete Ansprechpartner, die Ihnen bei der Suche nach Infos über Ihren potenziellen neuen Arbeitgeber gerne weiterhelfen.

Wenn Sie wissen, welche Jobs es in der Firma gibt und dass der passende für Sie dabei ist, geht's los: Verfassen Sie ein wirkungsvolles Anschreiben, legen Sie Ihren aussagekräftigen Lebenslauf bei und ab in die Post damit! Mit Ihrer Kurzbewerbung haben Sie nicht nur Papier gespart, sondern auch Porto. Merken Sie etwas?

 Ganz genau: Kurzbewerbungen sind optimal geeignet, um sich kostengünstig bei vielen Firmen zu bewerben. Immer vorausgesetzt, dass es bei den Firmen einen Job gibt, für den Sie qualifiziert sind.

Das hat doch was! Sie brauchen also nicht immer zu warten und zu hoffen, dass Ihr »Wunscharbeitgeber« irgendwann mal eine Stellenanzeige schaltet und Sie sich endlich bewerben können. Im Gegenteil: Wenn Sie überzeugt sind, _Ihren_ Arbeitgeber gefunden zu haben, machen Sie ihn mit einer Kurzbewerbung auf sich aufmerksam! Nur Mut! Sie können das.

Die Online-Bewerbung

Praktischer geht's nicht! Wie? Sie wissen nicht, was das ist und wie das geht? Also ganz einfach: Fast alle Firmen, die eine Internet-Seite haben, geben Ihnen die Chance, sich über ein vorgefertigtes Formular übers Internet zu bewerben. Online eben. Diese Online-Bewerbungsformulare finden Sie auf den Firmenseiten zum Beispiel entweder unter »Stellenangebote« oder »Karriere«. Mit ein paar Sätzen wird Ihnen gesagt, wie Sie das Formular auszufüllen haben, zum Beispiel:

> Senden Sie uns einfach Ihre Bewerbung online: Füllen Sie das nachstehende Bewerbungsformular aus! Berücksichtigen Sie dabei bitte, dass Ihre Angaben nur an uns übermittelt werden, wenn alle Pflichtfelder ausgefüllt sind. Die Pflichtfelder sind mit einem * gekennzeichnet.

> Selbstverständlich werden Ihre Daten absolut geschützt übermittelt und streng vertraulich behandelt.

Und dann kommt auch schon das tatsächliche Bewerbungsformular. Verlangt werden von Ihnen immer folgende Angaben:

✔ Bewerbung als ...

✔ Persönliche Daten

✔ Anrede

✔ Titel

✔ Vorname(n)

✔ Nachname

✔ Geburtsdatum

✔ Staatsangehörigkeit

✔ Anschrift

✔ Telefonische Erreichbarkeit

- ✔ Schule und Ausbildung
- ✔ Schulabschluss
- ✔ Ausbildung zur/zum ...
- ✔ Branche
- ✔ Zeitraum

- ✔ Studium
- ✔ Haben Sie studiert?
- ✔ Fachrichtung
- ✔ Akademischer Grad
- ✔ Zeitraum

- ✔ Beruflicher Werdegang
- ✔ Beruf
- ✔ Unternehmen
- ✔ Zeitraum

- ✔ Praktika
- ✔ Unternehmen
- ✔ Tätigkeit
- ✔ Land
- ✔ Zeitraum

- ✔ Sonstige Qualifikationen
- ✔ Unternehmen
- ✔ Zeitraum

Fällt Ihnen etwas auf? Genau: Ihre Hobbys und Freizeitaktivitäten sind ebenso wenig gefragt wie irgendwelche Begründungen, warum Sie sich bewerben. Für das Unternehmen ist »nur« interessant, welche beruflichen Erfahrungen und Qualifikationen Sie haben. Ihre eigene Persönlichkeit ist erst einmal unwichtig.

Was überlegen Sie gerade? Ob es für Sie sinnvoll ist, sich online zu bewerben? Warum denn nicht? Wenn eine Firma Online-Bewerbungen möglich macht, ist es absolut logisch, dass sie sich bei den gewünschten Bewerber-Daten auf die konzentriert, die ihrer Meinung nach am aussagekräftigsten sind, um einen geeigneten neuen Mitarbeiter zu gewinnen. Und das sind nun mal alle Daten rund um Ihren Beruf! Keine Sorge, Ihre »Persönlichkeit« wird schon noch gefragt, spätestens im Bewerbungsgespräch! Vielleicht aber auch schon früher, denn es kann durchaus passieren, dass ein Firmenvertreter Sie anruft oder anschreibt und um die Zusendung Ihrer vollständigen Bewerbungsunterlagen bittet. Schriftlich natürlich. Nicht mehr online. Hier können Sie gerne ein bisschen was »Persönliches« rüberbringen. Wie? Das erfahren Sie ausführlich in Teil II *Die Bewerbungsunterlagen druckreif machen*.

Klar kann es genauso gut sein, dass auch in einem Firmen-Online-Bewerbungsbogen Fragen nach Ihren Freizeitaktivitäten kommen oder eine kurze Begründung für Ihre Bewerbung verlangt wird. Alles, was eine Firma über den Bewerber wissen will, kann sie bereits in ihren Online-Bewerbungsbogen als Frage beziehungsweise notwendige Angabe packen. Das ist ja gerade auch das Schöne an diesen Online-Bewerbungsbögen! Selbst bei einer Flut von Bewerbungen sind alle Kandidaten für die Firma vergleichbar – zumindest mit Blick auf die gewünschten Angaben und die interessanten Kandidaten können relativ schnell selektiert werden. Das spart einem Unternehmen natürlich eine Menge Zeit. Kein Wunder, dass Online-Bewerbungen immer häufiger angeboten werden. Probieren Sie's einfach mal aus! Suchen Sie sich einen Ihrer Wunscharbeitgeber im Internet und wenn der eine Online-Bewerbung anbietet, schlagen Sie zu. Mal sehen, wie schnell der mit Ihnen Kontakt aufnimmt.

Kurze Mail genügt! Die E-Mail-Bewerbung

Das ist doch das Gleiche wie eine Online-Bewerbung! So, meinen Sie? Schreiben Sie denn tatsächlich eine E-Mail an Ihren Wunscharbeitgeber, wenn Sie ein Online-Bewerbungsformular wegschicken? Nein. Aha, dann gibt es offensichtlich doch einen Unterschied zwischen E-Mail-Bewerbung und Online-Bewerbung. Und nicht nur einen:

✔ Ihre E-Mail ist Ihr Anschreiben. Sie müssen also mit einem relativ kurzen Text dem Empfänger klarmachen, als was Sie sich bewerben,

✔ warum Sie sich bewerben und

✔ welche Top-Qualifikationen Sie für diesen Job mitbringen.

Der E-Mail-Empfänger muss bereits beim Lesen Ihrer E-Mail so neugierig auf Sie werden, dass er mehr über Sie wissen will.

 Schreiben Sie also keine Romane! Sie haben schließlich auch keine Lust, ellenlange E-Mails zu lesen, oder? Kurz und prägnant. Vergessen Sie nicht, am Ende Ihrer Mail auch Ihre übrigen Adress-Daten anzugeben, also Anschrift und telefonische Erreichbarkeit. Es kann nämlich durchaus sein, dass der E-Mail-Empfänger sich nicht auf elektronischem Weg mit Ihnen in Verbindung setzen will.

Natürlich schicken Sie diese E-Mail nicht ohne »Anhang« weg. Wenn Sie schon die Chance haben, dem E-Mail-Empfänger nahezu alles über sich zu erzählen, dann nutzen Sie diese auch! Überlegen Sie genau, was Sie alles in Ihre schriftliche Bewerbungsmappe packen würden, und genau das fügen Sie als Anlage Ihrer E-Mail bei:

✔ Lebenslauf

✔ Eventuell Ihr Bewerbungsfoto

✔ Zeugnisse

✔ Qualifizierungsnachweise.

Das war's. Was passiert, wenn Sie jetzt Ihre E-Mail mit jedem einzelnen Dokument als Anlage verschicken? Ganz genau: Der Server des Empfängers streikt, weil die Datenmenge zu groß ist, der Empfänger kann Ihre E-Mail nicht öffnen und Ihre ganze Arbeit landet ratzfatz im elektronischen Papierkorb! Was machen Sie also, damit das nicht passiert?

 Zippen Sie die einzelnen Dokumente in eine Zip-Datei. Ihre Datenmenge kann bequem von einem Computer zum anderen transportiert werden und es bricht kein PC-Chaos aus!

Der E-Mail-Empfänger wird Ihnen dankbar sein und kann in aller Ruhe Ihre Bewerbungsunterlagen studieren.

Was können Sie machen, wenn Sie keine Lust haben, eine so umfangreiche E-Mail-Bewerbung zu schicken? Nun, Sie können einmal Ihr Bewerbungsfoto, Ihre Zeugnisse und Qualifizierungsnachweise weglassen. Wenn Ihr potenzieller neuer Arbeitgeber Interesse an Ihnen hat, wird er Sie sowieso auffordern, Ihre kompletten Bewerbungsunterlagen nachzureichen.

Oder wie wäre es, wenn Sie sich Ihre eigene Bewerber-Homepage im Internet einrichten? Stellen Sie Ihr Persönlichkeitsprofil ein ebenso wie alle anderen wichtigen und notwendigen Bewerbungsunterlagen. Und jetzt? In Ihrer E-Mail an Ihren Wunscharbeitgeber können Sie jetzt ganz charmant auf Ihre Homepage verweisen. Das hat was, nicht wahr! Okay, Sie müssen es auch mögen. Sich so im Internet zu veröffentlichen ist nicht jedermanns Sache. Wenn Sie Lust dazu haben, probieren Sie es aus und ansonsten wählen Sie eben eine der anderen Bewerbungsformen. Sie haben schließlich einige zur Auswahl!

Licht aus – Spot an! Die Videobewerbung

Das gibt's doch nur beim Film! So, meinen Sie? Von wegen: Kreative Video-Bewerber-Clips sind mittlerweile ein ganz passables Instrument, um sich als Bewerber von der Masse abzuheben. In der Unterhaltungs- und Medienbranche sind diese »Werbespots« in eigener Sache sogar gefragt. Warum wohl? Nun, ganz einfach: Sie haben so die Möglichkeit, neben Ihrer »verbalen« Präsentation auch gleich zu zeigen, was Sie an fachlichem oder handwerklichen oder künstlerischem Können drauf haben.

Übertreiben Sie aber Ihre Selbstdarstellung bitte nicht, sonst werden Sie zu einer »Lachnummer« und das haben Sie wirklich nicht verdient!

Worauf sollten Sie achten? Bleiben Sie vor allem authentisch! Im Grunde machen Sie doch nichts anderes als bei Ihrer Selbstpräsentation im Rahmen eines Gruppeninterviews (siehe Kapitel 13) oder eines Assessment-Centers (siehe Teil V).

✔ Sie beginnen also mit einer freundlichen Begrüßung und den üblichen persönlichen Informationen wie Name, Geburtsdatum und Wohnort.

✔ Dann schildern Sie kurz Ihren beruflichen Werdegang. Worauf achten Sie dabei? Ganz genau: dem Unternehmen hier schon sprichwörtlich vor Augen zu führen, warum Sie glauben, der ideale Kandidat für den angebotenen Job zu sein. Stellen Sie Ihre Stärken in den Vordergrund. Wie das genau geht, lernen Sie in Teil IV, *Das Vorstellungsgespräch*.

✔ Eine freundliche Verabschiedung rundet Ihr Bewerbungsvideo ab.

Ihr Bewerbungsvideo ist sicher eine ideale Ergänzung Ihrer Bewerbung, wenn es zu Ihren übrigen Bewerbungsunterlagen passt. Ihre schriftlichen Bewerbungsunterlagen müssen also gemeinsam mit Ihrem Bewerbungsvideo ein stimmiges und rundes Gesamtbild ergeben! Alles andere wäre kontraproduktiv ...

Was können Sie denn mittels Videobewerbung ganz charmant Ihrem potenziellen Arbeitgeber vermitteln? Richtig: zum Beispiel alles, was Sie in Ihr zusätzliches Bewerbungsdokument »Was Sie sonst noch über mich wissen sollten« geschrieben hätten. Sie haben hier die Chance, Ihre ganz persönliche Botschaft an den Mann und die Frau zu bringen.

Wie? Sie trauen sich nicht zu, Ihr Bewerbungsvideo so einfach selbst zu erstellen? Das brauchen Sie auch nicht: Schauen Sie doch mal unter www.cvone.de. Hier erhalten Sie einen schönen Überblick, welche Möglichkeiten Sie haben, um Ihr eigenes Bewerbungsvideo zu erstellen. Diese Bewerbungsvideos können unterschiedlicher Natur sein:

✔ als Videobewerbung

✔ als interaktive CD-ROM-Bewerbung

✔ als Mischung aus CD-ROM und Videoclip.

Ganz schön aufwendig, nicht wahr? Dann ist Ihnen ja auch klar, dass so eine Videobewerbung nicht ganz billig ist. Also überlegen Sie gut, ob der Job, auf den Sie sich bewerben, diese für Sie zusätzlichen Bewerbungskosten wert ist.

Informieren Sie sich vorsichtshalber frühzeitig, ob denn Ihr »Wuncharbeitgeber« auch über die entsprechende technische Ausstattung verfügt, um sich Ihren Videoclip ansehen zu können. Sonst war Ihre ganze Mühe umsonst und das wäre doch wirklich schade.

Meinen Sie, dass sich diese Form der Bewerbung auf Dauer durchsetzen wird? Wieso sind Sie denn skeptisch? Ach so, weil auf der einen Seite das Gleichbehandlungsgesetz eingeführt und überlegt wird, Bewerbungsfotos »abzuschaffen«, um einer Diskriminierung vorzubeugen, und nun auf der anderen Seite mit Videobewerbungen in gewisser Weise diese Vorbeugung wieder aufgehoben wird. Das ist richtig. Von daher bleibt die Entwicklung abzuwarten. Auf alle Fälle ist eine Videobewerbung, wenn Sie sich nicht gerade in der Unterhaltungs- oder Medienbranche bewerben, schon noch eine kleine »Kuriosität«. Also wenn Sie Lust haben und keine Kosten und Mühen scheuen, Ihr persönliches Bewerbungsvideo zu drehen, dann nur Mut! Sie wissen doch: Probieren geht über studieren. Viel Spaß dabei!

Das Allgemeine Gleichbehandlungsgesetz: Ladies first but gentlemen before ...

Diese feine englische Art von Bevorzugung hat keine Chance mehr! Dank des Allgemeinen Gleichbehandlungsgesetzes. Wie? Davon haben Sie noch nie etwas gehört? Na, dann wird's aber Zeit. Ziel des Allgemeinen Gleichbehandlungsgesetzes ist es, zu verhindern, dass Arbeitnehmer benachteiligt werden wegen

✔ ihres Geschlechts

✔ ihrer Rasse

✔ ihrer ethnischen Herkunft

✔ ihrer Religion oder Weltanschauung

✔ einer Behinderung

✔ ihres Alters

✔ ihrer sexuellen Identität

Die Unternehmen in Deutschland sind gesetzlich dazu verpflichtet, ihre Mitarbeiterinnen und Mitarbeiter mit den Inhalten des Allgemeinen Gleichbehandlungsgesetzes vertraut zu machen und sie entsprechend zu schulen, sensibel mit dieser Thematik umzugehen. Häufig werden Beispielsituationen als Lerninstrument genutzt, um praktische Verhaltensempfehlungen zu geben. Die Teilnahme an diesen Schulungen müssen schriftlich dokumentiert und aufbewahrt werden. Sie sehen, das Thema wird sehr ernst genommen.

 Verstoßen Sie als Arbeitnehmer gegen das Allgemeine Gleichbehandlungsgesetz, muss der Arbeitgeber Ihr Verhalten bestrafen. Dazu kann er Sie abmahnen, umsetzen, versetzen oder eben kündigen.

Werden Sie selbst durch andere benachteiligt, muss Ihr Arbeitgeber Sie vor diesen Benachteiligungen schützen.

Sie haben also das Recht, sich zu beschweren, wenn Sie glauben, dass Sie benachteiligt werden. Ihre Beschwerde wird geprüft und das Ergebnis wird Ihnen mitgeteilt.

Ist zum Beispiel Ihre Beschwerde wegen sexueller Belästigung berechtigt, Ihr Arbeitgeber sorgt aber nicht dafür, dass Sie nicht weiter belästigt werden, haben Sie das Recht, Ihre Tätigkeit einzustellen, ohne dass Ihnen ein finanzieller Verlust droht. Immer vorausgesetzt, dass das Einstellen Ihrer Arbeit auch tatsächlich zu Ihrem persönlichen Schutz erforderlich ist.

Verstößt Ihr Arbeitgeber also gegen das Allgemeine Gleichbehandlungsgesetz und ist dieser Verstoß vorsätzlich oder grob fahrlässig, ist er verpflichtet, Ihnen den hierdurch entstandenen Schaden zu ersetzen. Es geht sogar noch weiter: Selbst wenn Sie einen Schaden erlitten haben, der kein finanzieller Schaden ist, können Sie eine entsprechende Entschädigung in Geld verlangen. Und jetzt kommt's: Das trifft nämlich nicht nur auf Arbeitnehmer zu, die in einem festen Arbeitsverhältnis stehen, sondern auch auf Sie als Bewerber!

Kann nachgewiesen werden, dass die Ablehnung Ihrer Bewerbung eine definitive Benachteiligung Ihrer Person ist, können Sie bis zu drei Monatsgehälter als Schadenersatz erhalten. Allerdings hat die Sache einen winzigen Haken: Sie müssen nachweisen, dass Sie bei benachteiligungsfreier Auswahl eingestellt worden wären. Das ist nicht unbedingt ganz so einfach.

Wie merken Sie nun, ob Sie genauso behandelt werden wie alle anderen Bewerber auch? Schwierig zu sagen, nicht wahr? Mal sehen, ob die kommenden Informationen ein wenig Licht ins Dunkel bringen können.

Vor dem Arbeitgeber sind alle gleich

Das Allgemeine Gleichbehandlungsgesetz schützt auch Sie als Bewerber. Allerdings ist es für Sie nicht immer ganz leicht, zu beurteilen, ob Sie nun im Rahmen Ihres Bewerbungsprozesses im Sinne des Allgemeinen Gleichbehandlungsgesetzes benachteiligt wurden und entsprechend dagegen vorgehen können oder nicht. Überlegen Sie mal.

Das Erste, was Ihr potenzieller neuer Arbeitgeber von Ihnen zu sehen bekommt, sind Ihre schriftlichen Bewerbungsunterlagen. Kommen diese mit einer freundlichen Absage zurück, können Sie unmöglich wissen, ob Sie nun in irgendeiner Form benachteiligt wurden oder nicht. Wieso? Na ganz einfach: Sie wissen doch gar nicht, wer sich alles auf die Stelle beworben und aus welchen Gründen ein anderer Bewerber den Zuschlag erhalten hat. Selbst wenn Sie anrufen, um nach den Gründen für Ihre Absage zu fragen, wird Ihnen kein Unternehmen eine »Steilvorlage« im Sinne des Allgemeinen Gleichbehandlungsgesetzes liefern. Sie haben doch gerade gelernt, dass alle Mitarbeiter und insbesondere die Personalverantwortlichen entsprechend geschult worden sind!

Nie sollst du mich befragen

Was ist mit Ihrem Bewerbungsgespräch? Können Sie hier so ohne Weiteres nachweisen, dass Sie gemäß dem Allgemeinen Gleichbehandlungsgesetz benachteiligt wurden? Nun, da wird das Thema schon »durchsichtiger«. Es kommt zum Beispiel darauf an, was so alles in Ihrem

Bewerbungsgespräch zur Sprache kommt. Unterhalten Sie sich mit Ihrem Gesprächspartner über eines oder mehrere der relevanten Themen:

✔ Sprechen Sie ausgiebig über Ihre ethnische Herkunft oder Ihre Religion?

✔ Werden Sie nach Ihrer Weltanschauung befragt?

✔ Will Ihr Arbeitgeber wissen, ob Sie lesbisch oder homosexuell sind?

Lassen Sie sich bitte nicht aufs Glatteis führen, denn: Sie brauchen diese Fragen nicht zu beantworten. Das sind Fragen, die in Ihre Intimsphäre eingreifen und damit in einem Bewerbungsgespräch sowieso unzulässig sind. Wie Sie mit solchen und ähnlichen Fragen umgehen können, erklärt Ihnen Kapitel 11 *Fragen, auf die Sie vorbereitet sein sollten* ausführlich.

 Anders sieht das mit der Frage nach einer Behinderung aus. Diese müssen Sie wahrheitsgetreu beantworten, weil Sie als Arbeitnehmer einen besonderen Schutz genießen, insbesondere was das Kündigungsrecht des Arbeitgebers angeht. Der kann Sie im Falle eines Falles nicht so einfach entlassen wie einen Arbeitnehmer ohne Behinderung. Außer Sie machen einen solchen Unsinn, dass eine Kündigung unumgänglich ist. Aber das haben Sie ja nicht vor. Bleiben Sie hier also bitte bei der Wahrheit.

Und was ist mit Ihrem Alter? Nun, das kennt Ihr Gesprächspartner doch schon aus Ihren Bewerbungsunterlagen. Er wird dank des Allgemeinen Gleichbehandlungsgesetzes einen Teufel tun und Ihnen das Gefühl geben, Sie seien für den Job zu jung oder zu alt. Er kennt schließlich die Konsequenzen. Was die Altersangabe angeht, wird sich vielleicht auch in Deutschland über kurz oder lang die in den USA bereits gängige Praxis durchsetzen, dass ein Bewerber in seinen Bewerbungsunterlagen keine Angaben mehr zu Alter oder Geschlecht zu machen braucht. In den USA wird sogar auf das Bewerbungsfoto verzichtet, um auch einer Diskriminierung aufgrund des Aussehens vorzubeugen. Aber wie erwähnt, das ist hier in Deutschland bislang nicht üblich, deshalb kommen Sie um diese Angaben nicht umhin.

Ich habe da so ein Gefühl

Apropos Gefühl. Werden Ihnen tatsächlich während des Bewerbungsgesprächs solch intime Fragen gestellt, die Sie auch beantworten, und Sie haben das Gefühl, das sei alles irgendwie merkwürdig, reicht dieses Gefühl alleine nicht aus, um im Falle einer Absage in den Krieg wegen einer Benachteiligung gemäß des Allgemeinen Gleichbehandlungsgesetzes zu ziehen. Wieso nicht? Wie weisen Sie denn nach, dass Sie tatsächlich »nur« wegen Ihrer Antworten auf diese Fragen nicht eingestellt werden? War Ihr Bewerbungsgespräch ein Vier-Augen-Gespräch? Aha, dann kann Ihr Gesprächspartner behaupten, diese Fragen nie gestellt zu haben. Oder wurden die irgendwo protokolliert? Nicht wirklich. Ihr Gesprächspartner hatte noch einen weiteren Interviewer an seiner Seite. Gut. Glauben Sie wirklich, der sagt zu Ihren Gunsten aus? Jetzt verstehen Sie: Es muss ein definitiver Beweis her, dass Sie tatsächlich benachteiligt wurden. Den zu erbringen, ist nicht einfach. Zumal Firmen ihre Bewerber durchaus unterschiedlich behandeln dürfen, wenn berufliche Anforderungen dies zulassen! Jetzt schlagen Sie nicht gleich frustriert das Buch zu, sondern lesen Sie erst einmal weiter. Dass unterschiedliche

Behandlungsformen von Bewerbungen zugelassen werden, ist nicht an den Haaren herbeigezogen, sondern durchaus erklärbar und vor allen Dingen auch in Ihrem Interesse! Überlegen Sie mit! Nehmen Sie zum Beispiel an:

✔ Sie bewerben sich bei einer Religionsgemeinschaft, also der Kirche oder einem Kindergarten. Diese Einrichtungen haben es sich zur Aufgabe gemacht, eine konkrete Religion oder Weltanschauung zu pflegen. Da muss doch auch Ihre Religion und Weltanschauung passen, nicht wahr?

✔ Wie sieht das aus, wenn Sie einen Job anstreben, bei dem Sie tagtäglich potenziellen Gefahren ausgesetzt sind, die Sie nur bewältigen können, wenn Sie körperlich gesund und über eine entsprechende Berufserfahrung verfügen, wie zum Beispiel als Waldarbeiter? Je nachdem, wie gefahrenträchtig und körperlich anstrengend diese Tätigkeiten sind, ist es doch nur legitim, wenn ein Arbeitgeber das Alter, die Berufserfahrung und auch das Geschlecht bei seiner Bewerberauswahl berücksichtigt.

Aha, jetzt verstehen Sie. Diese »Einschränkungen« helfen Ihnen zu erkennen, ob Sie gerade nach dem richtigen Job greifen und ob sich Ihre Bewerbung lohnt. Das ist doch sehr positiv.

Mal angenommen, Sie haben in der Tat handfeste Indizien, die vermuten lassen, dass Sie nach dem Allgemeinen Gleichbehandlungsgesetz benachteiligt wurden, muss das betroffene Unternehmen nachweisen, dass es nicht gegen diese Bestimmungen verstoßen hat.

 Wichtig ist, dass Sie, wenn Sie sich diskriminiert fühlen, innerhalb von zwei Monaten, nachdem Sie Ihre Absage erhalten haben, schriftlich intervenieren. Sie sind hoffentlich nicht enttäuscht, dass Sie keinen Anspruch auf Beschäftigung haben, wenn nachgewiesen werden kann, dass Ihr potenzieller Arbeitgeber gegen das Allgemeine Gleichbehandlungsgesetz verstoßen hat? Das wäre ja auch kein wirklich guter Start! Zumindest haben Sie die schon erklärten Ansprüche auf Schadenersatz. Das ist schon mal nicht schlecht.

Das alles gilt übrigens auch für Gruppeninterviews und Assessment-Center. Vielleicht haben Sie beim Gruppeninterview den Eindruck, dass von allen Bewerbern, die da anwesend sind, ausgerechnet Ihnen keine oder zu persönliche Fragen gestellt werden? Oder Sie ernten für Ihr Empfinden »abfällige« Bemerkungen seitens des Interviewers? Notieren Sie sich diese Fragen und Aussagen. Dann haben Sie schon mal einen Nachweis, was konkret passiert ist, und können im Anschluss an das Gruppeninterview in Ruhe reflektieren, ob Sie tatsächlich im Sinne des Allgemeinen Gleichbehandlungsgesetztes diskriminiert wurden oder der Interviewer womöglich nur recht »flapsig« war. Übrigens, alles rund ums Gruppeninterview lesen Sie in Kapitel 13 *Alle auf einmal! Das Gruppeninterview.*

Bei Ihrem Assessment-Center absolvieren Sie jede Menge Übungen und werden mit den unterschiedlichsten Situationen konfrontiert. Was Sie bei einem Assessment-Center alles erwartet, erfahren Sie ausführlich in Teil V *Das Assessment-Center.* Wenn Sie nun das Gefühl haben, dass diese Übungen diskriminierend sind, sollten Sie nach Ihrem Assessment-Center schriftlich festhalten, was in der Übung verlangt war und was die Gründe für Ihr Gefühl sind. Reflektieren Sie Ihre Notizen in Ruhe und entscheiden Sie, ob Ihr Gefühl Sie getäuscht hat oder nicht.

Haben Sie Gründe für eine ungerechte Behandlung im Sinne des Allgemeinen Gleichbehandlungsgesetzes, können Sie dagegen vorgehen. Wenn Sie auf Nummer sicher gehen wollen, konsultieren Sie einen Rechtsbeistand. Der kennt sich aus und kann Ihnen im Falle eines Falles mit Rat und Tat zur Seite stehen.

Nun kriegen Sie aber nicht gleich Panik! Das neue Gleichberechtigungsgesetz schützt Sie als Bewerber schließlich vor Diskriminierung. Und das ist doch gut zu wissen, oder? Gehen Sie unbefangen an Ihre Bewerbungen … und lassen Sie den Rest in Ruhe auf sich zukommen.

Danke für die Einladung!

Genau das ist Ihr erstes Ziel: eine Einladung zum Vorstellungsgespräch bei Ihrem Traumarbeitgeber! Der Weg dahin ist nicht ganz einfach, aber mit den richtigen Mitteln gar nicht mal so schwer. Bevor Sie auch nur annähernd an Ihr Vorstellungsgespräch denken, müssen Sie sich darüber im Klaren werden, was Sie konkret wollen. In Kapitel 2 *Erstellen Sie Ihr Persönlichkeitsprofil* werden Sie Schritt für Schritt Ihre Vorstellungen erarbeiten. Danach ist Ihre volle Konzentration gefordert, damit Sie Ihren potenziellen neuen Arbeitgeber bereits mit Ihren schriftlichen Bewerbungsunterlagen beeindrucken. Ihre Suche nach dem richtigen Job wird Ihnen Spaß machen, weil Sie schon bei der Ausarbeitung Ihrer Bewerbungsunterlagen kreativ und innovativ sein dürfen. Jetzt überspringen Sie nicht gleich vor lauter Neugierde die nächsten Kapitel! Bis Kapitel 6 *Ordnung erwünscht! Die Unterlagen zusammenstellen* ist es noch ein kleines Weilchen hin. Arbeiten Sie sich in Ruhe durch die nun kommenden Kapitel, je konzentrierter Sie dabei sind, desto leichter wird Ihnen auch der nächste Schritt fallen.

Gut gerüstet ins Vorstellungsgespräch

Ist doch klar, dass Sie sich vorbereiten. Ihre schriftliche Bewerbung war erfolgreich. Den Papierkram können Sie jetzt vergessen und zur Seite legen. Ihre Persönlichkeit ist nun gefragt! Von wegen! Werfen Sie Ihre Bewerbungsunterlagen auf keinen Fall weg! Genau die brauchen Sie nämlich, um mit der optimalen Vorbereitung für Ihr Vorstellungsgespräch zu beginnen! Sie müssen doch schließlich wissen, was Sie Ihrem potenziellen neuen Chef bereits erzählt haben und was Sie alles von Ihrem Lebenslauf preisgegeben haben. Und wie waren noch mal Ihre Argumente, warum Sie der richtige Kandidat für diesen Job sind? Ah, Sie lernen schnell!

 Alles, was Ihr potenzieller neuer Chef über Sie weiß, hat er aus Ihren Bewerbungsunterlagen. Also ist es nur logisch, dass er Ihr gemeinsames Bewerbungsgespräch darauf aufbaut. Und was heißt das für Sie? Richtig: Je besser Sie Ihre eigenen Unterlagen kennen, desto leichter können Sie mit ihm darüber reden.

Natürlich erwartet Sie auch noch einiges mehr in Ihrem Vorstellungsgespräch. Aber keine Sorge: Teil IV *Das Vorstellungsgespräch* bereitet Sie intensiv auf alles Wichtige vor! Sie brauchen dann auch keine Angst mehr vor »Überraschungsfragen« zu haben! Viele, die Ihnen gestellt werden können, lernen Sie ganz entspannt kennen. Sie werden sogar in die Geheimnisse von Gruppeninterviews und den berühmt-berüchtigten psychologischen Tests eingeführt. Was wollen Sie mehr?

Eine besondere Bewährungsprobe: Das Assessment-Center

Aha. Das interessiert Sie also auch. Ist ja klar, Assessment-Center sind schließlich fast schon ein Muss bei Bewerberauswahlverfahren. Hier wird Ihnen ganz schön auf den Zahn gefühlt: Von Einzelübungen bis zu den Gruppenübungen ist alles vertreten. Aber keine Sorge: Sie werden dank dieses Buches gut auf die unterschiedlichen Herausforderungen vorbereitet und lernen die wichtigsten Übungen kennen. Logisch, dass das Assessment-Center in diesem Buch nicht fehlen darf. Teil V _Das Assessment-Center_ macht Sie scheibchenweise mit den Inhalten eines Assessment-Centers vertraut und zeigt Ihnen anhand unterschiedlicher Übungen, was von Ihnen erwartet wird. Lassen Sie sich überraschen! Sie werden viel Spaß mit den Kapiteln haben.

Dass es schwierig ist, auf alle Eventualitäten in einem Bewerbungsprozess vorbereitet zu sein, ist logisch. Klar ist aber auch, dass Sie mit neuen Situationen, neuen Bewährungsproben eben, geschickter und leichter umgehen können, je intensiver Sie vorbereitet sind. Dieses Buch hilft Ihnen dabei. Und damit Sie sich von der Masse der »Durchschnittsbewerber« abheben, erfahren Sie jetzt, wie pfiffig Sie Ihre Bewerbung ausarbeiten können. Viel Spaß!

Erstellen Sie Ihr Persönlichkeitsprofil

2

In diesem Kapitel

▶ Wie Sie Ihre persönlichen Vorlieben erkennen

▶ Was Sie fachlich auszeichnet

▶ Freizeit gehört auch dazu

▶ Passt das alles zusammen?

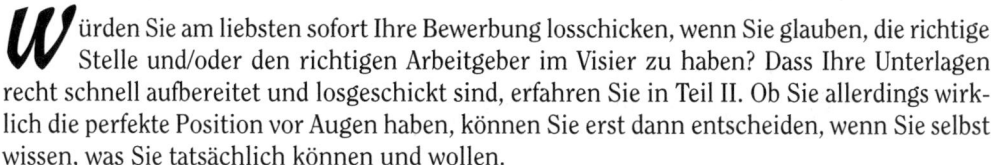

*W*ürden Sie am liebsten sofort Ihre Bewerbung losschicken, wenn Sie glauben, die richtige Stelle und/oder den richtigen Arbeitgeber im Visier zu haben? Dass Ihre Unterlagen recht schnell aufbereitet und losgeschickt sind, erfahren Sie in Teil II. Ob Sie allerdings wirklich die perfekte Position vor Augen haben, können Sie erst dann entscheiden, wenn Sie selbst wissen, was Sie tatsächlich können und wollen.

Das zeichnet Sie aus – Check Ihrer persönlichen Neigungen

Wenn Sie jetzt spontan ein Blatt Papier in zwei Spalten teilen und ohne groß zu überlegen aufschreiben können, was Sie wollen und was Sie nicht wollen, ist dieses Kapitel im Grund für Sie uninteressant. Wie? Ihnen gehen schon nach wenigen Worten die Ideen aus? Dann nutzen Sie dieses Kapitel! Sie können Fähigkeiten haben, von denen Sie bislang nichts wussten, aber auch Abneigungen gegen Dinge, von denen Sie nie gedacht hätten, dass sie wichtig für Ihre Arbeit sein könnten. Mal sehen, was Sie alles ausfindig machen ...

Was mir Spaß macht

Was gefällt Ihnen an einem Job? Es fallen Ihnen spontan viele Antworten ein oder etwa nicht? Bereiten Sie sich auf eine berufliche Veränderung vor und haben eine konkrete Stellenbeschreibung oder Stellenausschreibung vor sich liegen, dann erfahren Sie, was beruflich alles von Ihnen erwartet wird. Ob es aber auch den von Ihnen so heiß ersehnten Spaßfaktor gibt, der Ihre Arbeitsfreude und Motivation steigert und Ihnen Flügel verleiht, erkennen Sie so nicht unbedingt. Was ist es, das Ihnen so viel Spaß bei der Arbeit macht? Sind Sie neugierig? Dann nutzen Sie die nachfolgende Tabelle und setzen Sie Ihre »Kreuzchen« spontan, ohne groß zu überlegen.

Stopp! Langsam: Bevor Sie loslegen, nehmen Sie sich bitte ein Blatt Papier und teilen dies in zwei Spalten. Die linke Spalte erhält die Überschrift »Das macht mir Spaß«, in die rechte Spalte schreiben Sie, »Was ich ätzend finde«. Nein, Sie dürfen noch immer nicht mit der Tabelle arbeiten – notieren Sie erst einmal alles, was Ihnen so ganz spontan einfällt, zum Beispiel *Es ist für mich ganz wichtig, dass ich im Team arbeiten kann* und *Ich hasse telefonieren*.

Fertig? Keine eigenen Ideen mehr? Okay, dann dürfen Sie jetzt endlich Ihre Kreuzchen setzen. Natürlich brauchen Sie Ihre Kreuzchen nicht in diesem Buch setzen. Sie finden diese Checkliste als Download unter: http://www.wiley-vch.de/publish/dt/books/ISBN3-527-70325-X.

Das macht mir Spaß	ja	nein	eher ja	eher nein	interessiert nicht
Welche Eigenschaften schätzen Sie ganz besonders an sich selbst?					
• Sie gehen positiv denkend durchs Leben.	X				
• Freundlichkeit ist eine Ihrer stärksten Eigenschaften.	X				
• Sie gehen stets positiv auf andere zu und glauben an das Gute im Menschen.	X				
• Sie sind neugierig, was Ihnen das Leben zu bieten hat.	X				
• Sie können sich selbst gut einschätzen.	X				
• Sie sind sehr geduldig.				X	
• Ihr Motto lautet: erst denken, dann reden.				X	
• Sie sind entscheidungsfreudig.	X				
• Sie können sich gut selbst motivieren.	X				
Wie steht's mit Ihrer Reiselust?					
• Sie lieben es, permanent unterwegs zu sein.	X				
• Aus dem Koffer zu leben, finden Sie klasse.	X				
• Außendienst ist für Sie ein absolutes Muss.		X			
• Sie arbeiten lieber im Innendienst.		X			
Arbeit zu jeder Zeit?					
• Ihr Büro ist Ihr Zuhause.				X	
• Ungeregelte Arbeitszeiten sind für Sie völlig normal.	X				
• Sie brauchen keine Pausen.				X	

Das macht mir Spaß	ja	nein	eher ja	eher nein	interessiert nicht
• Flexible Arbeitszeiten sind Grundvoraussetzung.	X				
• Es kommt nur der »nine-to-five-job« in Frage.		~~X~~			
• Arbeitszeiten müssen strikt geregelt sein.					~~X~~
• Ihr Ziel ist täglich ein pünktlicher Feierabend.		~~X~~		X	
• Spannende Arbeit nehmen Sie auch mal mit nach Hause.	~~X~~		X		
Zusammenarbeit mit dem Chef?					
• Sie wollen eng mit Ihrem Vorgesetzten zusammenarbeiten.					X
• Je weniger Sie von Ihrem Chef sehen und hören, desto lieber ist es Ihnen.		X			
• Es stört Sie nicht, permanent kontrolliert zu werden.		X			
• Sie brauchen klare Arbeitsanweisungen und Vorgaben.		X			
• Sie wollen große Herausforderungen und scheuen kein Risiko.	X				
• Eine eingeschränkte Verantwortlichkeit reicht Ihnen aus.				X	
• Eine Leistungsbeurteilung sehen Sie als Maßstab für Ihre Arbeitsleistung.			X		
Wie arbeiten Sie am liebsten?					
• Sie lieben selbstständiges Arbeiten.	X				
• Sie wollen bei der Arbeit kreativ sein.	X				
• Routinetätigkeiten erleichtern Ihnen die Arbeit.				X	
• Häufig wechselnde neue Projekte reizen Sie.	X				
• Unter Zeitdruck arbeiten Sie am besten.	(X)		X		

Das macht mir Spaß	ja	nein	eher ja	eher nein	interessiert nicht
Mögen Sie die Zusammenarbeit mit anderen?					
• Sie bevorzugen sachbezogene Arbeiten.					
• Personenorientiertes Arbeiten liegt Ihnen im Blut.					
• Sie wollen Personalverantwortung übernehmen.					
• Ohne Kundenkontakt fühlen Sie sich einsam.			X		
• Sie pflegen eine gute Kommunikation mit stets den gleichen Personen.					
• Sie wollen Kontakt mit vielen, häufig wechselnden Personen.					
• Teamgeist wurde Ihnen in die Wiege gelegt – ohne andere geht nichts.					
• Sie brauchen permanent Anregungen von Dritten.					
• Sie scheuen keine Konflikte, um Ihr Ziel zu erreichen.			X		
• Sie sind der geborene Einzelkämpfer.					
• Strategien entwickeln Sie ohne Hilfe anderer.					
• Wer sich Ihnen in den Weg stellt, wird von Ihnen überrannt.					

Haben Sie alle Fragen beantwortet? Oder gibt's da Themen, bei denen Sie spontan keine Aussage treffen können?

Was sind Ihre ganz persönlichen Stärken? Alle Eigenschaften, die Sie ganz besonders an sich schätzen! Wie Sie Ihre Stärken in Ihrem Bewerbungsgespräch gekonnt in den Mittelpunkt stellen, erfahren Sie in Kapitel 11 *Fragen, auf die Sie vorbereitet sein sollten.*

✔ Verspüren Sie Reiselust? Wollen Sie lieber permanent oder häufig on tour sein oder Tag für Tag an Ihrem angestammten Platz in der Firma arbeiten?

✔ Sind Sie wirklich jederzeit bereit, Ihre kostbare Zeit Ihrer Firma zu schenken oder ist Ihnen ein pünktlicher Feierabend lieber?

Vergessen Sie Ihr Privatleben nicht! Sie haben vielleicht Familie, die sich freut, wenn sie Sie auch unter der Woche nicht nur kurz sieht, sondern entsprechend Zeit mit Ihnen verbringen kann; oder wollen Sie sämtliche familiären Aktivitäten aufs Wochenende verlagern? Haben Sie jetzt ausgerechnet die Chance auf Ihren Traumjob und das Thema Freizeit ist tabu? Dann reden Sie darüber! Sprechen Sie offen mit allen, die Sie in Zukunft weniger zu Gesicht bekommen. Fragen Sie, wie konkret Ihre Familie bereit ist, auf Sie zu verzichten und vor allen Dingen Sie zu unterstützen, damit Sie hier keine bösen Überraschungen erleben, wenn Sie Ihren Traumjob annehmen.

✔ Wie lästig sind Ihnen Chefs? Wollen Sie lieber Ihr eigener sein oder haben Sie keine Probleme mit diesen Übermenschen?

Jetzt wissen Sie endlich, *wie Sie am liebsten arbeiten!* Ihre Arbeitsweise hat Charakter.

✔ Suchen Sie Nestwärme oder sind Sie der Nestflüchter?

Nun ist Ihnen klar, wie wichtig Ihnen arbeiten in Gemeinschaft mit anderen ist.

Dass Sie wissen, *wie* Sie arbeiten möchten, ist die absolute Grundlage, damit Sie Ihren Traumjob finden. Sie wissen nun, was Sie wollen! Die Jobsuche rückt ein Stückchen näher.

Es reicht nicht aus, zu sagen, »Ich könnte mir vorstellen …« – Ihr potenzieller Arbeitgeber hat konkrete Vorstellungen, wie Ihre Arbeitsleistung auszusehen hat, denn nur so kann er seinen geschäftlichen Erfolg halten oder ausbauen. Er hat also eine konkrete Strategie! Deshalb erwartet er genauso strebsame Mitarbeiter mit klaren Vorstellungen bezüglich ihrer Arbeit. Wenn Sie die nicht haben, landen Sie über kurz oder lang an dem berühmten Punkt, an dem Sie sagen: »Wenn ich gewusst hätte, dass ich so arbeiten soll, hätte ich den Job erst gar nicht angenommen.« Sicher, Sie müssen sich auch mit einigen Dingen »arrangieren« – mit einer klaren, konkreten Grundarbeitseinstellung können Sie unkompliziert und schnell entscheiden, inwieweit Sie Arrangements eingehen wollen. Es gibt kein lästiges »soll ich oder soll ich nicht …«!

Kennen Sie jetzt Ihre Vorlieben? Die machen Ihnen richtig Spaß! Prima! Dann werden Sie bei der Auswertung der Stellenanzeigen in Kapitel 3 recht schnell erkennen, ob sich Ihre Bewerbung lohnt!

Mal sehen, ob Sie auch Ihre andere Seite so gut kennen.

Was ich ätzend finde

Gab es »Spaß«-Fragen, die Sie mit »nein« oder »eher nein« beantwortet haben? Aha, dann gibt es also schon etwas, das Ihnen nicht so richtig Spaß macht oder das Sie sogar richtig ätzend finden. Interessant, finden Sie nicht? Nehmen Sie sich einen Augenblick Zeit und ein leeres Blatt zur Hand und überlegen Sie sich jetzt spontan, was Sie so richtig ätzend finden. Abscheulich, langweilig, grässlich, schauerlich, entsetzlich, abschreckend … Sie wissen, was gemeint ist.

 Fällt Ihnen nichts mehr ein? Okay, dann ran an die nächste Liste: Sie dürfen wieder Ihre Kreuzchen machen! Sie wissen ja, wo Sie die Checkliste zum Downloaden finden: http://www.wiley-vch.de/publish/dt/books/ISBN3-527-70325-X.

Was können Sie gar nicht leiden?	auf keinen Fall	ja	interessiert nicht
Welche Ihrer Eigenschaften finden Sie ätzend?			
• Sie sind ein Egoist.	X		
• Sie verlieren in Konfliktsituationen schnell die Fassung, werden sogar jähzornig.			
• Anderen gegenüber sind Sie grundsätzlich misstrauisch.			
• Ihr Lebensmotto lautet: Es hätte schlimmer kommen können und es kam schlimmer.	X		
• Sie überschätzen gerne Ihre Fähigkeiten.	X		
• Sie werden schnell nervös.			
• Es fällt Ihnen schwer, andere ausreden zu lassen.			
• Es dauert eine Ewigkeit, bis Sie sozusagen auf den Punkt kommen.			X
Wie wichtig ist Ihnen das »äußere« Umfeld, in dem Sie arbeiten müssen?			
• Mein Arbeitsplatz/Büro kann winzig sein.			X
• Fenster brauche ich nicht, Neonlicht reicht aus.	(X)		X
• Die Farbe der Zimmerwände ist mir egal.			X
• Bilder sind unnötige Raumfüller.	X		
• Ein Stuhl, ein Schreibtisch, ein Sideboard genügen mir.			X
• Ich gebe meinem Zimmer keine persönliche Note.	X		
• Blumen brauche ich nicht, die machen nur Arbeit.	X		
• Ich brauche nur einen Laptop – Bildschirm, Maus und Tastatur stören.			X
• Ich fühle mich nur im Chaos richtig wohl.	X		

Was können Sie gar nicht leiden?	auf keinen Fall	ja	interessiert nicht
Interessieren Sie sich für Ihre Kollegen/Kolleginnen?			
• Die Meinung meiner Kollegen ist mir völlig egal – für mich zählt nur mein Job.			
• Kollegen verbreiten doch nur »Klatsch- und Tratschgeschichten«.			
• Das sind alles Karrierehemmer, die stehen mir doch nur im Wege.	X		
• Die halten mich doch nur von der Arbeit ab.	X		
• ... und hetzen den Chef gegen mich auf.	X		
Apropos Chef – soll der eine Führungskultur besitzen?			
• Ob mein Chef mit mir motzt, ist mir egal.	X		
• Ich brauche keinen Chef, der mich motiviert.			X
• Mein Chef braucht sich nicht für mich zu interessieren – der soll mich nur in Ruhe lassen.			
• Der kann mich sowieso nicht richtig einschätzen.			
• Ich brauche doch kein Vertrauen vom Chef.	X		

Was sind Sie nur für ein grässlicher Mensch? Oder haben Sie etwa gar nicht so viele ätzende Eigenschaften?

✔ Wenn Sie zum Beispiel leicht in Rage zu bringen sind, dann nehmen Sie sich in Konfliktsituationen bewusst zurück! Überlegen Sie erst, bevor Sie agieren. Das geht nicht von heute auf morgen, aber mit der Zeit kommt auch der gewünschte Erfolg.

✔ Wie wäre es denn, wenn Sie so mancher Ihrer angeblichen Schwächen etwas Positives abgewinnen? Zum Beispiel kann Ihr Misstrauen anderen gegenüber bedeuten, dass Sie »nur« eine gewisse Vorsicht walten lassen und lieber erst einmal die Dinge hinterfragen, bevor Sie andere Meinungen einfach übernehmen (siehe Kapitel 11 *Fragen, auf die Sie vorbereitet sein sollten*).

✔ Hätten Sie gedacht, dass die *optische Gestaltung* Ihres Arbeitsplatzes für Sie wichtig ist?

✔ War Ihnen bewusst, welche Bedeutung Ihr »äußeres« Arbeitsumfeld für Sie hat oder ist es Ihnen wirklich völlig gleich, wir Ihr Arbeitsplatz aussieht? Eine freundliche und helle Umgebung ist doch viel schöner und sorgt für Wohlbefinden als ein dunkles und kahles Kellerloch! Und wo Sie sich wohl fühlen, da arbeiten Sie nicht nur gerne, da Sie sind sogar in der Lage, noch mehr zu leisten!

✔ Wie? Sie gehen doch nicht mit Scheuklappen an den anderen vorbei! *Kollegen* können schließlich ganz schön Stimmung machen!

✔ Ihre Kollegen beeinflussen das Betriebsklima ganz gewaltig. Haben Sie Lust, in einem Umfeld zu arbeiten, in dem Mobbing, permanentes Getuschel und eine brodelnde Gerüchteküche an der Tagesordnung sind? Nicht wirklich! Ein gutes Betriebsklima zeichnet sich durch freundlichen, kommunikativen und bei auftretenden Problemen konstruktiven Umgang miteinander aus. Klingt hochtrabend, trifft aber genau den Kern. Wenn das persönliche Umfeld intakt ist, können Sie sogar Arbeiten ertragen, die Ihnen weniger Spaß machen. Kapitel 3 zeigt Ihnen, dass dieses Thema heutzutage sogar bereits in Stellenanzeigen berücksichtigt wird.

✔ Den hätten Sie vor lauter Job fast völlig vergessen, den *Chef* ... und dabei spielt er eine zentrale Rolle:

✔ Zu einem guten Betriebsklima trägt eine klar strukturierte Hierarchie bei, so dass Sie bei Entscheidungsfragen stets wissen, wer Ihr korrekter Ansprechpartner ist. Normalerweise ist Ihre erste Anlaufstelle Ihr Chef. Deshalb ist es wichtig, dass Sie wissen, mit welchem Cheftyp Sie gerne arbeiten bzw. welcher für Sie auf keinen Fall in Frage kommt.

✔ Der ideale Chef hat stets ein offenes Ohr für die Belange seiner Mitarbeiter, fördert deren Leistungsbereitschaft, indem er geschickt Aufgaben delegiert, die Kontrolle unauffällig behält und so seine Mitarbeiter fordert und fördert. Er schafft es, auch persönliche Interessen seiner Mitarbeiter mit den Geschäftsinteressen in Einklang zu bringen. Gratulation, wenn Sie einen solchen Chef bekommen!

✔ Das krasse Gegenteil sind die Chefs, die alles permanent unter Kontrolle halten, kaum Arbeit abgeben, ständig Rechenschaft für jeden Schritt, den Sie machen, verlangen und Sie womöglich mit akuten, ohne Vorwarnung auftretenden cholerischen Schreianfällen an den Rand Ihrer Fassungslosigkeit bringen. Meiden Sie solche Vorgesetzten! Selbst wenn Sie sich sagen, es könne doch gar nicht so schlimm werden, besteht die Gefahr, dass ein so negatives Verhalten früher oder später auf Sie abfärbt. Sie arbeiten schließlich 2/3 des Tages mit einem solchen Miesepeter zusammen. Auf Dauer gesehen können Sie krank werden oder sogar eines Tages genauso negativ denken und handeln wie er.

✔ Die meisten Chefs bewegen sich zwischen diesen beiden Extremen. Sie müssen entscheiden, welche Ecken und Kanten Sie bei einem Vorgesetzten akzeptieren.

Alle Achtung! Sie sind echt fleißig: Auf Ihrem Blatt Papier sind nun beiden Spalten »Was mir Spaß macht« und »Was ich ätzend finde« prall gefüllt! Jetzt wissen Sie endlich, was alles für Ihren Traumjob wichtig ist. Passen Sie mal auf, wie häufig Sie diese Checklisten ab heute während Ihrer Bewerbungsphase in die Hand nehmen.

Ihr Können ist gefragt: Check Ihrer fachlichen Qualifikationen

Sie haben schon eine Menge gemacht und sich viele verschiedene Qualifikationen erarbeitet. Nutzen Sie sie! Ihren potenziellen Arbeitgeber interessiert brennend, welche berufliche Qualifikationen das sind. Warum? Ist doch klar: So haben Sie sich eine ganze Menge fachliches Know-how angeeignet und – nicht zu vergessen – Ihr ganz persönliches Profil erweitert. Rücken Sie sich ins rechte Licht! Geizen Sie in Ihren Bewerbungsunterlagen auf keinen Fall mit Ihrem Können!

Berufstypische Qualifikationen

Unter Ihre berufstypischen Qualifikationen fallen alle Maßnahmen, die Ihr Berufsbild abrunden. Sie dürfen schon wieder fleißig werden: Notieren Sie sich Ihre beruflichen Qualifikationen zusammen mit Ihren Zusatzqualifikationen auf einem weiteren separaten Blatt Papier und zwar so konkret wie nur möglich. Machen Sie für beide Bereiche eine Spalte. Schreiben Sie zum Beispiel nicht nur *Weiterbildung zum Meister gemacht*, sondern: *Weiterbildung zum Industriemeister Fachrichtung Elektrotechnik bei der Industrie- und Handelskammer für Baden-Württemberg absolviert*. Klingt doch viel beeindruckender! Vor allem weiß der Leser, welchen Meister mit welchem Schwerpunkt er vor sich hat und wo Sie die Weiterbildung absolviert haben. Je detaillierter Ihre Infos sind, desto genauer wird das Bild, das sich der andere von Ihnen machen kann.

Womit können Sie glänzen:

✔ **externe Weiterbildungsmaßnahmen** (bei Industrie- und Handelskammern oder Volkshochschulen oder sonstigen Einrichtungen)

   wie zum Beispiel Meisterkurse (welche, wo, welchen Abschluss haben Sie erworben?)

   Lehrgänge (welche, wo, gab's Abschlussprüfungen und haben Sie bestanden?)

   Seminare (welche, wo, Nachweise?)

✔ **interne Weiterbildungsmaßnahmen**

   wie von Ihrem Unternehmen angebotene Seminare und Mitarbeiterschulungen (welche, wo, Nachweise?)

✔ **ein berufsintegriertes Studium**

   an einer Fachhochschule oder Universität (Name der Fakultät, Bezeichnung des Studienganges, Abschluss als ..., Note)

   mit berufstypischen Schwerpunkten (welche konkret) oder anderen Schwerpunkten (welche?)

✔ **Praktika** (bei welchen Unternehmen, wie lange, wie oft, haben Sie Zeugnisse hierüber?)

✔ **Volontariate** (bei welchen Unternehmen, wie lange, wie oft, haben Sie Zeugnisse hierüber?)

✔ **ein Vollzeitstudium** (mit entsprechendem Bachelor, Master-, Magisterabschluss oder gar Promotion?)

✔ **Auslandserfahrung** (wo, bei welchem Unternehmen, wie lange, was war Ihr Job, haben Sie Zeugnisse hierüber?)

Sie haben eine ganze Menge zu bieten! Und neben diesen gezielt für Ihren Beruf typischen Qualifikationen können Sie durch eine Reihe weiterer Qualitäten bestechen, nämlich Ihrer Zusatzqualifikationen.

Sie können noch viel mehr: Zusatzqualifikationen

Ihre Zusatzqualifikationen können ganz unterschiedlich sein; sie können eine Ergänzung und Erweiterung Ihres eigentlichen Berufes darstellen, aber auch eine Qualifikation außerhalb Ihres Berufes zeigen. Sie sind also nicht *berufsblind,* sondern ganz schön vielseitig. Alles, was Sie zu bieten haben, macht Sie interessant!

Notieren Sie sich auch Ihre Zusatzqualifikationen auf dem Blatt Papier, auf dem bereits Ihre berufstypischen Qualifikationen stehen. Sie erinnern sich? Sie haben extra zwei Spalten angelegt:

✔ **Welche Fremdsprachenkenntnisse haben Sie?**

✔ **Haben Sie IT-Kenntnisse?**

Heutzutage wird als Minimum-Standard bei Bürotätigkeiten das Beherrschen des Microsoft-Office-Packages, also Grundkenntnisse in Word, Excel, PowerPoint schlichtweg vorausgesetzt.

✔ **Gibt es Schwerpunkte bei Ihren IT-Kenntnissen?**

✔ **Können Sie Maschinenschreiben?**

Nicht, dass Sie Ihre Tastatur im Zwei-Finger-Suchsystem bedienen ...

✔ **Haben Sie während Ihres Studiums gejobbt?**

Bitte keine Aushilfstätigkeiten angeben, die Sie »nur« aus finanziellen Gründen gemacht haben, sondern Studienjobs, die auch in der Tat mit Ihrem Studium und Ihrem Beruf korrespondieren.

✔ **Haben Sie zusätzliche Ausbildungs- oder Weiterbildungsmaßnahmen absolviert, zum Beispiel die Ausbildereignungsprüfung?**

✔ **Haben Sie bereits Projekte begleitet?**

Welche, über welchen Zeitraum, mit welcher Zielsetzung – haben Sie hierüber möglicherweise eine Bescheinigung oder ein Zeugnis erhalten?

✔ **Haben Sie kaufmännische, betriebswirtschaftliche und/oder spezielle Branchenkenntnisse?**

✔ **Auch Ihre Nebentätigkeiten oder Ehrenämter können eine berufliche Zusatzqualifikation darstellen.**

Ehrenamtliche Vereinstätigkeiten beispielsweise fördern Ihr Verantwortungsbewusstsein und stärken Ihre Teamfähigkeit. Nebenjobs wie Lehraufträge haben auch für Ihren Arbeitgeber eine positive Außenwirkung, da Sie nicht nur sich selbst, sondern auch stets Ihren Hauptarbeitgeber repräsentieren.

 Papier ist geduldig! Wichtig ist, dass Sie alle Zusatzqualifikationen belegen können, am besten schriftlich in Form von Zeugnissen, Bestätigungsschreiben oder einfachen Teilnahmebestätigungen. Alles, was Sie in Ihren Bewerbungsunterlagen als Qualifikation angeben, sollten Sie unbedingt schriftlich nachweisen können, um Ihrem potenziellen Arbeitgeber eine entsprechende Verifizierung zu ermöglichen.

Davon träumen Sie: Zukunftsvisionen

Sie haben gerade mit dem Check Ihrer persönlichen und fachlichen Qualifikationen eine Bestandsaufnahme gemacht und kennen jetzt den momentanen Ist-Zustand. Sie möchten doch aber nicht auf der Stelle treten, oder? Sie wollen und müssen sich den beruflichen, wirtschaftlichen und gesellschaftlichen Veränderungen permanent anpassen. Haben Sie einen Traum, was Sie beruflich einmal erreichen wollen? So ein richtiges Ziel? Vielleicht sogar ein extrem anspruchsvolles? Wo wollen Sie in den nächsten drei, fünf oder sogar zehn Jahren landen? Was wollen Sie dann sein? Abteilungsleiter? Vorstand? Ihr eigener Chef? Oder sind Sie mit viel weniger zufrieden? Wenn Sie Ihre nächsten zehn Berufsjahre planen, dann denken Sie daran: Sie müssen flexibel sein und bleiben! Veränderungen in diesen zehn Jahren, die von außen kommen, zum Beispiel wirtschaftliche Krisen oder Aufschwung genauso wie gesellschaftliche Veränderungen, können Sie heute nicht konkret abschätzen. Aber was auch immer kommt, Sie machen Ihren Weg!

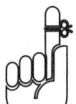 Halten Sie auch diese ganz persönliche Karriereplanung schriftlich fest!

Notieren Sie Ihre Ziele auf einem weiteren Blatt Papier, das Sie mit *Meine persönlichen Zukunftsvisionen* betiteln. Klingt fantastisch!

Machen Sie wieder zwei Spalten: *berufliche Visionen* und *private Visionen*.

Ihr beruflicher Karriereplan könnte wie folgt aussehen:

✔ **Ziel 1:** Anstellung als Sachbearbeiter

✔ **Ziel 2:** Weiterbildung über externe Anbieter (zum Beispiel Fachhochschule) mit Hochschulabschluss in den nächsten drei bis vier Jahren

✔ **Ziel 3:** Qualifizierte Anstellung als Führungskraft in meinem jetzigen Unternehmen nach Hochschulabschluss innerhalb eines halben Jahres

✔ **Ziel 4:** Anstellung in einem anderen Unternehmen als Führungskraft

✔ **Ziel 5:** gehobene Führungsposition als ... nach weiteren maximal zwei Jahren

 Mit Ihrem persönlichen Karriereplan erhalten Sie eine richtig gute Grundlage für Ihre Jobsuche und gehen mit ganz konkreten Vorstellungen in Ihr Vorstellungsgespräch. Denken Sie nur an die berühmte Frage »Wie sehen Sie sich in fünf Jahren?« (siehe Kapitel 11 *Fragen, auf die Sie vorbereitet sein sollten*). Ihr Gesprächspartner wird staunen, was Sie geplant haben! Außerdem können Sie in Ihrem Job immer wieder für sich selbst reflektieren, ob Sie beruflich gesehen noch auf Ihrem Weg sind.

Bitte sehen Sie den heute festgelegten Entwicklungsplan aber nicht als starr, fest und unveränderbar an! Stellen Sie sich darauf ein, auch hier Korrekturen und Veränderungen, ja sogar Neuplanungen vorzunehmen Es kann schon passieren, dass sich Ihr ursprünglicher Traumberuf als Alptraum entpuppt! Sie werden dann garantiert etwas ganz anderes machen wollen und schon passt Ihr heutiger Karriereplan nicht mehr. Das macht gar nichts: Ändern Sie Ihren Plan! Checken Sie erneut, was Sie wollen und was Sie nicht wollen. Sie sind flexibel ... und nichts trifft so sicher zu wie das Motto »Nichts ist so stetig wie der Wandel«!

Was Ihren Job angeht, wissen Sie jetzt ganz genau, was Sie wollen. Wie steht's mit Ihnen selbst, mit Ihren ganz privaten, persönlichen Wünschen? Schreiben Sie sie auf! Auf Ihrem Blatt ist mit Sicherheit noch eine Menge Platz dafür frei.

Meine persönlichen Zukunftsvisionen: Heiraten und bald eine eigene Familie gründen, ein Häuschen bauen oder eine Eigentumswohnung kaufen oder eine Weltreise, den Bootsführerschein machen, ein neues Auto, und, und, und. Sie wissen am besten, wovon Sie träumen!

 Wenn Sie auf Jobsuche sind, sich über kurz oder lang eine Familie im trauten Heim wünschen, Ihr Traumjob aber ein permanentes Leben aus dem Koffer für Sie für die nächsten Jahre vorsieht, überlegen Sie gründlich, was Ihnen wichtiger ist! Streichen Sie allerdings nicht den Wunsch, den Sie »vernachlässigen«, völlig aus Ihrer Zukunftsvision! Vielleicht kommt doch irgendwann die großartige Chance und er wird wahr!

Beeindruckend! Sie haben ganz schön viele Zukunftsvisionen, beruflich und privat. Lernen Sie, Ihre Prioritäten zu setzen, und gehen Sie mit Ihren Wünschen und Vorstellungen ebenso flexibel um wie mit Ihren Bewerbungen.

Kaum zu glauben, aber wahr: Freizeitaktivitäten runden Ihr Persönlichkeitsprofil ab

Was haben denn Ihre Hobbys mit Ihrem Beruf zu tun? Ihre Freizeit gehört schließlich Ihnen ganz alleine! Hier können Sie richtig ausspannen, den ganzen Berufsstress vergessen und Sie haben jede Menge Spaß! Bei Ihrem Hobby tanken Sie die notwendige Kraft und Energie, um sich gut gerüstet allen täglichen Herausforderungen in Ihrem Job zu stellen.

Ihr Hobby oder auch Ihre Hobbys können völlig kontrovers zu Ihrem Beruf sein oder sogar mit Ihrem Beruf korrespondieren.

Ihr Hobby gehört ebenso zu Ihnen wie Ihr Beruf. Ihr Hobby formt Sie genauso wie das alltägliche Leben, mehr noch: Es prägt Ihre Persönlichkeit! Überlegen Sie mal:

Wenn Sie Ihre freie Zeit zum Beispiel »freiwillig« mit anderen Menschen verbringen, gehen Sie auch im Berufsleben offener auf Menschen zu, als wenn Sie sich in Ihrer Freizeit ausschließlich mit Computerspielen beschäftigen. Sie haben schlichtweg eine geringere Hemmschwelle anderen gegenüber, weil Sie permanente Kommunikation mit den anderen gewohnt sind.

 Ihr zukünftiger Arbeitgeber erfährt anhand Ihrer Hobbys auch einiges über Ihre Persönlichkeit.

Freizeitaktivitäten »nur« als Hobby

Ihr Hobby ist für Sie das pure Freizeitvergnügen? Okay, dann blenden Sie also den kompletten Berufsalltag aus, lassen Ihre Seele baumeln und gönnen sich was.

✔ **Sie üben Ihr Hobby am liebsten ganz alleine aus? Sie wollen Ihre Ruhe und wenigstens in der Zeit nichts mit anderen zu tun haben?**

Dann haben Sie möglicherweise einen Beruf, in dem Sie permanent mit Menschen zu tun haben, und brauchen Ihre Freizeit, um so den nötigen Abstand zu kriegen. Es kann aber auch der Fall sein, dass Sie beruflich einfach nicht gern mit Menschen oder nur mit wenigen Menschen zu tun haben und es generell lieben, Ihre eigenen Wege zu gehen.

Ihr Arbeitgeber könnte daraus schließen, dass Sie nicht unbedingt kontaktfreudig oder kommunikativ sind. Womöglich eignen Sie sich weniger für eine personenbezogene Tätigkeit, sind dafür aber der geborene Sachbearbeiter. Wie schätzen Sie sich denn selbst ein?

✔ **Sie üben Ihr Hobby gerne gemeinsam mit anderen aus?**

Dann können Sie einen Job haben, in dem Sie durchaus viel mit anderen Menschen zu tun haben und es genießen, auch in Ihrer Freizeit nicht »alleine« zu sein. Sie können genauso gut beruflich wenig oder nicht mit anderen arbeiten und gleichen diesen mangelnden sozialen Kontakt mit Ihren Freizeitaktivitäten aus.

Auch hier zieht Ihr Arbeitgeber Schlüsse auf Ihr persönliches Sozialverhalten: Sie scheinen ein kommunikativer und kontaktfreudiger Mensch zu sein, der möglicherweise die für den Job so notwendige und gewünschte Teamfähigkeit besitzt.

 Sie merken, selbst wenn Sie Ihre Freizeitaktivitäten »nur« als Hobby ansehen, lässt sich in gewisser Weise eine Beziehung zu Ihrem Beruf herstellen.

Klarer wird diese Beziehung bei den Hobbys, die eine offensichtliche Ergänzung zu Ihrem Beruf sind.

Freizeitaktivitäten ergänzen Ihr Berufsbild

Haben Sie schon einmal darüber nachgedacht, inwieweit Ihr Hobby für Ihren Beruf wichtig ist? Vielleicht üben Sie ein Hobby (oder mehrere Hobbys) aus, das Sie sogar im Beruf unterstützt bzw. Ihnen hilft, sich selbst weiterzuentwickeln. Wie? Sie wissen es nicht? Dann schauen Sie sich mal die nachstehende Übersicht an.

Auch diese Übersicht können Sie bequem downloaden unter:

`http://www.wiley-vch.de/publish/dt/books/ISBN3-527-70325-X`.

Berufskategorie	Ergänzende Freizeitaktivitäten
Gewerblich-technisch zum Beispiel Automechaniker, Schlosser etc.	Computer/PC; kreative Hobbys wie Modell-Bau, Elektronikbasteln; Heimwerken
Kaufmännisch zum Beispiel Bankkaufmann, Industrie-kaufmann etc.	Computer/PC; konzentrationsfördernde Hobbys wie Schachspielen; Reisen; Sprachinteressen
Soziale Berufe zum Beispiel Kindergärtner, Kranken-pfleger etc.	Hobbys im kirchlichen und sozialen Bereich wie Pfadfinder, Babysitten, Gruppenleiter; Vereinstätigkeiten; musische Interessen; kreative Hobbys wie Handarbeiten, Basteln, Malen
Lehr-Berufe Berufsschullehrer, Professor etc.	Computer/PC; Lesen; kulturelle und geschichtliche Interessen; Vereinstätigkeiten; konzentrationsfördernde Hobbys wie Schachspielen
Im öffentlichen Dienst Beschäftigte Polizist, Standesbeamte, Verwaltungs-beamte, Busfahrer etc.	Computer/PC; kulturelle und geschichtliche Interessen; Sprachen; Vereinstätigkeiten; Hobbys im kirchlichen und sozialen Bereich
Künstler Schauspieler, Musiker etc.	Lesen; kulturelle und geschichtliche Interessen; musische Interessen; Sprachen

Sie verstehen den Zusammenhang noch immer nicht? Okay, überlegen Sie mal:

✔ **Computer/PC**

ohne Computer geht heute nahezu gar nichts mehr! Wenn Sie sich auch in Ihrer Freizeit mit dem Kommunikationsmedium Nummer 1 gerne befassen, kann Ihr Arbeitgeber sicher sein, dass Sie hier immer auf dem neuesten technischen Stand sein werden und ein gutes Verständnis für Computerprogramme mitbringen.

✔ **Kreative Hobbys wie Handwerken, Handarbeiten, Basteln etc.**

Kreative Hobbys fördern Ihre ganz persönliche Kreativität! Sie lernen spielerisch, Dinge zu entwickeln, sich neuen Gegebenheiten anzupassen und auftretende Probleme zu lösen – denken Sie nur an den kniffeligen Aufbau eines Modellschiffes!

✔ **Konzentrationsfördernde Hobbys**

Wer konzentriert arbeitet, macht weniger Fehler!

✔ **Reisen**

bildet! Sie lernen neue Kulturen kennen, erweitern Ihren Horizont und insbesondere auch Ihre Allgemeinbildung, sind offen für Neues und fördern Ihre eigene Kommunikationsfähigkeit.

✔ **Sprachen**

der Kommunikationsweg schlechthin und das länderübergreifend! Fremdsprachenkenntnisse sind aufgrund der Internationalität vieler Unternehmen oftmals sogar Voraussetzung für eine Anstellung, das gilt insbesondere für Englisch. Und wie schön, wenn Sie sich hier freiwillig permanent auf den neuesten Stand bringen! Sie sparen Ihrem Arbeitgeber jede Menge an Weiterbildungskosten!

✔ **Kirchliches und soziales Engagement und jegliche Art von Vereinstätigkeiten**

fördern Ihre Teamfähigkeit, entwickeln Ihre Kritik- und Konfliktfähigkeit, denn Sie müssen sich jeden Tag aufs Neue mit Menschen in den unterschiedlichsten Situationen auseinandersetzen. Sie lernen Streitigkeiten zu schlichten, andere zu motivieren und sich selbst immer wieder zu hinterfragen, ob Ihre Vorgehensweisen okay sind.

 Im Rahmen von Führungskräfte-Trainings lernen Sie nichts anderes!

✔ **Sportliche Aktivitäten**

steigern Ihre persönliche Leistungsfähigkeit und Sie bauen auftretende Aggressionen so ab, dass andere keinen Schaden nehmen.

✔ **Kulturelle, geschichtliche und musische Interessen**

bilden! Sie erweitern damit Ihre Allgemeinbildung; musische Interessen dienen zusätzlich Ihrer Entspannung und erhöhen somit noch den Erholungswert in Ihrer Freizeit.

Jetzt sind Ihnen die Zusammenhänge klar! Und dabei wollten Sie nicht glauben, dass Ihr Hobby was für Ihren Job tut.

 Nutzen Sie dieses Wissen bereits bei der Ausarbeitung Ihrer schriftlichen Bewerbungsunterlagen! Weisen Sie zum Beispiel ganz charmant in Ihrem Anschreiben darauf hin, wie Ihre Freizeitaktivitäten Ihre Schlüsselqualifikationen fördern. Wie, das sehen Sie in Kapitel 4 *Das wirkungsvolle Anschreiben*.

Wie überall gibt es natürlich auch hier eine Kehrseite: Neben diesen »positiven« Freizeitaktivitäten gibt es Hobbys, die Ihnen unglaublich viel Spaß machen, die für Sie die Verwirklichung Ihrer Träume bedeuten – die aber Ihren potenziellen Arbeitgeber so gar nicht begeistern.

Nachteilige, ja sogar gefährliche Freizeitaktivitäten

Sie sind begeisterter aktiver Sportler und fördern damit Ihre Gesundheit! So würden Sie doch in jedem Bewerbergespräch Ihre sportlichen Aktivitäten begründen, oder? Leider empfindet Ihr Arbeitgeber nicht jede sportliche Aktivität, die Ihnen Spaß macht, als spaßig ...

 Sie spielen Rugby, lieben Bungie-Jumping, fahren Motorrad, mountainbiken, reiten oder skaten? Mit anderen Worten: Sie betreiben Sportarten, die statistisch gesehen als recht unfallträchtig gelten! Diese erhöhte Unfallgefahr bedeutet für Ihren Arbeitgeber ein erhöhtes Ausfallrisiko und damit Kosten, die er für Sie aufbringen muss, ohne dass Sie ihm dafür Ihre Arbeitsleistung zur Verfügung stellen. Wundern Sie sich also bitte nicht über (leicht) unverständliche Reaktionen, wenn Ihr »gefährliches« Hobby im Bewerbungsgespräch zur Sprache kommt.

Müssen Sie nun Ihr Hobby aufgeben, um einen Job zu finden? Keineswegs! Verkaufen Sie Ihrem potenziellen Arbeitgeber Ihr so offensichtlich »gefährliches« Hobby diplomatisch! Argumentieren Sie, dass Ihr Sport ein guter Ausgleich ist und Risikobereitschaft mitunter schließlich auch in Ihrem Job gefordert ist.

Hilfreich können auch die nachstehenden Aussagen sein, wobei Ihrem Hobby die »Gefährlichkeit« nicht genommen werden kann:

✔ dass die Unfallhäufigkeit im normalen Leben, also bei Hausarbeiten, im täglichen Berufsverkehr und bei Gartenarbeiten wesentlich größer ist als bei Ihrem Hobby

✔ dass Sie Ihr Hobby seit Jahren unfallfrei ausüben, dies zwar keine Garantie für die Zukunft sei, aber Sie dennoch viel Erfahrung mitbringen und entsprechend sorgfältig damit umgehen

✔ dass Sie durchaus auch Ihr Hobby ohne Wenn und Aber zurückstellen, wenn zum Beispiel Veranstaltungen oder Projekte geplant sind und Ihr Arbeitsausfall nahezu eine Katastrophe bedeuten würde

✔ dass Arbeitnehmer wesentlich häufiger aufgrund normaler Krankheiten ausfallen wie zum Beispiel durch Virusinfektionen

✔ dass in den letzten Jahren statistisch gesehen berufsbedingte Krankheiten (zum Beispiel Burn-out-Syndrom) viel häufiger sind als ein potenzieller Ausfall von Ihnen infolge eines Freizeitunfalls

Es lässt sich zwar nicht jeder Arbeitgeber von diesen Argumenten überzeugen, aber die »Gefährlichkeit« Ihres Hobbys wird nicht mehr als so dramatisch angesehen wie ohne Ihre besänftigenden Argumente.

 Notieren Sie zu Ihrer eigenen Sicherheit nochmals alle Argumente, die für Ihr Hobby sprechen. Wodurch profitieren Sie und womöglich auch Ihre Arbeitsleistung von Ihrem Hobby? Was könnte Ihr Arbeitgeber gegen Ihr Hobby haben? Mit welchen Argumenten wollen Sie seine Sorge entkräften? So sind Sie gut gewappnet, wenn dieses gefährliche Thema im Vorstellungsgespräch kommt!

Alle Achtung! Jetzt kennen Sie neben Ihren persönlichen und beruflichen Qualifikationen sogar Ihre Freizeit-Qualitäten. Was fangen Sie mit Ihrem Wissen an?

Welcher Typ sind Sie nun? Soll-Ist-Abgleich des erarbeiteten Persönlichkeitsprofils

Sie haben beim Durcharbeiten dieses Kapitels vieles ausformuliert oder in Stichworten auf dem Papier festgehalten:

✔ Was Ihnen Spaß macht und was Sie ätzend finden

✔ Welche fachlichen Qualifikationen und Zusatzqualifikationen Sie haben

✔ Wie Ihr Hobby im Zusammenhang mit Ihrem Beruf steht

Machen Sie sich die zusätzliche Arbeit und fassen Sie nun Ihr Wissen auf einem weiteren Blatt Papier zusammen. Das ist noch mal eine Menge Arbeit, klar. Aber sie lohnt sich, denn Sie werden feststellen, zu welchem Arbeitstyp Sie gehören:

✔ Sind Sie der »Workaholic«, der rund um die Uhr arbeitet, dem Familie und Freizeit nichts bedeuten, dem die Arbeit aber über alles geht?

✔ Oder sind Sie der Typ, der sich schon aus dem Bett quälen muss, auf der Fahrt zur Arbeit an nichts anderes als an den Feierabend denken kann und nur vor Augen hat, was er dann mit seiner Familie oder seinen Freunden unternehmen kann?

✔ Oder freuen Sie sich auf die Arbeit gleichermaßen wie auf Ihre Freizeitaktivitäten?

Alle Checks haben Ihnen geholfen, dass Sie sich selbst, Ihre Arbeitsweise, Ihre Bedürfnisse rund um die Arbeit und auch Ihre Wünsche über die Arbeit hinaus besser kennen gelernt haben. Sie haben sich selbst ein Profil gegeben, das Ihnen bei Ihrer Stellensuche gute Dienste leisten wird und Ihnen ermöglicht, recht schnell zu erkennen, ob es sich für Sie ganz persönlich lohnt, sich auf die vor Ihnen liegende Stellenausschreibung zu bewerben oder lieber nicht.

So sehen Sie sich ... - Die eigene Wahrnehmung

Haben Sie überraschenderweise Eigenschaften an sich entdeckt, von denen Sie noch gar nichts wussten? Oder sagen Sie »Ja, so hätte ich mich auch ohne die ganzen Checks gesehen«? Möglicherweise fällt es Ihnen jetzt leichter, Ihre eigenen Verhaltensweisen zu verstehen, diese zu akzeptieren oder – sofern Sie Ihr Verhalten verändern möchten – an der richtigen Stelle anzusetzen. Wichtig ist, dass Sie das Gefühl haben, dass die Person, die Sie charakterisiert haben, auch tatsächlich Sie selbst sind!

... das halten die anderen von Ihnen- Wahrnehmung durch Dritte

Ihre persönliche Wahrnehmung ist subjektiv. Bringen Sie den Mut auf, Ihr gerade erstelltes Persönlichkeitsprofil Freunden oder Verwandten zu zeigen, und fragen Sie: »Erkennst du mich? Oder hast du einen anderen Eindruck von mir?« Jetzt erschrecken Sie nicht gleich bei den Antworten: Sie werden selten in allen Punkten die Zustimmung Ihrer Freunde oder Verwandten erhalten, aber Sie können überrascht sein, in wie vielen Teilen Sie andere ebenso sehen wie Sie sich selbst. Halten Sie die Aussagen Ihrer Freunde und Verwandte schriftlich fest.

Ihre Freunde halten Sie für einen völlig anderen Menschen? Das haut Sie um? Warum denn? Nehmen Sie die »andere« Meinung Ihrer Freunde und Verwandten offen auf. Hinterfragen Sie so viel Sie können, warum die anderen eine »andere« Meinung von Ihnen haben, so dass Sie hier ein recht detailliertes »Fremd«-Bild bekommen. Schreiben Sie sich alles auf, was Sie sozusagen an den Kopf geworfen bekommen. Werten Sie es aber nicht gleich! Sie sind mitten in Ihrer Persönlichkeitsanalyse! Diese wird erst mit dem nächsten Punkt abgeschlossen.

Was tun mit diesen ganzen Wahrnehmungen? - Reflexion der Wahrnehmungen

Ziehen Sie sich mit Ihrem Persönlichkeitsprofil und den von allen anderen getroffenen Aussagen in einen ruhigen Raum zurück. Betrachten Sie noch einmal Ihre ganz persönliche Wahrnehmung, die oftmals recht selbstkritisch ist. Die anderen sehen Sie genauso oder ähnlich? Prima! So sind Sie eben! Wie, die anderen haben eine völlig andere Meinung von Ihnen? Warum? Was haben die alles gesagt? Haben die recht mit dem, was sie sagen, und Sie wären einfach nur gerne anders? Nämlich so, wie Sie sich gesehen haben? Oder haben die sogar wirklich recht und Sie sind anders? Geben Sie sich ehrliche Antworten! Überlegen Sie, ob Sie sich der anderen wegen verändern wollen, oder kommt der Wunsch nach Veränderung von Ihnen selbst? Oder wollen Sie nicht lieber so bleiben, wie Sie sind?

Es ist ganz alleine Ihre Entscheidung! Nur eines ist wichtig: Bleiben Sie authentisch!

Anzeigen auswerten

In diesem Kapitel

▸ Wo Sie Ihre Stelle finden

▸ Wann Sie sich bewerben sollten

▸ Was Stellenangebote alles aussagen

3

Mit Ihrem Persönlichkeitsprofil gewappnet, sind Sie jetzt sicherlich schon ganz heiß darauf, Ihre erste Bewerbung zu schreiben. Aber wo können Sie Ihre Traumstelle finden? Und wie erkennen Sie, ob hinter der Anzeige wirklich Ihre Traumfirma steckt oder nur ein garstiger Menschenausbeuter, der an Sie unendliche Anforderungen stellt, Ihnen aber herzlich wenig für Ihren Einsatz bietet? Jede Anzeige scheint einzigartig und von den anderen verschieden zu sein. Dennoch haben alle Stellenangebote viele Gemeinsamkeiten – sie unterscheiden sich »lediglich« in ihrer Aussagequalität. Und genau das ist das Entscheidende für Sie bei Ihrer Jobsuche: Nicht das Motto »Viel Schein, wenig Sein«, sondern »Qualität vor Quantität« zählt! Schließlich haben Sie dem Unternehmen eine ganze Menge zu bieten und dafür sollten Sie auch entsprechende Gegenleistungen bekommen.

Hier werden Sie fündig: Geeignete Orte zur Stellensuche

Dass Sie Stellenangebote auf alle Fälle in Zeitungen und über die Bundesagentur für Arbeit finden, wissen Sie. Darüber hinaus gibt es noch weitere Möglichkeiten, die von Ihrer persönlichen Situation abhängig sind, denn als Student werden Sie andere »Anlaufstellen« haben als nach 10-jähriger Berufstätigkeit, wenn Sie aufgrund von Strukturmaßnahmen Ihres Arbeitgebers »freigesetzt wurden« oder einfach mal was Neues beginnen möchten. Je mehr Möglichkeiten Sie nutzen, nach einem geeigneten Job Ausschau zu halten, desto größer ist logischerweise die Chance, dass Sie den passenden finden.

Ganz klassisch: Die Anzeigen in der Zeitschrift

Die kennen Sie ganz sicher: Stellenanzeigen in Zeitungen und Zeitschriften. Diese Medien eignen sich hervorragend, um auch eine breite Masse an potenziellen Kandidaten anzusprechen.

✔ **In Zeitungen** – sowohl regional als auch überregional – finden sich Stellenanzeigen in aller Regel in den Wochenend-, also Samstagsausgaben. Oft sogar in Form einer separaten Blattbeilage mit der Betitelung »Stellenangebote«.

✔ **In Zeitschriften zum Beispiel von der Industrie- und Handelskammer oder von Unternehmen selbst aufgelegten Info-Magazinen** werden Stellenangebote in den entsprechenden

Rubriken inseriert. Hier ist das Angebot nicht ganz so mannigfaltig wie in Zeitungen, weil Unternehmen in erster Linie auf diesem Wege nach Spezialisten suchen.

✔ **In Job-Zeitschriften** dagegen finden Sie jede Menge von Stellenangeboten, sortiert nach Berufen, mit und ohne Spezialisierung, regional und überregional. Hier bekommen Sie eine große und übersichtliche Angebotsauswahl, vorausgesetzt, dass auch in Ihrem Beruf eine entsprechende Nachfrage herrscht. Diese speziellen Zeitschriften erscheinen regelmäßig und sind wie Zeitungen an Kiosken käuflich.

Analog der Job-Zeitschriften finden Sie Stellenangebote in:

✔ **Fachzeitschriften**

✔ **Verbandszeitschriften**

✔ **Uni- oder Fachhochschulzeitschriften**

Natürlich können Sie selbst in all diesen Medien »Ihre« Stellenanzeige schalten, indem Sie in der Rubrik »Jobsuche« eine entsprechende Anzeige aufgeben.

 Diese Anzeige sollte recht kurz und knackig sein und die für Ihren potenziellen Arbeitgeber wichtigsten Informationen auf einen Blick zeigen:

> Industriemeister Fachrichtung Elektrotechnik, 35 Jahre, weltweit mobil, mit 15 Jahren Berufserfahrung, seit 7 Jahren Führungskraft, sucht neuen Wirkungskreis ab Dezember 2007. Kontaktaufnahme über Tel.-Nr. oder Chiffre

Klingt doch ganz interessant, oder? Hier bietet ein junger Meister:

✔ in seinem Beruf seine Fähigkeiten an

✔ ist nicht örtlich gebunden

✔ hat bereits eine lange Berufserfahrung

✔ und zusätzlich Erfahrung als Führungskraft.

✔ Er informiert auch, ab wann er zur Verfügung stehen kann.

Diese wenigen, aber aussagekräftigen Informationen lassen mit Sicherheit manchen Unternehmer bei Bedarf mit ihm Kontakt aufnehmen.

 Für welche Form der Kontaktaufnahme Sie sich entscheiden – also ob Sie eine Telefon- und Handynummer angeben oder über eine Chiffre angeschrieben werden möchten –, müssen Sie für sich persönlich entscheiden. Möglicherweise ruft ein Interessent schneller an, als er schreibt, die Frage ist nur, wie gut Sie telefonisch erreichbar sein können! Eventuell sind Sie noch berufstätig und somit nicht jederzeit telefonisch erreichbar.

Wie Sie mit diesem Thema am besten umgehen, erfahren Sie in Kapitel 8, *Gut vorbereitet auf den Anruf des potenziellen neuen Arbeitgebers.*

Ab zum Arbeitsamt

Das gute alte Arbeitsamt oder besser gesagt die Bundesagentur für Arbeit bietet mehr als nur endlose Warteschlangen. Da Sie sich in aller Regel Arbeit suchend melden müssen, um entsprechend Arbeitslosengeld zu beziehen, werden Ihre Daten beim Arbeitsamt gespeichert. Sobald eine Stelle für Sie geeignet scheint, bekommen Sie die Informationen vom Arbeitsamt zugeschickt. Ist die Stelle für Sie von Interesse, zögern Sie nicht, anzurufen, wenn ein konkreter Ansprechpartner genannt und seine Telefonnummer angegeben ist.

Sie können sich auch erst mal ganz bequem von zu Hause aus bei der Bundesagentur für Arbeit nach einem Job umsehen. Wie das geht? Übers Internet. Klicken Sie www.arbeitsagentur. de an. Sie werden überrascht sein, was für ein übersichtliches Portal Sie erwartet (siehe Abbildung 3.1).

Abbildung 3.1: Sie bietet eine übersichtliche Orientierungshilfe: Die Bundesagentur für Arbeit.

Viel Spaß bei Ihrer Stellensuche. Mal sehen, was das Internet noch so alles zu bieten hat.

Im Netz der Netze: Stellenanzeigen im Internet

Es ist gigantisch, dieses Internet-Netz! Sie haben hier absolut die größten Auswahlmöglichkeiten, nach Ihrem Job zu suchen. Sie werden mit einer Fülle von Internet-Stellenanbietern überhäuft! Testen Sie, was Ihnen geboten wird, denn sämtliche Anbieter haben einen ähnlichen Aufbau:

Auf einer Seitenhälfte finden Sie in aller Regel eine Übersicht, die bereits eine differenzierte Unterteilung vornimmt und unter anderem einen Link »Neu bei ...« oder »Für Bewerber« enthält.

Hier erfahren Sie ausführlich, wie Sie sich innerhalb der aufgerufenen Seite am einfachsten orientieren. Das kann zum Beispiel so aussehen wie in Abbildung 3.2.

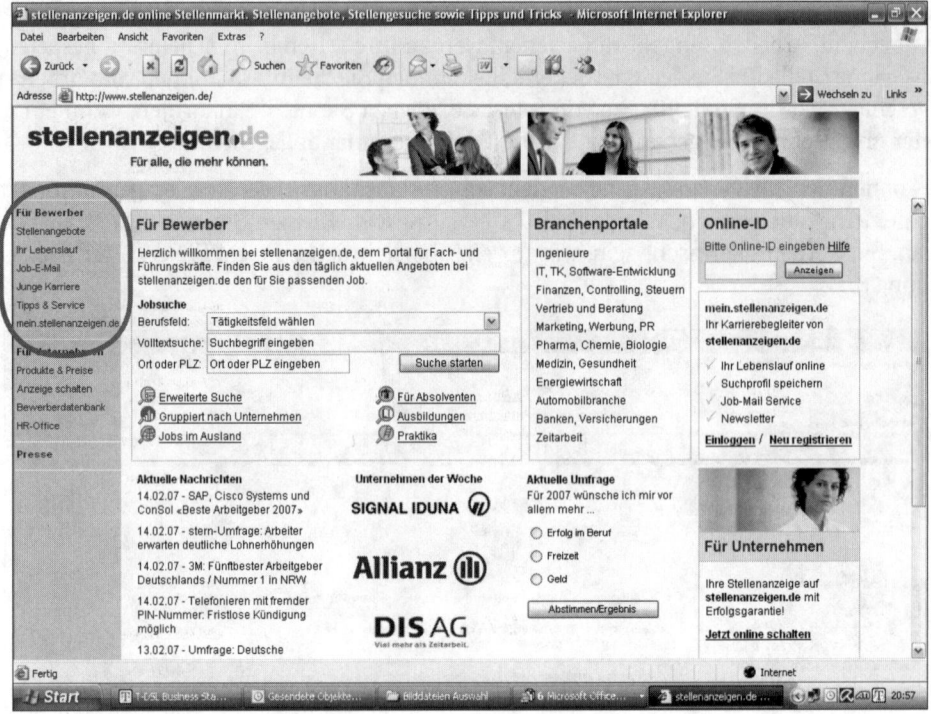

Abbildung 3.2: Der erste Schritt: Infos für Bewerber

Die Jobsuche selbst ist ebenfalls differenziert, um durch konkrete Auswahlkriterien die für Sie möglichst passenden Jobangebote auszuwählen. Sie werden aufgefordert, folgende Eingaben zu machen:

✔ **In welchem Berufsfeld oder Fachbereich suchen Sie einen Job?**

Hier werden alle Berufsfelder oder Fachbereiche unter größeren Überschriften zusammengefasst, beginnend von A – wie Aus- und Weiterbildung über T – wie Technische Berufe bis hin zu V – wie Vertrieb, Marketing usw.

✔ **In welcher Region wollen Sie arbeiten?**

Ihre Wunschregion kann hier bei manchen Anbietern mit Eingabe der Postleitzahl sehr konkret angeben werden; ebenso denkbar ist aber auch die Angabe einer weltweiten Mobilität.

✔ **Welche Form der Beschäftigung streben Sie an?**

Hier kann die Frage gemeint sein, ob Sie eine Einstiegsposition, eine Führungsaufgabe usw. suchen – oder aber ob Sie Voll- oder Teilzeit arbeiten, ein Praktikum machen wollen und so weiter.

In der Praxis »sticht« Ihnen dieses Suchportal immer direkt ins Auge, weil es den Hauptteil der Internetseite in Anspruch nimmt (siehe Abbildung 3.3).

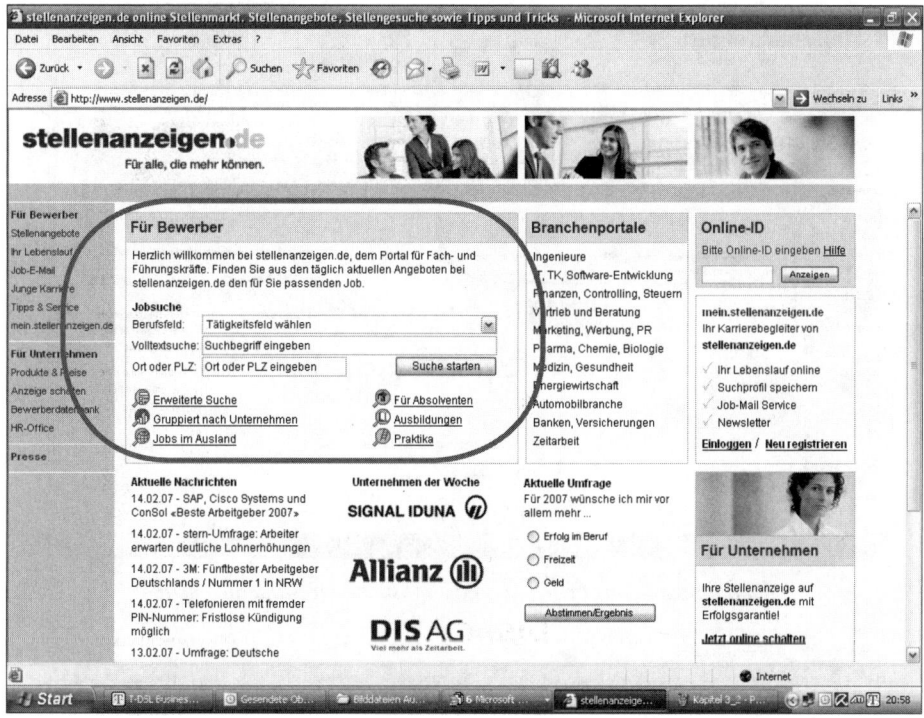

Abbildung 3.3: Es ist für jeden was dabei: Treffen Sie Ihre Auswahl.

Für Hochschulabsolventen ist eine extra Suchseite eingerichtet (siehe Abbildung 3.4), auf der Sie nach Ihrer Studienrichtung und oft auch einer Ortsangabe gefragt werden. So können Ihnen gleich passende Angebote in Ihrem Umfeld angeboten werden. Denken Sie daran, sich im Rahmen Ihrer Jobsuche auch räumlich zu verändern? Kein Problem: Sie können hier auch Ihren Wunsch-Ort eingeben und erfahren ganz schnell, ob Sie dort eine Chance auf einen Job haben.

Ebenso einfach können Sie nach einer passenden Ausbildungsstelle suchen (siehe Abbildung 3.5).

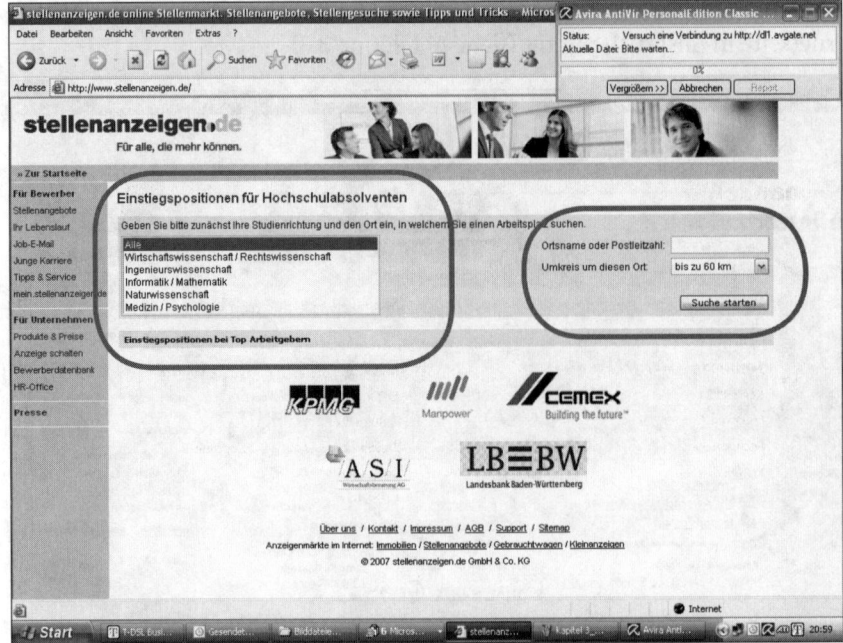

Abbildung 3.4: So einfach kann die Jobsuche für Studenten sein.

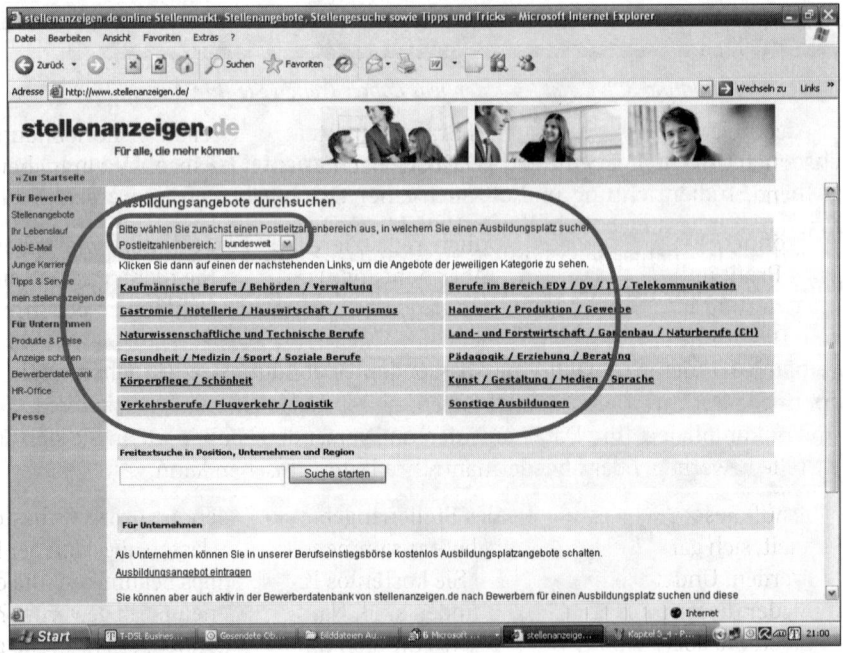

Abbildung 3.5: Wer hat den Traumausbildungsplatz für Sie? Schauen Sie doch mal nach.

Oder nach einem Praktikumsplatz (siehe Abbildung 3.6).

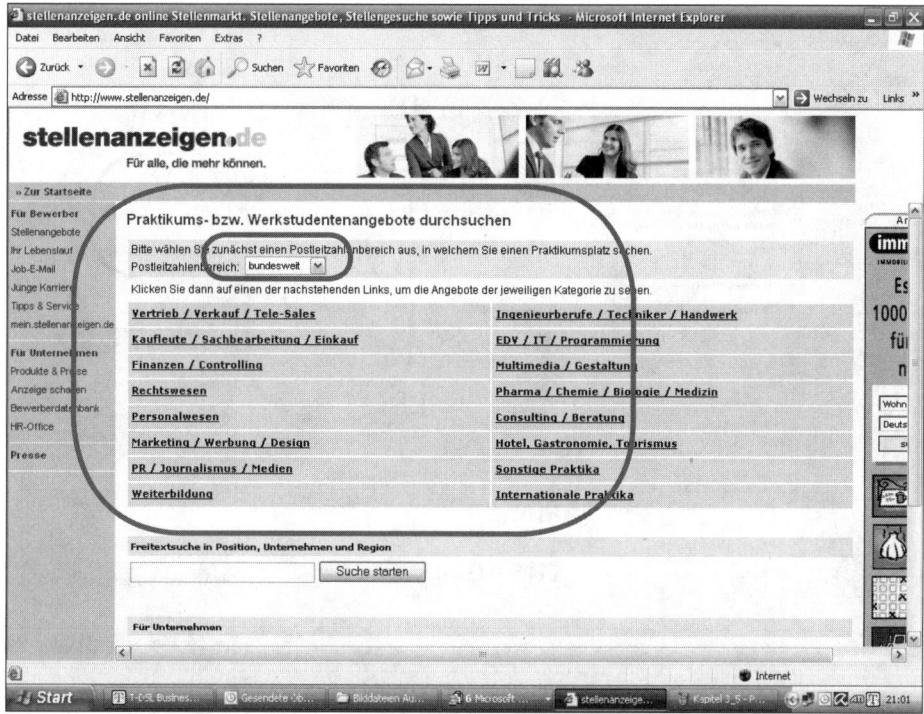

Abbildung 3.6: Sie suchen einen Praktikumsplatz? Hier geht's lang!

Viele Jobanbieter bieten die Möglichkeit, auf Branchenportale zuzugreifen (siehe Abbildung 3.7). Das hat natürlich Charme, wenn Sie auf der Suche nach einem ganz speziellen branchenspezifischen Job sind.

Außerdem können Sie sich auch persönlich registrieren und Ihre Daten, wie Lebenslauf, persönliches Profil und mehr speichern. Aber Achtung: Vergessen Sie nicht, dass Sie sich mit dieser Registrierung ins Internet stellen und andere so relativ einfach Zugriff auf Ihre Daten bekommen. Das könnte ganz schön unangenehm werden, wenn Sie in einem ungekündigten Arbeitsverhältnis stehen und Ihr »Noch«-Arbeitgeber Wind davon bekommt. Prüfen Sie deshalb vorab, ob nur Sie auf Ihre Daten Zugriff haben, dieses Abspeichern also dazu dient, dass Sie einfach und unkompliziert Ihre Daten aufrufen und versenden können, wenn Sie sich auf eine konkrete Stelle bewerben, oder ob jedermann Ihre Daten einsehen kann.

Die Chance, auf diesem Weg ein passendes Stellenangebot zu finden, ist groß! Es besteht oft die Möglichkeit, sich ganz gezielte Jobangebote zusammenstellen zu lassen, die dann per E-Mail zugesandt werden. Und zusätzlich können Sie kostenlos Karrieretipps bekommen, die ebenso nahezu auf jeder dieser Internetseiten zu finden sind. Na, sind Sie neugierig geworden? Denn man los! Surfen Sie doch mal ein bisschen. Wo Sie sich umsehen können, erfahren Sie gleich.

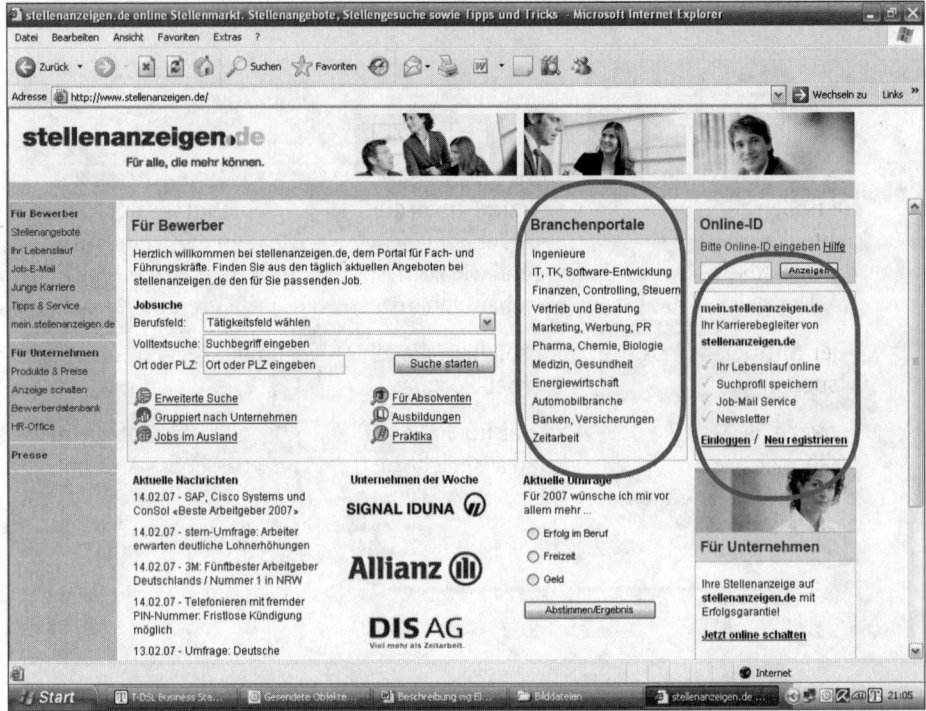

Abbildung 3.7: So einfach können Sie andere auf sich aufmerksam machen.

Finden Sie Ihren Job online

Die Angebotspalette von Jobrobots und Jobbörsen im Internet scheint endlos zu sein. Einige der Anbieter werden Ihnen nachstehend kurz vorgestellt. Vielleicht haben Sie ja Lust, mal bei dem einen oder anderen reinzuschnuppern? Nur Mut – es passiert Ihnen schon nichts. Ganz im Gegenteil: Probieren Sie die einzelnen Anbieter in aller Ruhe aus. Könnte doch sein, dass die Ihren Traumjob haben.

✔ www.arbeitsagentur.de ist eine Jobbörse mit Stellenangeboten aus allen Berufssparten. Neben dem Zugriff auf angebotene Stellen besteht die Möglichkeit, den eigenen Lebenslauf einzustellen und damit Unternehmen die Chance zu geben, bei Interesse mit Ihnen direkt in Verbindung zu treten.

✔ www.jobscanner.de durchsucht für Sie die Websites von Unternehmen nach aktuellen Stellenangeboten.

✔ www.stepstone.de ist eine Jobbörse für alle Berufsgruppen. Wenn Sie Ihren Lebenslauf hier ins Netz stellen, durchforstet der JobAgent regelmäßig Internet-Stellenangebote nach Ihren vorgegebenen Kriterien und informiert Sie via E-Mail.

✔ www.jobscout24.de bietet eine sehr detaillierte Job-Such-Plattform für alle Berufssparten.

✔ www.monster.de ist nach eigenen Angaben die weltweit größte Jobbörse. Infos bezüglich neuen oder dem eigenen Profil entsprechenden Stellenangeboten erhalten Sie per E-Mail.

✔ www.jobonline.de bietet neben den Stellenanzeigen auch für Ausbildungsplatzsuchende Angebote.

Es gibt eine Vielzahl weiterer Jobbörsen, unter anderem mit Angeboten für spezielle Branchen. Diese finden Sie ebenso unkompliziert über die gängigen Suchmaschinen, indem Sie in dem Suchfeld zum Beispiel eingeben: »Jobbörse +IT«. Sie erhalten dann eine Auswahl von Anbietern speziell die IT-Branche betreffend wie zum Beispiel: www.it-jobtreff.de oder www.itsteps.de. Das geht mit anderen Branchen genauso einfach. Probieren Sie es aus.

Für Bewerber mit Berufserfahrung und solchen, die eine Anstellung als Fach- und/oder Führungskraft suchen, gibt es spezielle Internet-Portale:

✔ www.jobware.de ist ein Karriereportal für Fach- und Führungskräfte. Unter einem Abo-Service können Sie Ihre Suchkriterien abspeichern; kommt ein passendes Angebot, werden Sie kostenfrei via E-Mail informiert.

✔ www.consultants.de ist eine Jobbörse für Fach- und Führungskräfte aus allen Branchen.

Sie haben selbstverständlich auch die Möglichkeit, gezielt auf der Internet-Seite Ihres Wunscharbeitgebers nachzusehen, in welchen konkreten Themenbereichen Jobs angeboten werden. So können Sie recht einfach checken, ob Sie bzw. Ihr Job auch tatsächlich gefragt sind und sich somit Ihre Bewerbung auch lohnt.

Vielseitig und abwechslungsreich: Messen

Messen bieten eine interessante Plattform insbesondere für Studenten. Häufig werden Job-Messen direkt an und in Zusammenarbeit mit Hochschulen veranstaltet. Im Rahmen einer Job-Messe präsentieren sich viele verschiedene Unternehmen auf der Suche nach:

✔ Praktikanten

✔ Diplomanten

✔ Werksstudenten

✔ festen Mitarbeitern

Bei solchen Messen gibt es ein erstes Beschnuppern von Unternehmern und Bewerbern: Workshops und Roundtable-Gespräche machen's möglich. Schaffen Sie es, einen potenziellen Arbeitgeber besonders neugierig zu machen, kann es Ihnen passieren, dass Sie bereits vor Ort ein Einzelinterview absolvieren dürfen. Wie das geht, zeigt Ihnen Kapitel 10, *So läuft's im Vorstellungsgespräch.*

 Bezeichnet werden dieses Jobmessen auch als Hochschulkontaktmessen und Firmenkontaktmessen. Oft finden Sie im Internet unter den Websites der verschiedenen Messen neben den Unternehmen, die sich präsentieren, die einzelnen Tagesabläufe. Hier können Sie sich über für Sie interessante Themen informieren und

sich zu Workshops und/oder Roundtable-Gesprächen anmelden. Sie können sich Unterlagen auch zuschicken lassen und Ihre Anmeldung brieflich, per Fax oder telefonisch vornehmen.

Nicht zu unterschätzen: Das persönliche Netzwerk

Sie sind nicht zu unterschätzen: persönliche Beziehungsgeflechte!

Sie kennen das: Herrmann kennt Meier, Meier kennt Schulze, Schulze wiederum kennt Müller und gerade DER sucht jemanden wie Sie! Mit Ihren Qualifikationen, Ihrer Arbeitsmoral und Ihren Vorstellungen ... und schon kommen Sie zu *Ihrem* Job, ohne sich den Qualen des Bewerbens aussetzen zu müssen. Nutzen Sie bestehende Beziehungen!

Aber bitte diskret! Womöglich stehen Sie in einem ungekündigten Berufsverhältnis, dann wäre es schon sehr ärgerlich, wenn plötzlich wegen des Geredes über Sie Ihre Vertrauenswürdigkeit und Loyalität von Ihrem »Noch«-Arbeitgeber in Frage gestellt würde. Deswegen verweisen Sie auch bei der Mundpropaganda darauf, dass Ihnen sehr viel an der vertraulichen Behandlung Ihrer Interessen liegt.

Es gibt auch noch andere Netzwerke, zum Beispiel Berufsnetzwerke, Frauennetzwerke oder branchenspezifische Netzwerke. Die haben einiges zu bieten:

✔ eine Orientierungsmöglichkeit – bei Berufsnetzwerken insbesondere für Berufsanfänger

✔ breite gezielte Informationen und Wissensvermittlung und dadurch Informations- und Erfahrungsaustausch

✔ die Möglichkeit, Kontakte und Verbindungen herzustellen

✔ bei der Berufs- und Karriereplanung zu unterstützen, vor allem durch die Vermittlung entsprechender Weiterbildungsangebote, und dadurch auch vorhandene Kompetenzen auszubauen.

Wo finden Sie diese Netzwerke? Genau: am einfachsten übers Internet. Sie haben schnell gelernt! Mal sehen, wie es nun weitergeht.

Der richtige Zeitpunkt für Ihre Bewerbung

Dass Sie Ihre Bewerbung erst dann losschicken, wenn Sie alle notwendigen Unterlagen zusammengestellt haben, versteht sich von selbst. Damit sollten Sie sich aber nicht zu lange Zeit lassen. Es gibt hinsichtlich des zeitlichen Absendens Ihrer Bewerbungsunterlagen einige Aspekte, die Sie berücksichtigen sollten.

Auf klassische Anzeigen

Haben Sie eine Stellenanzeige gefunden, auf die Sie sich bewerben wollen und in dieser Stellenanzeige steht »Bitte bewerben Sie sich mit Ihren aussagekräftigen Bewerbungsunterlagen bis zum ...«,

✔ dann sollten Sie **nicht sofort** Ihre Bewerbungsunterlagen in die Post geben – denn das zeigt dem Unternehmen deutlich, dass Sie schon in den Startlöchern sitzen, sich verändern wollen oder müssen und just auf diese Anzeige gewartet haben,

✔ aber auch **nicht bis zur letzten Sekunde warten** – es könnte sonst sein, dass Sie das Motto trifft: »Den Letzten beißen die Hunde« und das Unternehmen bereits eine solche Flut von interessanten Bewerbungen erhalten hat, dass es Ihre Unterlagen erst gar nicht mehr anschaut, sondern postwendend mit einem freundlichen Absagebrief zurückschickt.

 Wenn Sie also in der Zeitung oder Zeitschrift von heute Ihre Stellenanzeige entdecken, dann stellen Sie in aller Ruhe innerhalb der nächsten zwei bis drei Tage Ihre Unterlagen zusammen und geben am 3. oder 4. Tag (immer unter Beachtung der Abgabefrist!) Ihre gesamte Bewerbungsmappe in die Post. Es gilt in aller Regel eine Bewerbungsfrist von zwei Wochen. Länger sollten Sie sich deshalb auf keinen Fall Zeit lassen.

Damit signalisieren Sie dem Unternehmen, dass Sie sich Zeit genommen haben, um über das Stellenangebot nachzudenken, und überlegt Ihre Unterlagen zusammengestellt haben. Handeln Sie nach dem Motto »In der Ruhe liegt die Kraft«. Wenn Sie glauben, Sie hätten womöglich schon zu lange gewartet und der Job sei vielleicht schon weg, dann rufen Sie doch einfach bei dem Unternehmen an und fragen freundlich nach, ob das Stellenangebot noch aktuell ist. Wie Sie sich am Telefon geschickt verhalten, erfahren Sie in Teil III *Das bange Warten auf die Rückmeldung.*

Internet/Jobbörsen

Wenn hier wie bei Stellenanzeigen eine konkrete Bewerbungsfrist vorgegeben ist, sollten Sie genauso verfahren wie im vorherigen Absatz beschrieben. Schicken Sie nicht zu früh, aber auch nicht auf den letzten Drücker Ihre Bewerbungsunterlagen an das Unternehmen und überlegen Sie gut, welche Dokumente Sie beifügen.

Oftmals werden Sie aufgefordert, sich online zu bewerben. Wie das geht, wissen Sie aus dem Abschnitt *Die Online-Bewerbung* in Kapitel 1.

Als Berufsstarter oder Student

Sie machen zurzeit eine Ausbildung, haben aber bereits in wenigen Monaten Ihre Abschlussprüfung vor Augen? Dann sollten Sie gleich heute anfangen, nach geeigneten Stellen Ausschau zu halten, sofern Sie nicht von Ihrem derzeitigen Arbeitgeber übernommen werden. Ihr Ausbildungsbetrieb informiert Sie in aller Regel ein gutes halbes Jahr vor Ihrer Abschlussprüfung, ob er Ihnen im Anschluss an Ihre Ausbildung einen festen Arbeitsvertrag anbietet.

 Wenn Ihr Arbeitgeber Sie voraussichtlich nicht übernehmen wird, starten Sie gleich mit der Suche nach einem Anschluss-Job, spätestens drei Monate vor Ende Ihrer Ausbildungszeit!

Da Ihr Ausbildungs- und damit derzeitiges Arbeitsverhältnis mit Bestehen Ihrer Abschlussprüfung endet, sind Sie an keine Kündigungsfristen gebunden und müssen hier keine Rücksicht auf das bestehende Arbeitsverhältnis nehmen.

Wenn Sie gleich nach dem Hochschulabschluss ins Berufsleben einsteigen möchten, rüsten Sie sich rechtzeitig bereits im letzten Studienjahr für Bewerbungen!

 Bewerberauswahlverfahren für Hochschulabsolventen können zwischen drei und sechs Monaten dauern; bei Trainee-Stellen und Volontariaten sind mittlerweile Wartezeiten von bis zu einem Jahr an der Tagesordnung.

Das wollen die von Ihnen – Angebotene Stellen analysieren

Jede Stellenanzeige sieht auf den ersten Blick anders aus, aber fast alle Anzeigen enthalten ähnliche Informationen.

 Wichtig für Sie ist, die unterschiedlichen Informationen zu erfassen und schriftlich festzuhalten, damit Sie immer wieder mit einem Blick nachvollziehen können, was diese Stellenanzeige interessant macht.

Nehmen Sie wieder ein neutrales Blatt Papier und teilen Sie dies in drei Spalten:

✔ **Informationen über das Unternehmen**

✔ **Anforderungen an den Bewerber**

✔ **Was bietet das Unternehmen mir als Mitarbeiter?**

So erhalten Sie übersichtlich alle Informationen, die die Stellenanzeige hergibt!

Das bedeutet, dass Sie jede Stellenanzeige in diese genannten drei Teilbereiche gliedern können. Bei manchen Anzeigen werden Sie die Infos nicht in einem Block, sondern in der Annonce »verteilt« finden. Wie das konkret aussehen kann, erfahren Sie auf den nächsten Seiten in diesem Kapitel.

In einer guten Stellenanzeige sollten zu jedem dieser Bereiche Aussagen getroffen werden, damit Sie einen Überblick bekommen, bei wem Sie sich als was bewerben, was von Ihnen erwartet wird und was Sie dafür bekommen. Stellen Sie fest, dass es kaum Infos gibt, sollte Ihnen zumindest klar werden, dass die Stellenanzeige wenig professionell ist. Zumindest sollten Ihnen die wenigen vorhandenen Angaben Ihre Entscheidung, ob Sie sich auch auf ein solches Stellenangebot bewerben wollen, erleichtern.

Was verlangen die wohl von mir? Anforderungen des Unternehmens

Ihr Arbeitgeber ist natürlich an Ihrer Arbeitsleistung interessiert. Unternehmen wünschen sich, dass Sie fachliche und persönliche Anforderungen erfüllen.

Die *fachlichen* Anforderungen sehen in aller Regel wie folgt aus:

✔ eine abgeschlossene Berufsausbildung

✔ ggf. ein abgeschlossenes Hochschulstudium

✔ nach Möglichkeit erste Berufserfahrungen im erlernten Beruf

✔ sicheren Umgang mit PC und den MS-Office-Programmen

✔ Englischkenntnisse – meist fließend

✔ ggf. weitere Sprachkenntnisse

Das sind die – im Grunde wenigen – fachlichen Voraussetzungen, die Sie mitbringen müssen.

Hinzu kommen *persönliche* Anforderungen:

✔ Ihr »Leistungswille« zählt! Sie arbeiten »engagiert« und »wirtschaftlich«. Arbeitsmengen bewältigen Sie mit der entsprechenden »Arbeitsorganisation« – also bitte nicht nach dem Motto »Das Genie beherrscht das Chaos« – und Sie achten darauf, Ihrem Unternehmen »keine unnötigen Kosten« zu verursachen.

✔ Sie besitzen »Eigeninitiative« ebenso wie »Teamgeist«. Sie arbeiten also gerne mit anderen zusammen, kommunizieren offen und gehen mit Konflikten konstruktiv um. Sie »warten« nicht, bis Sie aufgefordert werden, etwas zu tun – nein! Sie handeln aus eigener Motivation.

✔ Sie sind »verantwortungsbewusst«! Sie überlegen, was Sie wann wie und warum tun, und denken an mögliche Konsequenzen.

✔ Ganz besonders wichtig ist Ihre »Stressresistenz«! Sie bleiben »freundlich«, selbst wenn Sie mit Arbeit zugeschüttet werden, und »setzen Prioritäten richtig«.

Sie merken bereits an den Ausführungen, dass die an Sie persönlich gerichteten Anforderungen einen sehr hohen Stellenwert einnehmen. In Teil IV *Das Vorstellungsgespräch* und Teil V *Das Assessment-Center* erfahren Sie, wie Ihr potenzieller Arbeitgeber durch geschickte Fragen und Übungen herausfindet, ob Sie die gewünschten Eigenschaften, so genannte *Schlüsselqualifikationen*, besitzen.

Und was haben Sie zu bieten?

Sie bieten Ihrem potenziellen Arbeitgeber das Wichtigste und Beste, was Sie haben: sich selbst! Sie haben eine persönliche und berufliche Entwicklung durchlaufen und scheuen sich vor keinerlei Veränderungen, im Gegenteil: Sie sind richtig neugierig, vor allem auf eine neue berufliche Tätigkeit!

In dem Abschnitt *Erstellen Sie Ihr Persönlichkeitsprofil* in Kapitel 2 haben Sie Ihr berufliches und persönliches Profil erarbeitet und schriftlich festgehalten. Sie wissen damit also bereits genau, was Sie zu bieten haben – beruflich wie persönlich!

Es stellt sich jetzt die Frage, passt das, was Sie zu bieten haben, auch zu dem angebotenen Job? Hier reicht es nicht, nur oberflächlich ein Stellenangebot zu überfliegen. Ganz im Gegenteil: Sie müssen schon genau hinsehen, was alles konkret von Ihnen verlangt wird. Und wie machen Sie das? Richtig: indem Sie das Stellenangebot analysieren. Dann können Sie nämlich auch entscheiden, ob sich Ihre Bewerbung lohnt oder nicht. Also lesen Sie weiter.

Telefonische Anfrage – ja oder nein?

Wenn in der Stellenanzeige keine Telefonnummer angegeben ist, sollten Sie nicht anrufen. Ihr Anruf scheint dann nicht unbedingt erwünscht.

Steht eine Telefonnummer in der Anzeige, eventuell sogar mit einem namentlich konkret genannten Ansprechpartner, können Sie die Chance nutzen, durch ein Telefonat einen ersten positiven Eindruck zu hinterlassen.

Greifen Sie ja nicht spontan zum Telefonhörer, sondern bereiten Sie sich unbedingt auf das Gespräch vor! Sie müssen schon genau wissen, was Sie fragen wollen. Es könnte durchaus sein, dass Ihr Gesprächspartner auch Ihnen Fragen stellt (siehe hierzu Kapitel 8, *Gut vorbereitet auf den Anruf des neuen Chefs*).

 Ein bereits geführtes angenehmes Telefonat eignet sich natürlich prima als Einleitungssatz für Ihr Bewerbungsschreiben, in dem Sie sich auf das Gespräch beziehen können (siehe Kapitel 4 *Das wirkungsvolle Anschreiben*).

Beispielanzeigen mit Muster-Analyse

Sie sind schon ganz heiß auf die Analyse, nicht wahr? Das ist schön. Dennoch müssen Sie einen kühlen Kopf bewahren, damit Sie nichts übersehen. Es lassen sich eine Menge Informationen in einer Stellenanzeige verstecken. Nehmen Sie die erste Anzeige, lesen Sie sie komplett durch und dann lassen Sie den Inhalt ein paar Minuten auf sich wirken. Sind Sie gleich begeistert von dem angebotenen Job oder ist da irgendetwas, das Sie zwar noch nicht konkret zuordnen können, das Sie aber irgendwie stört? Nun, wie auch immer Ihr erster Eindruck ist, gehen Sie dem Anzeigentext auf den Grund. Wie? Das sehen Sie gleich.

Anzeige 1:

HERKA GmbH

Wir, die HERKA GmbH, fertigen sowohl in unserem Werk in Hamburg als auch im osteuropäischen Ausland überwiegend anorganische Produkte.

Zur Verstärkung unseres Teams **Marketing und Vertrieb** suchen wir ab sofort einen/eine

Mitarbeiter/in für den Verkauf

Das Aufgabengebiet umfasst die Vermarktung unserer Produktpalette weltweit mit Schwerpunkt in Europa, die eigenverantwortliche Kundenbetreuung und die mit dem Verkauf zusammenhängende Bearbeitung aller kaufmännischen Tätigkeiten. Reisetätigkeit ist möglich.

Sie passen am besten zu uns, wenn Sie folgende Voraussetzungen mitbringen:

✔ Kaufmännische Ausbildung

✔ Berufserfahrung, vorzugsweise im Verkauf der chemischen Industrie

✔ Sicherer Umgang mit PC und MS-Office-Programmen

✔ Englischkenntnisse – verhandlungssicher –

✔ Weitere Fremdsprachen sind von Vorteil

✔ Eigeninitiative und Teamfähigkeit

Wenn Sie zuverlässiges und engagiertes Arbeiten gewohnt sind, richten Sie bitte Ihre schriftliche Bewerbung mit Lebenslauf und Zeugniskopien unter Angabe Ihres frühestmöglichen Eintrittstermins und Ihrer Gehaltsvorstellung an

HERKA GmbH
Personalabteilung
Postfach 13 26 30
22367 Hamburg

Wie? Sie finden, das sieht so wenig aus? Von wegen. Da steht eine ganze Menge in der Anzeige. Fangen Sie mal an, die Infos zu filtern und zu sortieren. Beginnen Sie beim Unternehmen und arbeiten Sie sich zu dem Job durch:

Informationen über das Unternehmen

✔ Fertigt anorganische Produkte, gehört also zur chemischen Industrie

✔ Hat einen Sitz in Hamburg und im osteuropäischen Ausland

Steht da wirklich nicht mehr zum Unternehmen in der Anzeige? Tatsächlich. Okay, dann müssen Sie entscheiden, ob Ihnen diese Angaben erst mal ausreichen. Mal sehen, wie's weitergeht:

Was bietet das Unternehmen mir als Mitarbeiter?

✔ Reisemöglichkeiten

✔ Die Möglichkeit, sehr selbstständig und eigenverantwortlich zu arbeiten

✔ Ein offensichtlich recht umfangreiches Aufgabengebiet

Aha. Und was ist mit finanziellen Anreizen? Oder mit Perspektiven? Was würde Sie denn noch interessieren? Los, schreiben Sie's auf. Oder reichen Ihnen diese Angebote? Und was erwartet das Unternehmen im Gegenzug von Ihnen?

Anforderungen an den Bewerber

✔ *Mobilität,* denn Sie sollen die Produkte weltweit vermarkten, schwerpunktmäßig in Europa.

✔ Hohes *Verantwortungsbewusstsein* und *selbstständiges Arbeiten* sind gefordert, denn Sie sollen die Kunden eigenverantwortlich betreuen.

✔ *Belastbarkeit* und *Organisationsgeschick* sind gefragt, denn Sie sollen alle mit dem Verkauf zusammenhängenden kaufmännischen Arbeiten ebenfalls selbstständig erledigen.

Außerdem werden in der Anzeige weitere persönliche Eigenschaften genannt:

✔ *Eigeninitiative*

✔ *Teamfähigkeit*

✔ *Zuverlässigkeit*

✔ *Engagement*

Dazu kommen die fachlichen Anforderungen:

✔ *Kaufmännische Ausbildung*

✔ *Berufserfahrung* – am besten in der Chemiebranche

✔ *PC-fit*

✔ *Verhandlungssicheres Englisch* und ggf. *weitere Fremdsprachenkenntnisse*

Na, wenn das keine Herausforderung ist! Jetzt erschrecken Sie doch nicht gleich wegen der vielen Anforderungen, die an Sie gestellt werden! Was müssen Sie denn jetzt erst mal machen? Ganz genau: Sie müssen abgleichen, welche Anforderungen Sie erfüllen. Prüfen Sie, wie viele persönliche Anforderungen Sie erfüllen und wie viele fachliche. Nehmen Sie Ihr selbst erarbeitetes Persönlichkeitsprofil aus Kapitel 2 zu Hilfe. Schließlich haben Sie sich so viel Mühe gegeben, um herauszufinden, was Ihnen Spaß macht – also nutzen Sie Ihr Profil jetzt auch!

Und? Wie viele Anforderungen erfüllen Sie? Zwei, drei? Dann werfen Sie das Stellenangebot bitte weg. Es kommt für Sie nicht in Frage. Wenn Sie so wenige Übereinstimmungen haben, aber so vieles gefordert ist, ist doch klar, dass Sie sich eine Absage einfangen, weil auch das

Unternehmen erkennen wird, dass Sie nicht wirklich für den Job passen, und selbst wenn Sie überraschenderweise den Zuschlag bekommen, werden Sie über kurz oder lang in diesem Job nicht glücklich, weil Ihnen die Anforderungen sukzessive über den Kopf wachsen. Das muss doch nun wirklich nicht sein. Sie sollten wenigstens die Hälfte der Anforderungen erfüllen, wenn Sie sich um einen Job bewerben, eine Übereinstimmung von zwei Drittel der Anforderungen und Ihrer Eigenschaften – persönlich wie fachlich – wäre genial. Dass Sie ein Stellenangebot bekommen, dass Ihnen zu hundert Prozent auf den Leib geschnitten ist, ist eher selten, kann aber durchaus auch passieren.

Wenn Sie weniger als die Hälfte an Übereinstimmungen zwischen Anforderungen des Unternehmens und Ihren Voraussetzungen und Eigenschaften haben, der Job Sie aber dennoch reizt, überlegen Sie in aller Ruhe, ob Sie einigen Anforderungen des Unternehmens konkrete und zu dem Job passende Erfahrungen oder andere passende Eigenschaften gegenüberstellen können. Würden Sie jetzt wenigstens die Hälfte der Anforderungen erfüllen? Okay, dann können Sie mutig sein: Bewerben Sie sich! Solange Sie Ihre Bewerbung gut begründen können, haben Sie auf alle Fälle Chancen. Wie das geht, erfahren Sie in Kapitel 9 *Vorbereitung ist alles*.

Wie erkennen Sie denn nun, welche Eigenschaften und Qualifikationen dem Unternehmen wichtig sind?

✔ Bei den Qualifikationen kann es zum Beispiel die Reihenfolge sein, in der die fachlichen Voraussetzungen aufgelistet werden. Worauf besonders Wert gelegt wird, das steht an erster und zweiter Stelle und mit der Länge der Auflistung nimmt der Wichtigkeitsgrad ab.

✔ Genauso gut kann eine Qualifikation, die bei einer Auflistung Richtung Listenende erscheint, durch die Zugabe eines Adjektivs besonders wichtig werden. In der Anzeige 1 werden Englischkenntnisse – *verhandlungssicher* – vorausgesetzt, das bedeutet, dass Sie mit dem normalen Standard-Englisch keine Chance haben.

✔ Wenn Qualifikationen oder Eigenschaften den gleichen Wichtigkeitsgrad haben, stehen sie nebeneinander. In der Anzeige 1 sind zum Beispiel *Eigeninitiative und Teamfähigkeit* in einem Atemzug genannt, das bedeutet, dass beide gleichermaßen wichtig sind.

✔ Ab und an lassen Firmen in ihren Stellenanzeigen die für sie wichtigen Qualifikationen und Eigenschaften fett drucken, um besonders deutlich zu machen, worauf sie Wert legen.

✔ Werden Qualifikationen oder Eigenschaften in der Stellenanzeige zwei- oder gar mehrmals wiederholt, spielen sie ebenfalls eine gewichtige Rolle für die Bewerberauswahl.

Was machen Sie jetzt mit den spärlichen Informationen über das Unternehmen? Nehmen Sie das gute alte Internet! Vielleicht hat das Unternehmen eine Homepage, auf der viele nützliche Informationen zu finden sind. Wie groß das Unternehmen zum Beispiel ist, wie viele Mitarbeiter es hat und was es sonst so alles zu bieten hat. Das hilft Ihnen doch schon mal. Wenige Informationen zum Unternehmen in einer Stellenanzeige bedeuten schließlich nicht, dass das Unternehmen schlecht ist. Es kann sich auch nur um eine ungeschickt formulierte Stellenanzeige handeln.

Sehen Sie sich Anzeige 2 an. Sie haben bereits Anzeige 1 analysiert und wissen, worauf es ankommt. Was erfahren Sie in der Anzeige 2?

Anzeige 2:

Die Mergentaler Zeitung ist die Lokalzeitung für Mergental und die Region. Sie erscheint an 6 Tagen in der Woche mit jeweils aktuellen und interessanten Themen, ausgerichtet an den Bedürfnissen unserer Kunden und Leser. Wir suchen Sie als

Assistent/in des Geschäftsführers

IHRE AUFGABE:

Neben den klassischen Sekretariats- und Assistenzaufgaben unterstützen Sie den Geschäftsführer bei allen operativen, organisatorischen und konzeptionellen Aufgaben. Sie verantworten Marketing- und Sonderverkaufsaktionen und arbeiten an Zukunftsprojekten mit. Sie unterstützen ebenso engagiert unsere Redaktion durch die Vergabe von Redaktions- und Fototerminen und die Pflege des Veranstaltungs kalenders und bewältigen geschickt das Tagesgeschäft.

IHR PROFIL:

Sie verfügen über eine kaufmännische Ausbildung mit Berufserfahrung im Assistenzbereich oder alternativ über ein abgeschlossenes betriebswirtschaftliches Studium. Die deutsche Sprache beherrschen Sie in Wort und Schrift. Die Repräsentation unseres Hauses meistern Sie souverän durch Ihr sicheres und gepflegtes Auftreten. Sie sind ein positiv denkender Mensch, der gerne »die Ärmel hochkrempelt« und bei der Arbeit zupackt. Ausgeprägtes Organisationstalent, Teamfähigkeit, Durchsetzungsstärke, Stressresistenz und Ihr freundliches Wesen runden Ihr Persönlichkeitsbild ab.

INTERESSIERT? Dann freuen Sie sich auf eine interessante Aufgabe in einem sympathischen Team und lebendigem Umfeld. Wir sind auf Ihre aussagekräftigen Bewerbungsunterlagen gespannt.

kaklein@merze.de

oder an

Mergentaler Zeitungsverlag GmbH
Personalabteilung
Frau Karla Klein
Mergentalerstr. 100–112
10334 Mergental

Das sieht nach mächtig vielen Informationen aus, nicht wahr? Jetzt heißt es erst mal sortieren. Was erfahren Sie konkret?

Informationen über das Unternehmen

✔ Es ist eine Lokalzeitung, die an sechs Wochentagen erscheint.

Das ist alles. Noch weniger Informationen als in Anzeige 1. Aber Sie wissen ja, wie Sie damit umzugehen haben und wie Sie mehr über die Firma erfahren können. Hey, Sie haben gut aufgepasst! Alle Achtung. Weiter geht's.

Was bietet das Unternehmen mir als Mitarbeiter?

✔ Die Mitarbeit in einem sympathischen Team

✔ Ein lebendiges Umfeld

Klingt nett, oder? Wieder nix mit finanziellen Leistungen oder Sozialleistungen. Aber immerhin hört es sich so an, als wäre das kollegiale Klima richtig gut. Das ist doch schon mal was. Was wird nun diesmal von Ihnen verlangt?

Anforderungen an den Bewerber

Fachliche Anforderungen

✔ Sie sollen die klassischen Sekretariats- und Assistenzaufgaben beherrschen. Außerdem wird Berufserfahrung im Assistenzbereich oder ein abgeschlossenes betriebswirtschaftliches Studium verlangt. Was sagen Ihnen diese Aussagen? Richtig: Es wird sehr großer Wert darauf gelegt, dass Sie im Assistenzbereich fit sind!

✔ Weiter wird eine kaufmännische Ausbildung verlangt. Dazu passt auch, dass Sie den Geschäftsführer in allen operativen, organisatorischen und konzeptionellen Bereichen unterstützen werden und ebenso die gesamte Redaktion in nahezu allen Bereichen unterstützen dürfen. An Zukunftsprojekten werden Sie ebenfalls mitarbeiten.

✔ Perfektes Deutsch ist erforderlich. Und da es schon »perfekt« verlangt wird, ist es dem Unternehmen ganz besonders wichtig!

Welche persönlichen Eigenschaften werden denn bei Ihnen vorausgesetzt?

✔ Sie sollen *repräsentieren* können, also öffentlich auftreten und so die Firma repräsentieren können. Dazu passt auch, dass Sie ein *gepflegtes äußeres Erscheinungsbild* abgeben.

✔ *Souverän* sollen Sie sein. Also brauchen Sie schon ein gewisses Maß an Selbstsicherheit und Selbstbewusstsein. Aber bitte werden Sie nicht überheblich.

✔ Sie haben offensichtlich Arbeitsmassen zu bewältigen. Deswegen müssen Sie richtig gut *belastbar* und *stressresistent* sein.

✔ Ein ausgeprägtes *Organisationstalent* gehört dazu, dass Sie mit diesen Arbeitsmassen klarkommen.

✔ Deswegen brauchen Sie auch *Engagement, Teamfähigkeit*, gepaart mit *Durchsetzungsstärke*, damit Sie nicht gnadenlos in der Arbeit untergehen.

Wow! Reizt Sie diese Anzeige? Da wird Ihnen schon eine ganze Menge abverlangt. Jetzt kommt es natürlich wieder darauf an, inwieweit Sie diesen ganzen Anforderungen gewachsen sind. Los, checken Sie, welche Anforderungen Sie erfüllen, welchen Sie womöglich andere passende Erfahrungen entgegensetzen können und was so gar nicht für Sie passt. Dann überlegen Sie sich, was Sie noch so über oder von Ihrem potenziellen Arbeitgeber wissen wollen. Notieren Sie sich alle Fragen, die Ihnen einfallen. Warum das so wichtig ist, erfahren Sie in Kapitel 11, *Fragen, auf die Sie vorbereitet sein sollten*.

Und jetzt? Was wohl: Wenn Ihnen die an Sie gestellten Anforderungen und die dafür gebotenen Leistungen gefallen, dann los! Worauf warten Sie noch! Auf zum Schreibtisch und ran ans Bewerbungsschreiben!

Teil II

Die Bewerbungsunterlagen druckreif machen

In diesem Teil ...

Um es gleich vorweg zu sagen: Mit einem Nullachtfünfzehn-Anschreiben werden Sie wenig Erfolg haben. Ihr potenzieller neuer Arbeitgeber erkennt, ob Sie sich beim Verfassen Ihres Anschreibens Gedanken gemacht und die Stellenanzeige analysiert haben oder ob Sie einfach nur die üblichen Bewerbungsphrasen aneinandergehängt haben.

Ihre Bewerbung ist Ihre ganz persönliche Visitenkarte! Also nehmen Sie sich bitte Zeit, um diese wirkungsvoll zu gestalten.

In Kapitel 4 erfahren Sie, wie Sie ein interessantes und den Leser neugierig machendes Anschreiben verfassen, und Kapitel 5 zeigt Ihnen, wie abwechslungsreich Lebensläufe sein können. In Kapitel 6 lernen Sie, wie Sie geschickt Ihre kompletten Bewerbungsunterlagen aufbereiten.

Das wirkungsvolle Anschreiben

In diesem Kapitel

▶ Unbedingt zu beachten!

▶ Die richtigen Formulierungen

▶ Optisch ansprechend

Ohne sie geht nichts: Die AIDA-Formel

Die Werbebranche versucht, Sie mit interessanter und ansprechender Werbung gezielt als Kunden zu gewinnen. Dabei hilft die AIDA-Formel:

Attention – Interest – Desire – Action!

Klingt klasse, oder? Ihr Anschreiben sollte analog dieser strategischen Formel aufgebaut sein, kurz, aussagekräftig, die wichtigsten Infos auf den Punkt gebracht. Ihr potenzieller neuer Arbeitgeber liest Ihr Anschreiben und würde Sie am liebsten sofort persönlich kennen lernen. Postwendend kommt dann die Einladung zum Vorstellungsgespräch.

Sie brauchen also ein einmaliges und verdammt gutes Anschreiben!

 Wichtig ist, dass Sie versuchen, sich in den Entscheider hineinzufühlen:

Was genau will er von Ihnen wissen/lesen:

✔ Wie interessiert sind Sie an der Stelle?

✔ Warum bewerben Sie sich?

✔ Welche Qualifikationen haben Sie?

✔ Werden Sie den in der Anzeige formulierten Anforderungen – fachlich wie persönlich – gerecht?

✔ Welche (Berufs-)Erfahrungen bringen Sie mit?

✔ Wann können Sie Ihre neue Stelle antreten?

✔ Welche Gehaltsvorstellungen haben Sie?

Nutzen Sie die von Ihnen vorgenommene Stellenanalyse (siehe Kapitel 3 *Anzeigen auswerten*)! Mit der Stellenanalyse haben Sie genau erarbeitet, was konkret von Ihnen gefordert wird. Und damit können Sie Ihr Anschreiben starten.

Denken Sie daran, nicht was Sie wollen, sondern was Sie dem Unternehmen bringen, ist für den Personalverantwortlichen von Interesse! Schließlich hat jedes Unternehmen bestimmte Aufgaben zu erfüllen und sucht hierfür die optimalen Mitarbeiter.

Die inhaltliche Gestaltung

Aus der Schule kennen Sie noch das allseits beliebte Thema: Aufsatz schreiben! Es ist jetzt wieder aktuell: Ihr Anschreiben ist nichts anderes – nur kürzer!

✔ Sie starten mit einer Einleitung: Hier informieren Sie, dass und als was Sie sich bewerben.

✔ Dann kommt der Hauptteil: Sie beschreiben kurz Ihre beruflichen Haupttätigkeiten beziehungsweise das, was Sie aktuell machen, und rücken Ihre Stärken in den Mittelpunkt.

✔ und dann sagen Sie freundlich *Ciao.*

Was Sie genau schreiben, hängt natürlich davon ab, ob Sie sich »einfach so« bei einer Firma bewerben oder auf eine konkrete Stellenausschreibung.

In der Kürze liegt die Würze!

Klar, kurz und prägnant, das ist wichtig, also:

✔ Optimal ist die Länge einer DIN-A4-Seite.

✔ Maximal sollte Ihr Anschreiben zwei DIN-A4-Seiten lang sein.

✔ Wenn Ihnen diese maximale Länge nicht ausreichen sollte, weil Sie glauben, noch weitere zusätzlich wichtige Informationen zu haben, dann formulieren Sie diese persönlichen Botschaften lieber auf einer separaten Seite: *»Was Sie sonst noch über mich wissen sollten«* (wie das aussieht, lesen Sie in Kapitel 5 unter *Zusätzliche Informationen*).

»Hiermit bewerbe ich mich auf Ihre Anzeige vom ...«

Wie Sie sich auf eine konkrete Stellenanzeige beweben, zeige ich Ihnen am besten an einem Beispiel. Nehmen Sie die Stellenanzeige 1, die Sie schon aus Kapitel 3 kennen.

Sie finden diese Stellenanzeige als Web-Download unter: `http://www.wiley-vch.de/publish/dt/books/ISBN3-527-70325-X`.

Anzeige 1:

HERKA GmbH

Wir, die HERKA GmbH, fertigen sowohl in unserem Werk in Hamburg als auch im osteuropäischen Ausland überwiegend anorganische Produkte.

Zur Verstärkung unseres Teams **Marketing und Vertrieb** suchen wir ab sofort einen/eine

Mitarbeiter/in für den Verkauf

Das Aufgabengebiet umfasst die Vermarktung unserer Produktpalette weltweit mit Schwerpunkt in Europa, die eigenverantwortliche Kundenbetreuung und die mit dem Verkauf zusammenhängende Bearbeitung aller kaufmännischen Tätigkeiten. Reisetätigkeit ist möglich.

Sie passen am besten zu uns, wenn Sie folgende Voraussetzungen mitbringen:

✔ Kaufmännische Ausbildung

✔ Berufserfahrung, vorzugsweise im Verkauf der chemischen Industrie

✔ Sicherer Umgang mit PC und MS-Office-Programmen

✔ Englischkenntnisse – verhandlungssicher –

✔ Weitere Fremdsprachen sind von Vorteil

✔ Eigeninitiative und Teamfähigkeit

Wenn Sie zuverlässiges und engagiertes Arbeiten gewohnt sind, richten Sie bitte Ihre schriftliche Bewerbung mit Lebenslauf und Zeugniskopien unter Angabe Ihres frühestmöglichen Eintrittstermins und Ihrer Gehaltsvorstellung an

HERKA GmbH
Personalabteilung
Postfach 13 26 30
22367 Hamburg

Die HERKA GmbH wünscht sich einen/eine Mitarbeiter/in für den Verkauf. Sie selbst haben diese Stellenanzeige ausführlich analysiert und festgestellt, dass eine mobile, zuverlässige und engagierte Person gesucht wird. Prima! Dann wissen Sie, wie Sie Ihr Anschreiben sofort beginnen können:

»*Sehr geehrte Damen und Herren,*

Sie suchen einen zuverlässigen, engagierten und mobilen Mitarbeiter für den Verkauf. Da ich diese Eigenschaften habe und zudem gerne Verantwortung übernehme, bewerbe ich mich auf Ihre Stellenanzeige vom ...«

Das klingt doch gleich viel ansprechender als die so häufig verwendete allgemeine Floskel:

»*Sehr geehrte Damen und Herren,*

*Ihr Stellenangebot in der xy-Zeitung vom ... hat mich angesprochen, weil ... *«

So fangen 80 Prozent der Bewerbungsschreiben an, Sie wollen aber zu den wenigen 20 Prozent gehören, deren Anschreiben auch gleich interessant wirkt!

Greifen Sie weitere Aspekte aus der Stellenanzeige auf, zum Beispiel:

> »Sehr geehrte Damen und Herren,
>
> Sie sind ein führender Hersteller anorganischer Produkte auf der Suche nach motivierten und verantwortungsbewussten Mitarbeitern. Gerne möchte ich Ihr Team ergänzen. Eigenverantwortliches Arbeiten bin ich durch meine derzeitige Tätigkeit als ... gewohnt. ...«

oder

> »Sehr geehrte Damen und Herren,
>
> Sie suchen Mitarbeiter mit einer abgeschlossenen kaufmännischen Ausbildung und bereits entsprechender Berufserfahrung im chemischen Bereich. Seit ... Jahren arbeite ich als Kundenbetreuer und verantworte eigenständig den Bereich Z ... «

Sie können auch einen »peppigen Einstieg« wählen:

> »Sehr geehrte Damen und Herren,
>
> Sie glauben, mobile, motivierte und verantwortungsbewusste Mitarbeiter sind nur schwer zu finden? Irrtum! Zuverlässiges und engagiertes Arbeiten sind für mich eine Selbstverständlichkeit. Gerne betreue ich Ihre Kunden individuell und vor Ort ... «

Sie wecken mit diesem peppig-frechen Stil tatsächlich die Neugierde der Leser! Und wer neugierig ist, will mehr wissen – und Sie persönlich kennen lernen! Ziel erreicht: Ihr Anschreiben hat seinen Zweck erfüllt.

Wer es nicht ganz so peppig mag, kann auch durchaus mit einem »neutraleren« Stil zum Erfolg kommen. Das geht ganz einfach.

Nehmen Sie dazu die Stellenanzeige 2, die Sie in Kapitel 3 kennen gelernt haben. Auch diese Stellenanzeige können Sie downloaden unter: `http://www.wiley-vch.de/publish/dt/books/ISBN3-527-70325-X`.

Anzeige 2:

Die Mergentaler Zeitung ist die Lokalzeitung für Mergental und die Region. Sie erscheint an 6 Tagen in der Woche mit jeweils aktuellen und interessanten Themen, ausgerichtet an den Bedürfnissen unserer Kunden und Leser. Wir suchen Sie als

Assistent/in des Geschäftsführers

IHRE AUFGABE:

Neben den klassischen Sekretariats- und Assistenzaufgaben unterstützen Sie den Geschäftsführer bei allen operativen, organisatorischen und konzeptionellen Aufgaben. Sie verantworten Marketing- und Sonderverkaufsaktionen und arbeiten an Zukunftsprojekten mit. Sie unterstützen ebenso engagiert unsere Redaktion durch die Vergabe von Redaktions- und Fototerminen und die Pflege des Veranstaltungskalenders und bewältigen geschickt das Tagesgeschäft.

IHR PROFIL:

Sie verfügen über eine kaufmännische Ausbildung mit Berufserfahrung im Assistenzbereich oder alternativ über ein abgeschlossenes betriebswirtschaftliches Studium. Die deutsche Sprache beherrschen Sie in Wort und Schrift. Die Repräsentation unseres Hauses meistern Sie souverän durch Ihr sicheres und gepflegtes Auftreten. Sie sind ein positiv denkender Mensch, der gerne »die Ärmel hochkrempelt« und bei der Arbeit zupackt. Ausgeprägtes Organisationstalent, Teamfähigkeit, Durchsetzungsstärke, Stressresistenz und Ihr freundliches Wesen runden Ihr Persönlichkeitsbild ab.

INTERESSIERT? Dann freuen Sie sich auf eine interessante Aufgabe in einem sympathischen Team und lebendigem Umfeld. Wir sind auf Ihre aussagekräftigen Bewerbungsunterlagen gespannt.

kaklein@merze.de

oder an

Mergentaler Zeitungsverlag GmbH
Personalabteilung
Frau Karla Klein
Mergentalerstr. 100–112
10334 Mergental

Jetzt holen Sie sich noch Ihre Stellenanalyse dazu und los geht's:

✔ Sie wissen, was alles von Ihnen gefordert ist und

✔ packen die für Frau Klein wesentlichen und interessantesten Punkte in Ihr Anschreiben.

 Wenn Sie das Anschreiben gerne in Ihren Händen halten wollen, nutzen Sie den Web-Download unter: http://www.wiley-vch.de/publish/dt/books/ISBN3-527-70325-X.

Maike Maier   Malerhain, 27. Januar 2007
Malerstrasse 15
66756 Malerhain
Tel.Nr. 00333/44555

Mergentaler Zeitungsverlag GmbH
Personalabteilung
Frau Karla Klein
Mergentalerstr. 100–112
10334 Mergental

**Ihre Stellenanzeige »Assistentin des Geschäftsführers«
in der xy-Zeitung vom 23. Januar 2007**

Sehr geehrte Frau Klein,

an der ausgeschriebenen Stelle als Assistentin mit Schwerpunkten in organisatorischen, administrativen Angelegenheiten und der Mitwirkung im redaktionellen Bereich habe ich Interesse. Das von Ihnen gewünschte Anforderungsprofil entspricht meinen Kenntnissen und Fähigkeiten und eröffnet mir weitere berufliche Perspektiven.

Nach meiner Ausbildung zur Bürokauffrau habe ich sehr früh Aufgaben im Sekretariats- und Marketingwesen der Fa. XY übernommen. Meine mehrjährige Tätigkeit im Marketingbereich beinhaltete sowohl das selbstständige Planen und Durchführen von Werbe- und Verkaufsaktionen wie auch die permanente Entwicklung neuer Strategien. Seit 2003 bin ich als Assistentin des Leiters Vertrieb tätig.

Das Führen eines Sekretariats auf Basis eigenverantwortlichen Arbeitens mit allen organisatorischen wie administrativen Anforderungen ist für mich ebenso selbstverständlich wie das Arbeiten im Team. Der Umgang mit moderner IuK-Technik gehört in der Betreuung unserer anspruchsvollen Kunden zu meinem derzeitigen Aufgabenspektrum.

Gerne würde ich Sie in einem persönlichen Gespräch kennen lernen, auch um die Aufgabe und meine Fähigkeiten im Detail abzugleichen.

Mit freundlichen Grüßen

Klingt Ihnen zu nüchtern? Nicht wirklich!

Lesen Sie die einzelnen Absätze nochmals in Ruhe durch und vergleichen Sie die getroffenen Aussagen mit dem gewünschten Anforderungsprofil:

In der Stellenanzeige wird ein *organisatorisches Allroundtalent* gesucht, das alle Facetten im Sekretariats- und Assistenzbereich abdeckt und in der Redaktion mitarbeitet.

✔ Dass Sie diesen Wunsch erkannt haben, zeigt bereits der Einleitungssatz Ihres Anschreibens! Sie zeigen dem Leser, dass Sie ihn verstanden haben, und darüber hinaus begründen Sie bereits Ihre Bewerbung, denn die Wünsche können Sie erfüllen!

✔ Mit der Aussage ... *und eröffnet mir weitere berufliche Perspektiven* signalisieren Sie Ihr verstärktes Interesse und Ihre Neugierde auf die kommenden beruflichen Herausforderungen.

Im zweiten Absatz beschreiben Sie kurz Ihre Haupttätigkeiten aus der Vergangenheit und welch Wunder:

✔ Sie haben schon Dinge gemacht, die ebenfalls vom Stellenanbieter gewünscht werden! Sie besitzen eine kaufmännische abgeschlossene Ausbildung und Berufserfahrung!

✔ ... *mehrjährige Tätigkeit im Marketingbereich beinhaltete sowohl das selbstständige Planen und Durchführen von Werbe- und Verkaufsaktionen wie auch die permanente Entwicklung neuer Strategien* heißt, dass Sie wie in der Stellenausschreibung gefordert, Marketing- und Sonderverkaufsaktionen verantworten können und sich freuen, an Zukunftsprojekten mitzuarbeiten. Bingo!

Damit erfüllen Sie bereits 2/3 des gesuchten Profils! Zu 99 Prozent werden Sie jetzt schon zum Vorstellungsgespräch eingeladen ...

Aber Sie wollen ja 100 Prozent!

Die kriegen Sie mit Absatz 3:

✔ ... *Das Führen eines Sekretariats auf Basis eigenverantwortlichen Arbeitens mit allen organisatorischen wie administrativen Anforderungen ist für mich ebenso selbstverständlich wie das Arbeiten im Team. Der Umgang mit moderner IuK-Technik gehört in der Betreuung unserer anspruchsvollen Kunden zu meinem derzeitigen Aufgabenspektrum.*

✔ Sie sind also verantwortungsbewusst, engagiert, teamfähig kundenorientiert und technisch versiert.

Damit erhält Ihr Profil das letzte i-Tüpfelchen und Sie bekommen die heiß ersehnte Einladung zum Vorstellungsgespräch!

Noch leichter ist der Einstieg in Ihr Anschreiben, wenn Sie bereits mit Ihrem potenziellen neuen Arbeitgeber telefoniert haben:

»Vielen Dank für das freundlich informative Telefongespräch am ... «

»Vielen Dank für das ausführliche Gespräch am ... «

Das Datum Ihres Telefonats ist wichtig!

Warum? Ganz einfach: Es war ein tolles und angenehmes Gespräch. Ihr Gesprächs-partner war von Ihnen genauso beeindruckt wie Sie von ihm! Und jetzt weiß er gleich, wer sich hier bewirbt. Er freut sich also, gerade Ihre Bewerbung auf dem Tisch liegen zu haben!

Mich können Sie sicherlich gut gebrauchen! Die Initiativbewerbung

Bevor Sie mit Ihrer Bewerbung loslegen, müssen Sie erst mal wissen, bei wem Sie sich bewer-ben können. Welche Unternehmen gibt es überhaupt in Ihrer Branche? Wie kommen Sie an die Adressen? Internet heißt das Zauberwort! Hier können Sie über *Branchenbücher* Ihr Wunsch-unternehmen finden. Die Webseiten dieser Branchenbücher sind klasse (siehe Abbildung 4.1 und Abbildung 4.2). Sie brauchen nur Ihren Beruf oder die Branche und den Ort einzugeben, wo Sie gerne arbeiten möchten, und schon kommt eine Firmenauswahl. Probieren Sie's aus!

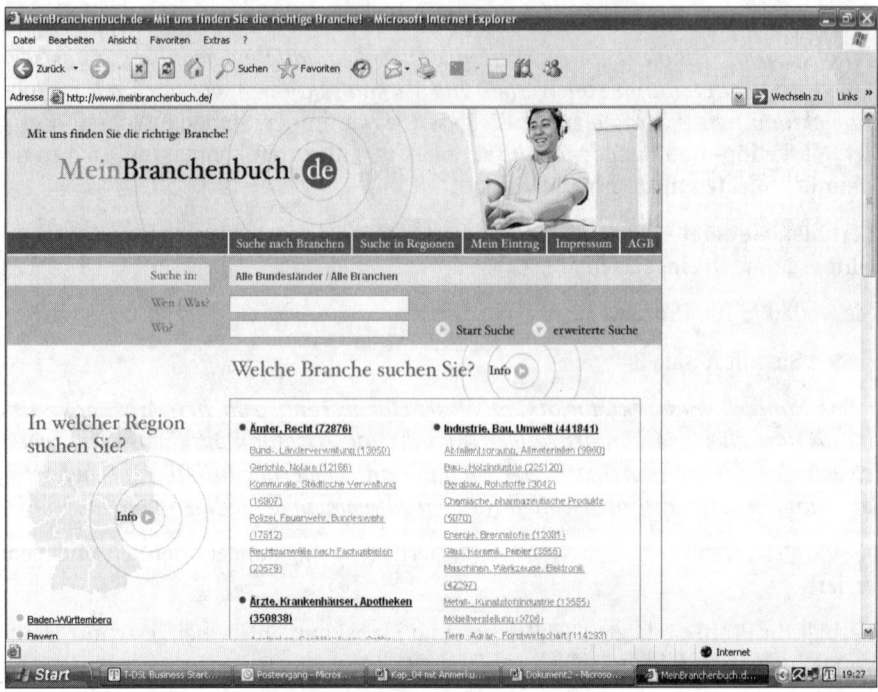

Abbildung 4.1: Immer eine gute Hilfe: Das Branchenbuch

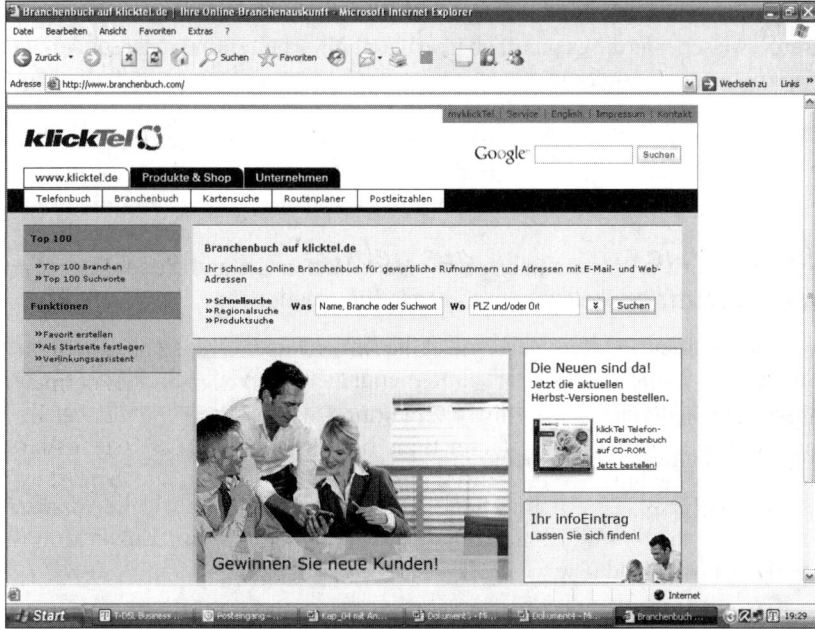

Abbildung 4.2: Auch hier werden Sie ganz leicht fündig.

Auch für Handwerker gibt es Websites, wie Sie in Abbildung 4.3 sehen können.

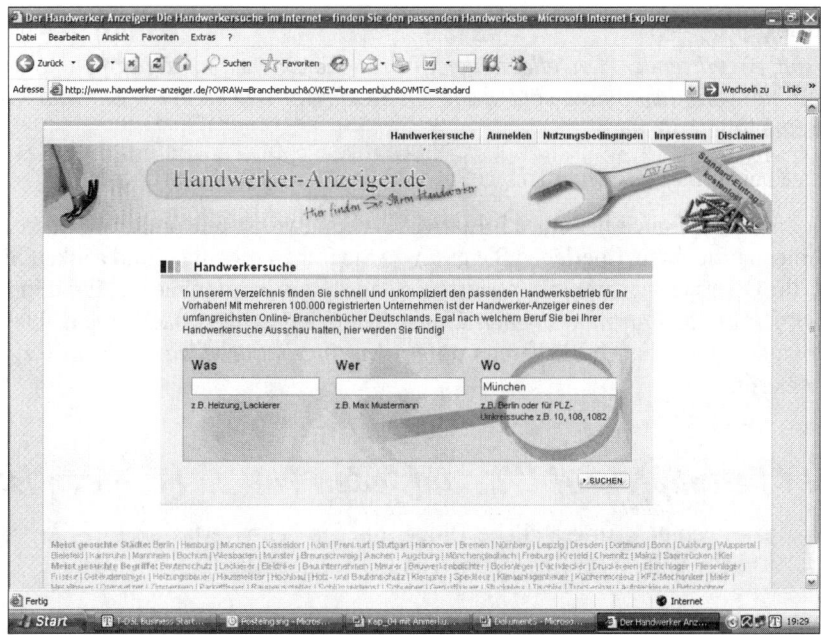

Abbildung 4.3: So können Praktiker ihre Traumfirma finden.

Jetzt ist Ihre Kreativität gefordert! Sie haben an der Mitarbeit in einem bestimmten Unternehmen Interesse, wissen allerdings nicht, ob überhaupt Mitarbeiter und insbesondere in dem von Ihnen bevorzugten Job gesucht werden.

 Informieren Sie sich daher so intensiv wie möglich über das Unternehmen! Wieder mit dem guten alten Internet! Und die Presse – wenn Ihr Unternehmen derzeit »Schlagzeilen« macht, ist sie mitunter ebenfalls ein guter Informant.

Heutzutage hat fast jedes Unternehmen seine eigene Homepage und die studieren Sie erst mal. Der Aufbau ist einfach – Sie bekommen folgende Informationen:

✔ **übers Unternehmen:** Da steht dann meist die Entwicklungsgeschichte des Unternehmens und in welcher Branche das Unternehmen engagiert ist, vielleicht sogar, wie erfolgreich es ist (diese Infos können auch unter *wir über uns* stehen).

✔ **über die Mitarbeiter:** Welche Fachkräfte sind da beschäftigt.

✔ **über Karriere:** Bingo! Das ist Ihre Seite! Hier finden Sie Infos, welche Voraussetzungen potenzielle Mitarbeiter mitbringen müssen, wie die Aufstiegs- und Entwicklungsmöglichkeiten in der Firma sind usw.

Jetzt haben Sie alles, um Ihre »Initiativbewerbung« zu starten.

Mit den Infos über das Unternehmen können Sie zum Beispiel Ihr Anschreiben so starten:

>*»Ihr Unternehmen ist für seine Innovationen insbesondere im Bereich Human Resources bekannt. Als ... könnte ich meine Fähigkeiten in diesem zukunftsweisenden Bereich gut einbringen. Deshalb bewerbe ich mich bei Ihnen. ... «*

>*»Sie sind ein führender Hersteller in der xy-Branche. Da meine Interessen und Neigungen gerade hier von Ausprägung sind, frage ich Sie direkt: Wie kann ich Sie und Ihre Firma am besten unterstützen?«*

Und was Sie bei konkreten Stellenangeboten schreiben, wissen Sie ja schon!

Natürlich können Sie auch bei einer Initiativbewerbung vorab telefonisch Kontakt mit dem Unternehmen aufnehmen. Überlegen Sie gut, was Sie fragen möchten, und denken Sie daran, dass auch Ihr Gesprächspartner interessierte Fragen stellen kann (näheres hierzu in Kapitel 8 *Gut vorbereitet auf den Anruf des neuen Chefs*). Wie Sie geschickt nach einem Telefonat Ihr Anschreiben beginnen, haben Sie bereits unter *»Hiermit bewerbe ich mich auf Ihre Anzeige vom ...«* gelernt.

Vorsicht Fettnäpfchen! Was auf jeden Fall zu beachten ist

Es gibt ein paar wenige grundsätzliche Dinge, die Sie beim Verfassen Ihres Anschreibens unbedingt beachten sollten: Ihr Anschreiben ist KEIN Lebenslauf!

Also wiederholen Sie keine kompletten Passagen aus Ihrem Lebenslauf, vor allem nicht, wie lange Sie welche Tätigkeiten für welchen Arbeitgeber ausgeübt haben. Sämtliche konkreten Zeitangaben liest der Personalverantwortliche in Ihrem Lebenslauf.

Schreiben Sie nicht komplette Formulierungen aus der Stellenanzeige ab!

Konzentrieren Sie sich auf die wesentlichen Anforderungen und formulieren Sie wie im Anschreiben auf die Stellenanzeige 2, wie Sie persönlich diese Anforderungen erfüllen.

Besonders abschreckend sind für jeden Personalverantwortlichen die seit Jahren von vielen Bewerbern verwendeten Phrasen:

»Ich möchte meine berufliche Zukunft in Ihrem Unternehmen gestalten.«

Schön für Sie! Aber das Unternehmen ist an Ihren Leistungen interessiert und nicht an Ihren Vorstellungen!

»Herausforderungen begreife ich als Chance, mich weiterzuentwickeln.«

So? Und was ist mit Ihrem Arbeitgeber? Helfen Sie ihm so, dass er sich auch »weiterentwickelt«?

Diese beiden Phrasen sind nichtssagend. Sie streichen sie am besten aus Ihrem Repertoire!

Sie haben bereits gemerkt, dass es keinen Sinn macht, Ihr persönliches Profil einer Stellenanzeige auf Biegen und Brechen anpassen. Ihre Persönlichkeit und vor allem auch Ihre Qualifikationen müssen zu 2/3 mit den Anforderungen eines Unternehmens übereinstimmen – dann lohnt sich die viele Arbeit und Ihre Bewerbung!

Ja oder nein? Angaben zu möglichem Eintrittstermin

Sie sind arbeitslos? Klasse, dann können Sie sofort bei Ihrem neuen Arbeitgeber anfangen!

Sie sind nicht arbeitslos, sondern in einem festen Arbeitsverhältnis? Dann gibt's ein bisschen was zu beachten:

✔ Sind Sie gerade in der Probezeit?

Gut, dann können Sie jederzeit ohne Angabe von Gründen Ihr Arbeitsverhältnis fristlos kündigen. Sie müssen also Ihrem Chef nicht sagen, dass Sie einen besseren Job gefunden haben!

Was die Probezeit angeht, so kann Ihnen hier auch leider Ihr Arbeitgeber jederzeit fristlos kündigen und muss Ihnen nicht mal sagen, warum – außer die Firma hat einen Betriebsrat. Wenn ein Betriebsrat vorhanden ist, muss dieser vor jeder Kündigung durch den Arbeitgeber angehört werden und ihm muss auch der Grund der Kündigung mitgeteilt werden. Eine Kündigung, ohne dass der Betriebsrat informiert wird, ist in jedem Falle wirkungslos und muss von Ihnen nicht beachtet werden.

Übrigens gelten für die Probezeit noch weitere gesetzliche Bestimmungen:

✔ Sie muss mindestens einen Monat und darf maximal sechs Monate dauern.

✔ Wenn Ihr Arbeitgeber an einen Tarifvertrag gebunden ist wie zum Beispiel in der Banken-, Metall- und Chemiebranche, gibt es einen entsprechenden Tarifvertrag, den Sie mit Ihren Einstellungsunterlagen erhalten. Hier sind die dann allgemein gültigen Probezeit- und auch Kündigungsregelungen festgehalten.

Außerhalb der Probezeit gelten folgende Regelungen:

✔ Die allgemeine gesetzlich gültige Kündigungsfrist sagt, dass Sie sechs Wochen vor Schluss eines Kalendervierteljahres kündigen müssen. Wollen Sie zum 30.09. kündigen? Dann müssen Sie das allerspätestens am 15. August tun!

✔ Ihr Arbeitgeber kann auch individuelle Kündigungsfristen mit Ihnen vereinbaren. Die stehen in Ihrem Arbeitsvertrag und an die müssen Sie sich halten! Längere Kündigungsfristen als gesetzliche heißt, dass Ihr neuer Arbeitgeber auch länger auf Sie warten muss … Das macht er aber gerne, wenn er weiß, dass es sich lohnt, auf Sie zu warten!

Noch ein letzter rechtlicher Hinweis:

Wenn Ihre Kündigungsfrist kürzer als die gesetzliche ist, geht das auch! Allerdings muss sie mindestens einen Monat sein und Ihre Kündigung nur zum Schluss eines Kalendermonats zulassen. Wenn Sie also zum 30.09. kündigen, dann spätestens am 31.08.!

Es gibt noch eine weitere Möglichkeit, aus einem bestehenden Vertragsverhältnis herauszukommen, nämlich mit einem »Auflösungsvertrag«. Das geht aber nur, wenn Ihr Chef einverstanden ist, dass Sie aus seinem Betrieb ausscheiden. Fragen Sie ihn, ob er einen Auflösungsvertrag mit Ihnen schließt, damit Sie nicht die lange Kündigungszeit einhalten müssen. Der Auflösungsvertrag wird dann in beiderseitigen Einvernehmen geschlossen, weil Ihr Chef und Sie ja gemeinsam diesen Vertrag wollen. Achten Sie darauf, dass in Ihrem Auflösungsvertrag steht, dass mit diesem sämtliche bestehende und zukünftige Ansprüche aus Ihrem Arbeitsverhältnis abgegolten sind. Nicht, dass Ihr Arbeitgeber in einem halben Jahr kommt und noch irgendwelche Arbeitsleistungen von Ihnen verlangt!

 Also: Erst Ihren bestehenden Vertrag checken und dann Ihrem neuen Chef sagen, ab wann Sie starten können!

Bei Geld hört die Freundschaft auf

Gehaltsangaben sind eine heiße Kiste! Sie kennen ja das Sprichwort – aber keine Sorge: Ihre berufliche Freundschaft beginnt mit Geld!

 Machen Sie keine »Bauchangaben« und nennen Sie auch keine willenlos überzogenen Vorstellungen. Informieren Sie sich erst einmal über die üblichen Jahresgehälter, die in Ihrem Wunschberuf gezahlt werden. Wie? Ganz einfach: mit dem Internet!

✔ Ausführliche Angaben bietet `www.sueddeutsche.de` – hier sind besonders die Angaben unter *Gehälter nach Branchen* sehr hilfreich (siehe Abbildung 4.4).

Abbildung 4.4: So einfach können Sie herausfinden, was Sie wert sind.

✔ `www.monster.de` ist auch klasse zum »Nachschlagen« (siehe Abbildung 4.5).

Abbildung 4.5: Hier können Sie »Ihren Wert« nochmals prüfen.

✔ Berufseinsteiger und Studenten finden gute Tipps unter www.staufenbiel.de (siehe Abbildung 4.6).

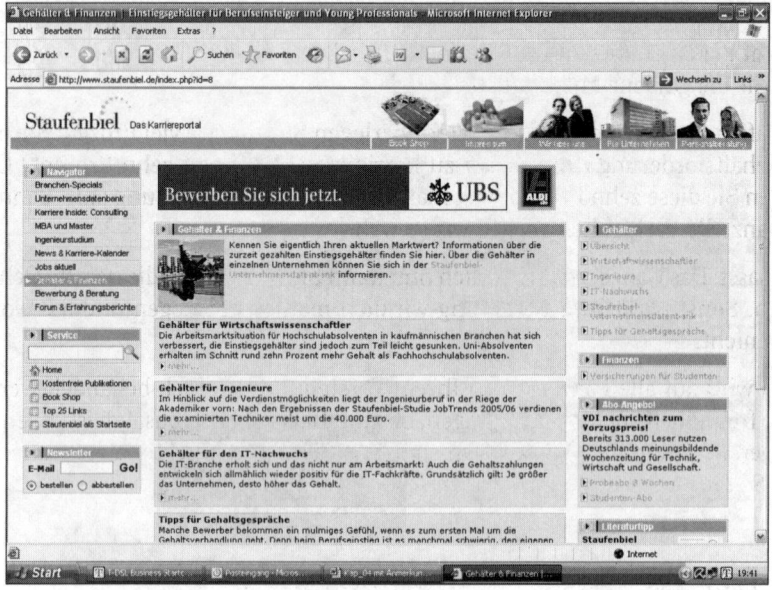

Abbildung 4.6: Eine guter Richtungsweiser für Berufseinsteiger

✔ Eine Orientierung für Tarifgehälter gibt's unter www.lohnspiegel.de (siehe Abbildung 4.7).

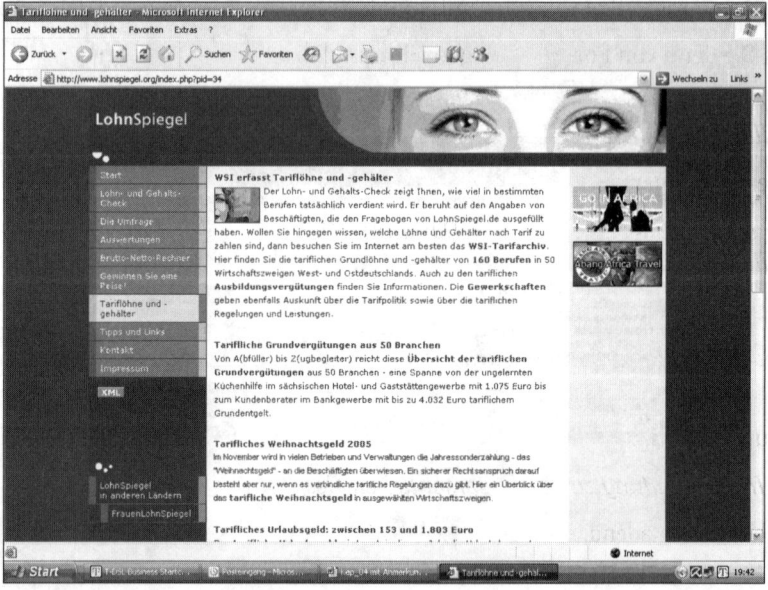

Abbildung 4.7: ... schließlich fängt jeder mal »klein« an.

Jetzt wissen Sie Bescheid, was Sie verdienen können. Das sind doch schon mal gute Aussichten! Noch besser werden Ihre Aussichten, wenn Sie daran denken, dass:

✔ Sie bei Ihren Angaben generell vom Brutto-Jahreseinkommen ausgehen.

✔ Sie nicht gleich zu forsch auftreten und zu viel verlangen! Zu wenig ist auch nicht gut – geben Sie die goldene Mitte an.

✔ Verschaffen Sie sich einen Puffer! Wie? Überlegen Sie, um wie viel Prozent Sie bereit sind, Ihre Gehaltsforderung *nach unten* zu korrigieren? Vielleicht zehn Prozent? Okay, dann schlagen Sie diese zehn Prozent erst mal auf Ihre Gehaltsvorstellung auf – dann tut Ihnen der finanzielle Verlust hier nicht ganz so weh.

Aber aufgepasst: Das Ganze passt natürlich nur, wenn Sie nicht schon die oberste Gehaltsgrenze vorschlagen. Sonst wirkt Ihre Forderung wirklich maßlos überzogen und das wollen Sie ja schließlich nicht.

Das Thema wird auf alle Fälle auch in Ihrem Vorstellungsgespräch behandelt werden, dann können Sie freundlich-intensiv nachfragen, ob zum Beispiel auch Zusatzleistungen oder Sonderzahlungen in Ihrem Gehalt enthalten sind. Wie Sie das geschickt machen, erfahren Sie in Kapitel 10 *So läuft´s im Vorstellungsgespräch.*

... und Tschüss: Mögliche Grußformeln

Was glauben Sie, passiert, wenn Sie Ihre Anschreiben so beenden:

>*Ich erlaube mir, Sie in den kommenden Tagen anzurufen?*«

Genau: Der Leser sagt »Wie unverschämt!« und Sie bekommen postwendend eine Absage.

Was halten Sie denn von Formulierungen wie zum Beispiel

>*Wenn ich Ihr Interesse geweckt habe, freue ich mich über Ihre Einladung zu einem Vorstellungsgespräch.*«

oder ein wenig pfiffiger:

>*Habe ich Ihr Interesse geweckt? Dann freue ich mich über Ihre Einladung zu einem Vorstellungsgespräch.*«

Es geht natürlich auch formeller:

>*Alle weiteren Einzelheiten würde ich gerne in einem persönlichen Gespräch erläutern.*«

oder kurz und knackig:

>*Über Ihre Einladung zu einem persönlichen Gespräch freue ich mich.*«

Klingt doch alles einladend, oder?!

Und zum Schluss kommt dann ein »*Hochachtungsvoll*« – bloß nicht – das ist einfach zu viel Ehrerbietung! Klingt es nicht viel schöner, wenn Sie schreiben:

»*Mit freundlichen Grüßen*«

»*Mit freundlichem Gruß*«

»*Beste Grüße*«

Wenn Ihnen diese Grußformeln zu langweilig sind und Sie einen flotteren Stil haben, dann schreiben Sie doch:

»*Herzliche Grüße*«

»*Sonnige Grüße*«

»*Freundliche Grüße aus einem sonnigen Baden-Baden*«

 Mit einer so freundlichen Verabschiedung hinterlassen Sie einen ebenso freundlichen Eindruck!

Eines fehlt jetzt noch: Ihre Anlagen. Sie haben viel zu viele und glauben, Sie brauchen ein separates Blatt, um alle aufzuführen? Nicht nötig!

 Schreiben Sie einfach das Wort »Anlagen« ziemlich ans Ende Ihres Anschreibens und zwar so, dass Sie noch genügend Platz für Ihre Unterschrift haben – und das war's. Sie brauchen Ihre Anlagen nicht im Detail zu nennen.

Übrigens, dran denken: Ihre Unterschrift besteht aus *Vor- und Nachnamen*!

Sie sind mit Ihrem Anschreiben nun fast fertig.

Das Anschreiben als Blickfang

Natürlich schreiben Sie nicht wie Kraut und Rüben durcheinander. Je übersichtlicher Ihr Anschreiben aussieht, desto strukturierter wirken auch Sie!

Sie mögen optische Hervorhebungen? Bitte nicht in Ihrem Anschreiben – <u>Unterstreichen</u> oder **fett** schreiben sind hier ebenso fehl am Platz wie unterschiedliche Schriftfarben.

 Bleiben Sie hier ausnahmsweise mal völlig bieder, das kommt an.

Was sollten Sie sonst noch beachten? Ein paar wenige grundsätzliche Dinge:

7+1 = Die acht Briefelemente

Ein formal korrektes Anschreiben ist aufgebaut wie jeder *normale* Brief. Also:

1. **Ihr Absender:** Ihre persönlichen Angaben mit Vor- und Nachname, Anschrift, Telefonnummer mit Vorwahl und/oder Handynummer und ggf. Ihre E-Mail-Adresse

2. **Ort und Datum:** die Angabe, wo und wann Sie Ihr Schreiben verfassen, zum Beispiel *Musterstadt, 02. Januar 2007*

3. **Anschriftenfeld:** die Firma, die Sie anschreiben, mit Firmennamen, dem Ansprechpartner (wenn bekannt), Position des Ansprechpartners oder die Abteilung, Firmenanschrift

4. **Betreff:** der Grund, warum Sie schreiben – den heben Sie optisch mit Fettdruck hervor, zum Beispiel **Bewerbung als ... / Ihre Stellenanzeige ...**

   Wichtig: das Wort *Betreff* schreiben Sie nicht! Das ist nicht mehr zeitgemäß.

5. **Anrede:** *Sehr geehrte Damen und Herren* oder auch *Guten Tag Frau/Herr ...*

6. **Ihr Text**

7. **Ihre Grußformel:** zum Beispiel *Mit freundlichem Gruß*

8. **Ihre Unterschrift mit Vor- und Nachname**

und eventuell die Angabe Ihrer *Anlagen*.

Optisch sieht das Ganze am besten aus, wenn Sie sich an der *DIN 5008* orientieren. Die DIN 5008 ist die Norm für perfekt aufgebaute Briefe und gibt folgende formale Hinweise:

✔ Wählen Sie den Schriftgrad 12 – bei Bedarf auch 11 oder 13.

✔ Seitenränder sollen wie folgt aussehen:

   links – 2,41 cm

   rechts – mindestens 0,81 cm; gebräuchlich sind 1,5 cm

   oben – 4,5 cm

   unten – nach freier Wahl

✔ Wird die Rückseite bedruckt, sind diese Angaben umgekehrt.

✔ Absenderangaben im oberen Teil des Briefes, beginnend mit der Kopfzeile

✔ Mit entsprechendem Abstand folgen die Empfängerangaben (in aller Regel sind es fünf Leerzeilen)

✔ Zwei Leerzeilen danach kommt der Betreff (wie erwähnt, ohne den Begriff *Betreff*)

✔ Nach zwei weiteren Leerzeilen kommt dann die Anrede.

✔ Nach einer weiteren Leerzeile Ihr Text.

✔ Der Text kann durch Absätze mit Leerzeilen gegliedert sein, die Formatierung können Sie frei wählen – wobei sich hier für ein flüssiges Lesen der linksbündige Flattersatz bewährt hat; Blocksatz ist nicht schlecht, oft werden hier allerdings die Wörter unansehnlich in die Breite gestreckt

✔ Dann wieder eine Leerzeile nach Ihrem Text und in der nächsten Zeile kommt die Gruß-formel.

✔ Es folgen Leerzeilen für die Unterschrift.

✔ Und Sie schreiben Ihren Vor- und Nachnamen nochmals unter Ihre Unterschrift.

✔ Zwei Leerzeilen und in der dritten Zeile schreiben Sie *Anlagen.*

 Klingt kompliziert? Ist es nicht – die nachstehenden Musterbeispiele zeigen Ihnen, wie Anschreiben aussehen können. Alle Musterbeispiel finden Sie natürlich wieder als Web-Download unter: `http://www.wiley-vch.de/publish/dt/books/` `ISBN3-527-70325-X`.

Muster für ein optisch wirkungsvolles Bewerbungsanschreiben

Es geht natürlich auch so:

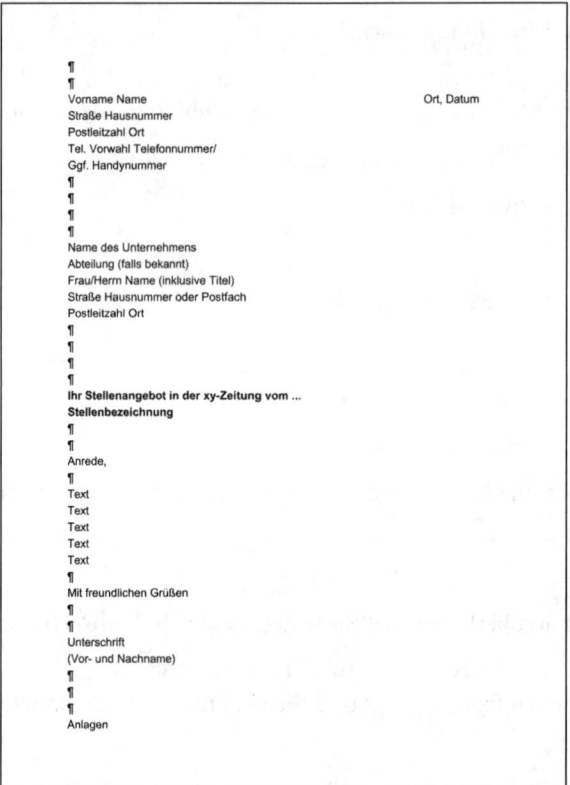

Muster für ein weiteres optisch wirkungsvolles Bewerbungsanschreiben

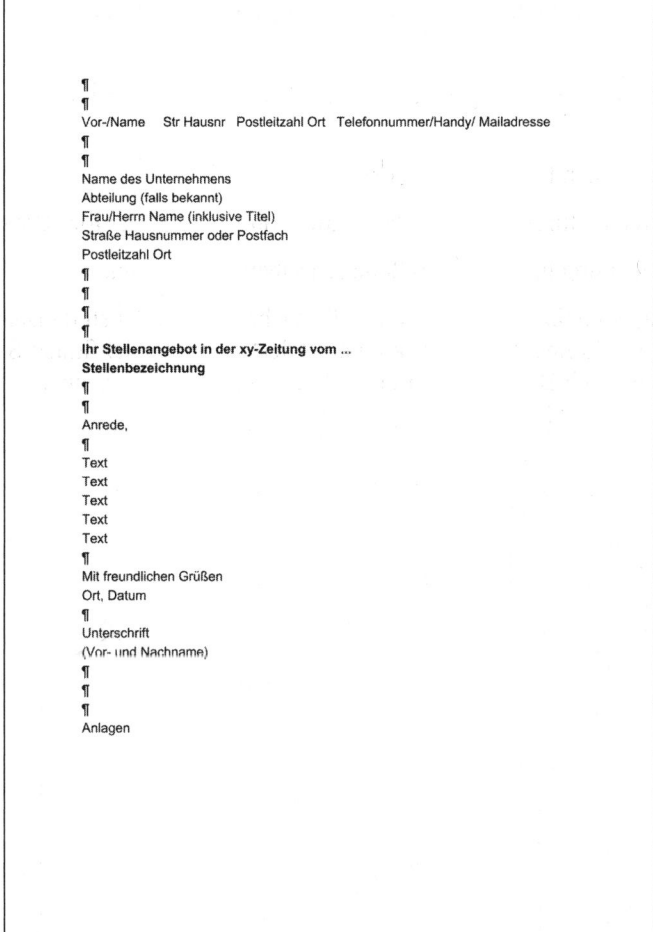

Einfach, oder? Sie sind nun schon so gut wie fertig!

Der Teufel steckt im Detail!

Hätten Sie gedacht, dass es so viel bei einem Anschreiben zu beachten gibt? Es ist schon eine ganze Menge:

Sie müssen sich genau überlegen, was Sie schreiben, und dann auch noch, wie Sie das Ganze schreiben.

Jetzt ist Ihr Anschreiben fix und fertig und Sie sind noch immer ein wenig unsicher, ob alles so korrekt ist?

Okay, dann nutzen Sie doch die Vorteile Ihres Word-Programms und lassen die Rechtschreib- und Grammatikprüfung den letzten Schliff vornehmen! Unter *Extras* in der Word-Menüleiste finden Sie gleich an erster Stelle die *ABC Rechtschreib- und Grammatikprüfung* – Mausklick und Word arbeitet für Sie. Sie müssen aber nicht alles akzeptieren, was das Programm Ihnen vorschlägt. Wenn Vorschläge Ihrer Meinung nach keinen Sinn machen, dann *ignorieren* Sie diese einfach.

Ihr Drucker funktioniert hoffentlich und die Patrone ist auch nicht am Ende? Gut!

Wie ist die Qualität Ihres Papiers? Sie lagern Ihr Papier hoffentlich nicht im feuchten Keller oder mögen Sie muffigen Geruch? Wenn Ihr Papier schon einen unangenehmen Duft verbreitet, was glauben Sie, welche Wirkung Ihnen zugeschrieben wird ... Also, Ihr Papier riecht nicht, hat eine gute feste Qualität und ist unliniert. Worauf warten Sie? Drucken Sie endlich Ihr Anschreiben aus!

Nicht vergessen: Finaler Anschreiben-Check

Sie haben sich sehr viel Mühe mit Ihrem Anschreiben gemacht und gut überlegt, was Sie schreiben. Sie wissen also ganz genau, an welcher Stelle welches Wort stehen soll. Sie lesen den Text noch mal und dann passiert das, was allen passiert: Sie übersehen doch noch Rechtschreib- und Tippfehler! ...weil Sie ja das lesen, was Sie geschrieben haben wollen ...

Das muss aber nicht sein! Lassen Sie einen guten Freund das Anschreiben in Ruhe lesen und wenn er Fehler findet, korrigieren Sie diese. Versteht Ihr Freund alles, was Sie geschrieben haben? Wenn nein, dann können Sie jetzt auch noch Ihr Anschreiben ändern und vermeiden so, dass Ihr potenziellerbeitgeber vielleicht die gleichen Fragen hätte.

Sie haben es geschafft: Ihr Anschreiben ist fertig!

Der Lebenslauf

In diesem Kapitel

- Auf die gute alte Art
- Modern ist genauso willkommen
- Schönschreiben schon geübt?
- Offenbaren Sie Ihre Geheimnisse
- Was die Profis ganz besonders interessiert
- Einer für alle, alle für einen?

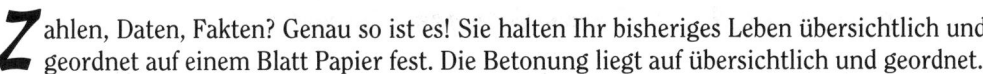

Zahlen, Daten, Fakten? Genau so ist es! Sie halten Ihr bisheriges Leben übersichtlich und geordnet auf einem Blatt Papier fest. Die Betonung liegt auf übersichtlich und geordnet.

Müssen Sie wirklich alles aufschreiben, was Sie mal gemacht haben? Ja! Warum? Aus den berühmten guten drei Gründen:

✔ Sie haben eine komplette Übersicht.

✔ Es geht Ihnen nichts verloren.

✔ Und damit haben Sie die Grundlage geschaffen, Ihren Lebenslauf ganz beliebig zu verwenden!

 Sie können jetzt bei jeder Bewerbung schnell entscheiden, ob alle Angaben in Ihrem Lebenslauf gerade für diese Bewerbung sinnvoll sind oder Sie zum Beispiel mal einen Ferienjob weglassen, weil er so gar nichts mit Ihrem Beruf zu tun hat.

Warum das so wichtig sein kann, verrät Ihnen die Antwort auf die Frage *Wirklich? Ein Lebenslauf für alle Bewerbungen?* am Ende dieses Kapitels.

Wie sieht ein Lebenslauf überhaupt aus?

 Für die optische Darstellung gibt es keinen definierten Standard. Das ist doch schon mal positiv, denn jetzt können Sie Ihrer Kreativität freien Lauf lassen! Sie wissen, dass eine übersichtliche Gliederung wichtig ist. Genauso wichtig ist es, hier eine klare Schreibform zu wahren, also:

✔ keine unterschiedlichen Schriftarten und Schriftgrößen verwenden

✔ Auszeichnungenwie **fett** oder *kursiv* lassen Sie ebenso weg wie Unterstreichungen, außer Sie haben mehrere Vornamen, dann müssen Sie sogar Ihren Rufnamen unterstreichen.

✔ Eine Überschrift »Lebenslauf« oder »Curriculum Vitae« ist zwar nicht unbedingt notwendig, sieht aber immer gut aus.

Und was ist mit Ihrem Bewerbungsfoto?

Schließlich waren Sie extra bei einem guten Fotografen! Ihr Bild sieht nicht nur gut aus:

✔ Es ist auch mindestens 4 x 5,5 cm groß, gerne auch ein bisschen größer.

✔ Es ist entweder dezent schwarz-weiß oder schön farbig.

Sie können es in die rechte oder linke obere Blattecke kleben.

 Viel schöner ist es aber, wenn Sie Ihr hübsches Foto auf ein gesondertes DIN-A4-Blatt aufkleben! Wie wär's hier dann noch mit einer Überschrift »Bewerbung« oder »Bewerbungsunterlagen von«, darunter kommt Ihr Bild und anschließend stehen Ihr Name und Ihre Anschrift. ... und nicht vergessen, alle Lebensläufe können Sie gerne wieder downloaden unter: `http://www.wiley-vch.de/publish/dt/books/ISBN3-527-70325-X`. So sieht das dann zum Beispiel aus:

Bewerbungsunterlagen

Max Muster
Musterstraße
Postleitzahl Musterort
Mustertelefon
Muster@mai.de

Ist doch klasse! Schöner könnte Ihr Deckblatt für Ihre Bewerbungsmappe nicht sein!

 Damit Ihr Bild nicht verloren gehen kann, falls der Kleber sich löst, schreiben Sie Ihren Namen auf die Rückseite des Fotos. Schließlich hat es Ihr Geld gekostet!

Und weiter geht's mit Ihrem Lebenslauf. Was soll jetzt konkret in Ihrem Lebenslauf stehen und wie kann's aussehen? Nun, das _Was_ hängt davon ab, was Sie bereits alles in Ihrem Leben gemacht haben, und für das _Wie_ gibt's schon mal zwei tolle Möglichkeiten.

Der klassische Lebenslauf

Klassisch deshalb, weil Sie neben Ihren persönlichen alle sonstigen Angaben ab Ihrer Schulzeit in chronologischer Reihenfolge auflisten. So sieht das theoretisch aus:

> Persönliche Daten
>
> Schulbildung
>
> Bundeswehr/Zivildienst
>
> Berufsausbildung
>
> und/oder
>
> Studium
>
> Praktika
>
> und/oder Berufserfahrung
>
> Sprachkenntnisse
>
> Sonstige Kenntnisse
> (PC, Maschinenschreiben etc.)
>
> Hobbys/Interessen

Fehlt da nicht noch etwas? Na klar:

 Ort, Datum und Ihre Unterschrift mit Vor- und Nachnamen

Vergessen Sie nie Ihre Unterschrift auf Ihrem Lebenslauf! Die gehört unbedingt dazu! Ort und Datum ebenso. Damit dokumentieren Sie, dass Ihr Lebenslauf zeitlich aktuell ist und auch von Ihnen geschrieben wurde.

 Männliche Bewerber im wehrpflichtigen Alter müssen grundsätzlich angeben, ob sie ihren Bundeswehr- oder Zivildienst bereits geleistet haben oder noch nicht. Für Ihren Arbeitgeber ist das wichtig zu wissen, denn wenn Sie Ihren Bundeswehr- oder Zivildienst noch leisten müssen, dann muss Sie Ihr Arbeitgeber für diese Zeit freistellen und Sie »fehlen« ihm als Arbeitskraft!

Wie viele Seiten Ihr Lebenslauf hat, hängt von Ihnen ab! Je mehr Sie schon gemacht haben, desto länger wird er eben. Pressen Sie nicht auf Biegen und Brechen alles auf eine DIN-A4-Seite! Wichtig ist die Übersichtlichkeit!

Und so sieht es in der Praxis aus:

Klassischer tabellarischer Lebenslauf eines Studenten:

 Den Beispiellebenslauf finden Sie unter `http://www.wiley-vch.de/publish/dt/books/ISBN3-527-70325-X`.

Lebenslauf

Georg Baumann
Westring 44a
55120 Mainz
Telefon 06131/55688
georg.Baumann@t-online.de

Persönliche Daten:	Geboren am 26.08.1980 in Speyer; Ledig
Schulbildung:	
1986–1991	Grundschule Süd Schifferstadt
1991–1997	Paul-von-Denis Gymnasium Schifferstadt
1997–2000	Gymnasium Hassloch, Abitur 2000, Note 2,1
Zivildienst:	
07/2000–06/2001	Ökumenische Sozialstation Mittelhaardt/Hassloch im Bereich der Altenpflege
Studium:	
Seit 10/2001	Diplomsportwissenschaft Schwerpunkt Freizeit-/Breitensport, sowie Sport Lehramt an Gymnasien; Hochschule Mainz
03/2002–02/2004	Anglistik Lehramt an Gymnasien; Hochschule Mainz
Seit 04/2004	Biologie Lehramt an Gymnasien; Hochschule Mainz
Praktika/Berufserfahrung:	
04/1995	Dreiwöchiges Praktikum im Zweiradhaus Mayer Schifferstadt
08–09/1995	Aushilfstätigkeit bei der Deutschen Bank AG Schifferstadt
10/1997	Erwerb der C-Trainerlizenz Tennis (Wettkampf)
seit 1997	Trainertätigkeit Tennis in verschiedenen Vereinen im Jugend- und Leistungsbereich sowie im Freizeitbereich
03–04/2002	Praktikum bei Manu Strecker; Praxis für Physiotherapie/Rehabilitation
01–11/2005	Praktikum beim Tennis- und Skiclub Mainz und der Universität Mainz im Bereich des Kadertrainings des Rheinhessischen Tennisverbandes
Sprachkenntnisse:	Englisch; Latein
Sonstige Kenntnisse:	PowerPoint

Mainz, 15.8.2006   *Georg Baumann*

So schreibt eine Beamtin ihren klassischen Lebenslauf:

Dorothea Leber

Bollwerkstraße 12
67227 Frankenthal (Pfalz)

LEBENSLAUF

Persönliche Daten:
geboren am 30.05.1971 in Ludwigshafen-Oggersheim; ledig

Schulbildung:

1977–1981	Grundschule Lambsheim
1981–1990	Albert-Einstein-Gymnasium in Frankenthal mit Abitur, Note 1,7

Ausbildung:

1990–1993	Stadtinspektorenanwärterin bei der Stadt Frankenthal (Pfalz)
01.07.1990	Ernennung zur Beamtin auf Widerruf
29.06.1993	Abschluss an der Fachhochschule in Mayen als Diplom-Verwaltungswirtin (FH)

Berufsweg:

29.06.1993	Ernennung zur Stadtinspektorin z. A. unter Berufung in das Beamtenverhältnis auf Probe
01.07.1993–30.04.1994	Schriftführerin im Stadtrat und Haupt- und Finanzausschuss bei dem Haupt- und Personalamt
01.05.1994-30.05.2001	Sachbearbeiterin in der Vollstreckung bei der Kämmerei
01.01.1996	Ernennung zur Stadtinspektorin zur Anstellung mit gleichzeitiger Zuteilung einer Planstelle
01.02.1997	Ernennung zur Stadtoberinspektorin
01.04.1998	Verleihung der Eigenschaft als Beamtin auf Lebenszeit
seit 01.06.2001	Sachgebietsleiterin der Zulassungsbehörde bei dem Ordnungs- und Umweltschutzamt

Sonstiges:
Teilnahme an einem Schreibmaschinenkurs der Volkshochschule Ludwigshafen

1981–1995 Mitglied in der Katholischen Jungen Gemeinde, Gruppenleiterin von zehn- bis zwölfjährigen Mädchen und Betreuerin der Herbstfreizeiten in der Zeit von 1987 bis 1991

Hobbys:
Seit 1999 Mitglied im Fitnessstudio
Seit 2003 Mitglied des Skiclub Frankenthal (Pfalz)
Reiten und Wandern

Frankenthal, 23.07.2006   *Dorothea Leber*

Auch das Beispiel des klassischen Lebenslaufs einer Beamtin finden Sie unter `http://www.wiley-vch.de/publish/dt/books/ISBN3-527-70325-X`.

So richtig anfreunden können Sie sich mit diesen Lebensläufen nicht? Sie finden sie langweilig? Nun, wenn Ihnen diese Form zu klassisch ist, dann probieren Sie's doch mal »anders rum«, nämlich _amerikanisch!_

Der amerikanische Lebenslauf

Hier beginnen Sie mit dem, was jetzt und heute ist. Sie starten nach der Angabe Ihrer persönlichen Daten mit Ihrer aktuellen beruflichen Situation und dann geht's zeitlich gesehen rückwärts bis in die Schulzeit.

Klingt einfach und logisch, bereitet aber den meisten Bewerbern echte Schwierigkeiten, weil sie hier wirklich gut aufpassen müssen, dass sie nicht in die »falsche« Zeit rutschen und nichts vergessen! Also checken Sie lieber einmal mehr, ob Sie nicht ein Jährchen unterwegs verloren haben!

So gliedern Sie Ihren amerikanischen Lebenslauf:

> Persönliche Daten
>
> Berufstätigkeit
>
> Praktika
>
> Studium
>
> Berufsausbildung
>
> Bundeswehr und Zivildienst
>
> Schulbildung
>
> Sprachkenntnisse
>
> Sonstige Kenntnisse
> (PC, Maschinenschreiben etc.)
>
> Hobbys/Interessen
>
> Ort, Datum und Ihre Unterschrift mit
> Vor- und Nachnamen

Ein amerikanischer Lebenslauf kann so aussehen:

Lebenslauf

Persönliche Daten:

Katharina Kowalski
22.01.1982, Frankfurt a.M.
Ostring 34, Mainz
Ledig

Beruflicher Werdegang:

Seit 08/2006:	Area Manager / Sales Representative Bereich Wiesbaden / Mainz, Organisation Promotion Team, P&A GmbH
03/2005–07/2006:	Area Manager / Sales Representative P&A GmbH, Bereich Heidelberg / Mannheim
11/2003–02/2005:	Promotion Team Prom&Associates GmbH
08/2005–09/2005:	Redaktionspraktikum Horizont Sport Business
05/2003–09/2003:	Bedienung News Café Mainz
11/2002–05/2003:	Fitnesstrainerin David Sport Forum, Wiesbaden
05/2001–10/2002:	Bedienung Chicago Meatpackers, Frankfurt a.M.
02/1997–09/2001:	Übungsleiterin Geräteturnen Mädchen TV 1889 Weißkirchen e.V.

Studium:

10/2001–04/2007:	Studium Diplom-Sportwissenschaften, Schwerpunkt Sportökonomie und -management, Universität Mainz

Schulbildung:

1992–2001:	Gymnasium Oberursel, Abitur 2001
1987–1992:	Grundschule Oberursel/Weißkirchen

Sprachkenntnisse:	englisch (perfekt in Wort und Schrift), französisch
Sonstiges:	PC-Kenntnisse mit MS-Office-Anwendungen
Hobbys:	Sport, Musik, telefonieren, lesen

Mainz, 14. Aug. 2006

Katharina Kowalski

 Beide Beispiele für amerikanische Lebensläufe finden Sie unter http://www.wiley-vch.de/publish/dt/books/ISBN3-527-70325-X.

Liest sich nicht schlecht! Haben Sie mal die zeitliche Abfolge gecheckt? Stimmt die Reihenfolge? Gut!

Es kann natürlich sein, dass Sie ein wenig mehr zu bieten haben, wie zum Beispiel im nächsten Lebenslauf:

Lebenslauf

Bernadette Holly
Brunnenstraße 222
67112 Mutterstadt
b.holly@t-online.de
06222-929141
0174-5106204

Persönliches

Geburtsname:	Kristen
Geburtsdatum:	12.02.1964
Geburtsort:	Ludwigshafen
Familienstand:	verheiratet, 1 Kind

Berufspraxis

seit 2005
Assistenz der Filialleitungen
Private and Business Banking der Dresdner Bank AG in Mannheim
Filialen Mannheim 1 und 2

2005
Aushilfstätigkeit in der Restructoring Unit, Recovery Team der Dresdner Bank AG Mannheim, während des Erziehungsurlaubes

2003–1998
Assistenz des Gebietsleiters, zuständig für Vermögenskunden der Dresdner Bank AG des Gebietes Rhein-Neckar-Saarland, Sitz in Mannheim

---

1999–1997

Finanzanalytikerin im Bereich Controlling, Abteilung Rechnungswesen und Controlling der Dresdner Bank AG, Region Südwest, Sitz Stuttgart sowie Sekretärin des Abteilungsleiters

1997–1990

Finanzanalytikerin im Bereich Controlling, Abteilung Rechnungswesen und Controlling der Dresdner Bank AG, Niederlassung Mannheim sowie Sekretärin des Abteilungsleiters

1992–1990

Delegationen nach Frankfurt und Dresden, Mitglied des Teams »Aufbau der Finanzbuchhaltungen der Dresdner Bank der fünf neuen Bundesländer« sowie Integration der Dresdner Bank Kreditbank

1990–1989

Sachbearbeiterin Finanzbuchhaltung

Weitere Qualifikationen

Seminare   2002

Beruf- und Arbeitspädagogische Qualifikation gemäß Ausbilder-Eignungsverordnung IHK Pfalz Fachhochschule Ludwigshafen am Rhein

Seminarbildung:

2002:

Marketing

Unternehmensführung

Rechnungswesen und Controlling

2000:

Berufliche Nutzung des Internets

Business English

Internetdienste / Praktikum

EDV-Kenntnisse   SAP R 3 Grundkenntnisse

Excel, sehr gut

Word, sehr gut

Power Point, sehr gut

Open Access II

Grundlagen zur Bedienung der Datenbank-Funktion

Open Access II

Grundlagen zur Bedienung der Kalkulation

MS-Access

Grundkenntnisse zur Datenbankverwaltung

Freelance für Windows

Grundlagen für Präsentationsgrafiken

Fortran 77 Grundkenntnisse

Mulitiplan Grundkenntnisse

Zusatzqualifikationen **2003**

Mitglied des Organisationsteams zur Planung und Durchführung der Dresdner Bank Sportmeisterschaften in Mannheim, ca. 1500 Teilnehmer

1986

Besuch der Oxford Union im Rahmen eines 6-wöchigen Ferienprogramms des British European Centre

1984

Praktikum bei der Firma Gulde GmbH und Co. K.G., Mess- und Regeltechnik, Armaturenherstellung in Ludwigshafen am Rhein

Schwerpunkte:

Kreditoren- und Debitorenbuchhaltung, Personalabteilung

1983–1984

Auslandsaufenthalt als Au-Pair-Girl in England

1984

Preis der Literarischen Gesellschaft, Scheffelbund

1984

Katholischer Dekanatspreis der Stadt Ludwigshafen

Ausbildung **1987–1989**

Ausbildung zur Bankkauffrau bei der Dresdner Bank AG in Mannheim

1984–1987

Studium der Volks- und Betriebswirtschaftslehre an der Universität Mannheim, ohne Abschluss

Schulbildung **1983–1984**

Technical College Basingstoke, GB Hants. Abschluss: Cambridge Certificate in Proficiency in English

1983

Abitur

1983–1974

Humanistisches Theodor-Heuss-Gymnasium, Ludwigshafen am Rhein

1974-1970

Grundschule Gartenstadt, Ludwigshafen am Rhein

Hobbys   **Seit 1987**

Nach Beendigung der aktiven Spielertätigkeit des Handball-vereins TSG Mutterstadt, Trainerin und Organisatorin im Bereich der aktiven Damen- und Herrenmannschaften sowie Erwerb der C-Trainerlizenz für Jugendmannschaften

Seit 1981

Mitglied des Handballvereins TSG Mutterstadt, Spielerin der 1. Damenmannschaft

Mutterstadt, 21.01.2007

Bernadette Holly

Ob Sie die klassische oder amerikanische Form wählen, bleibt Ihnen überlassen. Beide sind in der Praxis üblich.

Jetzt wissen Sie, wie Sie Ihren Lebenslauf schreiben können! Wieso sind Sie noch nicht ganz sicher? Ach so, Sie fragen sich:

Was kommt besser an: Lebenslauf handschriftlich oder per PC?

Mal ehrlich: Hat Ihnen Schönschreiben in der Grundschule Spaß gemacht? Oder gehören Sie zu denen, die am besten Arzt geworden wären – so »schön«, wie Sie schreiben?

Bleiben Sie besser beim PC! Im Grunde sind handgeschriebene Lebensläufe absolut out!

Sollte dennoch mal ein handgeschriebener Lebenslauf ausdrücklich gefordert werden, dann nehmen Sie sich entsprechend Zeit und schreiben Sie so sauber und leserlich, wie Sie nur können. Legen Sie unter das Blatt, auf dem Sie schreiben wollen, wenigstens ein mit dicken schwarzen Linien vorgedrucktes Papier, damit Sie auf einer Linie schreiben können. Das hilft schon mal!

Das gilt auch, wenn definitiv eine »Handschriftprobe« von Ihnen verlangt wird. Eine Probe ist glücklicherweise kein ganzer Lebenslauf! Sie können einen kurzen Text verfassen, zum Beispiel *Was Sie sonst noch über mich wissen sollten.*

 Und was vergessen Sie auch hier nicht? Genau:

Ort, Datum und Unterschrift mit Ihrem Vor- und Nachnamen.

Warum ist Ihr neuer Arbeitgeber überhaupt an einer Schriftprobe von Ihnen interessiert? Nun, Ihre Handschrift ist so individuell wie Sie selbst und verrät so manches über Sie. Ausgebildete Diplom-Psychologen unterziehen Ihre Schriftprobe einer so genannten »schriftpsychologischen und graphologischen« Analyse. Und das alles kann die Analyse definieren:

✔ Ihre Gesamtpersönlichkeit

✔ Ihre intellektuellen Fähigkeiten

✔ Ihr Leistungsvermögen

✔ Ihre sozialen Kompetenzen

Damit hat das Unternehmen eine weitere Entscheidungsgrundlage, wenn es um die Bewerberauswahl geht.

Und das geht einfach so? Sie haben Recht: Eigentlich muss das Unternehmen Ihre persönliche Einwilligung einholen, bevor es die Analyse anfertigen lässt. Nach der gängigen Rechtsprechung haben Sie diese allerdings schon automatisch erteilt, wenn Sie Ihren Bewerbungsunterlagen eine Handschriftprobe beilegen.

Sie sollten wissen, dass diese Schriftanalyse sehr umstritten ist. Die Aussagen werden oft mit denen eines Horoskops verglichen – und das trifft bei Ihnen doch bestimmt grundsätzlich zu, oder? Werfen Sie mal einen Blick auf www.graphologies.de (siehe Abbildung 5.1) und »testen« Sie sich.

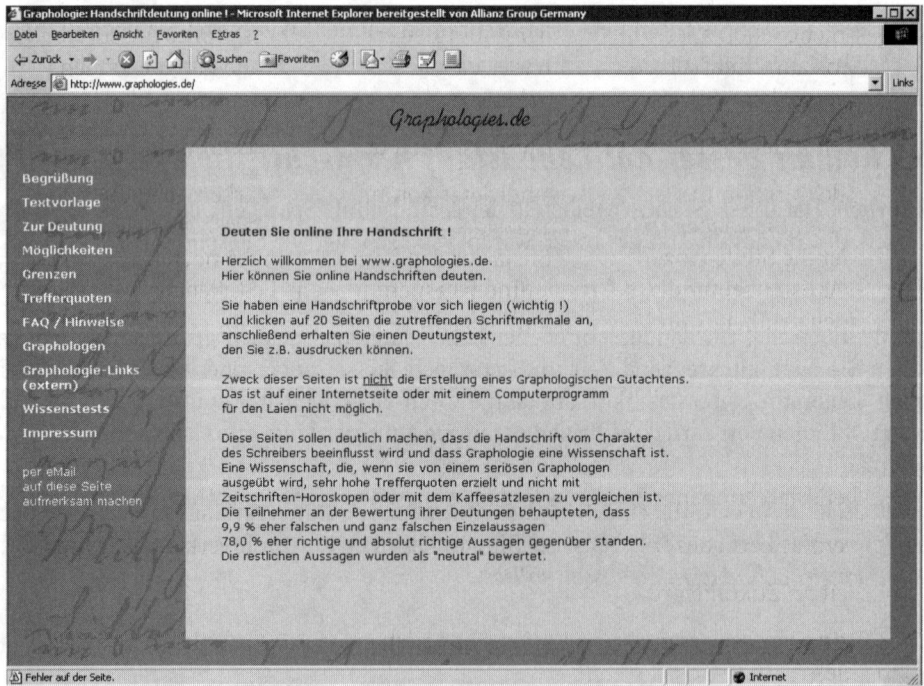

Abbildung 5.1: Eine gute Möglichkeit, Ihre Schrift analysieren zu lassen

Wenn also eine Handschriftprobe von Ihnen gefordert ist, dann gibt's nur eines: üben, üben, üben! Und wie? Nehmen Sie einen kurzen Text und schreiben Sie ihn ab. Am besten gleich mehrfach, damit Sie wieder so richtig ins Schreiben kommen.

Geschrieben wird entweder mit einem Kugelschreiber – Achtung: Der darf nicht schmieren – oder mit dem guten alten Füller.

Verstellen Sie auf keinen Fall Ihre Handschrift und Ghostwriter helfen nur kurzfristig, denn wenn Sie im Bewerbungsgespräch aufgefordert werden, etwas zu schreiben, fällt Ihr Betrug da sofort auf – und zwar so negativ, dass Sie gleich wieder gehen können ...

Wenn Sie genug geübt haben, kommt das *freie* Schreiben: Schreiben Sie Ihren Text erst einmal vor, so können Sie Fehler noch korrigieren und müssen diese später in der Reinschrift nicht durchstreichen oder überschreiben. Ihren freien Text können Sie jetzt auch inhaltlich noch mal checken, ob er Ihnen gefällt. Passt alles? Gut, los geht's: Ihre Handschriftprobe kann beginnen!

Wenn Sie nicht so recht wissen, was Sie schreiben sollen, dann schauen Sie doch mal in den nächsten Abschnitt.

Sie haben noch ein bisschen mehr zu bieten: Zusätzliche Informationen

Haben Sie nicht schon alles, was zu einer guten Bewerbung gehört? Tolles Anschreiben, perfekten Lebenslauf – oder gibt es da noch was, das Sie den anderen unbedingt erzählen wollen? Ja? Dann »verpacken« Sie diese Infos mal ansprechend auf einem separaten Blatt.

Wie wäre es mit der Überschrift: »Was Sie sonst noch über mich wissen sollten?«

Das klingt doch schon mal sehr einladend! Jetzt kommen Ihre Stärken gebündelt zum Ausdruck: Nehmen Sie wieder Ihre Stellenanzeige, auf die Sie sich bewerben wollen. Zum Üben ist das wieder die Stellenanzeige 2, die Sie ja aus den Kapiteln 3 und 4 noch kenne, in der eine Sekretärin/Assistentin für den Geschäftsführer gesucht wird. Ihre Stellenanalyse haben Sie ja ebenfalls noch griffbereit und schon kann's losgehen.

Checken Sie noch einmal, welche Qualifikationen von Ihnen gefordert sind. Das waren hier ja recht viele.

✔ Beherrschen der klassischen Sekretariats- und Assistenzaufgaben

✔ Aufgabenerledigung im operativen, organisatorischen und konzeptionellen Bereich

✔ Eigenverantwortliches Durchführen von Marketing- und Sonderverkaufsaktionen

✔ Mitarbeit an Zukunftsprojekten

✔ Unterstützung der gesamten Redaktion zusätzlich zur Assistenzfunktion in nahezu allen Bereichen

✔ Kaufmännische Ausbildung

✔ Berufserfahrung im Assistenzbereich oder

✔ Abgeschlossenes betriebswirtschaftliches Studium

✔ Perfektes Deutsch

✔ Wahrnehmung repräsentativer Verpflichtungen

✔ Souveränität

✔ Gepflegtes äußeres Erscheinungsbild

✔ Bewältigung von Arbeitsmassen

✔ Ausgeprägtes Organisationstalent

Sie haben jetzt zwei Möglichkeiten:

✔ teilweise sind Sie schon in Ihrem Anschreiben auf diese Anforderungen eingegangen – prima, dann können Sie diese jetzt noch mal so richtig ausführlich erklären

✔ oder aber Sie nehmen Anforderungen, zu denen Sie in Ihrem Anschreiben noch nichts gesagt haben, und erklären jetzt, wieso Sie diese Qualifikation haben.

In der Praxis kann das dann so aussehen (siehe nächste Seite): ... wenn Sie wollen, drucken Sie sich das Muster doch gleich mal aus – Sie finden es wie gewohnt unter: `http://www.wiley-vch.de/publish/dt/books/ISBN3-527-70325-X`.

Was dürfen Sie auch hier nicht vergessen? Richtig:

✔ Ihre persönlichen Angaben mit Name und Anschrift

✔ Ort, Datum und Ihre Unterschrift mit Vor- und Nachnamen

So, nur noch der Rechtschreibcheck und fertig sind Ihre »heißen« Infos!

Maike Maier
Malerstr. 15
66756 Malerhain
Tel.Nr. 00333/44555

Meinen beruflichen Werdegang entnehmen Sie meinem beigefügten Lebenslauf.

Was Sie sonst noch über mich wissen sollten ...:

Eigenverantwortliches Arbeiten mit allen organisatorischen wie administrativen Anforderungen ist für mich ebenso selbstverständlich wie das Arbeiten im Team. Der Umgang mit moderner IuK-Technik ist Bestandteil meiner täglichen Arbeit; meine Flexibilität ermöglicht es mir, mich hier stets auf neue Situationen einzustellen.

Meine freundliche, kundenorientierte und offene Kommunikation lässt mich andere Menschen motivieren und insbesondere für das Erreichen gemeinsamer Ziele begeistern.

In meiner aufgeschlossenen Art bevorzuge ich konstruktive, auch kritische Gespräche, um Problemstellungen einer Lösung zuzuführen.

Natürlich habe ich wie jeder Mensch Schwächen ... Wäre es nicht interessant, in einem persönlichen Gespräch zu erfahren, ob nicht meine Stärken überwiegen und ich somit zum Erreichen Ihrer Unternehmensziele meinen Beitrag leisten kann?

Ein unschlagbares Duo:
Worauf Personalverantwortliche besonders achten

Sie sind happy, dass Sie Ihren Lebenslauf fertig haben, und fragen sich nun, was macht denn der Personaler damit? Interessiert den wirklich alles? Das tut es in der Tat. Neben Ihren persönlichen Daten interessiert ihn natürlich vor allem Ihre persönliche Entwicklung. Dabei achtet er ganz besonders auf zwei Faktoren: nämlich, ob Ihre zeitlichen Angaben und Ihre Tätigkeiten zusammenpassen oder nicht.

Zeitfolgenanalyse

Klingt dramatisch, ist aber vollkommen einfach und logisch: Der Personaler checkt, ob es Lücken bei Ihrer zeitlichen Auflistung gibt. Vielleicht haben Sie mal irgendwann eine »Auszeit« gebraucht und jetzt denken Sie, das ist ein K.-o.-Kriterium für Ihre Bewerbung? Irrtum! Viele Arbeitgeber suchen Mitarbeiter mit Lebenserfahrung, auch außerhalb von Hochschule und des eigentlichen Berufes.

Machen Sie ihm klar, dass Sie diese »fehlende« Zeit für Ihre persönliche Entwicklung genutzt haben! Ist doch klasse, wenn Sie über Ihr Leben und damit auch über Ihr Berufsleben nachgedacht haben! ... und dass Sie ein wenig Zeit gebraucht haben, um den für Sie richtigen Weg zu finden, zeigt, dass Sie kein Hallodri sind – im Gegenteil, Sie sind verantwortungsbewusst und erwachsen!

Vielleicht haben Sie sich einen längeren Zeitraum im Ausland aufgehalten? Toll! Sie haben andere Kulturen kennen und schätzen gelernt und demonstrieren damit Ihre Offenheit und Kommunikationsfähigkeit anderen gegenüber.

Wie – Sie haben Ihr Studium abgebrochen? Na und! Wenn Sie während des Studiums festgestellt haben, dass Sie hier völlig fehl am Platz sind, die ganze Theorie zu viel des Guten für Sie ist und Sie lieber ins pralle Berufsleben einsteigen möchten, kann sich Ihr Arbeitgeber doch nur freuen: Er bekommt einen motivierten praxisorientierten Mitarbeiter!

Natürlich können die Gründe für Ihre zeitlichen Lücken auch finanziell oder familiär bedingt sein – wenn das Ihr neuer Arbeitgeber nicht akzeptieren kann, sollten Sie lieber sich selbst fragen, ob er der richtige für Sie ist!

Sie sehen, zeitliche Lücken sind absolut kein K.-o.-Kriterium!

Lassen Sie bitte die Finger von »Erfindungen«! Fiktive Auslandsaufenthalte stoßen Ihnen ebenso wie frei erfundene Mitarbeitertätigkeiten spätestens in Ihrem Bewerbungsgespräch äußerst bitter auf, wenn Sie gebeten werden, über Ihre Erfahrungen bzw. Leistungen und Erfolge zu berichten. Dann gehen Sie k. o. und das haben Sie nicht nötig!

Positionsanalyse

So wie sich die zeitliche Darstellung in Ihrem Lebenslauf überprüfen lässt, lassen sich auch Ihre Tätigkeiten checken, nämlich mit der Positionsanalyse:

✔ Wie oft haben Sie schon Ihre Arbeitgeber gewechselt?

Drei bis fünf Jahre lang bei einem Job zu bleiben, ist heutzutage üblich. Alles, was unter drei Jahren ist, kann erklärungsbedürftig werden und lässt auf mangelndes Durchhaltevermögen schließen.

✔ Sind Sie schon seit Jahren bei dem gleichen Unternehmen beschäftigt und machen noch immer denselben Job?

Achtung: Hier könnte man Ihnen mangelndes Interesse an Ihrer Karriere oder Betriebsblindheit vorwerfen ... oder hat Ihnen Ihr Job einfach nur Superspaß gemacht?

✔ Passen Ihre Jobs zueinander oder turnen Sie in vielen Arenen?

Haben Sie sich zum Beispiel von der Vorzimmerdame durch aufeinanderfolgende Jobs zur Geschäftsleiterassistentin entwickelt? Prima, genau das ist gewünscht! Oder haben Sie schon alles Mögliche gemacht, also von der Fließbandarbeit über Schreibarbeiten bis zu Beratertätigkeiten? Dann stellt sich hier die Frage: Was genau ist Ihr Berufsziel?

Ziel ist hier, Ihre Konsequenz und Zielstrebigkeit zu hinterfragen. Wenn Sie trotz unterschiedlicher oder häufig wechselnder Tätigkeiten eine klare Linie verfolgen wie zum Beispiel die Vorzimmerdame, die nun Assistentin des Geschäftsleiters ist, so ist das absolut okay. Problematisch wird es, wenn Sie viele unterschiedliche Jobs gemacht haben, die so gar nichts miteinander zu tun haben. Dann denkt jeder, dass Sie nicht wissen, was Sie wollen! Arbeitgeber wollen nun aber mal Mitarbeiter mit klaren Vorstellungen. Wenn Sie also häufig Ihre Jobs gewechselt haben, dann bereiten Sie sich gut auf Ihr Vorstellungsgespräch vor, denn die Frage nach dem *Warum* wird kommen. Überlegen Sie sich Ihre Argumente und damit nichts verloren geht: Schreiben Sie diese auf! Stellen Sie sich vor, Ihr bester Freund sein Ihr Traum-Arbeitgeber, und erklären Sie ihm Ihre Gründe für den häufigen Stellenwechsel. Wenn Ihr Freund Sie versteht, dann kann das auch Ihr Wunsch-Arbeitgeber.

Also überlegen Sie: Warum haben Sie so häufig Ihre Jobs gewechselt?

✔ Aus familiären Gründen, zum Beispiel weil Ihr Partner berufsbedingt mehrfach versetzt wurde?

✔ Aus persönlichen Gründen, weil Sie Ihren Lebensmittelpunkt verlagert haben?

✔ Hatten Sie ganz andere Vorstellungen von dem Job?

✔ Weil die Arbeit alles andere als Spaß gemacht hat? Eintönig und langweilig war?

✔ Ihr Arbeitsumfeld nicht gestimmt hat? Wurde vielleicht Mobbing im großen Stil betrieben?

Sie merken: Sie brauchen stichhaltige Argumente!

 Und was ist mit Prüfungsangst? Haben Sie deswegen immer wieder mal was anderes gemacht? Können Sie guten Gewissens zugeben, dass Sie die haben? Kein Problem, denn Sie überzeugen Ihren Gesprächspartner, dass Sie diese kleine Schwäche mittlerweile im Griff haben. Schließlich bereiten Sie sich immer optimal und intensiv auf Ihre Prüfungen vor. Natürlich kann jeder mal einen schlechten Tag haben, aber das kommt bei Ihnen ganz selten vor!

Steht Ihre Argumentation? Gut! Machen Sie einen letzten Check.

Kann ich Lücken in meinem Lebenslauf erklären?

Jetzt ja! Schließlich haben Sie gerade mit der Zeitfolgen- und Positionsanalyse Ihre Lücken gecheckt und eine gute Argumentation erarbeitet.

Wirklich? Ein Lebenslauf für alle Bewerbungen?

Was meinen Sie? Passt alles, was in Ihrem Lebenslauf steht, auf jedes Stellenangebot? Ja? Prima, dann genügt Ihnen ein einziger Lebenslauf! Wie? Sie glauben, dass das doch nicht ganz so einfach ist? Vollkommen richtig: Genauso wie beim Anschreiben will Ihr potenzieller neuer Arbeitgeber das Gefühl haben, dass Sie genau der richtige Bewerber für seine Stelle sind. Passen Ihr Lebenslauf und damit Sie selbst zu den Anforderungen des neuen Jobs? Überlegen Sie:

✔ Ist es zum Beispiel sinnvoll, einen früheren Studentenjob oder eine andere Tätigkeit nicht zu erwähnen, weil sie völlig fachfremd ist und jetzt der Eindruck entstehen könnte, dass Sie mal dies, mal das gemacht haben – Sie also nicht zielstrebig genug sind?

✔ Bei einer anderen Bewerbung ist genau die Tätigkeit eine gute Ergänzung Ihrer Erfahrungen und muss unbedingt aufgeführt werden.

✔ Bei wem bewerben Sie sich gerade? Etwa bei einem Verlag? Dann sollten Sie Ihr literarisches Interesse hervorheben. Bei einem Sportartikelhersteller? Ganz klar: Hier rücken Sie Ihre sportlichen Aktivitäten in den Mittelpunkt.

Prüfen Sie also noch einmal abschließend, ob Ihr Lebenslauf »rund« ist. Sie sind überzeugt, dass alles passt, und freuen sich auf viele Fragen nach Ihrem Lebenslauf im Bewerbergespräch? Super, dann geht's jetzt in den Endspurt!

Die Unterlagen zusammenstellen

In diesem Kapitel

▶ Zeugnisse und kein Ende

▶ Schicke Post

Haben Sie alle Bewerbungsunterlagen? Anschreiben und Lebenslauf sind perfekt – Teilnahmebestätigungen von Weiterbildungskursen oder Schulungen liegen bereit? Die gehören natürlich dazu. Vergessen Sie Ihr Bewerbungsfoto nicht! Und was ist mit Ihren Zeugnissen? Sie haben doch sicherlich einige oder etwa nicht?

Die unterschiedlichen Zeugnisarten

Ein leidiges Thema, nicht wahr? In der Schule haben Sie sich immer gefragt, wozu es überhaupt so was wie Zeugnisse geben muss, und jetzt brauchen Sie die Dinger auch noch! Warum eigentlich? Sind doch alles nur »Momentaufnahmen« und wehe, Sie hatten einen schlechten Tag ... Dann war die Note nicht wirklich gut. Außerdem ist es doch schon sooo lange her!

Glücklicherweise brauchen Sie ja nicht alle Ihre Zeugnisse. Welche wichtig sind und warum, erfahren Sie in diesem Kapitel.

Die kennen alle: Schulzeugnisse

Das waren noch Zeiten! Den halben Tag die Schulbank drücken und dann frei! Da hatten Sie noch Zeit für Ihre Hobbys und konnten viel unternehmen. Zumindest so lange, bis denn Ihr Schulabschluss immer näher kam, nicht wahr? Dann haben Sie sich ins Zeug gelegt. Logisch, denn schließlich ist Ihr Schulabschlusszeugnis das erste Zeugnis in Ihrem Leben, mit dem Sie den Abschluss eines kompletten Lebensabschnitts dokumentieren. Und außerdem ist es das erste Zeugnis, mit dem Sie sich auf einen Ausbildungsplatz beworben haben!

Ihr Schulabschlusszeugnis gehört immer zu Ihren Bewerbungsunterlagen.

Was nun, wenn da schlechte Noten drinstehen? Dann sollten Sie sich schon beim Zusammenstellen der Unterlagen eine Strategie zurechtlegen für den Fall, dass Sie im Bewerbungsgespräch darauf angesprochen werden. Ist doch kein Problem, hierfür gibt's doch eine ellenlange Argumentenkette:

✔ Das Fach hat Ihnen gar nicht gelegen und überhaupt keinen Spaß gemacht.

✔ Es lag am Lehrer, der den Stoff viel zu trocken rübergebracht hat.

✔ Sie waren in einer schwierigen pubertären Phase und hatten an allem Interesse, nur nicht am Lernen.

✔ Sie haben sich intensiv auf Ihre Abschlussprüfung vorbereitet, aber die Prüfung war so schwer, dass sogar die Besten nur durchschnittliche Noten hatten.

✔ Vielleicht gab's während Ihres letzten Schuljahres familiäre Probleme, für deren Bewältigung Sie viel Kraft gebraucht haben und deshalb die Schule vernachlässigen mussten.

✔ Oder mussten Sie die Schule wechseln und das ausgerechnet zum letzten Schuljahr? Die Umstellung war einfach zu viel und Sie haben sich in der neuen Klasse gar nicht wohl gefühlt.

Sie merken, bei einzelnen schlechten Noten können Sie leichter argumentieren, als wenn das komplette Zeugnis schlecht ist. Klar, dass ein Zeugnisdurchschnitt von 1,0 bis 2,9 besser ankommt als alles, was darüber ist, aber keine Sorge:

Erstens ist es nur ein Zeugnis von vielen und zweitens konzentriert sich Ihr potenzieller Arbeitgeber auf andere Zeugnisse.

Das Lernen nimmt kein Ende: Ausbildungsnachweise

Sie haben einen Beruf erlernt, der Ihnen Spaß macht! Sie waren unheimlich neugierig, sämtliche Geheimnisse rund um Ihren Job kennen zu lernen, und haben engagiert und motiviert Ihre Ausbildung gemacht. Dann steht das auch genauso in Ihren Ausbildungsnachweisen!

Sie haben drei verschiedene Ausbildungsnachweise:

Das Zeugnis Ihrer Berufsschule

Das ist vergleichbar mit Ihrem Schulzeugnis. Warum? Nun ganz einfach: Hier wird mit Noten dokumentiert, welche schriftlichen Leistungen Sie in Prüfungen gebracht haben und wie sehr Sie sich im Unterricht, also mündlich, während Ihrer Ausbildungszeit in der Berufsschule engagiert haben. Genauso war es in der Schule auch.

Ihr Prüfungszeugnis von der Industrie- und Handelskammer

Das ist der Nachweis, dass Sie Ihre Ausbildung mit einer offiziellen Prüfung abgeschlossen und bestanden haben. Diese Prüfung heißt deshalb auch »Berufseingangsprüfung«, denn nun durften Sie endlich richtig in Ihrem Job arbeiten und waren kein Azubi mehr. Ihre Abschlussprüfung bestand aus einer schriftlichen und einer mündlichen Prüfung. Beides also »Momentaufnahmen«! Wenn Sie hier schlechte Noten haben, dann argumentieren Sie bitte entsprechend:

✔ Sie hatten also einen schlechten Tag!

✔ Und möglicherweise die Prüfungsfragen nicht richtig verstanden?

✔ Gab es den berühmten »Black out«?

✔ Oder gab es eventuell sogar ein familiäres Unglück, einen Trauerfall, der Sie aus der Bahn geworfen hat?

 Sie waren fürchterlich aufgeregt? Das sollten Sie nicht unbedingt so sagen, denn Sie müssen möglicherweise noch andere Prüfungen absolvieren und es könnte für Ihren neuen Chef so aussehen, als wären Sie wenig *stress-resistent* und nicht *belastbar*. Und was, wenn es Ihnen doch rausrutscht? Auch kein Problem: Erklären Sie, dass dies der Grund war, dass Sie sich nach dieser miserablen Prüfung mit Ihrer Prüfungsangst ganz intensiv auseinandergesetzt haben und mittlerweile super damit umgehen können.

Das Zeugnis Ihres Ausbildungsbetriebes

In dem steht, was Sie alles im Rahmen Ihrer Ausbildung gelernt haben und wie Sie als Mitarbeiter gesehen wurden. Ein Unternehmen hat zwei Möglichkeiten, wie es diese Zeugnisse gestalten kann: als einfaches oder qualifiziertes Zeugnis. Wie diese konkret aussehen? Lesen Sie einfach weiter, dann erfahren Sie es!

Ohne viel Worte: Das einfache Zeugnis

Einfach heißt in dem Falle wirklich einfach! Hier werden nur

✔ Ihre Personalien und

✔ Ihre Aufgaben während der Dauer des Arbeitsverhältnisses

aufgeführt.

Achten Sie darauf, dass alle Arbeiten, die Sie gemacht haben, auch exakt aufgeführt sind und nicht bewertet, also kommentiert werden. Ihr neuer Arbeitgeber kann sich anhand der Auflistung zumindest ein konkretes Bild machen, was Sie alles können (sollten).

Das **einfache Zeugnis** enthält die nachstehenden Bestandteile:

✔ Angaben zu Ihrer Person

✔ Ihr Ein- und Austrittsdatum (also den Zeitraum Ihrer Beschäftigung)

✔ Ihre Funktion (zum Beispiel die Stellenbezeichnung)

✔ Ihre Haupttätigkeiten

✔ Eventuell Ihren Verantwortungsbereich

✔ Welche Stellen Sie innerhalb des Unternehmens begleitet haben (ebenfalls mit konkreter Datumsangabe)

✔ Ob Sie Zeichnungsberechtigung, Prokura oder eine sonstige Vertretungsbefugnis hatten

✔ Und Angaben zur Firma

In der Praxis sieht das zum Beispiel so aus wie in Abbildung 6.1.

(Musterfirma)

Zeugnis

Herr Michael Könner, geboren am 11.11.1980 in Böhl-Iggelheim, arbeitete vom 20.05.2003 bis 31.08.2003 als studentische Aushilfskraft in unserer Warenannahme.

Sein Aufgabengebiet umfasste die nachstehenden Tätigkeiten:
Entgegennahme der gelieferten Ware,
Prüfung der Lieferscheine,
Überprüfung der Ware,
Aufbereitung der Ware zur Weiterleitung.

Speyer, 31.08.2007

Wilfried Maurer

(Wilfried Maurer)
Leiter Personal

Abbildung 6.1: Ein einfaches Arbeitszeugnis

Finden Sie so ein Zeugnis gut? Können Sie sich mit den Angaben vorstellen, welche Fähigkeiten Ihr neuer Mitarbeiter hat? Fachlich gesehen vielleicht, aber was ist mit den persönlichen Fähigkeiten? Gerade die sind für einen neuen Arbeitgeber doch hochinteressant!

Sie merken schon: Mit einem einfachen Zeugnis kommen Sie nicht weit, schon gar nicht als Bewerber!

Brauchen Sie nicht etwas mehr »Diskussionsstoff« als nur Ihre Tätigkeiten? Auf jeden Fall! Also dann brauchen Sie auf alle Fälle ein *qualifiziertes Zeugnis!*

Was man schwarz auf weiß besitzt

Sie haben einen rechtlichen Anspruch auf ein Arbeitszeugnis. Das steht im Bürgerlichen Gesetzbuch unter § 630. Achtung: Ein Zeugnis gilt als Urkunde! Es ist, wenn Sie wollen, die »beglaubigte« Dokumentation Ihrer beruflichen Arbeiten und sagt aus, wie kompetent Ihr Arbeitgeber Sie fachlich und sozial einschätzt. Ein Zeugnis ist also immer in Schriftform auszustellen. Damit es keine »Verwechslungen« gibt, muss auf dem Briefpapier der Original-Briefkopf des ausstellenden Unternehmens eingedruckt sein und das Zeugnis von den entsprechend bevollmächtigten Führungskräften (das sind in aller Regel der Geschäftsführer und die Mitarbeiter der Personalabteilung) unterschrieben werden.

Wenn Ihnen Ihr Zeugnis nicht gefällt, dann sprechen Sie das offen an! Sie können gerne einen Gegenvorschlag machen – Sie müssen nur beweisen können, dass Sie auch besser gearbeitet haben. Sollte Ihr Arbeitgeber auf seinem Zeugnis und seinen Formulierungen beharren, dann dürfen Sie keineswegs selbst Ihr Zeugnis ändern. Das ist Urkundenfälschung und wird mit einer Geldstrafe, bei schwerwiegenden Fällen sogar mit einer Freiheitsstrafe geahndet!

Das ist schon spannender: Das qualifizierte Zeugnis

Bei einem qualifizierten Zeugnis wird im Prinzip Ihr einfaches Zeugnis nur erweitert. Wie? Neben den Angaben zu Ihrer Person und Ihren Tätigkeiten werden nun

✔ Ihr Verhalten,

✔ Ihre Führung und

✔ Ihre Leistungen

beurteilt.

Ihr einfaches Zeugnis wird um die nachstehenden Bestandteile ergänzt:

✔ Ihre besonderen Leistungen

✔ Ihre Stärken, vor allem in Bezug auf die Arbeiten, die Sie gemacht haben

✔ Ihre persönlichen Merkmale (die viel gerühmten »Schlüsselqualifikationen« – endlich kommen die mal zum Tragen)

✔ Der Grund für die Erstellung des Zeugnisses, zum Beispiel wenn Sie innerhalb eines Betriebes in einen anderen Unternehmensbereich wechseln

✔ Der Grund für die Beendigung des Arbeitsverhältnisses – ausgenommen bei Entlassung oder Vertragsauflösung in beiderseitigem Einvernehmen

✔ Und eine Abschiedsfloskel mit guten Wünschen für eine berufliche und private Zukunft

In der Praxis kann das zum Beispiel so aussehen wie in Abbildung 6.2.

(ausstellende Firma)

Zeugnis

Herr Michael Könner, geboren am 11.11.1980 in Böhl-Iggelheim, arbeitete vom 20.05.2007 bis 31.08.2007 als studentische Aushilfskraft in unserer Warenannahme.

Sein Aufgabengebiet umfasste die nachstehenden Tätigkeiten:
Entgegennahme der gelieferten Ware,
Prüfung der Lieferscheine,
Überprüfung der Ware,
Aufbereitung der Ware zur Weiterleitung.

Wir haben Herrn Könner während seiner Tätigkeit in unserem Hause als einen absolut zuverlässigen Mitarbeiter kennen und schätzen gelernt, der die ihm übertragenen Aufgaben stets zu unserer vollsten Zufriedenheit erledigt hat. Er zeigte auch in schwierigen Situationen überdurchschnittliches Engagement und Leistungsbereitschaft. Durch seine freundliche, offene und kommunikative Art war Herr Könner bei Vorgesetzten, Mitarbeitern und Kunden gleichermaßen geschätzt.

Herr Könner verlässt unser Unternehmen zum 31.08.2007 auf eigenen Wunsch. Wir danken ihm für die sehr gute Zusammenarbeit und wünschen ihm für sein Studium weiterhin viel Erfolg.

Speyer, 31.08.2007

Wilfried Maurer

(Wilfried Maurer)
Leiter Personal

Abbildung 6 2: Ein qualifiziertes Arbeitszeugnis

Klingt doch schon viel interessanter und eindrucksvoller als dieses einfache Zeugnis! Aber woher wissen Sie, ob es auch ein gutes Zeugnis ist? Stimmt alles, was da über Sie steht? Gibt's Dinge, die absolut nichts in Ihrem Zeugnis zu suchen haben? Sie haben ganz schön viele Fragen! Mal sehen, wie die sich abarbeiten lassen – am besten vom Einfachen zum Schweren:

Alles, was zählt – Was nicht in ein Zeugnis darf

Was sollte auf keinen Fall im Arbeitszeugnis stehen? Das ist eine ganze Menge:

Aussagen über

✔ Gehalt

✔ Krankheiten oder sonstige Fehlzeiten – dazu gehören auch Urlaubs- und Fortbildungszeiten

✔ Behinderungen

✔ Betriebsratstätigkeiten

✔ Gewerkschafts- und Parteizugehörigkeiten

✔ Religiöses Engagement

✔ Nebentätigkeiten und Ehrenämter

✔ Auffälligkeiten wie Suchtabhängigkeiten und Leistungsabfall

✔ Vorstrafen

✔ Abmahnungen

✔ Kündigungsgründe

haben nichts in einem qualifizierten Zeugnis verloren.

 Wenn Sie in Ihrem Zeugnis solche Aussagen finden, fordern Sie ohne zu zögern ein neues Zeugnis ohne diese Angaben ein. Ein Zeugnis muss grundsätzlich »wohlwollend« formuliert sein.

Schwieriger zu erkennen ist, ob die über Sie getroffenen Aussagen stimmen. Es gibt tatsächlich eine *Zeugnisgeheimsprache* und wehe, wenn der Schreiber diese nicht kennt! Ihr Arbeitgeber will Ihnen ein gutes Zeugnis ausstellen, hat die ehrliche Absicht, Ihnen gute Leistungen zu bescheinigen, formuliert, wie er denkt, und schon ist's passiert: Der Leser empfindet die wohlwollend getroffenen Aussage als eindeutig negativ! Im Gegenzug kann natürlich eine schlechte Beurteilung auch recht positiv »verkauft« werden ... Was müssen Sie also über den *Geheimcode* wissen?

Zauberei oder Der Geheimcode der Zeugnisschreiber

Sie lieben Geheimnisse? Dann verriegeln Sie jetzt Ihre Türen, suchen sich ein lauschiges Plätzchen und lassen Sie sich in die geheime Welt der Zeugniscodes entführen!

Die Geheimcodes werden in Kategorien eingeteilt, um den anderen möglichst viel über Sie zu verraten:

1. Wer sind Sie? Allgemein gültige Aussagen sollen Ihre Persönlichkeit charakterisieren;

2. Wissen Sie überhaupt, wovon Sie sprechen? Haben Sie also Fachwissen und wie wenden Sie es an;

3. Tun Sie wirklich was oder warten Sie auf »Befehle«? Arbeiten Sie aktiv und aus eigenem Antrieb oder brauchen Sie einen permanenten Antreiber?

4. Wie lange verkraften Sie eine Menge Arbeit? Hier wird Ihre Belastbarkeit und Ausdauer beschrieben;

5. Arbeiten Sie sauber und ordentlich? Sie sind doch fleißig und sorgfältig?!

6. War Ihr Chef auch mit Ihnen zufrieden? Haben Sie seine Anforderungen erfüllt?

7. Können Sie repräsentieren oder sind Sie einfach nur »peinlich«? Hier steht, wie Ihr Auftreten und Verhalten empfunden wurde;

8. Sind Sie gesellig oder ein Einzelgänger? Wie wird Ihre Zusammenarbeit mit den anderen und Ihre Kontaktfreudigkeit gesehen?

9. Sind Sie der geborene Chef? Wie haben Sie »geführt«?

Im Einzelnen kann das so aussehen:

So steht's im Zeugnis	und das ist die Bedeutung
Allgemeine Aussagen:	
... hat die ihm übertragenen Aufgaben stets zu unserer vollen/vollsten Zufriedenheit erledigt. ... Verhalten gegenüber Vorgesetzten und Mitarbeitern war vorbildlich.	Gute bis sehr gute Arbeitsleistungen.
... hat die ihm übertragenen Aufgaben zu unserer vollen Zufriedenheit erledigt.	Er arbeitet gut.
... Verhalten gegenüber Mitarbeitern und Vorgesetzten war vorbildlich.	Seine Arbeitsleistung ist befriedigend (der Mitarbeiter wird vor dem Vorgesetzten genannt!).
... galt im Kollegenkreis als toleranter Mitarbeiter.	Mit dem Vorgesetzten kam er nicht zurecht.

So steht's im Zeugnis	und das ist die Bedeutung
... trug zur Verbesserung des Betriebsklimas bei.	Er war dem Alkohol offensichtlich nicht abgeneigt ...
... bewies stets Einfühlungsvermögen für die Belange der Belegschaft.	Er suchte sexuelle Kontakte im Unternehmen.
Fachkenntnisse und Umsetzung:	
... besitzt ein hervorragendes, jederzeit verfügbares Fachwissen, das er optimal zur Lösung auch schwierigster Probleme eingesetzt hat.	Besser geht´s nicht! Das ist sozusagen eine 1 mit *.
... verfügt aufgrund seiner Erfahrung über sichere und gute Fachkenntnisse, die es ihm auch ermöglichen, schwierige Aufgaben zu lösen.	Ein guter Fachmann! Note 2.
... hat das notwendige Fachwissen und setzt dies erfolgsorientiert ein.	Die so erzielten Leistungen sind also zufrieden stellend. Note 3.
... verfügt über Fachwissen und setzt dies ein.	...mehr aber auch nicht – er genügt den Anforderungen an seinen Job nicht.
Aktivität und Initiative	
...gab stets wertvolle Anregungen, hat eigene sehr gute Ideen.	Er ist ein sehr guter Mitarbeiter, der den an ihn gestellten Anforderungen voll entspricht. Sehr gut!
... ergriff eigenständig alle notwendigen Maßnahmen und setzte sie entschlossen um.	Ein guter Mitarbeiter
... hat oft gute Ideen und gibt weiterführende Anregungen. ... geht die ihm gestellten Aufgaben aktiv und selbstständig an. ... gab gelegentlich eigene Anregungen, übernahm die ihm übertragenen Aufgaben und führte sie aus	Er entspricht den allgemeinen Anforderungen. Ein zufrieden stellender Mitarbeiter.
... führte die ihm übertragenen Aufgaben unter Anleitung aus.	Er braucht also Hilfe! ...und entspricht somit nicht den Anforderungen.
Ausdauer und Belastbarkeit	
... haben ihn als einen ausdauernden und außergewöhnlich belastbaren Mitarbeiter kennen und schätzen gelernt, der auch unter schwierigsten Bedingungen alle ihm gestellten Aufgaben bewältigt hat.	Mehr geht nicht! Ein super belastbarer Mitarbeiter!

So steht's im Zeugnis	und das ist die Bedeutung
… haben ihn als ausdauernd und belastbar kennen gelernt, der die ihm gestellten Aufgaben auch unter Termindruck bewältigte.	Ein guter Mitarbeiter, der die an ihn gestellten Anforderungen voll erfüllt.
… haben ihn als Mitarbeiter kennen gelernt, der seine Aufgaben erfüllt hat und den Anforderungen gewachsen war.	Er entspricht den allgemeinen Anforderungen, seine Arbeit ist okay.
… haben ihn als Mitarbeiter kennen gelernt, der die ihm gestellten Aufgaben im Allgemeinen erfüllt hat und den normalen Anforderungen gewachsen war.	Au backe – er ist weder belastbar noch ausdauernd; entspricht also nicht den Anforderungen.
Fleiß und Sorgfalt	
… arbeitete sehr genau, gründlich und äußerst gewissenhaft mit unverkennbarer Freude und anhaltendem Fleiß.	Besser geht's nicht! Note 1.
… arbeitete gründlich, gewissenhaft und sorgfältig, war fleißig und zeigte Freude an seinen Tätigkeiten.	Ein ordentlicher guter Mitarbeiter. Note 2.
… zeigte einen zufrieden stellenden Fleiß, war ordentlich und handelte sorgfältig.	Eine 3.
… zeigte mitunter Fleiß und bemühte sich um Sorgfalt.	Er ist faul und unordentlich.
Arbeitsweise und Leistung	
… brachte durch eine sehr zügige und exakte Arbeitsweise auch in schwierigen Situationen eine voll zufrieden stellende Leistung.	Er entspricht sehr gut den Anforderungen.
… aufgrund seiner zügigen und exakten Arbeitsweise brachte er eine voll zufrieden stellende Leistung.	Er entspricht gut den Anforderungen.
… durch zügiges und exaktes Arbeiten konnte er zufrieden stellende Leistungen erbringen.	Er entspricht im Allgemeinen den Anforderungen.
… durch seine Arbeitsweise erbrachte er mitunter zufrieden stellende Arbeitsleistungen.	Er entspricht den Anforderungen nicht.
Auftreten und Verhalten	
… hat ein äußerst sicheres und bestimmtes Auftreten in Kombination mit hervorragenden Umgangsformen.	Ein toller Kerl mit besten Manieren! Der kommt überall super an.

So steht's im Zeugnis	und das ist die Bedeutung
… tritt natürlich und unkompliziert auf, hat gute Umgangsformen und verhält sich sicher und korrekt.	Ein netter Kerl, der sich zu benehmen weiß.
… tritt in seiner ruhigen Art bescheiden und zurückhaltend auf, ist anpassungsfähig und hat korrekte Umgangsformen.	Ein eher unauffälliger, aber dennoch angenehmer Zeitgenosse.
… verfügt über entsprechende Umgangsformen.	Sein Auftreten ist häufig peinlich
Zusammenarbeit und Kommunikationsfähigkeit	
… war aufgrund seiner sehr freundlichen, aufgeschlossenen und kommunikativen Art von allen Kollegen sehr geschätzt und geachtet.	Einen solchen Kollegen wünschen sich alle!
… war wegen seiner aufgeschlossenen Art bei allen Kollegen beliebt und geachtet.	Ein Pfundskerl, mit dem auch jeder gerne zusammenarbeitet.
… war entgegenkommend, freundlich und nahm im Kollegenkreis am Geschehen teil.	War akzeptiert, aber nicht integriert.
… nahm im Allgemeinen im Kollegenkreis am Geschehen teil.	Ein Einzelgänger.
Führungsverhalten	
… er verstand es sehr gut, seine Mitarbeiter zu motivieren, delegierte Aufgaben optimal bei klarer und eindeutiger Anweisung und genoss als Vorgesetzter volle Anerkennung.	Der hat's drauf! Das geborene Leittier, ein Chef par excellence!
… er motivierte seine Mitarbeiter, delegierte Aufgaben bei klaren Anweisungen geschickt und genoss als Vorgesetzter Anerkennung.	Ein guter Chef, der seinen Job versteht.
… er delegierte Aufgaben und wurde von seinen Mitarbeitern geschätzt.	… aber nicht geachtet. Sein Führungsverhalten ist okay, aber er hat noch Lernbedarf.
… er bemühte sich, seine Mitarbeiter zu motivieren und von ihnen geschätzt zu werden.	Diese Führungskraft muss noch geschult werden und zwar ganz ordentlich.

Jetzt können Sie sämtliche Zeugnisgeheimnisse lüften!

Reden Sie jetzt oder schweigen Sie für immer – Wenn Ihnen das Zeugnis nicht gefällt

Wenn Sie mit Ihrem Zeugnis nicht zufrieden sind, fordern Sie den Arbeitgeber zur Korrektur auf! Aber nicht erst in zwei Jahren! Das können Sie maximal innerhalb eines Jahres nach Ausstellung Ihres Zeugnisses tun, danach haben Sie keinen Anspruch mehr.

Wie lange haben Sie überhaupt einen Anspruch auf ein Zeugnis, wenn Sie heute ein Unternehmen verlassen? Nicht ewig! Die Verjährungsfrist beträgt drei Jahre, wobei es hier auch tarifvertragliche Ausschlussfristen geben kann: Beispielsweise haben Sie im Öffentlichen Dienst maximal sechs Monate Zeit, um Ihr Zeugnis anzufordern, im Baugewerbe häufig grad mal zwei Monate.

 Also fragen Sie am besten gleich bei Ihrer Kündigung und spätestens bei Ihrem Austritt nach Ihrem Arbeitszeugnis. Normalerweise sollten Sie es innerhalb von zwei Wochen in Ihren Händen halten. Wenn es länger dauert, dann unbedingt nachhaken! Ein Zeugnis ist eine »Holschuld«. Aber Sie haben dafür auch einen gesetzlich fixierten Anspruch!

Sie müssen allerdings nicht bis zu Ihrer Kündigung warten, um ein Zeugnis zu fordern: Wenn Sie mit dem Gedanken eines Arbeitsplatzwechsels schwanger gehen, dann verlangen Sie von Ihrem Arbeitgeber ein _Zwischenzeugnis_. Sie haben Anspruch auf ein Zwischenzeugnis, wenn Sie einen neuen Chef bekommen oder sich Ihr Tätigkeitsbereich grundlegend ändert. Was den Zeugnisinhalt angeht, so trifft auch beim Zwischenzeugnis alles zu, was Sie gerade gelernt haben.

Übrigens gelten für alle Zeugnisse drei Grundsätze:

✔ Den Grundsatz der Zeugniswahrheit:

Das bedeutet also, dass alles tatsächlich so ist, wie es im Zeugnis formuliert wird.

✔ den Grundsatz der Zeugnisklarheit:

Es darf nichts »verschlüsselt« sein – jeder Leser muss klar und deutlich die Aussagen verstehen können.

✔ den Grundsatz des Wohlwollens

Ihr Zeugnis darf Ihnen nicht schaden! Im Gegenteil: Es soll Ihnen ja helfen, einen neuen und guten Job zu bekommen. ...das wird unter Umständen mit den Geheimcodes nicht so einfach – aber Sie sind jetzt Profi und erkennen, welche Formulierungen wirklich gut sind!

 Achten Sie auch darauf, dass in Ihrem Zeugnis keine Tipp- bzw. Rechtschreibfehler stehen! Oder wollen Sie, dass jeder weiß, dass Sie den Schrieb nie gelesen haben?

Flecken und Eselsohren sind auch nicht gerade ansehnlich ... apropos Optik: Absolute Schlichtheit ist hier das non plus ultra:

Unterstreichungen, Kursiv- und Fettdruck, Gänsefüßchen haben ebenso wenig in Ihrem Zeugnis verloren wie Ausrufe- oder Fragezeichen, schon gar nicht die in Klammern gesetzten(?)!

Haben Sie alle Zeugnisse noch mal gecheckt? Prima, dann kann es ja losgehen!

Ordnung ist gefragt: Aufbereiten der Bewerbungsunterlagen

Sie haben es geschafft! Wirklich! Alle schriftlichen Bewerbungsunterlagen liegen auf Ihrem Tisch und warten nur darauf verpackt zu werden! Na denn man los!

Jetzt ist Ästhetik gefragt! Sie haben sich so viel Mühe beim Zusammenstellen Ihrer Bewerbungsunterlagen gegeben – und wie beim Eiskunstlauf kommt nun nach dem Pflichtteil die Kür! Wenn Ihr potenzieller neuer Arbeitgeber Ihren Umschlag öffnet, kriegt er schon einen ersten Eindruck von Ihnen. Er nimmt Ihre Bewerbungsmappe in die Hand und sagt verblüfft: »Oha, sieht ja schon mal klasse aus – so auf den ersten Blick! Interessant, muss ich mir näher ansehen.« Genau das wollen Sie ja auch! Also nehmen Sie sich jetzt noch einmal Zeit, damit Sie einen ersten perfekten Eindruck hinterlassen.

Bunt und edel: Die Auswahl der Bewerbungsmappe

Es gibt sie in allen möglichen Variationen:

✔ Bei den einen können die Unterlagen eingeheftet werden.

✔ Bei den anderen werden sie mit einer Klemmleiste fixiert.

✔ Wieder andere haben Klarsichthüllen, die befüllt werden können.

Die Farbenauswahl ist auch gigantisch: Von knallig bis zu schwarz oder weiß ist alles geboten!

Nur eines haben alle gemeinsam: die Größe von DIN A4! Immerhin – wenigstens darüber brauchen Sie sich keine Gedanken mehr zu machen.

Aber für welche entscheiden Sie sich? Schwierig … Fangen Sie mit der Farbe an:

Überlegen Sie einmal, bei welchem Unternehmen Sie sich bewerben.

Haben die vielleicht ein so genanntes »Corporate Design«, also zum Beispiel ein Logo in einer bestimmten Farbe? Das ist Ihre Farbe! Ihrem potenziellen neuen Arbeitgeber fällt Ihre Bewerbungsmappe mit Sicherheit auf und Sie signalisieren so, dass Sie sich gerne mit dem Unternehmen identifizieren wollen! Starker Einstieg!

Sie bewerben sich in der Werbebranche? Wollen Sie auffallen und sich optisch von anderen Bewerbern abheben? Na, wie wäre es mit einer knalligen Farbe!

Sie stehen mehr auf das Dezente? Okay, dann bleiben Sie sich treu und wählen eine schlichte Farbe.

Schließlich soll die Farbe ja auch Ihnen gefallen.

Die Farbe ist klar, jetzt kommt die Frage nach den Variationsmöglichkeiten.

 Was halten Sie davon, es sich so einfach wie möglich zu machen?

Überlegen Sie mal: Wenn Sie Ihre Unterlagen in einer Bewerbungsmappe abheften, kann der Leser kein Dokument einfach so entnehmen – wenn er das will, muss er jedes Mal alles so weit rausnehmen, bis er das entsprechende Teil hat, und genauso umständlich wieder einsortieren. Würden Sie sich so viel Umstand mit einem Bewerber machen oder nicht lieber erst mal die nächste Bewerbungsmappe nehmen, die auf Ihrem Tisch gelandet ist? Wenn Sie jedes Dokument in eine Klarsichthülle packen, geht das mit dem Rausnehmen schon leichter. Aber sieht das dann nicht so aus, dass Sie offensichtlich Ihre Dokumente öfter verwenden wollen, wenn Sie die so sauber »einpacken«? Und bei vielen Dokumenten wird dann die ganze Bewerbungsmappe immer dicker und dicker ... Scheint also auch nicht unbedingt die optimale Lösung zu sein.

Klemm-Mappen – einfach genial! Sie schieben Ihre gesamten Unterlagen da rein, der Leser kann sie rausnehmen, wie er sie braucht, und auch wieder einpacken! Probieren Sie's aus!

Chaos ade: Die richtige Reihenfolge der Unterlagen

Ist doch egal, Hauptsache es ist alles dabei! Denken Sie das wirklich? Was würde Sie als Erstes interessieren? Genau, wer sich aus welchen Gründen bei Ihnen bewirbt. Und natürlich, was der Bewerber schon so alles gemacht hat. Gut, dann steht doch die Reihenfolge schon fest:

1. Ihr Anschreiben – das legen Sie lose in der Bewerbungsmappe auf Ihre anderen Unterlagen. Warum? Ganz einfach: Es ist das einzige Dokument, das im Falle einer Absage beim Unternehmen bleibt. Alles andere bekommen Sie zurück.

2. Ihr Lebenslauf

3. Ihr aktuelles Zwischenzeugnis oder das Zeugnis Ihres letzten Arbeitgebers

4. Teilnahmebescheinigungen für die Kurse/Veranstaltungen/Seminare, die Sie im Laufe Ihres Berufslebens und/oder Studiums erworben und in Ihrem Lebenslauf entsprechend aufgeführt haben – zeitlich gesehen immer von der aktuellsten zum ältesten

5. Ihre sonstigen Zeugnisse – beginnend mit den beruflichen Zeugnissen bis hin zu Ihren Schulzeugnissen und auch hier vom aktuellsten zum ältesten.

Das war's! Haben Sie alles schön geordnet in der richtigen Reihenfolge in Ihre Bewerbungsmappe gepackt?

Haben Sie schon den Briefumschlag in der Hand und wollen Ihre Mappe eintüten? Dann holen Sie jetzt noch ein allerletztes Mal Luft, um Ihre Unterlagen final zu checken, damit auch wirklich nichts schiefgeht!

Finger weg: Was keinesfalls sein darf

Machen Sie es sich so einfach wie ein Flugkapitän, bevor er losfliegt: Nehmen Sie die nachstehende Checkliste und gehen Sie Punkt für Punkt zackig durch:

✔ Auf der Bewerbungsmappe klebt kein Preisschild mehr und sie ist sauber.

✔ Anschreiben liegt oben auf – es ist NICHT vor den Lebenslauf geklemmt, geheftet oder gesteckt!

✔ Das Anschreiben ist in einer einheitlichen Schrift und die Adresse des Unternehmens nicht zufällig ganz auffällig in einer anderen Schrift reinkopiert worden, weil Sie ja ein Standard-Anschreiben verwenden ...

✔ Der Lebenslauf ist nicht kopiert und hat keine Kopierschlieren – er ist tabellarisch und übersichtlich und nicht als Aufsatz gestaltet.

✔ Das Bewerbungsfoto ist weder zu groß noch zu klein und schon gar kein Passbildautomatfoto!

✔ Die Unterlagen sind nicht zusammengetackert, sondern jedes Blatt schön einzeln.

✔ Urkunden sind vollständig und in Kopie (**Achtung**: Bitte keine Originale verschicken!)

✔ Dokumente sind nicht versehentlich doppelt beigefügt.

✔ Die Papierqualität ist ordentlich und sauber.

✔ Kopien sind nicht vergilbt.

✔ Flecken sind auch keine auf den Unterlagen.

✔ Die Unterlagen sprengen die Mappe nicht, sondern sind handlich.

Alles abgehakt und okay? Dann dürfen Sie endlich die Unterlagen eintüten!

Und ab die Post! Umschlag und Porto

Sie haben einen großen DIN-A4-Umschlag genommen? Ihn auch nicht geknickt? Ihre Bewerbungsmappe passt da super rein und wird auch nicht geknickt? Sie sind ja richtig gut!

Wissen Sie, wie viel Porto Sie brauchen? Nein?! Das ist schlecht, denn wenn Sie diesen Umschlag nicht ausreichend frankieren, kommt er ungeöffnet an Sie zurück! Das wollen Sie ganz sicher nicht! Fragen Sie auf der Post, was der Umschlag samt Inhalt kostet, kleben Sie ausreichendes Porto drauf – aber bitte mit maximal zwei Briefmarken. Ein Sammelsurium vieler wild aufgeklebter Briefmarken sieht chaotisch aus – und genauso einen ersten Eindruck machen Sie auch!

Ist die Firmenadresse vollständig? Der Name des Ansprechpartners korrekt geschrieben? Gut!

Dann ab zur Post! Per Einschreiben? Bloß nicht, macht viel zu viel Umstände – auch für den Empfänger. Einfach in den Briefkasten werfen! ... und jetzt beginnt die spannende Zeit! Das Warten auf eine positive Rückmeldung!

Teil III

Das bange Warten auf die Rückmeldung

The 5th Wave   By Rich Tennant

»Ich bin zu einem Vorstellungsgespräch bei einem Rechtsanwalt
eingeladen und möchte einen guten Eindruck machen.«

In diesem Teil ...

Ihre Bewerbungsunterlagen sind abgeschickt und Sie könnten sich eigentlich entspannt zurücklehnen, denn nun ist ja der Ball beim Arbeitgeber. Aber so ganz entspannt können Sie nicht sein, weil Sie ja gespannt sind wie ein Flitzebogen, ob Ihre Bewerbung Erfolg hat. Und so ganz entspannt sollten Sie auch nicht sein, sondern zunächst ein paar kleine, aber feine Vorbereitungen treffen, um für einen möglichen Anruf des vielleicht neuen Arbeitgebers gewappnet zu sein. In Kapitel 7 erfahren Sie, wann und wie Sie am besten nachfragen, wenn sich nach geraumer Zeit keiner auf Ihre Bewerbung hin meldet. Und Kapitel 8 hilft Ihnen, gut darauf vorbereitet zu sein, wenn Sie den potenziellen neuen Arbeitgeber plötzlich am Telefon haben.

Nachfassaktion

In diesem Kapitel

▶ Wann Sie nachfragen sollten

▶ Taktvoll nachfassen

▶ ...wenn Absagen kommen sollten

S ie kennen das Gefühl bestens: Ihre Unterlagen haben Sie, sorgfältig aufbereitet, an das Unternehmen geschickt und es vergehen leider nicht nur Tage, nein, manchmal Wochen, bisweilen sogar Monate, in denen Sie nichts bezüglich Ihrer Bewerbung gehört haben. Anfänglich üben Sie sich in Geduld, aber auch diese hat ihre Grenzen. Sie müssen auch nicht endlos warten!

Der beste Zeitpunkt

Wann ist der richtige Zeitpunkt für eine Nachfassaktion? Sie wollen ja weder nerven noch desinteressiert erscheinen.

Innerhalb von 14 bis 21 Tagen sollten Sie zumindest eine Eingangsbestätigung Ihrer Unterlagen erhalten haben.

Sind über drei Wochen seit Ihrer Bewerbung vergangen, können Sie guten Gewissens telefonisch bei dem angeschriebenen Unternehmen nachfragen.

... und so ist es richtig: Nachfragen mit Fingerspitzengefühl

Um nicht als »unangenehmer Drängler« abgestempelt zu werden, hat sich als eine passende Variante folgende Fragestellung erwiesen:

»Guten Tag, mein Name ist ... Ich habe vor ... Wochen meine Bewerbungsunterlagen an Sie geschickt. Da ich bislang nichts von Ihnen gehört habe, bin ich nun doch etwas verunsichert, ob nicht möglicherweise meine Unterlagen auf dem Postweg verloren gegangen sind.«

In aller Regel werden Sie eine freundliche Antwort erhalten, die Ihnen eventuell sogar auch etwas über den Stand Ihrer Bewerbung vermittelt.

Möglicherweise erhalten Sie einen Zwischenbescheid, der Sie informiert, dass man Ihnen momentan keinen konkreten Arbeitsplatz anbieten kann, aber an Ihnen interessiert ist und deswegen Ihre Bewerbungsunterlagen weiterhin behalten möchte. Glückwunsch! Das ist doch schon mal was! Sobald in diesem Unternehmen eine für Sie in Frage kommende Arbeitsstelle frei wird, können Sie sicher sein, dass Sie umgehend angerufen und zu einem Vorstellungsgespräch eingeladen werden.

Auch in diesem Fall sollten Sie die Zeitschiene hinsichtlich Ihres Nachfassens nicht ins Unermessliche laufen lassen, sondern spätestens nach drei Monaten zum Hörer greifen, sofern Sie nicht zwischenzeitlich einen neuen Job gefunden haben. Wenn Ihre Bewerbung bei einem anderen Unternehmen erfolgreich war, liegt es in Ihrem Interesse, das Unternehmen zu informieren, das Ihre Unterlagen sozusagen bei sich »eingefroren« hat.

Leider müssen wir Ihnen mitteilen ... – Absagen

Es kann aber auch passieren, dass Ihnen im Anschluss an dieses »Vertrösten« postwendend in den darauf folgenden Tagen Ihre Bewerbungsunterlagen zurückgesandt werden. Diese Absagen können ebenfalls viele Gesichter haben:

✔ Mit einem Dankeschön für Ihr Interesse und dem Hinweis, dass man sich bereits für einen anderen Bewerber entschieden hat

✔ Mit der Aussage »... Anbei senden wir Ihnen Ihre Unterlagen zu unserer Entlastung zurück ...« – hier sollten Sie froh sein, denn wollten Sie bei einem Unternehmen arbeiten, das Sie als »Last« ansieht?

✔ Mit der ernüchternden Information, dass Sie entweder über- oder unterqualifiziert sind

✔ Oder aber sogar mit dem Angebot, dass Ihnen ein konkret genannter Ansprechpartner gerne telefonisch zur Verfügung steht, um Ihnen die Gründe für die Absage zu erläutern. Dieses Angebot sollten Sie unbedingt wahrnehmen, denn die Informationen können Ihnen bei zukünftigen Bewerbungen sehr hilfreich sein.

✔ Bei einer Initiativbewerbung kann es Ihnen auch passieren, dass Ihre Absage den Wortlaut enthält »unsere Mitarbeiter fühlen sich in unserem Unternehmen und an ihrem Arbeitsplatz derart wohl, dass wir Ihnen zum jetzigen Zeitpunkt keinen adäquaten Arbeitsplatz anbieten können«. Spricht für das Unternehmen, oder?

Wie auch immer – sofern Sie eine Absage erhalten, sollten Sie keineswegs in Panik verfallen, sondern analysieren, warum Ihre Mitarbeit abgelehnt wurde. Die Gründe können Ihnen für Ihre weiteren Bewerbungen durchaus hilfreich sein, indem Sie so erkannte Fehler nicht noch einmal machen und sich auf die positiven Elemente Ihrer Bewerbung konzentrieren.

Dass Unternehmen ein wenig zurückhaltend sein werden, wenn sie Ihnen ihre Ablehnungsgründe mitteilen, liegt ganz gewiss an dem Allgemeinen Gleichbehandlungsgesetz. Sie werden sicherlich kaum Aussagen zu Ihrer Persönlichkeit erhalten. Unternehmen werden bestrebt sein, sachlich zu argumentieren. Details zum Allgemeinen Gleichbehandlungsgesetz finden Sie in Kapitel 1 *Das Allgemeine Gleichbehandlungsgesetz: Ladies first but gentlemen before.*

Gut vorbereitet auf den Anruf des neuen Chefs

8

In diesem Kapitel

▶ Unterlagen zur Hand

▶ »Hintergrundgeräusche« – wie verhalten Sie sich?

▶ So wirken Sie auf andere

▶ Fragen, Fragen, Fragen

▶ Kurz notiert

▶ ... und einmal reflektiert

▶ Nicht zu vergessen: die Sprachboxen

S ie sollten im Vorfeld und auch während Ihrer Bewerbungsphase etliche Vorbereitungen treffen, damit Sie nicht völlig überrascht wirken, sofern ein potenzieller Arbeitgeber sich telefonisch bei Ihnen meldet.

Die Unterlagen stets griffbereit

Sie sollten prinzipiell:

✔ das jeweilige Anschreiben, das Sie an die betreffende Firma gesandt haben

✔ inklusive deren Stellenanzeige

✔ und/oder das Unternehmensprofil, das Sie sich gegebenenfalls aus dem Internet gezogen haben,

✔ sowie Ihren jeweils zugesandten Lebenslauf

als »Einheit« griffbereit haben. Nichts ist peinlicher als bei einem plötzlichen Anruf auch noch auf die Suche nach den Unterlagen gehen zu müssen und nicht zu wissen, auf welche Stelle Sie sich nun gerade bei dem anrufenden Unternehmen beworben haben! Geschweige denn, dem Unternehmen das richtige Anschreiben zuordnen zu können, denn spätestens, wenn Fragen nach Ihren im Anschreiben formulierten Aussagen kommen, werden Sie passen müssen ...

Es gibt verschiedene Möglichkeiten, wie Sie Ihre Unterlagen schnell zugänglich aufbewahren können:

✔ in einem Ablagekörbchen, das aber bitte nicht in der »Versenkung« verschwindet, sondern schnell zugänglich platziert wird; hier empfiehlt es sich, die Unterlagen zusätzlich nach Firmen geordnet in Klarsichthüllen zu sortieren

✔ in einem Ordner, in den Sie Ihre Unterlagen nach Firmennamen alphabetisch sortiert ablegen

✔ in unterschiedlich farbigen Ordnungsmappen, die mit den einzelnen Firmennamen beschriftet sind

✔ einfach »nur« in Klarsichthüllen sortiert, wobei der Firmenname zumindest markiert sein sollte, damit nicht lange nach den »richtigen« Unterlagen gesucht werden muss

Es ist auch hilfreich, *Notizblock und Kugelschreiber* »fest« bei Ihren Unterlagen zu installieren, denn dann können Sie sich jederzeit entsprechende Notizen machen und welcher Anrufer freut sich nicht, wenn Sie ihn während des Gesprächs auch gleich richtig mit seinem Namen ansprechen? Apropos Name: Bitte fragen Sie nicht »*Wie war Ihr Name?*«, denn Ihr Gesprächspartner ist hoffentlich recht lebendig und sein Name *ist* noch der gleiche wie vor einer Sekunde, als er sich Ihnen vorgestellt hat.

»Hintergrundgeräusche« bei Anrufen – lästig oder nicht?

Sie kennen das: Sie rufen jemanden an, derjenige nimmt Ihren Anruf entgegen und Sie können aufgrund eines extremen Geräuschpegels, der viele Ursachen haben kann, nicht wirklich den Angerufenen geschweige denn seine Aussagen verstehen ...

Nun stellen Sie sich den umgekehrten Fall vor: Ihr potenzieller Arbeitgeber ruft Sie an und kann aufgrund der Geräuschkulisse möglicherweise nicht mal Ihren Namen verstehen – nicht gerade ein »glücklicher« Einstieg in eine (geschäftliche) Beziehung!

Wie gehen Sie geschickt damit um?

Sorgen Sie während des Telefonats für eine ruhige und insbesondere für Sie selbst angenehme Atmosphäre. Jedes Telefonat mit Ihrem potenziellen Arbeitgeber erfordert Ihre volle Konzentration und jegliche Ablenkung kann dafür sorgen, dass Sie während des Gesprächs »aus dem Konzept kommen«.

Damit dies nicht passiert, sollten Sie zum Beispiel

✔ wenn es Ihr Telefon erlaubt, in einen separaten Raum oder an einen anderen ruhigen Ort gehen

✔ Fernseher und/oder Radio ausschalten

✔ Ihre Mitbewohner bitten, Sie ein wichtiges Telefonat ungestört führen zu lassen

Es kann aber auch sein, dass Sie keine Chance auf ein »ruhiges« Telefonat haben.

Wenn es wirklich nicht anders geht: Unvermeidbare Hintergrundgeräusche

Wenn Sie per Handy erreicht werden und sich an einer Örtlichkeit befinden, wo Sie keine Möglichkeit haben, auf das laute Umfeld Einfluss zu nehmen – zum Beispiel wenn Sie am Bahnhof oder mit einem öffentlichen Verkehrsmittel unterwegs sind –, erklären Sie dem Anrufer diesen Umstand und bitten Sie ihn, sich freundlicherweise nochmals später zu melden.

Können Sie den Anrufer einigermaßen verstehen und haben die Chance, sich seinen Namen und die Telefonnummer zu notieren, dann tun Sie das und bieten Ihren Rückruf zu einer konkret vereinbarten Uhrzeit an. So können Sie sicher sein, ein für beide Seiten »verständliches« Telefonat und meist auch Erstgespräch führen zu können!

Einfach faszinierend: Ihre persönliche Ausstrahlung am Telefon

Bleiben Sie freundlich, natürlich und authentisch – auch am Telefon! Nutzen Sie Ihre Fähigkeit, aktiv zuzuhören, und signalisieren Sie Ihrem Gesprächspartner, dass Sie seinen Ausführungen folgen durch Worte wie »ja«, »aha«, »okay« oder »hmm« ebenso wie durch eventuelle Fragen.

Ein Lächeln versetzt Berge, sogar am Telefon! Der Klang Ihrer Stimme wird wesentlich entspannter und freundlicher, wenn Sie lächeln – das merkt auch Ihr Gesprächspartner und empfindet nicht nur Ihr gemeinsames Gespräch, sondern sogar bereits Sie selbst als angenehm. Das ist Ihre einmalige Chance, einen ersten positiven und kompetenten Eindruck zu vermitteln.

Hektik und Stress übertragen sich allerdings ebenso übers Telefon! Wenn Sie hektisch und/oder gestresst sind, äußerst sich das meist in raschen Atemzügen und längeren Sprechpausen Ihrerseits auf Fragen des Anrufers bzw. Sie beginnen in unvollständigen Sätzen oder gar Wortfetzen zu sprechen. Wenn Sie merken, dass Sie hektisch werden, dann atmen Sie bewusst tief durch – gerne mehrfach – und rufen sich in Erinnerung, wo Ihre Unterlagen sind, damit Sie den Anrufer zuordnen können. Schon werden Sie wieder ruhiger! Konzentrieren Sie sich auf Ihren Gesprächspartner und seine Ausführungen – das lenkt Sie von Ihrer eigenen (momentanen unsicheren) Situation ab und hilft Ihnen, ein Stück Gelassenheit zurückzugewinnen.

Wie auch immer ein Gespräch von Seiten des Anrufers beginnt, begrüßen Sie ihn auf alle Fälle freundlich und vergessen Sie nicht, sich ebenso freundlich zu verabschieden, wie auch immer das Gespräch an und für sich verläuft.

Und plötzlich kommen Fragen!

In aller Regel dient der Anruf Ihres potenziellen Arbeitgebers dazu, einen Gesprächstermin zu vereinbaren. Deshalb sollten Sie auch stets Ihren *Terminkalender* griffbereit haben!

Allerdings kann es auch andere Gründe für einen Anruf geben. Möglicherweise fehlt eine Bewerbungsunterlage, zum Beispiel ein Zeugnis, ein Nachweis etc., oder der Anrufer hat noch die eine oder andere Frage zu Ihren persönlichen Daten. Es kann aber durchaus sein, dass der Anrufer die Absicht hat, Ihnen bereits in diesem ersten Kontaktgespräch sozusagen »ein wenig auf den Zahn zu fühlen« – und das natürlich mittels ganz konkreter Fragen.

Fragen Ihres potenziellen Arbeitgebers

In aller Regel werden Ihnen gezielt Fragen gestellt, um Ihre Reaktionen und Antworten zu testen. Im Rahmen eines Bewerberauswahlverfahrens werden die gleichen Fragen allen Bewerbern gestellt, um bereits so eine erste Auswahl zu treffen, ob der Kandidat in das weitere Auswahlverfahren kommt oder besser gleich eine Absage erhält. Neben Ihrer persönlichen Ausstrahlung werden die inhaltlichen Aussagen Ihrer Antworten bewertet.

Es könnten Ihnen zum Beispiel die nachstehenden Fragen gestellt werden:

Warum sind Sie zurzeit ohne Arbeit?

Auch wenn die Frage noch so unangenehm ist, sollten Sie bei der Antwort authentisch bleiben.

Sollte Ihr Arbeitsplatz einer Umstrukturierungsmaßnahme zum Opfer gefallen sein, so können Sie diesen Umstand genauso erklären.

Haben Sie sich mit dem letzten Arbeitgeber »in gegenseitigem Einverständnis« getrennt, steht das möglicherweise auch in Ihrem Arbeitszeugnis. Damit ist ersichtlich, dass Sie sich im Unfrieden getrennt haben und Sie sollten gut überlegen, wie Sie diese »unfreundliche« Trennung begründen. Allerdings sollten Sie auf keinen Fall über Ihren letzten Arbeitergeber schlecht reden, denn das wirft im Gegenzug auch ein entsprechend schlechtes Licht auf Sie. Versuchen Sie lieber, das Gespräch auf ein anderes Thema zu führen, zum Beispiel Ihre Motivation für den neuen Job.

Möglicherweise nehmen Sie an einer Umschulungsmaßnahme oder an einem Lehrgang teil. Dann können Sie das wahrheitsgetreu schildern und erklären, dass Sie so auch eine Zusatzqualifikation erwerben.

 Aus welchen Gründen auch immer Sie arbeitslos sind, es ist stets hilfreich, wenn Sie deutlich machen und nachweisen können, dass Sie diese »freie« Zeit für Weiterbildungsmaßnahmen nutzen.

Sind Sie noch bei einem anderen Unternehmen beschäftigt, dann können Sie gerne die Gründe anführen, weshalb Sie sich verändern möchten.

Das gilt ebenso uneingeschränkt für Ihr Studium oder Ihre Ausbildung, die in absehbarer Zeit enden.

In all diesen Fällen sollten Sie Ihren tatsächlichen Veränderungswunsch nicht verschweigen. Dieser könnte zum Beispiel so aussehen:

✔ die Tatsache, dass Sie in Ihrem alten Unternehmen keine Aufstiegs- bzw. Karrieremöglichkeiten mehr haben

✔ Umstrukturierungsmaßnahmen Ihres Noch-Arbeitgebers und damit der Wegfall Ihres Arbeitsplatzes

✔ die Verlegung Ihres Arbeitsplatzes an einen hunderte von Kilometern entfernten Standort

✔ Interesse und Neugierde für einen neuen Job.

Erzählen Sie mir die wichtigsten Stationen Ihres beruflichen Werdegangs

Wie gut, dass Sie Ihren Lebenslauf im Kopf haben! Hier haben Sie die Chance, zu zeigen, wie gut Sie formulieren können, ohne den roten Faden zu verlieren. Achten Sie bitte darauf, nun aber nicht sämtliche Arbeitsstationen zu erläutern, sondern beschränken Sie sich in der Tat auf die für Sie wichtigsten, aber vergessen Sie auch nicht, was für den neuen Arbeitgeber am wichtigsten ist. Sie haben ja glücklicherweise auch dessen Stellenausschreibung griffbereit und können sich so nochmals rasch seine Anforderungen an den künftigen Mitarbeiter vor Augen führen. Beginnen können Sie zum Beispiel so:

»Nach meiner Ausbildung und einem erfolgreichen Studium an der xy-Universität habe ich drei Jahre lang Berufserfahrung gesammelt im Bereich.... bei der xy-Firma, bevor ich schließlich ...«

 Erläutern Sie die Schwerpunkte Ihrer Tätigkeiten, zeigen Sie Verantwortungsbereiche und durchaus bereits erzielte Erfolge auf.

Ihr Redeanteil sollte zwischen zwei bis maximal fünf Minuten liegen. Es kann durchaus sein, dass Ihr Gesprächspartner in dieser Phase still ist – das bedeutet aber keineswegs, dass er Ihnen nicht sehr konzentriert zuhört! Mit einem solchen Verhalten lässt sich zum Beispiel Ihre Stress-Resistenz überprüfen.

Sind Sie mobil?

Diese Frage kann unterschiedliche Gründe haben, zum Beispiel ob Sie ein Auto besitzen oder auch ob und wie viel Sie bereit sind, beruflich unterwegs zu sein. Bevor Sie eine konkrete Antwort geben, sollten Sie die Frage erst einmal hinterfragen! Dass Sie eine gewisse Mobilität besitzen, zeigen Sie bereits mit Ihrer Bewerbung. Oft ist mit dieser Frage Ihre »räumliche Mobilität« gemeint – hier sollten Sie bei einer Antwort durchaus Ihre persönlichen Wünsche auch hinsichtlich Ihrer Familienplanung nicht völlig unbeachtet lassen.

Es ist ratsam, statt einer »weltweiten« Mobilität lieber eine »eingeschränkte« Mobilität unter Angaben von überregionaler oder regionaler Eingrenzung zu machen. Sie glauben, eine solch ehrliche Antwort mindert Ihre Chancen auf eine Einstellung? Weit gefehlt – um wie viel schwieriger wird es erst einmal, wenn Sie eine weiträumige Mobilität angegeben haben, in der Tat aber nicht so mobil sind und nach Vertragsabschluss dann Ihrem Arbeitgeber erklären müssen, dass Sie den gewünschten Einsatz janz weit draußen nicht darstellen können!

Wenn Sie erklären, dass Ihre Mobilitätsangabe schlichtweg falsch war, verärgern Sie Ihren Chef ebenso, wie wenn Sie sich die dollsten familiären prekären Situationen aus den Fingern saugen ...

Wollen Sie den geschäftlichen Ärger vermeiden und leisten Ihrem Ferneinsatz Folge, riskieren Sie möglicherweise im familiären Bereich Streitereien, die sich unter Umständen nicht »nur« im privaten, sondern auch erheblich im beruflichen Bereich negativ auswirken.

Wo haben Sie sich noch beworben?

Eine geschickte Frage, um herauszufinden, wie »aktiv« Sie auf Jobsuche sind und eventuell sogar die Unternehmen zu erfahren, bei denen Sie sich ebenfalls beworben haben!

Hier sollten Sie – wenn überhaupt – lediglich die Anzahl der Firmen nennen, bei denen Sie sich beworben haben. Sie können zum Beispiel sagen: »Ich habe mich bei vier Unternehmen beworben« oder »Ich habe mich bei drei weiteren Unternehmen der xy-Branche beworben.«

Und was ist mit Ihren Fragen?

Ihre persönlichen Fragen sind ebenso wichtig wie die Fragen, die Ihnen Ihr Gesprächspartner stellt. Möglicherweise erhalten Sie bereits im Laufe des Gesprächs auf die ein oder andere Ihrer Fragen »automatisch« eine Antwort, andernfalls scheuen Sie sich nicht, Ihre Fragen gegen Ende des Gespräches zur Sprache zu bringen.

Ergeben sich während des Gesprächsverlaufs neue Fragen für Sie, sammeln Sie diese nicht, um sie am Ende alle auf einmal zu stellen, sondern fragen Sie besser gleich nach, denn dann ist allen Gesprächspartnern auch der Kontext, aus dem sich Ihre Frage ergeben hat, präsent.

Wenn Sie keine Fragen haben, dann »saugen« Sie sich auch keine aus den Fingern, sondern antworten Sie lieber, dass Sie »momentan keine Fragen haben«. Sie können an dieser Stelle gerne darauf verweisen, dass sich sicherlich im Rahmen des Vorstellungsgespräches Fragen ergeben.

Dürfen Sie »Unverstandenes« nachfragen?

Wenn Sie die Ausführungen Ihres Gesprächspartners nicht verstanden haben, sollten Sie auf alle Fälle nachfragen. Ihre Nachfrage kann unterschiedlich lauten, zum Beispiel:

✔ »Entschuldigen Sie, ich konnte Sie soeben akustisch nicht verstehen – wären Sie so freundlich, das Gesagte noch einmal zu wiederholen?«

✔ »Habe ich Sie richtig verstanden, dass Sie gerade gesagt haben, dass …?«

Möglicherweise hat Ihr Gesprächspartner einen recht schnellen und/oder gar »unverständlichen« Redefluss – das macht ein Gespräch umso schwieriger, da Sie Ihre volle Konzentration benötigen, um alleine nur den verbalen Ausführungen zu folgen.

 Warum bitten Sie Ihren Gesprächspartner nicht höflich, dass er langsamer spricht? Das ist nicht peinlich – peinlich wird es, wenn Ihnen im Verlauf dieses schnellen Redeflusses Fragen gestellt werden und Sie diese – aufgrund Nicht-Verstehens – nicht beantworten oder schon gar nicht als Frage erkennen können.

 Insbesondere für nicht verstandene Namensnennungen gilt: Bitte nachfragen! Auch hier wieder mit der Fragestellung:

»Wie bitte *ist* Ihr Name?«

oder bei einem langen, schwierigen Namen:

»Ihr Name ist aber außergewöhnlich – wie wird er geschrieben?«

Oder möchten Sie sich durch ein Gespräch »hangeln«, bei dem Sie Ihren Gesprächspartner nicht namentlich ansprechen können und stattdessen gezwungen sind, vom »Dritten Mann«, also permanent in der dritten Person zu sprechen? Das ist nicht nur extrem anstrengend, Sie verlieren Ihre positive Wirkung.

Was man aufschreibt, bleibt - Notizen zum Gespräch

Am Ende eines so wichtigen Telefonates atmen Sie erst einmal auf! Der Anfang ist gemacht und nun »schieben« Sie nicht einfach Ihr Gespräch als »Gott sei Dank ist das erledigt!« zur Seite, sondern notieren Sie sich auf einem separaten Blatt Papier die für Sie wichtigen Aussagen. Diese Notiz legen Sie entsprechend zu Ihren an diese Firma gesandten Bewerbungsunterlagen, so dass Sie sich bei einer Einladung zu einem Vorstellungsgespräch noch einmal das Telefonat an sich kurzfristig in Erinnerung rufen können. Im Rahmen Ihres Vorstellungsgespräches wird sicherlich auf das bereits mit Ihnen geführte Telefonat verwiesen und entsprechend

Bezug genommen – und nun können Sie glänzen, indem auch Sie noch ganz genau wissen, was damals besprochen wurde.

Kurzes Protokoll

Halten Sie die Aussagen Ihres Gesprächspartners ebenso strukturiert fest wie Ihre Antworten. Das kann zum Beispiel in Form einer Checkliste erfolgen. Sie können sich die Checkliste bequem unter `http://www.wiley-vch.de/publish/dt/books/ISBN3-527-70325-X` ausdrucken:

Checkliste für »Bewerber-Telefonate«

Wer war der Anrufer?

Name: _____

Ggf. Titel: _____

Funktion: _____

Telefonnr.: _____

Aus welchem Grund wurde angerufen?

Fragen und Antworten

Mir gestellte Fragen	Meine Antworten

Meine Fragen	Antworten des Anrufers

Worüber hat mich der Anrufer informiert?

Blieben Themen ungeklärt?

Die Checkliste ermöglicht Ihnen, die wesentlichen Gesprächsinhalte festzuhalten und gibt Ihnen einen Überblick – auch im Vergleich zu anderen Telefonaten. Sie werden überrascht sein, wie unterschiedlich solche telefonischen Erstkontakte mit möglichen Arbeitgebern ausfallen!

Ihr Eindruck nach dem Telefonat

 Jedes Telefonat erzielt eine Wirkung auf zwei unterschiedlichen Ebenen: das eine ist die »Sachebene«, die Sie mittels der Checkliste für »Bewerber-Telefonat« abgeklärt haben; die zweite Ebene ist die der »Gefühlsebene«. Auch diese Ebene lässt sich mittels eines Beurteilungsbogens, den Sie ebenfalls unter http://www.wiley-vch.de/publish/dt/books/ISBN3-527-70325-X downloaden können, analysieren:

Beurteilungsbogen für »Bewerber-Telefonate«
Wer war der Anrufer?

Name: _____

Ggf. Titel: _____

Funktion: _____

Telefonnr.: _____

Wie freundlich wurde ich begrüßt?

Wurde ich mit Namen angesprochen?

Wurde während des Gesprächs mit mir oder in der dritten Person gesprochen?

War es ein eher ernstes oder heiteres Gespräch?

Hatten wir ein »rundes« flüssiges Gespräch?

Kam das Gespräch mehrfach »ins Stocken« – gab es zum Beispiel längere Sprechpausen auf beiden Seiten?

Wie habe ich die Stimme des Anrufers empfunden?

Finde ich die Art und Weise, wie der Anrufer mit mir gesprochen hat, als angenehm oder nicht – warum?

Habe ich den Gesprächspartner eher als »nüchtern« empfunden – warum?

Habe ich den Eindruck, von dem Anrufer »kam was rüber« – was und warum?

Wie habe ich mich selbst während des Gesprächs erlebt?

War ich aufgeregt – bis zum Ende oder hat sich die Aufregung gelegt?

Wurde ich verlegen und wusste nicht recht, wie ich mich verhalten sollte?

Haben mir die passenden Worte gefehlt oder konnte ich flüssig reden?

Haben wir uns verabschiedet – wie und mit welchen Worten?

Fühle ich mich jetzt nach dem Telefonat wohl und freue mich auf den nächsten Kontakt – warum?

Denke ich, das war ein grauseliges Gespräch, und befürchte, dass eine Absage kommt – warum?

Halten Sie jeden Ihrer Eindrücke schriftlich fest, auch wenn Ihnen das eine oder andere beim zweiten Überlegen nicht so wichtig erscheint, denn Ihre Beurteilungsbögen zeigen Ihnen im Laufe der Zeit zumindest Ihre eigene Person betreffend oftmals eine Entwicklung: Sie werden von Telefonat zu Telefonat zunehmend sicherer in Ihrem gesamten Verhalten und Umgang gegenüber und mit dem Anrufer! Diese »Erfolgsbilanz« sollten Sie sich nicht entgehen lassen!

Reflexion der persönlichen Wahrnehmung

Wenn Sie Ihre Checkliste und Ihren Beurteilungsbogen gewissenhaft ausgefüllt haben, sind Sie in der Lage, das Telefonat in seiner Gesamtheit hinsichtlich Ihrer persönlichen Wahrnehmungen zu reflektieren. Mittels der Checkliste haben Sie die Gesprächsführung analysiert, der Beurteilungsbogen spiegelt Ihre gefühlsmäßige Lage wider und nun setzen Sie beides in Relation zueinander:

Sagt Ihnen die Checkliste, dass Ihrer Meinung nach das Gespräch schlecht gelaufen ist, werden Sie auch bei dem Beurteilungsbogen zu der Erkenntnis gelangt sein, dass Sie das Gespräch als »grausig« empfunden haben und froh sind, dass es vorbei ist. Kommt nun auch von dem Unternehmen eine Absage, sind Sie ganz gewiss nicht enttäuscht: Im Gegenteil, Sie haben ja bereits damit gerechnet. Überraschen würde Sie sicherlich eine Einladung zu einem Vorstellungsgespräch, aber dieses ist nicht ausgeschlossen, denn möglicherweise hatte Ihr Gesprächspartner ganz andere Empfindungen während des Telefonats. Werden Sie eingeladen, dann nehmen Sie das Gespräch auch unbedingt wahr – schon alleine, um zu erfahren, ob Sie sich nun tatsächlich, was das Telefonat angeht, getäuscht haben, und um die Bewerbungssituation zu üben.

Sind Checkliste und Beurteilungsbogen positiv hinsichtlich Gespräch und Empfindungen, freuen Sie sich auf eine Einladung zum Vorstellungsgespräch. Wünschenswert wäre, dass dieses angenehm verläuft, so dass weiteren Schritten nichts mehr im Wege steht. Bekommen Sie trotz Ihres positiven Gesamteindruckes eine Absage, sind Sie sicherlich enttäuscht – Sie sollten allerdings auch hier Ihren Gesprächspartner nicht außer Acht lassen: Möglicherweise hat er das Gespräch mit Ihnen und Sie selbst eben anders wahrgenommen. Das kann durchaus der Fall sein, ist aber in aller Regel nicht zu erwarten, denn wenn man sich positiv bei einem Erstkontakt trennt, ist die Neugierde, mehr über seinen Gesprächspartner zu erfahren, bereits geweckt und das spricht nun mal dafür, dass Sie eingeladen werden.

Ebenso selten wird der Fall eintreten, dass Sie das Gespräch an sich als »schlecht« empfunden haben, aber mit Ihrem Beurteilungsbogen zu der Ansicht gelangen, dass Sie sich mit Ihrem Gesprächspartner wohl gefühlt haben oder umgekehrt, dass Ihr persönliches Empfinden negativ, aber das Gespräch an sich laut Checkliste positiv war. In beiden Fällen lassen Sie sich überraschen, wie das Unternehmen reagiert.

Bei einer Absage sollten Sie nochmals das *Warum* aus Ihrer Sicht konkreter hinterfragen: Was meinen Sie, woran die Einladung am ehesten gescheitert ist? Notieren Sie sich diesen Grund oder auch die Gründe – sofern Sie mehrere Absagen nach telefonischen Kontakten erhalten, lässt sich eventuell »ein roter Faden« hinsichtlich der Ursache erkennen und Sie können diese abstellen.

Werden Sie eingeladen, sich dem Unternehmen persönlich vorzustellen – dann nichts wie mutig hin! (Lesen Sie hierzu Teil IV *Das Vorstellungsgespräch*.)

Ohne sie geht heutzutage nichts mehr: Anrufbeantworter und Handymailbox

Diese Nachrichtenspeicher sind heute nicht mehr wegzudenken, helfen sie doch im Falle der Abwesenheit des Angerufenen wichtige Informationen zu hinterlassen und gegebenenfalls um Rückruf zu bitten, so dass tage-, ja gar wochenlanges Hinterhertelefonieren ausbleiben kann. Wenn Sie also einen Anrufbeantworter für Ihren Festnetzanschluss und/oder ein Handy mit Mailbox besitzen, dann aktivieren Sie diese bitte auch!

»Hallo, ich bin nicht da ...« – Ansagetexte und ihre Wirkung

Die meisten Anbieter geben sowohl für einen Festnetz-Anrufbeantworter wie auch für die Handymailbox neutral gehaltene Ansagetexte vor, die entweder nach dem Nennen Ihrer Telefon- oder Handynummer oder Ihres Namens (wahlweise Vor- und Nachname oder auch »Familie xy«) darum bitten, nach dem Signalton eine Nachricht unter Angabe von Name, Anrufgrund und Rückrufnummer zu hinterlassen. Solchen Ansagen reißen zwar keinen Anrufer vom Hocker – sie wirken aber auch nicht einfältig.

Da Sie in aller Regel Anrufe von Bekannten, Freunden und Verwandten erhalten, haben Sie sicherlich Ihren Anrufbeantworter und/oder Ihre Handymailbox mit einem recht peppigen Ansagetext ausgestattet. Möglicherweise ist Ihre Ansage auch entsprechend musikalisch untermalt. Alle, die Sie bereits kennen, wissen, wenn die Ansage kommt, bei wem sie »gelandet« sind – Ihr potenzieller Arbeitgeber allerdings nicht unbedingt ...

Ihr Text wird vielleicht mit der Ansage empfangen: »Halli hallo hallöle, unsere Chefin ist heute leider wieder nicht zu Hause, Ihr könnt aber gerne nach dem Piep eure Nachricht hinterlassen. Wenn sie Lust hat, ruft sie euch vielleicht zurück.« Ihr potenzieller Arbeitgeber weiß nach dieser Ansage beim besten Willen nicht, ob er die richtige Telefonnummer ge- oder sich gar verwählt hat und zu wem dieser Telefonanschluss gehört. Zwar ist es durchaus erheiternd, mit solch pfiffigen Ansagetexten empfangen zu werden, aber Sie sollten sich in der Tat überlegen, ob Sie Ihre pfiffige Ansage zumindest für den Zeitraum Ihrer aktiven Bewerbungsphase nicht »seriöser« gestalten.

 Wichtig ist vor allen Dingen, dass der Anrufer weiß, wen er angerufen hat und die Aufnahmekapazität Ihres Anrufbeantworters und der Handymailbox eine tatsächliche Sprechzeit vorgeben, damit er seinen Namen, den Grund seines Anrufes und eine Rückrufnummer hinterlassen kann.

Was bei einem Handy anders ist

Sofern Sie Ihre Handynummer in den Bewerbungsunterlagen angeben, signalisieren Sie, dass Sie im Grunde stets erreichbar sind. Also sorgen Sie bitte dafür, dass Ihre Mailbox aktiviert ist – mit einem entsprechenden Ansagetext, der erkennen lässt, dass der Anrufer tatsächlich bei Ihnen »gelandet« ist und der Möglichkeit, auch hier

✔ seinen Namen

✔ den Grund seines Anrufs

✔ und eine Rückrufnummer

zu hinterlassen.

 Wenn Ihr potenzieller Arbeitgeber beim x-ten Versuch Sie zu erreichen, eine Stimme hört, die ihm zum wiederholten Male mitteilt, dass Sie derzeit nicht erreichbar sind, ja nicht einmal die Möglichkeit besteht, Sie um Rückruf zu bitten, können Sie sicher sein, dass Sie in diesem Fall eine Absage erhalten. Wenn Ihr potenzieller Arbeitgeber Sie jetzt schon nicht erreichen kann, wie sollte ihm das dann gelingen, wenn Sie für ihn arbeiten?!

 Lassen Sie, wenn Sie keine Mailbox einrichten wollen, lieber die Angabe Ihrer Handynummer in den Bewerbungsunterlagen weg. Das wirkt nicht unprofessionell, auch wenn Sie glauben, dass heutzutage ein Handy als »Standard« angesehen wird. Werden Sie im Vorstellungsgespräch darauf angesprochen, ob Sie kein Handy besitzen, weil diese Angabe aus Ihren Bewerbungsunterlagen nicht ersichtlich ist, können Sie wahrheitsgemäß antworten, dass Sie ein Handy haben, aber wegen der fehlenden Mailbox die Nummer nicht angegeben haben, um Fehlversuche, Sie zu erreichen, zu vermeiden. Diese Aussage wird jeder akzeptieren – spart sie doch nicht nur Zeit, sondern auch Geld!

Teil IV

Das Vorstellungsgespräch

The 5th Wave   By Rich Tennant

»Sie haben mich am Strand angesprochen, ob ich nicht Interesse
an einem Job hätte. Und so hatte ich dann mein erstes Vorstellungsgespräch,
das beendet werden musste, weil die Flut kam.«

In diesem Teil ...

Sie rennen gerade hüpfend und jubelnd durchs Haus und freuen sich wie ein kleines Kind über Ihre Einladung zum Vorstellungsgespräch? Super! Sie haben die erste Hürde geschafft! Jetzt kommt Ihr perfekter Auftritt! Sie lernen Ihren potenziellen neuen Arbeitgeber persönlich kennen. Sind Sie aufgeregt? Haben Sie sogar weiche Knie? Warum denn? Keine Sorge, es wird das ideale Gespräch! In Kapitel 9 erfahren Sie, wie Sie sich perfekt auf Ihr Vorstellungsgespräch vorbereiten. Kapitel 10 zeigt Ihnen, wie Sie einfach und unkompliziert in Ihrem Vorstellungsgespräch auftreten. Und damit Sie schon mal wissen, was so alles gefragt werden kann, informiert Sie Kapitel 11 über die wichtigsten Fragen. Kapitel 12 hilft Ihnen im Anschluss, zu analysieren, wie Sie ganz persönlich das Vorstellungsgespräch empfunden haben.

Damit nicht genug! Es kann durchaus passieren, dass Sie nicht alleine zum Gespräch geladen sind, sondern gemeinsam mit vielen Mitbewerbern. Wie Sie elegant und beeindruckend das Gruppeninterview meistern, erfahren Sie in Kapitel 13. Und zu guter Letzt beweist Ihnen Kapitel 14, dass auch Psychologen nur mit Wasser kochen.

Vorbereitung ist alles

In diesem Kapitel

▶ Was muss ich alles wissen?

▶ Hab ich endlos Zeit?

▶ Wie wirke ich auf andere?

*W*ie bereiten Sie sich vor, wenn Sie liebe Freunde zu sich nach Hause zum Essen eingeladen haben? Sie machen sich erst mal Gedanken, was es zu essen geben soll. Damit Sie keine Fehler machen, fragen Sie Ihre Freunde, was sie gerne oder gar nicht mögen. Dann machen Sie Ihren Menüplan und eine Einkaufsliste, damit Sie nichts vergessen. Schließlich soll es ein tolles Essen werden! Getränke dürfen auch nicht fehlen ... und die Wohnung soll so aufgeräumt sein, damit sich Ihre Freunde sofort wohl fühlen. Ein super Abend steht vor der Tür! Wie wäre es also mit einer persönlichen Vorbereitung auf Ihr Vorstellungsgespräch à la carte?

Perfekt vorbereitet ins Gespräch

Wenn Sie nicht zu den absolut coolen Menschen gehören, die nahezu alle Lebenslagen locker und leicht aus dem Stegreif meistern, dann sollten Sie eine grundsätzliche Strategie entwickeln, mit der Sie gut und entspannt Ihr Vorstellungsgespräch meistern. Wissen ist Macht! Auch in diesem Fall.

Lebenslauf

Klar haben Sie den im Kopf! Sie haben ihn ja schließlich auch geschrieben! Sind Sie sicher, dass Sie wirklich den »richtigen« Lebenslauf im Kopf haben? Wieso? Sie haben doch genauestens überlegt, ob und wie Sie Ihren Lebenslauf am besten an die Anforderungen des Stellenangebotes anpassen. Dabei haben Sie bewusst das eine oder andere weggelassen. Nun stellen Sie sich mal vor, Sie werden nach Ihrem Lebenslauf gefragt, sprudeln ohne Punkt und Komma los und erzählen natürlich auch das, was Sie nicht unbedingt in diesem Lebenslauf stehen haben. Schön peinlich! Und dabei haben Sie doch ganz bewusst Ihre Schwerpunkte gesetzt!

Es muss aber nicht peinlich für Sie werden. Checken Sie einen Tag vor Ihrem Vorstellungsgespräch noch mal in aller Ruhe Ihren Lebenslauf:

✔ Was genau haben Sie alles aufgeführt?

✔ Was sind die wichtigsten Stationen in Ihrem Lebenslauf?

- **Und zwar einmal in beruflicher Hinsicht:**

  Wo haben Sie zum Beispiel die meiste Praxiserfahrung gesammelt?

  Welcher Job hat ganz besondere Anforderungen an Sie gestellt? Welche Anforderungen waren das und wie haben Sie diese gemeistert?

  Sind Sie rasant die Karriereleiter hinaufgeklettert, wodurch?

- **Und auch für Sie persönlich:**

  Gab es Ereignisse, die Ihrem Leben eine neue Richtung gegeben haben oder zu besonderen Veränderungen geführt haben?

Hier sollten Sie allerdings nicht Ihre intimsten Geheimnisse ausbreiten, sondern behutsam abwägen, was Sie einem völlig Fremden erzählen können.

✔ Über welche besonderen Erfahrungen/Kenntnisse verfügen Sie (in diesem Lebenslauf)?

✔ Welche Hobbys haben Sie angegeben?

Denken Sie daran, den roten Faden nicht zu verlieren! Springen Sie wie ein aufgescheuchtes Kaninchen durch Ihren Lebenslauf, starten mit der Grundschule, gehen zur Ihrem derzeitigen Beruf, erwähnen dann, weil Sie es ja gerade vergessen hatten, kurz die Uni, erzählen von Ihren Hobbys und was so alles in Ihrem Leben wichtig für Sie ist und kommen zu guter Letzt wieder zur Jobsuche ... Alles klar, oder etwa nicht? Sie sind der schlaue Fuchs!

Wenn Sie nach Ihrer beruflichen Entwicklung gefragt werden, beginnen Sie bei A wie Ausbildung, erklären in der richtigen zeitlichen Reihenfolge, was Sie nach der Ausbildung gemacht haben, bis Sie dann beim Hier und Heute sind und jedem klar wird, dass Sie sich um diesen Job bewerben müssen. Ihr Lebenslauf zeigt doch deutlich, dass Sie genau auf diesen Job hingearbeitet haben. Der rote Faden ist das Nonplusultra. Ihr Gesprächspartner erkennt, dass Sie sich ja gar nicht woanders hätten bewerben können. Sie sind der optimale Kandidat für den Job, den er zu bieten hat!

Ihren Lebenslauf haben Sie jetzt also auf der Pfanne – klasse! Und weiter geht's:

Was steht in Ihrem Anschreiben?

Eine Ihrer leichtesten Übungen: Sie haben das Anschreiben formuliert und dabei ganz genau überlegt, was Sie schreiben und warum Sie es so schreiben. Vor allem haben Sie auch hier auf die Anforderungen des Stellenangebotes geachtet. Also checken Sie spätestens einen Tag vor Ihrem großen Auftritt nochmals intensiv:

✔ Auf welche Stelle habe ich mich beworben?

✔ Wann habe ich mich beworben?

✔ Kenne ich schon einen Ansprechpartner?

✔ Warum habe ich mich gerade auf diese Stelle beworben? Wie habe ich meine Gründe im Anschreiben dokumentiert und formuliert?

✔ Auf welche Anforderungen bin ich schon eingegangen? Warum kann ich diese Anforderungen auch erfüllen – welche Gründe habe ich hier schon genannt?

✔ Gibt's Anforderungen, zu denen ich noch nichts gesagt habe? Warum – kann ich die nicht erfüllen oder habe ich ganz bewusst nichts geschrieben, weil ich es kann und mir wünsche, danach gefragt zu werden, um dann mit meinem Können noch mehr zu glänzen? Was sage ich, wenn ich gefragt werde?

✔ Was habe ich noch nicht verraten? Gibt's zusätzliche Infos wie zum Beispiel »Was Sie sonst noch über mich wissen sollten« oder kennt das Unternehmen alle meine Geheimnisse?

✔ Was habe ich im Zusatz »Was Sie sonst noch über mich wissen sollten« genau geschrieben? Warum war es mir so wichtig, das alles dem Unternehmen gleich mitzuteilen?

Ganz schön viele Fragen! Und Sie haben alle Antworten im Kopf? Sie sind spitze!

Wenn Sie wollen, können Sie Ihre Antworten schriftlich festhalten. Mit der Zeit und je nachdem wie häufig Sie sich bewerben, bekommen Sie mit dieser Anschreiben-Checkliste einen guten Überblick:

✔ wie Sie formulieren

✔ wie Sie argumentieren

✔ wo Sie gerne Schwerpunkte zum Beispiel bei den Unternehmensanforderungen setzen

Begründen Sie immer die gleichen Anforderungen mit den gleichen Aussagen? Schreiben Sie also zum Beispiel immer, dass Sie ein Organisationstalent sind, weil Sie in der Lage sind, auch in hektischen Situationen den Überblick zu bewahren und die Prioritäten richtig zu setzen? Oder behaupten Sie in jedem Anschreiben, dass Sie Engagement besitzen, weil Sie stets mit Herz und Seele bei der Arbeit sind?

Sie glauben, das sind jetzt alles unnötige Fragen? Überlegen Sie mal, was Sie mit Ihren Antworten auf diese Fragen aussagen? Genau: Wer Sie sind! Und ganz besonders, welche Stärken Sie haben und wie Sie diese Stärken Ihrem Gesprächspartner noch deutlicher machen können! Also ran an die Arbeit, damit auch Ihr Anschreiben perfekt sitzt!

Informationen über das betreffende Unternehmen

... erfahren Sie früh genug bei Ihrem Vorstellungsgespräch! Sie probieren Ihr Festessen also nicht und überlassen es dem Zufall, ob es auch wirklich gut schmeckt? Niemals! So ist es auch mit Ihrem Wissen über das Unternehmen. Je mehr Sie wissen, desto bewusster können Sie im Vorstellungsgespräch auftreten.

Am einfachsten geht das übers Internet, nämlich über die Homepage des Unternehmens.

Die erzählt Ihnen eine ganze Menge:

Sie finden (hoffentlich) eine Sprachauswahl, zum Beispiel Deutsch/Englisch etc. – das zeigt Ihnen schon mal, ob und wie international orientiert das Unternehmen ist.

Dann gibt es da eine Menüleiste, die mit den grundsätzlichen Informationen über das Unternehmen beginnt. Dazu zählen:

✔ **Unternehmensprofil** oder auch **Wir über uns**

Hier steht alles über

- die Gesellschafter

- das Management

- Ausrichtung und Unternehmensziele

- Zahlen und Fakten (zum Beispiel der letzte Geschäftsbericht)

- die Mitarbeiter

- Standorte

- Kunden

- und worauf das Unternehmen sonst noch Wert legt, zum Beispiel Sicherheit und Umweltschutz

✔ **Infos über das Leistungsspektrum** der Firma:

- wie sich das Unternehmen historisch bis heute entwickelt hat

- welche Produkte und Serviceleistungen geboten werden

- mit welchen Systemen gearbeitet wird

✔ **Die AGBs, die Allgemeinen Geschäftsbedingungen**

Deren Studium lohnt sich für Sie auf alle Fälle, denn hier erfahren Sie als Außenstehender eine Menge über die geschäftliche Seite des Unternehmens.

✔ **Die News**

Hier stehen aktuelle Mitteilungen und oft auch Unternehmenshighlights wie zum Beispiel besondere Jubiläumsveranstaltungen (wenn es das Unternehmen zum Beispiel bereits seit 60 Jahren gibt, ist das schon ein außergewöhnliches Highlight und sollte entsprechend feierlich gewürdigt werden). Stöbern Sie ruhig auch mal im Archiv und lassen sich überraschen, welche Storys Sie ausgraben!

✔ **Die Karrieremöglichkeiten**

Sie bekommen Infos zu Aus- und Weiterbildungsmöglichkeiten, zu aktuellen Stellenangeboten und lernen das Bewerbungsverfahren kennen: Ob Sie sich nämlich *nur* schriftlich bewerben können, evtl. auch online mit einem vorgegebenen Formular und sogar anrufen können, weil ein Gesprächspartner genannt ist, der Ihnen gerne Rede und Antwort steht.

✔ **Kontakt**

Und zu guter Letzt können Sie Kontakt aufnehmen. Meist mittels eines Kontaktformulars, das Ihnen die Chance für eine persönliche Mitteilung gibt. Hier finden Sie auch nochmals die Anschrift des Unternehmens und häufig Anfahrt- bzw. Wegbeschreibungen.

Das ist doch alles super interessant! Sie wissen jetzt unglaublich viel über das Unternehmen und Ihr Gesprächspartner kennt gerade mal Ihre paar wenigen Bewerbungsunterlagen ... Ist es nicht ein richtig gutes Gefühl, so viel Wissensvorsprung zu haben?!

Gibt es bei so vielen Informationen auch noch Dinge, die Sie ganz persönlich interessieren? Haben Sie Fragen, die noch nicht beantwortet wurden? Ja? Sehr schön, dann notieren Sie sich diese jetzt gleich. Bevor Sie morgen in Ihr Vorstellungsgespräch gehen, nehmen Sie diesen Spickzettel und schauen noch mal nach, was Sie gleich fragen werden! Ihr Gesprächspartner wird Augen machen, was Sie bereits alles wissen und was Sie noch alles wissen wollen! Nutzen Sie Ihre Chance, hier mal so richtig Eindruck zu schinden! Es wird Ihnen Spaß machen!

 Das Unternehmen, bei dem Sie sich beworben haben, hat keine Homepage? Macht nichts, hier können vielfach zum Beispiel die Industrie- und Handelskammern weiterhelfen. Geben Sie über eine Suchmaschine *Industrie- und Handelskammer* + das Bundesland/Land ein, in dem das Unternehmen seinen Sitz hat, dann werden Sie mit der entsprechenden IHK verlinkt. Über *Kontakt* können Sie nun schriftlich oder telefonisch nachfragen, ob es über Ihr ausgewähltes Unternehmen Informationen gibt, die Ihnen zugeschickt werden können.

Vielleicht haben Sie auch das Glück und das Unternehmen macht gerade »Schlagzeilen«?

Werfen Sie doch mal einen Blick auf aktuelle Pressethemen

Ihr Unternehmen macht gerade positive Schlagzeilen? Vielleicht gibt es ein neues Projekt oder das Geschäftsergebnis war top? Ist doch genial! Sie können erwartungsschwanger auf die Fragen hoffen »Was wissen Sie denn schon so alles über unser Unternehmen?« und dann lehnen Sie sich entspannt zurück und erzählen, welche tollen Artikel Sie in den letzten Tagen und Wochen in der Zeitung über das Unternehmen gelesen haben und wie beeindruckend Sie das finden. Sie werden sehen, wie sich die gesamte Gesprächsatmosphäre schlagartig noch mehr entspannt, weil Sie beweisen, dass Sie sich rund um die Firma schlau gemacht haben!

Und was, wenn die Schlagzeilen negativ sind? Am besten erst mal das Thema meiden, außer Sie werden gefragt »Was sagen Sie denn zu unserer schlechten Presse?«, dann müssen Sie Rede und Antwort stehen. Wie verhalten Sie sich am geschicktesten? Wie wäre es mit:

»Ich haben die Pressemitteilungen über Sie in der letzten Zeit intensiv verfolgt. Stimmt das denn wirklich alles so, wie es da geschrieben wurde?«

Damit ist der Ball wieder bei Ihrem Gesprächspartner und er muss erzählen. Aller Wahrscheinlichkeit nach wird nun er das Thema wieder rasch wechseln, denn er ist ja schließlich an Ihnen interessiert und möchte nicht, dass Sie einen schlechten Eindruck von der Firma bekommen.

Bleibt er allerdings hartnäckig und fragt Sie erneut, was Sie denn konkret von den Presseinfos halten, kommen Sie mit Plattitüden nicht weit. Ihre Antwort ist logischerweise abhängig von dem Thema oder den Themen, die durch den Kakao gezogen werden. Ihnen mögliche Antworten an die Hand zu geben, würde den Rahmen dieses Buches sprengen. Beschäftigen Sie sich lieber im Vorfeld intensiv mit den negativen Schlagzeilen, bilden Sie sich Ihre persönliche Meinung und überlegen Sie gut, wie Sie diese formulieren. Nehmen Sie einen guten Freund, erklären ihm Ihre Einstellung und fragen Sie ihn, was er davon hält. Findet er Ihre Argumentation überzeugend, dann nur Mut! Beziehen Sie auch in Ihrem Vorstellungsgespräch klar Position. Weiß Ihr Freund nicht so recht, was er von Ihren Aussagen halten soll, dann überlegen Sie noch mal. Und zwar so lange, bis Sie ein »ich finde deinen Standpunkt gut« von Ihrem Kumpel bekommen.

Sie werden also in den Tagen oder auch Wochen, nachdem Sie Ihre Bewerbungen losgeschickt haben, fleißig Zeitung lesen, damit Sie _up to date_ sind und völlig gelassen in Ihr Vorstellungsgespräch gehen können!

Kommen Sie gut an: Ihre Anreise

Ist doch schon längst geplant, oder? Sie stehen morgens auf, entscheiden kurzfristig, je nachdem ob sommerlich warm oder frisch eingeschneit, ob Sie mit dem Auto oder mit irgendeinem öffentlichen Verkehrsmittel zu Ihrem Gespräch fahren. Beim Frühstück wird dann noch schnell die Fahrtroute ausgesucht – es wird schon keine Staus geben! Dolle Planung! Das wollen Sie sich doch nicht wirklich antun!

Je besser Sie Ihre Anreise planen, desto entspannter kommen Sie an und brauchen nicht schon von Hektik zerfressen in Ihr Gespräch zu flitzen ...

Überlegen Sie also:

✔ Welche Jahreszeit haben wir? Sommer? Prima, dann ist Schnee- und Eischaos auf den Straßen ausgeschlossen.

✔ Wollen Sie mit dem Auto fahren? Gut, dann:

- tanken Sie erst mal mindestens einen Tag vor Ihrer großen Reise den Tank randvoll;

- legen Sie spätestens einen Tag vor Ihrer Fahrt Ihre Route fest und beachten Sie, ob Sie Strecken fahren müssen, auf denen es häufig Staus gibt. Wenn ja, planen Sie genügend Zeit ein!

- Ist Ferienzeit? Und Sie müssen eine beliebte Ferienroute befahren? Dann überlegen Sie bitte, ob Sie wirklich Ihr Auto nehmen und eventuell in einen mächtigen Ferienstau kommen oder nicht lieber auf Bus oder Bahn umsteigen.

✔ Auch die Fahrt mit öffentlichen Verkehrmitteln will gut durchdacht sein.

- Fahren Sie nur mit einem Zug oder einem Bus?

- Wenn ja, dann mit welchem und wie lange?

  Rechnen Sie auch hier einen zeitlichen Puffer mit ein, denn gegen Verspätungen ist leider noch immer kein Kraut gewachsen.

- Müssen Sie mehrere öffentliche Verkehrsmittel kombinieren?

  Überprüfen Sie vor allem, dass Sie immer genügend Zeit zum Umsteigen haben und nicht innerhalb einer Minute quer über einen kompletten Bahnsteig mit 20 Gleisen flitzen müssen, um Ihren Anschlusszug zu bekommen. Sonst kommen Sie ins Schwitzen.

Haben Sie sich entschieden, womit Sie fahren? Und der Fahrtweg ist auch klar? Prima, dann können Sie jetzt überlegen, wie kurz oder lang Ihre Nacht vor Ihrem großen Tag wird!

Wie frühzeitig

Bei Ihrer Vorplanung haben Sie gemerkt, dass Sie auf jeden Fall »etwas Luft« brauchen. Also nix mit Ausschlafen, außer Ihr Termin ist erst ab dem späten Vormittag geplant.

Fahren Sie mit dem Auto so frühzeitig los, dass Sie noch gemütlich eine Tasse Kaffee trinken können, wenn Sie Ihr Ziel erreicht haben. Je nachdem wie weit und wie stauträchtig Ihr Fahrtweg ist, sollten Sie zwischen einer guten halben bis über eine Stunde eher losfahren.

Bei öffentlichen Verkehrsmitteln ist es ebenfalls ratsam, mindestens einen Zug oder Bus eher zu nehmen, lieber sogar noch früher. Denken Sie an die gute Tasse Kaffee, die Sie sich gönnen können, während andere völlig gehetzt unterwegs sind.

Dass Sie sich keine Sorge wegen Ihrer Pünktlichkeit machen müssen, lässt Sie auch wesentlich gelassener und entspannter Ihrem Gespräch entgegensehen!

Was Sie bei Verspätungen tun sollten

Sie haben Ihre Anreise so super geplant, sind total früh losgefahren und jetzt hängen Sie irgendwo auf dem Weg fest und es geht nichts mehr. Mit anderen Worten: Sie kommen auf keinen Fall rechtzeitig zu Ihrem Gespräch! Peinlich, nicht? Muss es doch aber gar nicht erst werden! Rufen Sie an! Wen? Na, die Firma natürlich, die Sie eingeladen hat. Sie haben keine Telefonnummer? Das gibt's ja gar nicht!

Wie wurden Sie zu Ihrem Vorstellungsgespräch eingeladen?

✔ Telefonisch?

  Dann haben Sie sich den Namen des Anrufes notiert und seine Telefonnummer, damit Sie sich jederzeit mit ihm in Verbindung setzen können. Den Zettel packen Sie auf alle Fälle in Ihr »Reisegepäck«, bevor Sie losfahren.

✔ Die Einladung kam mit der Post?

Noch besser: Auf dem Einladungsbrief steht Ihr Ansprechpartner, seine Telefonnummer und irgendwo auf diesem Brief steht garantiert auch die Nummer der Telefonzentrale des Unternehmens. Was wollen Sie noch mehr? Ihr Einladungsschreiben haben Sie doch sowieso dabei, also ist Anrufen überhaupt kein Problem!

✔ Sie haben kein Handy?

Für die heutige Zeit ungewöhnlich, aber gerade nicht zu ändern. Damit haben Sie nun aber auch ein Problem. Wie wollen Sie telefonieren? Überlegen Sie, ob es möglicherweise sinnvoll ist, dass Sie sich ein Handy zulegen. Sie müssen sich ja nicht gleich ein Luxusmodell zum Exklusivpreis leisten. Ein einfaches Handy, zum Beispiel mit einer Telefonkarte, reicht völlig aus. Checken Sie vor Ihrer Fahrt, ob Ihr Handy aufgeladen ist und die Telefonkarte noch genügend Guthaben hat!

 **Rufen Sie persönlich an!** Es sieht schon merkwürdig aus, wenn Sie einen Dritten bitten, für Sie dem Unternehmen Bescheid zu geben. Wenn Sie jemand anders anrufen können, warum rufen Sie dann nicht selbst an? Das hinterlässt ein Geschmäckle ...

Wenn Sie Ihren »Gastgeber« persönlich informieren, werden Sie umgehend und freundlich einen neuen Terminvorschlag bekommen.

Was tun bei Krankheit?

Das Gleiche wie bei Verspätung: Anrufen und Bescheid geben! Und zwar pronto!

✔ Sie werden bereits Tage vor Ihrem Termin krank?

- Ab zum Arzt

- Krankmeldung mitnehmen (die brauchen Sie ja sowieso für Ihren »Noch«-Arbeitgeber)

- Kopie machen oder machen lassen

- Firma anrufen, sagen, dass Sie krank sind, und anbieten, eine Kopie der Krankmeldung zu schicken

  Damit machen Sie einen ordentlichen, zuverlässigen und verbindlichen Eindruck! Und das, obwohl Sie bislang noch nicht mal vorstellig wurden!

  Sie bitten um eine Terminverschiebung und bekommen diese ohne Probleme.

✔ Sie werden einen Tag vor oder direkt am Tag Ihres Gesprächs krank?

- Auch wenn Sie rechtlich gesehen erst ab dem dritten Tag eine Krankmeldung brauchen, gehen Sie unbedingt zum Arzt und lassen Sie sich Ihre Krankmeldung auch für nur einen einzigen Tag geben!

  Das ist einfach besser, als ohne Krankmeldung wegen _plötzlicher Krankheit_ um eine Terminverschiebung zu bitten. Denn das wirkt, als hätten Sie so heftiges Lampenfieber, dass Sie sich nicht zum Gespräch trauen! Und das ist schließlich ganz und gar nicht der Fall: Sie freuen sich seit Wochen ein fußballgroßes Loch in Ihren Bauch, dass Sie die Chance haben, sich persönlich vorzustellen!

- Bieten Sie bei Ihrer Absage auch diesmal an, eine Kopie der Krankmeldung zu schicken und vereinbaren Sie einen neuen Termin.

Wenn Sie sich allerdings nur vor lauter Aufregung *unwohl* fühlen und infolgedessen zum Beispiel mit einer hyperaktiven Magen-Darm-Reaktion »bestraft« werden, hilft Ihnen keine Krankmeldung der Welt. Sie lösen damit keineswegs Ihr grundsätzliches Problem. Versuchen Sie lieber, sich mit Ihrer Aufregungen auseinanderzusetzen! Warum haben Sie weiche Knie? Was kann Ihnen schlimmstenfalls passieren? Eine Absage – ja und, was soll's! Das nächste Gespräch steht schon vor der Tür und Sie sind jetzt um eine Erfahrung reicher! Und ist es nicht schön, dass Sie wissen, wie sich *Aufregung* anfühlt? Sie sind doch ein Mensch und glücklicherweise sogar noch einer der wenigen, die Gefühle haben! Das ist sogar richtig schön!

Ich will mein Geld zurück! Erstattung entstandener Kosten

Wurden Sie zum Vorstellungsgespräch eingeladen? Prima! In dem Fall haben Sie einen gesetzlichen Anspruch auf Erstattung Ihrer Auslagen gemäß § 670 BGB. Das bedeutet für Sie unter Umständen jede Menge Geld:

✔ Kosten für öffentliche Verkehrsmittel (Busse und Bahnen) werden Ihnen gegen Belegvorlage zu 100 Prozent erstattet.

✔ Für Autofahrten gilt die jeweils aktuelle Kilometerpauschale.

✔ Flüge sind eine *heiße Kiste*! Fragen Sie lieber zweimal nach, ob Ihr potenzieller Arbeitgeber tatsächlich Ihre Flugkosten übernimmt! Wenn Sie alternativ reisen können und das viel günstiger als mit dem Flugzeug ist, kann es Ihnen passieren, dass Ihr Gastgeber nur den Teil der Flugkosten übernimmt, den er Ihnen bei Nutzung anderer Verkehrsmittel auch gezahlt hätte.

✔ Übernachtungskosten können Sie dann verlangen, wenn Sie so weit von der Firma weg wohnen, dass Ihnen wegen der Entfernung und der damit einhergehenden ewig langen Fahrtzeit die Fahrtstrecke an einem Tag nicht zweimal zugemutet werden kann.

 Pech haben Sie nur dann, wenn Ihr Gastgeber im Voraus darauf hinweist, dass er weder Reise- noch Übernachtungskosten übernimmt! Tut er das, haben Sie keinen Anspruch auf Erstattung durch ihn.

Sie bleiben dennoch nicht völlig auf Ihren Kosten sitzen! Im Rahmen Ihrer persönlichen Steuererklärung können Sie Ihre Bewerbungskosten entweder als »Werbungskosten« oder als »Sonderausgaben« geltend machen. Fragen Sie Ihren Steuerberater, was für Sie am günstigsten ist!

Wenn Sie nach einem Ausbildungsplatz suchen, arbeitslos oder von Arbeitslosigkeit bedroht sind, haben Sie in diesem Falle ausnahmsweise das große Los gezogen! Ihre Bewerbungs- und damit verbundenen Reisekosten trägt in erster Linie die Bundesagentur für Arbeit, vorausgesetzt Sie sind auch schon entsprechend gemeldet und: haben als Allererstes, bevor Sie auch nur annähernd in die Versuchung geraten, sich zu bewerben, einen »Antrag auf Erstattung für Bewerbungs- und Reisekosten« beim Arbeitsamt gestellt! Sie lesen richtig: Erst den Antrag stellen, dann Geld ausgeben und danach mit Antrag zwecks Erstattung wieder einreichen! Absolut unkompliziert! Es gibt da nur noch ein paar wenige Kleinigkeiten zu beachten.

Ihre Bewerbungskosten bekommen Sie:

✔ Wenn Sie die Originalrechnungen bzw. -kaufbelege dem Arbeitsamt vorlegen; bei manchen Ämtern erhalten Sie *lediglich* eine Pauschale von fünf Euro für jede nachgewiesene Bewerbung.

✔ Portokosten können Sie völlig sparen, indem Sie Ihre Bewerbungsunterlagen zum Versenden direkt bei der Agentur für Arbeit abgeben.

✔ Reisekosten mit dem Auto werden mit der jeweils gültigen Kilometerpauschale abgegolten.

✔ Für Fahrten mit öffentlichen Verkehrsmitteln bekommen Sie sogar Gutscheine vom Arbeitsamt.

✔ Wenn Übernachtungen notwendig werden, erhalten Sie auch hierfür Ihr Geld zurück.

Gar nicht schlecht, oder? Natürlich sind der Bundesagentur für Arbeit Grenzen gesetzt, was die Erstattungen angeht:

✔ **Als Arbeitsloser** können Sie maximal 260,00 Euro pro Jahr beanspruchen und

✔ **Kosten, die geringer sind als 6,00 Euro,** werden grundsätzlich nicht erstattet, weil hier der Verwaltungsaufwand einfach zu groß ist.

Diese Erstattungsleistungen sind laut Gesetz so genannte »Kannbestimmungen«, das heißt, Sie haben keinen Rechtsanspruch auf diese Zahlungen, und wie hoch die jeweiligen Erstattungen ausfallen, kann von Amt zu Amt völlig unterschiedlich sein. Aber immerhin gehen Sie keinesfalls leer aus!

Doppelt kassieren funktioniert allerdings nicht! Damit Sie nicht von Ihrem Gastgeber und dem Arbeitsamt Ihre Kosten zurückverlangen, bekommen Sie vom Amt ein Formular, auf dem das einladende Unternehmen quittieren muss, dass es keine Kosten übernimmt.

Natürlich können Sie wieder alle Kosten, die Ihnen nicht erstattet werden, in Ihrer Steuererklärung angeben! Bewerben ist also kein teures Hobby!

Ihre »Außenwirkung«

Sie kennen das: Jeden Morgen, bevor Sie das Haus verlassen, werfen Sie einen flüchtigen Blick in den Spiegel und sind mal mehr, mal weniger mit sich und Ihrem Outfit einverstanden. Für *gewöhnliche* Tage ist das völlig okay. Nicht aber an Ihrem großen Tag! Sie wollen selbstbewusst und überzeugend wirken! Dann muss einfach alles stimmen: Ihre Ausstrahlung, Ihre Kleidung und Ihr persönliches Wohlbefinden! Schließlich treten Sie als eine Einheit auf und schicken nicht bloß Ihren hübschen Kopf ins Gespräch. Das bedeutet also auch hier: vorbereiten! Aber wie? Lesen Sie einfach weiter:

It's show-time: Was ziehen Sie an?

Ein heikles Streit-Thema und vor allem Geschmacksache! Jeder hat da so seine Vorlieben ... Was Sie in Ihrer Freizeit tragen, ist einzig und alleine Ihre Entscheidung. Im Berufsleben nicht, denn es kommt darauf an, wo Sie arbeiten. Damit Sie nicht gleich optisch ins Fettnäppchen tappen, informieren Sie sich, welcher Kleidungsstil Ihrem Beruf, der Branche und dem Unternehmen angemessen ist. Als Mitarbeiter in einer Videothek können Sie sicher lockerer gekleidet sein als in einer Bank, wo Ihnen beim ersten *Bauchfrei* das Aus droht.

Gehen Sie nicht in Ihren verwaschensten Freizeitklamotten zu Ihrem Vorstellungsgespräch. Achten Sie auf ein ordentliches sauberes Outfit!

Warum nicht mal eine Farb- und Stilberatung aufsuchen? Die ist nicht unerschwinglich teuer und Sie bekommen Hilfestellung, wie Sie Ihre positive Ausstrahlung noch besser zur Geltung bringen. Ein Wundermittel ist das natürlich nicht, aber Sie gewinnen an Sicherheit, zu entscheiden, was zu Ihnen passt und was nicht.

Das Wichtigste überhaupt ist, dass Sie sich in Ihrer Kleidung absolut wohl fühlen! Das gibt Ihnen ein gutes Gefühl und Sie sind nicht permanent abgelenkt, weil Sie sich ununterbrochen fragen:»Sitzt noch alles? Seh' ich immer noch gut aus?« Sie können sich völlig entspannt auf Ihr Gespräch konzentrieren!

Ihr Sprachvermögen

Gespräche, bei denen Sie Ihren Partner ständig fragen müssen:»Was haben Sie gerade gesagt? Wie bitte? Entschuldigung, ich habe Sie gerade nicht verstanden?« sind doch echt ätzend! Es kann einfach kein richtiger Dialog zustande kommen, weil Sie permanent nachhaken müssen, dann erst überlegen können, was Sie antworten ... Mit anderen Worten: Sie werden ebenso ständig ausgebremst und Ihr Gesprächspartner auch! Sie träumen doch aber von einem tollen Vorstellungsgespräch! Ein Wort soll das andere ergeben, Sie wollen ein rundes Gespräch. Das kriegen Sie! Ganz einfach:

Üben Sie Reden!

Fangen Sie damit an, dass Sie sich und anderen unterschiedlich schwere Texte, zum Beispiel aus Zeitungen, Zeitschriften und Büchern, vorlesen. Aber bitte nicht in einer monotonen permanent gleichbleibenden Stimme! Oder wollen Sie Ihre Zuhörer einschläfern? Extrem lautes, schon fast brüllendes Sprechen ist genauso furchtbar, damit vertreiben Sie die anderen. Lernen Sie deutlich zu lesen und versuchen Sie, Ihre Stimme tanzen zu lassen:

✔ Betonen Sie interessante Stellen.

✔ Werden Sie leise, wenn die Geschichten geheimnisvoll oder spannend werden.

✔ Werden Sie wieder lauter, wenn Action angesagt ist.

Mit diesen drei einfachen Sprechinstrumenten wird Ihre Stimme einen sonoren Klang annehmen! Und wer lauscht nicht gerne angenehmer Musik?

Wenn Sie in Übung sind, tragen Sie Ihren Zuhörern als Nächstes Ihren Lebenslauf vor! Achten Sie auf die Reaktionen Ihrer Lauscher: Verfolgen die gespannt, was Sie alles zu erzählen haben? Klasse, Sie sind richtig gut! Weiter so!

Genauso wie die Betonung ist Ihre Sprachgeschwindigkeit und deutliches Reden wichtig!

Sind Sie ein ICE, der ohne Zwischenstopp mit Tempo 500 von Berlin nach München rast? Nun, dann rasen Sie sprichwörtlich durch Ihr Vorstellungsgespräch, sind blitzartig fertig und hinterlassen einen flüchtigen und schon gar nicht nachhaltigen Eindruck. Der mögliche Job wird ebenfalls an Ihnen vorbeirauschen ...

Sie reden schön langsam, sehr langsam, so richtig extrem langsam? Sie wiegen also über kurz oder lang Ihren Gesprächspartner in den Schlaf. Langsame Redner erfordern vom Zuhörer teilweise sogar mehr Konzentration als zu schnelle Redner, bei denen man durchaus mal nachfragen kann, was denn gerade gesagt wurde. Und Konzentrieren ermüdet im Laufe der Zeit jeden!

 Wie wäre es mit einer mittleren Sprechgeschwindigkeit ohne Brummeln, Nuscheln und Silbenverschlucken? Deutliche Aussprache heißt klare Ansprache! Perfekt! Jetzt reden Sie Klartext!

Die Sprechweise Ihres Gastgebers können Sie nicht unbedingt beeinflussen. Nur keine Hemmungen, wenn Sie den nicht verstehen! Fragen Sie freundlich nach:

✔ Wie bitte? Ich habe Sie gerade akustisch nicht verstanden.

✔ Bitte, was haben Sie gerade gesagt/gefragt?

✔ Können Sie bitte/freundlicherweise Ihre Frage/Ihre Aussagen noch mal wiederholen?

Was ist mit Dialekt? Sie sind des Hochdeutschen nicht mächtig? Klar, seinen Dialekt kann nicht jeder verbergen, muss ja auch nicht sein. Sie sollten sich dennoch in einem guten Hochdeutsch verständigen können. Wäre doch schade, wenn Sie den Job nicht kriegen, nur weil der andere Ihre *Sproch* nicht versteht! Hat doch was, auch im Deutschen *mehrsprachig* zu sein.

Redet Ihr Gastgeber im breiten Dialekt, den Sie zufällig auch beherrschen und Sie würden sich völlig verkrampfen, wenn Sie jetzt Hochdeutsch sprechen wollten, dann reden Sie, wie Ihnen der Schnabel gewachsen ist! Ihr Gesprächspartner freut sich wahrscheinlich sogar, dass Sie auch *Muttersprachler* sind, und schon haben Sie einen Heimvorteil!

Ihr Sprachvermögen macht Sie faszinierend! Also nutzen Sie es auch!

Ihre gesamte Körpersprache

Sie reden doch mit dem Mund! Wie soll Ihr Körper denn »sprechen«? Geht das? Ja und wie! Mit Ihrer Körpersprache können Sie alles, was Sie aussprechen, untermalen und noch deutlicher machen. Sie werden noch interessanter für Ihren Gesprächspartner. Genau das wollen Sie erreichen!

Sie lieben Weihnachten? Vor allem die wunderschön geschmückten Tannenbäume? Haben Sie selbst schon mal einen Tannenbaum liebevoll dekoriert? Sie fangen an den oberen Zweigen an, verteilen den Weihnachtsschmuck bis in die unteren Zweige und setzen zu guter Letzt dem Baum die Weihnachtsspitze als Krone auf. Dann bestaunen Sie Ihr tolles Werk und sind so richtig zufrieden! Sie freuen sich echt riesig, wenn auch andere Ihr Bäumchen staunend bewundern! Wie wäre es, wenn Sie sich jetzt mal als Tannenbaum betrachten? Fangen Sie an, Ihre oberen Zweige zu schmücken:

Ein Blick sagt mehr als tausend Worte

Mögen Sie Menschen, die Sie nicht ansehen, so wie die junge Dame auf Abbildung 9.1? Die immer nur den Kopf mehr oder weniger gesenkt halten und die Augenlider niedergeschlagen haben? Würden Sie denen Ihre intimsten Geheimnisse verraten? Nie im Leben!

Abbildung 9.1: Ein wirklich trauriger Anblick …

Sie wollen als vertrauenswürdiger offener Gesprächspartner angesehen werden, also blicken Sie Ihren Mitmenschen genauso offen und neugierig in die Augen wie die Dame in Abbildung 9.2!

Abbildung 9.2: Von der ersten Sekunde an sympathisch!

Halten Sie Blickkontakt, wenn Sie Ihrem Gesprächspartner die Hand reichen. Im Gespräch selbst schauen Sie Ihrem Gastgeber nicht permanent in die Augen, das irritiert und wirkt aufdringlich. Sich drei bis sechs Sekunden lang anzuschauen ist perfekt. Lassen Sie immer wieder mal Ihren Blick schweifen: mal an die Wand – wieder Ihren Gastgeber ansehen – Blick leicht senken und auf den Tisch schauen – wieder zu Ihrem Gegenüber – mal eine Pflanze oder ein Bild bewundern (aber nur mit den Augen!) – wieder Ihren Partner ansehen. Ja nicht gelangweilt an die Decke schauen! Ihre Langeweile merkt auch Ihr Gesprächspartner. Üben Sie das richtige *Blickezuwerfen* mit Freunden. Die sagen Ihnen, ob Sie wie ein Reh auf der Flucht vor dem Jäger wirken oder aufmerksam und konzentriert rüberkommen.

Wenn Sie mehreren Gesprächspartnern gegenübersitzen, dann blicken Sie grundsätzlich erst mal den an, der mit Ihnen redet bzw. Ihnen Fragen stellt. Beim Antworten beziehen Sie die anderen in Ihren Blickkontakt mit ein. So fühlen sich alle von Ihnen beachtet! Sie wirken aufmerksam und freundlich! Bingo, Sie haben gerade angefangen, Sympathie-Punkte zu sammeln. Weiter so!

Still gestanden! So stehen Sie richtig

Lassen Sie die Schultern hängen, machen einen Buckel, womöglich auch noch mit leicht gesenktem Kopf? Sie wirken wie *abgeknickt*. Und wer hat schon Lust, sich mit *geknickten* Persönlichkeiten abzugeben!

Bauch rein, Brust raus! Genau das ist es! Stehen Sie gerade und aufrecht. So wirken Sie auch aufrichtig! Ihr Sympathie-Konto vermehrt sich.

Was ist beim Stehen noch zu beachten? Kommen Sie Ihrem Gesprächspartner auf keinen Fall zu nahe! Halten Sie eine Distanz von 50 bis 60 cm zu dem anderen ein. Keine Sorge, Sie wirken dann nicht distanziert! Sie zeigen Respekt und Achtung vor dem persönlichen »Intimbereich« Ihres Gesprächspartners. Das ist sehr angenehm!

Was machen Sie, wenn der andere sitzt und sogar zur Begrüßung sitzen bleibt? Begrüßen Sie ihn im Stehen und setzen Sie sich im Anschluss direkt hin. Sie können gerne fragen, ob Sie sich setzen dürfen – Sie können sich auch ohne zu fragen hinsetzen. Das ist immer noch höflicher; als wenn Ihr Gegenüber zu Ihnen aufschauen muss! Sie würden doch auch keinen Bewerber einstellen, der bereits während des Vorstellungsgesprächs auf Sie herabblickt, oder?!

Bloß kein schlaffer Händedruck – die Begrüßung

Denken Sie auch, wenn Ihnen jemand seine Hand so ganz seicht in die Ihre legt: »Was ist das denn? Kann der nicht mal richtig die Hand geben? Weichei, oder?« Ein solcher Händedruck fühlt sich gar nicht gut an! Wenn Sie so anderen die Hand geben, fühlen also Sie sich nicht gut an!

Nun zerquetschen Sie aber bitte auch nicht die Hand Ihres Gesprächspartners. Klar hinterlassen Sie jetzt einen *kraftvollen* Eindruck! Aber halt einen schmerzhaften ... Sie tun also anderen gar nicht gut!

Das gesunde Mittelmaß ist angesagt: Bitten Sie Freunde, Bekannte, Ihnen die Hand zu drücken. Was fühlt sich am besten an? Ein fester, nicht zu kräftiger Händedruck? Das ist er! Der perfekte Begrüßungshändedruck! Fühlen Sie, wie Ihr Sympathie-Konto wächst!

Nehmen Sie doch Platz: Sitzen

Aufrecht und bequem! Das ist auch hier das Motto. Klaro können Sie die Stuhllehne zum Anlehnen benutzen, dafür ist sie ja da! Nur »versinken« Sie nicht in dem Stuhl, sonst glaubt Ihr Gesprächspartner, Sie wollen untertauchen, anstatt mit ihm zu reden. Wie, Sie haben noch gar nicht erkannt, dass der Stuhl eine Lehne hat, oder hat er tatsächlich keine, aber Sie brauchen doch jetzt einen Halt? Fassen Sie – mehr oder weniger im Unterbewusstsein – zum Festhalten mit beiden Händen an die Kanten des Stuhlsitzes und setzen sich auch nur so ganz leicht aufs berühmte »Schnäpperle«? Aha, dann sind Sie also kurz vor der Flucht! Sie sitzen nämlich so, dass Sie blitzartig aufspringen und davonrennen können, so wie die Dame in Abbildung 9.3. Das wollen Sie gar nicht? Dann setzen Sie sich endlich richtig auf den ganzen Stuhlsitz und nehmen Sie Ihre Hände doch auf Ihren Schoß. Entspannen Sie sich!

Abbildung 9.3: Nix wie weg hier!

Aber nicht zu sehr: Ein zu lockeres *Hinflezen* wie in Abbildung 9.4 wirkt zwar auf Partys so richtig lässig, im Bewerbungsgespräch dagegen eher arrogant und herablassend.

Dann nehmen Sie lieber den halben Tisch in Beschlag und breiten sich, Ihren Oberkörper quasi auf den Tisch legend, mit gespreizten Armen aus, um so Ihre Überlegenheit zu demonstrieren? Bitte nicht! Das passt doch gar nicht zu Ihnen! Sie wollen schließlich Eindruck machen! Denken Sie an das delikate Menü, das Ihnen gleich serviert wird. Und schon sitzen Sie entspannt und voller Erwartung gerade auf Ihrem Stuhl!

Bitte lächeln!

Es ist die Zauberformel schlechthin! Und dabei so einfach! Laufen Sie doch mal zum Spaß lächelnd durch die Einkaufstraßen einer Stadt. Sie werden überrascht sein, wie viele Menschen auch Ihnen ihr Lächeln schenken! Einen Tag später machen Sie ein ernstes und missmutiges Gesicht und spazieren durch die gleichen Straßen. Glauben Sie, dass Sie irgendjemand anlächelt? Nicht ein einziger – im Gegenteil, einem lächelnden Menschen gefriert eher noch sein Lächeln ein bei der Kälte, die Sie rüberbringen!

Sie wollen sympathisch und warmherzig wirken! Ab sofort wird gelächelt!

Abbildung 9.4: Ganz schön langweilig so ein Vorstellungsgespräch ...

Bye bye: Gehen

Nicht rennen! Laufen Sie nicht fluchtartig durch die Gegend! Gehen Sie in einem normalen Tempo auf Ihren Gesprächspartner zu und auch genauso wieder weg. Beim Weggehen schauen Sie sich nicht ängstlich und verlegen um. Oder haben Sie etwas zu verbergen? Der Eindruck entsteht übrigens auch, wenn Sie durch die Flure schleichen. Sie wollen doch kein Spion werden!

Sie gehen also gerne langsam? So langsam, dass Ihnen beim Laufen die Schuhe besohlt werden können? Arbeiten Sie auch in dem Tempo? Dann kommen Sie als Mitarbeiter nicht in Frage! Ihr Chef will, dass Sie Ihre Arbeit ordentlich und zügig erledigen! Das Motto »Stunden später ...« kann er sich nicht leisten!

Gehen Sie entschlossen, aufrecht und mit einem normalen Tempo! So als wollten Sie ganz entspannt früh am Tag im Supermarkt einkaufen gehen.

Spieglein, Spieglein an der Wand: Ihr äußeres Erscheinungsbild

Kleider machen Leute! Genau! Aber was nutzt das tollste Kostüm, der eleganteste Anzug, wenn Sie mit ungewaschenen fettigen Haaren, abgekauten schmutzigen Fingernägeln, dem berühmten Drei-Tage-Bart und Schlammschuhen vor Ihrem künftigen Arbeitgeber stehen? Finden Sie sich wirklich anziehend? Ach so, Äußerlichkeiten sind Ihnen unwichtig! Innere Werte zählen für Sie. Schön. Mit so einem abstoßenden Äußeren gibt Ihnen allerdings kaum ein Arbeitgeber die Chance, Ihre persönlichen inneren Werte zu zeigen ...

Sie haben doch schon tolle Kleider, jetzt machen Sie sich endlich mal rundum schick! Auf geht's:

✔ Duschen, Haare waschen, ordentlich fönen oder stylen

✔ Zähne putzen – wer mag, kann zusätzlich ein Mundwässerchen nehmen

✔ Fingernägel checken: Sehen die ordentlich und nicht abgekaut aus? Prima! Sauber sind sie auch. Gut!

✔ Die Herren rasieren sich gründlich und tragen ein dezentes Aftershave auf – die Damen parfümieren sich, aber bitte mäßig und nicht so, dass sie noch zehn Meter gegen den Wind duften!

✔ Deo nicht vergessen! Übrigens riechen Sie auch mal an Ihrer Kleidung. Manche Textilien saugen den Schweiß so auf, dass sie nach einmaligem Tragen extrem danach riechen. Da nutzt dann Ihre ganze Dusch- und Deo-Aktion leider gar nichts. Ziehen Sie was anderes an! Das gilt auch für Klamotten, die nach Essen riechen. Ab in die Wäsche damit!

✔ Ihre Schuhe sind geputzt, die Absätze nicht abgelaufen? Spitze!

Werfen Sie einen letzten Blick in den Spiegel. Sie sehen einfach super aus! Nix wie ab zum Vorstellungsgespräch!

So läuft's im Vorstellungsgespräch

In diesem Kapitel

▶ Und los geht's

▶ Zeigen Sie, was Sie können ... in der Theorie

▶ ... und in der Praxis

▶ Gibt's sonst noch was?

▶ Es darf sogar ein bisschen mehr sein

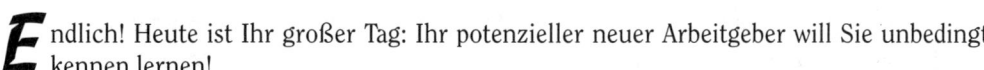

*E*ndlich! Heute ist Ihr großer Tag: Ihr potenzieller neuer Arbeitgeber will Sie unbedingt kennen lernen!

Und Sie sind noch immer aufgeregt, Ihre Knie werden immer weicher? Warum denn nur? Sie haben sich schließlich optimal vorbereitet! Sie wissen, was Sie wollen, sind perfekt gestylt und frühzeitig losgegangen, stehen jetzt vor der Eingangstür des großen »unbekannten« Unternehmens, von dem Sie bereits eine ganze Menge wissen, holen noch einmal ganz tief Luft und sagen sich: »Ich kann das!«, und los geht's!

Warming-up-Phase

Sie gehört zu jedem Vorstellungsgespräch: die *Anwärmphase*. Keine Sorge, Ihnen wird jetzt nicht eingeheizt, ganz im Gegenteil! Sie werden freundlich in Empfang genommen, in ein Besprechungszimmer begleitet und begrüßen perfekt freundlich und lächelnd Ihren Gesprächspartner. Wie die perfekte Begrüßung aussieht, haben Sie schließlich gerade in Kapitel 9 *Vorbereitung ist alles* gelernt. Da kann also gar nichts schief gehen! Sie werden gebeten, Platz zu nehmen, und bekommen vielleicht sogar ein Getränk angeboten. Ist doch richtig gemütlich! Sie verlieren immer mehr Ihre Aufregung und beginnen langsam, sich zu entspannen! So soll's sein.

Bevor es ans Eingemachte geht, kommt erst mal der übliche Smalltalk:

Sie werden gefragt, wie es Ihnen geht, ob Sie eine gute Anreise hatten, ganz belanglos kommt das gute oder schlechte Wetter zur Sprache und schließlich die galante Überleitung mit der Frage: »Darf ich Ihnen kurz unser Unternehmen vorstellen?«

Es kann schon mal vorkommen, dass diese nette *Anwärmphase* stark verkürzt wird, weil Ihr Gesprächspartner unter Zeitdruck ist. Eine Begrüßung mit den Worten »Guten Tag. Für das allgemeine Geplänkel hab ich keine Zeit. Lassen Sie uns gleich zur Sache kommen!« wird Sie aber nicht aus der Fassung bringen. Sie sind wirklich perfekt vorbereitet und können deshalb genauso ohne *Geplänkel* ins Gespräch einsteigen wie Ihr Gegenüber! Nur keine Hemmungen! Der andere ist unter Zeitdruck, nicht Sie! Sie haben alle Zeit der Welt, also lassen Sie sich auf keinen Fall von dieser Hektik anstecken. Möglicherweise testet Ihr Gesprächspartner so gleich Ihre Stressresistenz. Jetzt können Sie gleich beweisen, dass Sie unter Zeitdruck ruhig bleiben, den Überblick behalten und keinesfalls den roten Faden verlieren! Sie schinden mächtig Eindruck! Weiter so!

 Und nicht vergessen: bei mehreren Gesprächspartnern immer hübsch von einem zum anderen schauen!

Der Gastgeber hat den Vortritt: Unternehmensvorstellung

»Wir sind die Größten und die Besten!« Das wissen Sie ja aber schon! Ihr Gesprächspartner wird Ihnen Folgendes schildern, mal mehr, mal weniger ausführlich:

✔ die Historie des Unternehmens selbst

✔ den hierarchischen Aufbau mit den einzelnen Unternehmenseinheiten und den wichtigsten Personen wie zum Beispiel Vorstände und/oder Gesellschafter bzw. Geschäftsführer – das Ganze nennt sich auch _Aufbau- und Ablauforganisation_

✔ und die Abteilung, für die Sie sich beworben haben: was dort gemacht wird und wer die handelnden Personen sind

Das sind eine Menge Infos, die da am Anfang auf Sie einprasseln. Erzählt Ihnen Ihr Gesprächspartner, was Sie in Ihrem neuen Job so alles erwartet, machen Sie Augen und Ohren auf! Das sind die Infos, die Sie haben wollen:

✔ Was sollen Sie alles tun?

✔ Was sind Ihre Hauptaufgaben, was wird zusätzlich von Ihnen erwartet?

✔ Gibt's besondere Herausforderungen zu bewältigen?

✔ Für wen arbeiten Sie genau, wer ist Ihr Chef?

✔ Wer sind Ihre Ansprechpartner?

✔ Wo sollen Sie arbeiten? Haben Sie einen festen Arbeitsplatz oder sind Sie permanent unterwegs? Oder ein Springer – also auf Abruf woanders einzusetzen?

Je mehr Infos Sie kriegen, umso besser können Sie sich vorstellen, was Sie in Ihrem neuen Job erwartet. Redet Ihr Gesprächspartner ohne Punkt und Komma, fragen Sie zwischendurch ruhig nach, ob Sie seine Aussagen richtig verstanden haben. Aber bitte geschickt:

»_Habe ich Sie gerade richtig verstanden, dass Sie von mir erwarten ..._«

oder

»_Wenn ich Sie richtig verstanden habe, soll ich/erwarten Sie von mir, dass ..._«

So gehen Sie sicher, dass Sie beide wissen, wovon gerade gesprochen wird. Gefällt Ihnen, was Sie hören? Ja – Sie sind schon richtig heiß auf den Job! Na prima! Dann machen Sie jetzt mal Ihren Gesprächspartner richtig heiß auf Sie!

Jetzt wird's spannend: Fragen zu Ihren Unterlagen

Wie haben Sie sich vorbereitet? Gerade haben Sie sich durch Kapitel 9, *Vorbereitung ist alles* gekämpft und schon wollen Sie wieder alles vergessen haben? Das kann gar nicht sein! Sie wissen doch schon, wonach gefragt wird:

✔ Lebenslauf

✔ Anschreiben

✔ die Firma

Ein Schwank aus Ihrem Leben

Mehr ist es nicht. Also wieso schieben Sie plötzlich Panik? Sie sind perfekt vorbereitet. Das Wichtigste ist Ihr Lebenslauf und den haben Sie von A bis Z im Kopf. Aber bitte den *richtigen*! Sie erinnern sich: Sie haben doch die Stellenanzeige ganz, ganz genau studiert und beim Schreiben Ihres Lebenslaufes peinlich genau darauf geachtet, dass der rundum zum Stellenprofil passt. Also haben Sie womöglich auch mal einen Ihrer Jobs weggelassen oder nicht alle Hobbys angegeben. Ah, jetzt fällt es Ihnen wieder ein! Kapitel 5, *Der Lebenslauf*, da haben Sie gelernt, worauf es ankommt, und vor wenigen Seiten, in Kapitel 9, *Vorbereitung ist alles* haben Sie sich bereits intensiv mit den für Ihr Vorstellungsgespräch wichtigen Inhalten beschäftigt:

✔ Wer sich für Sie interessiert, muss ganz schnell erkennen können, dass Ihre berufliche Entwicklung prima auf die angebotene Stelle passt.

✔ Sie achten darauf, dass es in Ihrem Lebenslauf keine zeitlichen Lücken gibt.

✔ Sie schildern Ihren Lebenslauf, ohne ins Stocken zu geraten, das bedeutet, dass Sie auf keinen Fall den berühmten roten Faden verlieren. Ganz im Gegenteil: Machen Sie Ihren Werdegang ruhig ein bisschen spannend! Wie das geht? Ganz einfach: Formulieren Sie entsprechend und binden Sie Ihre Gesprächspartner mit ein. Das kann zum Beispiel so aussehen:

»*Nach der Ausbildung habe ich als xy in der Firma z gearbeitet. Ein echt spannender Job! Ich musste… / Meine Aufgabe war …*«

»*… Wie Sie sich sicher vorstellen können, ist das ein aufregendes Hobby. …*«

»*Sie können mir glauben, als xy zu arbeiten, ist eine echte Herausforderung …*«

Jetzt haben Sie es verstanden! Sie dürfen sozusagen ein wenig *gefühlsbetont* erzählen: … spannender Job … aufregend … echte Herausforderung und und und.

 Also noch einmal: Studieren Sie den Lebenslauf, den Sie diesem Unternehmen geschickt haben, auf jeden Fall Wort für Wort vor Ihrem Vorstellungsgespräch! Sie müssen ihn beherrschen! Dann wird Ihr Gesprächspartner mehr als beeindruckt von Ihnen sein.

Warten Sie geduldig auf alle anderen Fragen. Welche genau kommen, hängt von Ihrem Gesprächspartner ab. Es gibt allerdings Fragen, die werden in nahezu jedem Vorstellungsgespräch abgecheckt. Das sind die *Fragen, auf die Sie vorbereitet sein sollten* und die werden Ihnen ausführlich in Kapitel 11 erläutert. Wenn Sie wollen, können Sie gleich nachsehen, Sie können aber auch erst in alle Ruhe dieses Kapitel zu Ende lesen.

Schummeln gilt nicht

Wenn Sie nun plötzlich darauf angesprochen werden, dass irgendein Nachweis, zum Beispiel ein Zeugnis, in Ihren Unterlagen fehlt, ist Ihnen das sicher ganz schön peinlich, nicht? Das zeigt doch, dass Sie völlig unkonzentriert Ihre Unterlagen zusammengestellt und nicht mehr final gecheckt haben, oder? Wie erklären Sie das jetzt?

Wie wäre es, wenn Sie einfach zugeben, dass Sie völlig sicher waren, alles beigefügt zu haben – Sie haben Ihre Bewerbungsmappe mehrmals auf Vollständigkeit geprüft und dabei ging es Ihnen offensichtlich so wie vielen Textschreibern: Sie wollten das gesehen haben, was Sie gerade im Kopf hatten, und dabei haben Sie übersehen, dass es nicht dabei war! Zu kompliziert ausgedrückt? Okay, nehmen Sie einen Autor: Der sieht seine eigenen Schreibfehler nicht mehr, weil er genau weiß, was er schreiben wollte ... Bitten Sie freundlich um die Möglichkeit, die fehlende Unterlage nachreichen zu dürfen. Das geht absolut in Ordnung.

Oder haben Sie etwa ein Zeugnis ganz bewusst weggelassen, weil Sie heftig schlechte Noten hatten? Sie glauben doch nicht im Ernst, dass Sie drum herumkommen, dieses Zeugnis vorzulegen? Spätestens im Vorstellungsgespräch müssen Sie Rede und Antwort stehen. Sagen Sie ohne Umschweife, wie schlecht das Zeugnis ist. Hatten Sie Angst, dass Sie nur wegen dieses miserablen Zeugnisses vielleicht nicht zum Vorstellungsgespräch eingeladen werden? Dann geben Sie das auch zu! Gestehen Sie lieber, dass Sie vielleicht mal ein richtig fauler Hund waren, aber keineswegs mehr sind! Und daher nicht möchten, dass Sie an Ihrer Vergangenheit festgenagelt werden. Sie haben sich entwickelt und zwar prächtig: Sie sind ein fleißiger, arbeitsamer Zeitgenosse, der seine Chance bekommen soll!

Sie merken, wenn Sie solche Taktiken an den Tag legen und erst mal Dinge verschweigen, die doch zur Sprache kommen müssen, brauchen Sie taktisch kluge Antworten. Also überlegen Sie im Vorfeld, wie Sie vorgehen wollen – es ist Ihre Entscheidung.

Zeigen Sie, was Sie können: Die Arbeitsaufgabe

Ist doch logisch, dass Ihr potenzieller neuer Arbeitgeber auch gerne wissen möchte, ob Sie Ihr theoretisches Wissen in der Praxis anwenden können. Das kann er zum Beispiel herausfinden, indem er Ihnen eine Arbeitsaufgabe stellt. Wie könnte die aussehen? Mal angenommen, Sie haben sich auf einen Bürojob beworben, in dem sehr gute Kenntnisse in PowerPoint verlangt werden. Jetzt sollen Sie innerhalb von zwanzig Minuten eine mehrseitige Präsentation über eine bevorstehende – natürlich fiktive – Sitzung erarbeiten mit allem Drum und Dran. Machen Sie doch mit links, schließlich haben Sie sich für den Job beworben, gerade weil Sie super in PowerPoint sind!

Oder haben Sie sich als Kreditsachbearbeiter beworben? Dann können Sie einen oder auch zwei, drei schöne Kredit-Fälle auf Ihren Tisch gelegt bekommen und müssen kurzfristig entscheiden und erläutern, wie Sie diese *Probleme* lösen. No problem! Sie sind schließlich Spezialist!

Sie merken: Sie können sich auch auf solche Arbeitsaufgaben vorbereiten! Falsch! Sie sind ja schon längst vorbereitet, Sie haben doch schon alles, was Sie brauchen: Ihre Stellenanalyse! Schon vergessen? Dann werfen Sie einen Blick in Kapitel 3 *Anzeigen auswerten*. Sie haben die Stellenanzeige oder Stellenbeschreibung gemeinsam mit Ihrer sorgsam ausgearbeiteten Analyse vor sich liegen. Nehmen Sie sich Zeit und checken Sie noch einmal, was alles von Ihnen verlangt wird. Lassen Sie Ihrer Fantasie freien Lauf! Überlegen Sie, welche Aufgaben Sie einem Bewerber stellen würden. Mit welchen Problemen würden Sie denn jemandem auf den Zahn fühlen? Formulieren Sie Ihre Fragen im Kopf und dann legen Sie los: Beantworten Sie Ihre eigenen Fragen! Sie kommen ganz schön in Fahrt, nicht wahr?! Excel-Kenntnisse sind gefordert? Prima, erstellen Sie die kompliziertesten Tabellen mit den tollsten Verknüpfungen. Perfekte Englischkenntnisse sind gefordert, in Wort und Schrift? Schreiben Sie eine freundliche Terminbestätigung für einen Geschäftspartner – in english please. Mal ehrlich, Ihre Fachkenntnisse beherrschen Sie doch, da macht Ihnen keiner was vor! Und das gerade gezeigte bisschen Üben nimmt Ihnen auch noch Ihre letzten Hemmungen.

Vorhang auf: Das Rollenspiel

Wie schaut's denn aus, wenn es um situative Aufgaben geht? Ihre Stellenanalyse sagt, Sie müssen konfliktfähig und teamfähig sein. Gut. Sie sind mitten in Ihrem Vorstellungsgespräch und Ihr Gesprächspartner fragt Sie plötzlich ohne Vorwarnung: »Sagen Sie mal, seit Tagen grüßen Sie Herrn Mayer nicht mehr? Was hat er Ihnen denn getan?« Was soll das denn jetzt? Fragen Sie sich gerade, was hier passiert? Nun ganz einfach: Ihr Gesprächspartner startet ein Rollenspiel mit Ihnen! Einfach so, ohne Vorwarnung. Er will wissen, wie Sie spontan mit einer solchen Situation umgehen. Fragen Sie Ihren Gesprächspartner auf gar keinen Fall, was das jetzt soll! Lassen Sie sich auf das Spiel ein! Überlegen Sie, wie Sie reagieren würden, wenn es einen Herrn Mayer gäbe, der Ihnen unterstellt, dass Sie ihn seit Tagen nicht mehr grüßen. Wenn Sie einen Moment zum Überlegen brauchen, dann sagen Sie erst mal: »Eine schwierige Situation. Ich halte das für ein sensibles Thema.« Dann können Sie ausführen, dass diese Unterstellung nicht wahr ist, Sie grüßen Herrn Mayer immer, wenn Sie sich begegnen. Wenn Ihr Gesprächspartner nicht locker lässt und behauptet, dass Herr Mayer das völlig anders sieht und außerdem das Gefühl hat, Sie würden ihn bewusst ignorieren, was machen Sie dann? Ihre Team- und Konfliktfähigkeit unter Beweis stellen! Sagen Sie, dass Sie nun völlig irritiert sind,

✔ denn zum einen würden Sie sich eine direkte Ansprache von Herrn Mayer wünschen, um das für Sie nicht vorhandene Problem unter vier Augen und unter Kollegen zu beseitigen,

✔ zum anderen bieten Sie an, jetzt direkt nach Ihrem Gespräch auf Herrn Mayer zuzugehen, um das Problem aus der Welt zu schaffen oder

✔ Sie bieten ein Dreier-Gespräch mit Herrn Mayer an, um das vermeintliche Problem zu beseitigen.

Mehr Lösungsvorschläge kann sich Ihr Gesprächspartner nicht wünschen! Problem gelöst! Sie glauben, so was könne im Vorstellungsgespräch nicht passieren? In welcher Zeit leben Sie denn? Vorstellungsgespräche laufen schon lange nicht mehr nach Schema F ab und wenn Sie einen gewieften Gesprächspartner haben, der ein abwechslungsreiches und spannungsgeladenes Gespräch sucht, um Ihnen auf den Zahn zu fühlen, dann wird der richtig kreativ sein. Aber Sie haben ja zum Glück dieses Kapitel gelesen und werden solche »Überraschungsmomente« absolut zu Ihrem Vorteil ausnutzen. Sie wissen jetzt schließlich, wie es geht! Mal ganz ehrlich: Solche Gespräche machen doch viel mehr Spaß als diese klischeehafte Abfrage nach dem Motto »was kannst du denn, lieber Bewerber, was hast du zu bieten«. Oha und schon wünschen Sie sich solche abwechslungsreichen Gespräche. Schön, dass Sie so leicht zu begeistern sind! Was kann's noch so alles geben? Welche Schlüsselqualifikationen sind denn noch von Ihnen gefordert? Ihre Stellenanalyse verrät Sie Ihnen. Lassen Sie auch hier Ihrer Fantasie freien Lauf und überlegen Sie, mit welchen Fragen oder Problemstellungen Sie bei anderen diese Eigenschaften *überprüfen* würden. Warum nehmen Sie nicht einen guten Freund und spielen Ihre Ideen einmal durch? Einfacher und entspannter können Sie nicht üben.

Jetzt wissen Sie, wie Sie sich auf Arbeitsaufgaben optimal vorbereiten! Wenn Sie Lust auf weitere Übungen haben, dann werfen Sie doch gleich mal einen Blick in den Anhang *Übungsaufgaben* am Ende dieses Buches. Dort dürfen Sie selbst kreativ werden. Viel Spaß dabei!

Im gewerblich-technischen Bereich kann diese Arbeitsaufgabe auch anders aussehen.

Geschicklichkeit ist gefragt: Fordern einer Arbeitsprobe

Sie haben einen praktischen Beruf und fertigen jeden Tag Werkstücke an? Sie sind zum Beispiel Schreiner, Elektriker, Maschinenbauer oder oder oder. Ist doch verständlich, wenn Ihr potenzieller neuer Arbeitgeber während des Vorstellungsgespräches sagt »So, jetzt möchte ich doch auch wissen, wie geschickt Sie sind! Machen Sie mal!« Sie bekommen eine Vorlage mit Angaben, nach der Sie nur Ihr Probestück anfertigen müssen. Sie können das! Holen Sie tief Luft, schauen Sie sich genau an, was von Ihnen verlangt wird, und fangen Sie in aller Ruhe mit der Arbeit an. Konzentrieren Sie sich und lassen Sie sich nach Möglichkeit nicht ablenken. Wenn Sie Maschinen zum Anfertigen Ihrer Arbeitsprobe benötigen und permanent Fragen gestellt bekommen, während Sie eigentlich konzentriert mit den Maschinen hantieren müssen, unterbrechen Sie lieber diese Arbeiten und weisen Sie Ihren Gesprächspartner in ruhigem Ton darauf hin, wie gefährlich der Umgang mit den Maschinen ist und dass Sie lieber erst die Arbeit fertig machen möchten und ihm im Anschluss gerne Rede und Antwort stehen werden. Nichts anderes wollte der auch hören! Schließlich will er wissen, ob er einen Mitarbeiter bekommt, der sorgfältig arbeitet und auf potenzielle Gefahren achtet! Den Test haben Sie hundertprozentig bestanden.

Logisch, dass Sie sich auch hier optimal vorbereiten können. Was Sie Tag für Tag in der Praxis machen, das können Sie sowieso. Und was Ihr Bewerbungsgespräch angeht, werfen Sie wieder einen Blick auf Ihre Stellenanalyse:

✔ Welche praktischen Kenntnisse werden verlangt?

✔ Gibt es darüber hinaus spezielle Anforderungen? Wie sehen die aus?

✔ Haben Sie konkrete Infos, mit welchen Techniken/Maschinen Sie arbeiten werden? Kennen Sie die schon oder müssen Sie sich noch schlau machen, was wie warum funktioniert?

✔ Gibt es Unfallverhütungsvorschriften, die Sie beachten müssen? Und sogar Maßnahmen zur Unfallverhütung, die Sie ergreifen müssen?

 Denken Sie daran: Sicherheit geht vor allem anderen!

Alles klar? Jetzt sind Sie auch nochmals für die Praxis top vorbereitet. Wenn Sie möchten, können Sie im Anhang unter *Übungsaufgaben* gleich mal nachsehen, was so alles von Ihnen verlangt werden kann.

Sie dürfen sich jetzt aber auch wieder ein wenig entspannen! Aber nur ein klein wenig, denn es gibt noch mehr wichtige Fragen. Neugierig? Dann lesen Sie weiter!

Money, money, money: Fragen nach der Gehaltsvorstellung und dem Eintrittstermin

Sie haben Kapitel 4 *Das wirkungsvolle Anschreiben* doch nicht übersprungen, oder? Blättern Sie schön zurück! In den Abschnitten *Ja oder nein? Angaben zu möglichem Eintrittstermin* und *Bei Geld hört die Freundschaft auf* finden Sie ausführlich beschrieben, wie Sie sich bei diesen Fragen clever verhalten. Denken Sie immer daran: Verkaufen Sie sich nicht unter Wert! Sie haben eine persönliche und berufliche Entwicklung durchlaufen, sind verantwortungsvoll und engagiert – mit anderen Worten: Sie sind eine einzigartige Persönlichkeit, die dem Unternehmen viel zu bieten hat, also fragen Sie ruhig nach, was Sie dem Unternehmen wert sind!

Aber Vorsicht: Wagen Sie es ja nicht, nach zwei Sätzen gleich zu Beginn Ihres Vorstellungsgespräches nach dem Gehalt und/oder den Arbeitszeiten zu fragen! Sie wollen sich ja schließlich nicht gleich eigenhändig aus dem Bewerberrennen katapultieren, oder? Diese beiden Fragen sind derart sensibel, dass sie grundsätzlich erst im fortgeschrittenen Stadium des Gesprächs zur Sprache kommen. Dann wirkt das auch nicht, als wenn Sie mit der Tür in Haus fallen, nach dem Motto: »Erst will ich wissen, was ich kriege, dann sage ich euch, was ich euch gebe.« Nicht was Sie wollen, ist für das Unternehmen wichtig, sondern was Sie ihm bringen! Also bleiben Sie diplomatisch und warten Sie erst mal ab. Kommen die Fragen nach Gehalt und Arbeitszeit wirklich nicht, können Sie diese immer noch am Ende des Vorstellungsgespräches stellen. Da passen sie auf alle Fälle hin!

Und was Ihren Eintrittstermin angeht, beachten Sie vor allem, was in Ihrem gültigen Vertrag steht, wenn Sie zurzeit noch anderweitig arbeiten. Sind Sie ohne Arbeit, brennen Sie ja sowieso darauf, sofort anzufangen!

Alles klar? Wissen Sie, was Sie künftig arbeiten sollen?

Ganz schön anstrengend, Ihr Vorstellungsgespräch! Ihr potenzieller neuer Arbeitgeber redet und redet und fragt und fragt noch mal und Sie hören zu, lächeln, sind charmant, stehen selbst Rede und Antwort ... Haben Sie alles verstanden, was Ihnen Ihr neuer Chef über Ihren zukünftigen Job erzählt hat? Hat er überhaupt was erzählt oder gab's nur Floskel wie »Sie haben schon in der Stellenanzeige gelesen, was Sie alles tun dürfen. Sie machen das doch für mich! Ich mag Sie, alles andere wird sich schon finden! Ich bin echt happy, jemanden wie Sie gefunden zu haben!« Ach, tut das Ihrem Ego gut! Sie haben nur leider überhaupt keine Ahnung, worauf Sie sich einlassen. Egal wie viel Honig Ihnen ums Maul geschmiert wird, fragen Sie, was konkret Ihr Job sein wird! Sie müssen bereits während Ihres Vorstellungsgesprächs erfahren und spätestens danach wissen:

✔ welche Funktion Sie haben

✔ was Ihre Hauptaufgaben sind und was darüber hinaus zusätzlich von Ihnen erwartet wird

✔ wo Sie arbeiten

✔ wie Ihre täglichen/wöchentlichen Arbeitszeiten sind

✔ wer Ihr direkter Vorgesetzter ist

✔ wer der oberste Boss ist

✔ wer Ihre Kollegen sind und ob einer von denen Ihnen auch etwas zu sagen hat

✔ wer Sie einarbeitet

✔ wie lange Ihre Einarbeitungszeit ist

✔ ob Sie eine Probezeit haben und wie lang diese ist

✔ wann Sie vom Unternehmen erfahren, für welchen Kandidaten man sich entschieden hat

✔ ob Sondervereinbarungen mit Ihnen getroffen werden, wie sie zum Beispiel unter *Nicht nur Geld hat seinen Reiz: Bietet Ihr Arbeitgeber Zusatzleistungen* beschrieben sind

✔ was Sie verdienen

✔ ob es Weiterentwicklungsmöglichkeiten beruflich wie gehaltlich gibt

Jetzt wissen Sie, was Sie erwartet! Sie können sich ein klares Bild von Ihrem neuen Job machen und sich bereits innerlich so richtig darauf freuen!

Müssen Sie besondere Anforderungen erfüllen?

Sie kriegen keinen gewöhnlichen Nine-to-five-Bürojob, sondern einen knochenharten Job, in dem Sie Tag für Tag an Ihre körperlichen Grenzen gehen müssen? Das ist aber gar nicht gut! Ihre Gesundheit ist das Wichtigste, die ersetzt Ihnen keiner, auch nicht mit Geld! Die Zeit der Sklaven und Leibeigenen ist glücklicherweise vorbei. Das steht sogar sinngemäß im Arbeitsschutzgesetz, kurz ArbschG genannt. Hier steht, dass Ihr Arbeitgeber auf Sie aufzupassen hat und alle Maßnahmen treffen muss, damit Ihnen während Ihrer Arbeit nichts passiert. Es müssen ganz konkrete Unfallverhütungsvorschriften beachtet werden. Er muss Sie zu Beginn Ihres Jobs in die *gefährlichen Arbeiten* einweisen, Ihnen also genauestens erklären, was Sie alles nicht tun dürfen, und vor allem, was Sie tun müssen, damit Sie keinen Unfall bauen. Dass er Sie gut geschult hat, lässt sich Ihr Chef von Ihnen sogar unterschreiben, weil er gesetzlich verpflichtet ist, nachzuweisen, dass er Sie hinsichtlich aller möglichen Gefahren an Ihrem Arbeitsplatz richtig aufgeklärt hat, damit Sie ja keine Dummheiten machen.

Ihnen die einzelnen Gesetze in diesem Buch zu erklären, würde den Rahmen sprengen – werfen Sie lieber einen Blick auf die Webseite des Bundesministeriums der Justiz: Hier finden Sie unter `www.bundesrecht.juris.de` alle Regelungen ausführlich und sogar verständlich erklärt (siehe Abbildung 10.1)!

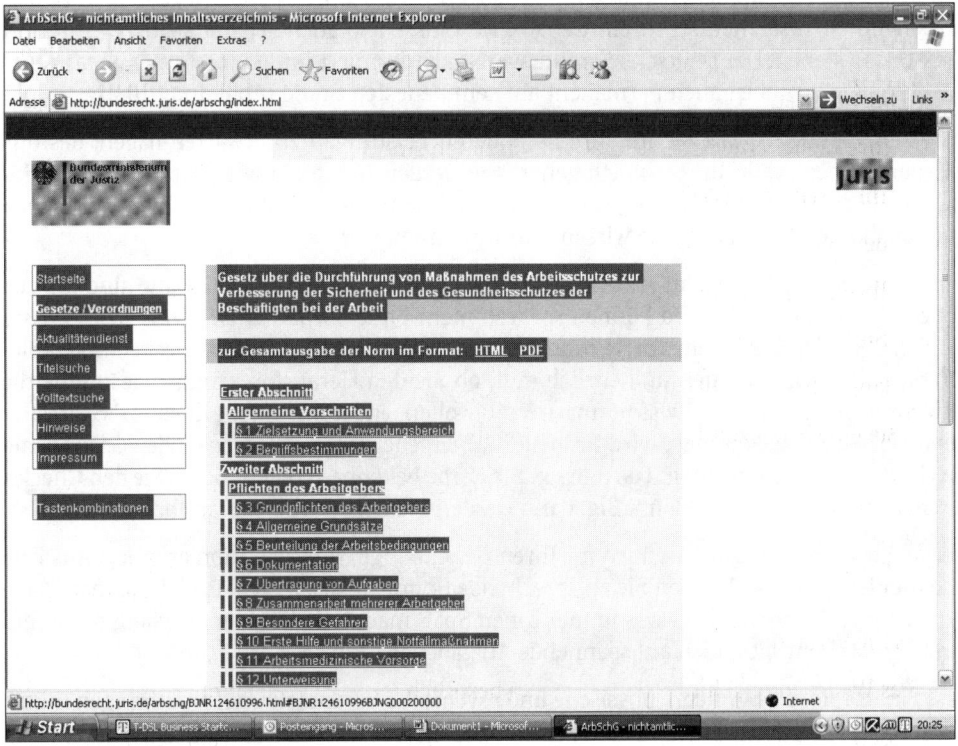

Abbildung 10.1: Hier können Sie sich einen guten Überblick verschaffen.

Sie sind jetzt gut informiert und damit auch gut vorbereitet für Ihr Vorstellungsgespräch! Lassen Sie sich überraschen, wie ausführlich Ihr neuer Chef Ihnen Ihren _Knochenjob_ versüßen will. Ist er ehrlich, beschreibt er Ihnen, welche harten Arbeiten auf Sie zukommen, und erklärt Ihnen schon während des Gesprächs, was getan wird und von Ihnen getan werden muss, damit Ihnen nichts passiert? Klasse! Das ist ein Arbeitgeber, der sich für seine Mitarbeiter interessiert und sich kümmert.

Will Ihr potenzieller Arbeitgeber nicht so richtig damit rausrücken, was Sie alles machen müssen, dann fragen Sie ihn und zwar so lange und so gründlich, bis Sie genau wissen, woran Sie sind! Ob Ihr Gesprächspartner von Ihren vielen Fragen am Ende ein fußballgroßes Loch im Bauch hat, ist völlig egal! Wichtig ist, dass Sie eine genaue Vorstellung von Ihrem neuen Job haben!

 Ihr Arbeitgeber muss Sie auch mit der entsprechenden Schutzkleidung ausrüsten und zwar für Sie kostenlos! Also Schutzbrillen, Schutzhelme, Kittel, Sicherheitsschuhe und und und kriegen Sie von Ihrem Chef – und wenn was kaputt geht, muss es Ihnen ersetzt werden. Ihre Sicherheit geht vor!

Sie arbeiten Schicht? Sonn- und Feiertagsarbeit gehören ebenso zu Ihrem Job wie Nachtarbeit? Okay, dann nutzen Sie vor Ihrem Vorstellungsgespräch doch wieder das Internet und machen sich schlau über die aktuellen gültigen Zuschläge, die Sie für Ihren Job kriegen. Die Zuschläge gibt's nämlich zusätzlich zu Ihrem Gehalt und müssen so auch separat später in Ihrem Arbeitsvertrag stehen. Der Deutsche Familienverband informiert unter `www.familienratgeber.dfv-nrw.de` gut und ist auch permanent auf dem neuesten Stand (Abbildung 10.2).

Je besser Sie wissen, was Sie für Ihre besonderen Leistungen zu erwarten haben, desto gelassener können Sie in Ihr Gespräch gehen. Sie werden sich nicht wie viele andere die Frage stellen: »Hm, ist das auch genug, was der mir für meine Arbeit zahlt, oder zieht er mich am Ende doch über den Tisch?« Sie wissen, was Ihre Arbeit wert ist!

Wollen Sie einen Job, in dem körperliche Fitness ein absolutes Muss ist? Dann sind Sie doch sicherlich ein Sportfreak und können sowieso nicht ohne _körperlichen Stress_ leben! Lassen Sie sich trotzdem vor Ihrem Vorstellungsgespräch von Ihrem Arzt durchchecken und verlangen Sie, dass er Ihnen offen und ehrlich sagt, ob Sie den Herausforderungen gesundheitlich gewachsen sind. Sich hier etwas vormachen zu wollen, endet mit einem Eigentor! Spätestens, wenn Sie den Job bekommen, wird Ihr neuer Arbeitgeber einen entsprechenden Gesundheitscheck von Ihnen verlangen und da müssen Sie Farbe bekennen. Wiederholen Sie den Check zu Ihrer eigenen Sicherheit regelmäßig, dann werden Sie dauerhaft Spaß an Ihrem Job haben.

Was für Ihren Körper gilt, gilt auch für Ihren Geist! Lange Konzentration erfordert Ausdauer. Also trainieren Sie sie! Machen Sie entsprechende Übungen, lösen Sie Rätsel, Rechenaufgaben, lernen Sie Texte auswendig – was immer Ihnen Spaß macht. So können Sie völlig beruhigt in Ihrem Vorstellungsgespräch auf spannende Aufgaben warten!

Dass Sie als Pilot völlig andere physische und psychische Voraussetzungen mitbringen müssen als ein IT-Spezialist, ist Ihnen ja sowieso klar.

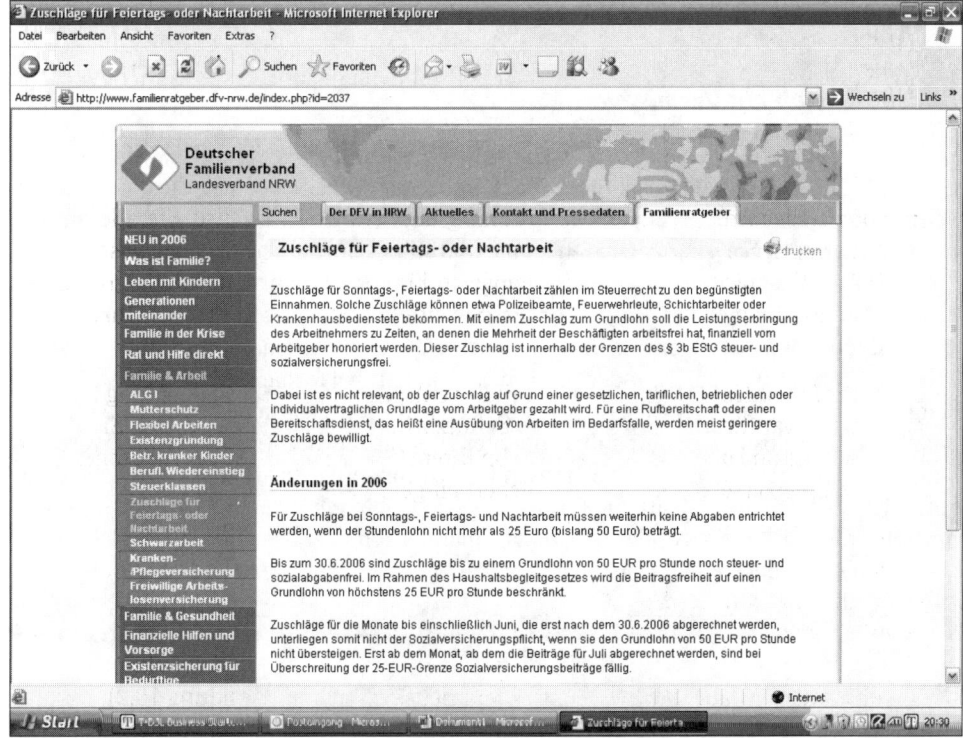

Abbildung 10.2: Sonderleistungen werden auch besonders honoriert.

Was bekommen Sie dafür?

Geld! Was denn sonst? Sie arbeiten schließlich, um Geld zu verdienen, wovon sollten Sie sonst leben? Was Sie erwarten können, das haben Sie ja nun schon in Kapitel 4, *Das wirkungsvolle Anschreiben* ausführlich gelesen. Was wird Ihnen denn nun konkret von Ihrem Arbeitgeber angeboten?

Sagt er Ihnen klipp und klar,

✔ was Ihr Bruttomonatsgehalt ist

✔ was Ihr Bruttojahresgehalt ist

✔ ob Sie eine jährliche Sonderzahlung zu erwarten haben und wie hoch die ist

✔ ob und wie viel Urlaubsgeld Sie bekommen

✔ ob Ihnen ein zusätzliches jährliches Weihnachtsgeld gezahlt wird

✔ ob Sie vermögenswirksame Leistungen bekommen und wie hoch diese sind oder ob es eine betriebliche Altersvorsorge oder Zuschüsse zur Altersvorsorge gibt

✔ ob und welche Zuschläge Sie kriegen

Bilden Sie sich ein Vermögen

Verzichten Sie auf keinen Fall auf **Vermögenswirksame Leistungen (VL)**! Das ist echt geschenktes Geld! Fast alle Arbeitgeber zahlen ihren Mitarbeitern einen Zuschuss zu den Vermögenswirksamen Leistungen. Der maximal mögliche jährliche VL-Beitrag variiert je nach Sparform: Bei Investmentsparen sind es 400 Euro jährlich, bei Bausparen 470 Euro pro Jahr. Wie hoch nun der Zuschuss ist, hängt vom Unternehmen ab. Aber selbst wenn Ihr Arbeitgeber nicht den vollen Beitrag übernimmt, sollten Sie auf alle Fälle den fehlenden Anteil durch Eigenleistungen aus Ihrer Gehaltszahlung aufstocken. Warum? Ganz einfach: Der Staat fördert VL-Sparen, indem er Ihnen eine Sparzulage gewährt – egal ob Ihr Arbeitgeber alles bezahlt oder Sie einen Teil beisteuern! Diese staatliche Sparzulage müssen Sie allerdings selbst jedes Jahr mit Ihrer Steuererklärung beantragen. VL-Sparverträge laufen immer sieben Jahre. Bei Vertragsende wird Ihnen die staatliche Sparzulage dann ausgezahlt. Ob Sie diese staatliche Förderung kriegen, hängt von der Höhe Ihres Jahresbruttogehaltes ab, ob Sie Kinder haben oder nicht, spielt ebenfalls eine Rolle. Neugierig? Dann werfen Sie doch einen Blick in www.finanzpartner.de.

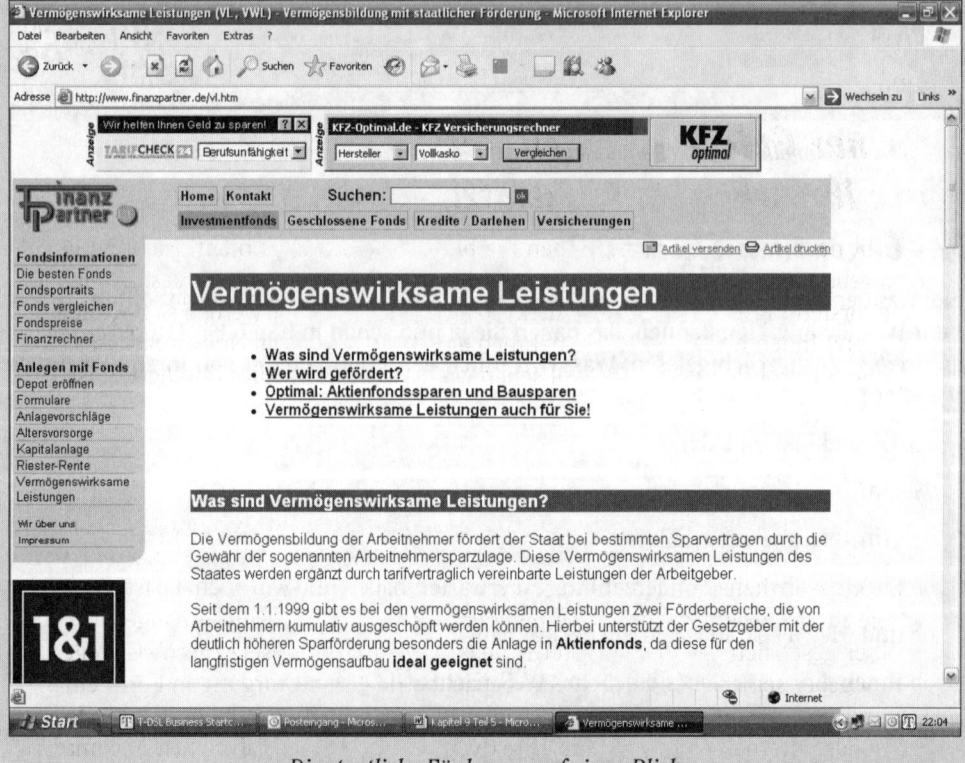

Die staatliche Förderung auf einen Blick

Freiwillig wird er Ihnen mit Sicherheit Ihr Bruttojahresgehalt nennen. Mehr wohl kaum. Haben Sie keine Hemmungen: Fragen Sie nach: »Was genau ist alles in diesem Bruttojahresgehalt enthalten?« Sie wollen doch schließlich so genau wie möglich wissen, *was* Sie verdienen!

Wenn es Ihnen zu wenig ist, dann drucksen Sie nicht rum, sondern sagen, dass es Ihnen zu wenig ist! Was riskieren Sie denn schon? Entweder sagt Ihnen Ihr Gesprächspartner gleich Tschüs und Ihre Bewerbung ist erledigt oder er fragt, was Sie sich vorgestellt haben. Damit haben Sie beide die Chance, Ihr Gehalt so zu verhandeln, dass Sie sogar beide am Ende als Sieger dastehen. Wäre doch genial!

Übrigens sind Sonderzahlungen, Urlaubs- und Weihnachtsgeld wirklich mittlerweile echte Schmankerl! Firmen zahlen diese häufig nur noch, wenn sie durch Tarifverträge daran gebunden sind. Die meisten Firmen zahlen solche extra Bonbons leider nicht mehr. Machen Sie also einen Luftsprung, wenn Sie das Geld von Ihrem neuen Chef geschenkt bekommen!

 Studieren Sie Ihren Arbeitsvertrag also ganz genau: Weihnachtsgeld und Urlaubsgeld können nämlich auch gestrichen werden. Das kann aber nicht passieren, wenn das gleiche Jahresgehalt auf die Monatsgehälter aufgeteilt wird.

Haben Sie noch Fragen zu Ihrem Gehalt? Nein? Mensch, sind Sie genügsam! Vielleicht interessiert es Sie aber, was es zusätzlich zu Ihrem Gehalt noch so alles geben kann? Dann lesen Sie weiter.

Nicht nur Geld hat seinen Reiz: Bietet Ihr Arbeitgeber Zusatzleistungen

Wie, es gibt noch mehr als Gehalt? Sagen Sie bloß, Sie wissen das nicht! Nicht zu glauben! Ihr Arbeitgeber kann Ihnen Ihr Leben ganz schön erleichtern – fragen Sie deshalb unbedingt in Ihrem Vorstellungsgespräch, was er denn so anzubieten hat. Sie werden sich wundern! Allerdings bietet Ihnen nicht jedes Unternehmen das volle Programm. Nutzen Sie auf alle Fälle alles, wovon Sie profitieren können. Mal sehen, was überhaupt so alles im Angebot ist:

Altersvorsorge

Ohne sie geht nichts mehr! Die Altersvorsorge ist in den letzten Jahren immer wichtiger geworden und Sie müssen sich mittlerweile selbst darum kümmern, dass Sie im Alter gut leben können. Die gesetzliche Rente alleine reicht für ein Leben in Saus und Braus nicht mehr aus! Greifen Sie zu, Ihr Arbeitgeber macht Ihnen hier nämlich auf alle Fälle ein Angebot! Warum? Nun, weil er gesetzlich dazu verpflichtet ist: das Betriebsrentengesetz (BetrAvG) regelt, dass jeder Arbeitgeber seinen Mitarbeitern eine betriebliche Altersversorgung in Form einer Entgeltumwandlung ermöglichen muss. Sie zahlen entweder in eine Pensionskasse oder einen Pensionsfonds, alternativ auch in eine Direktversicherung einen jährlichen Maximalbetrag ein. Dieser Maximalbeitrag orientiert sich an der Beitragsbemessungsgrenze zur gesetzlichen

Rentenversicherung. Klingt für Sie alles jetzt ein wenig Spanisch? Macht nichts, zum Glück gibt es das Internet! Das Betriebsrentengesetz ist auf der Webseite des Bundesministeriums der Justiz ausführlich erklärt (Abbildung 10.3).

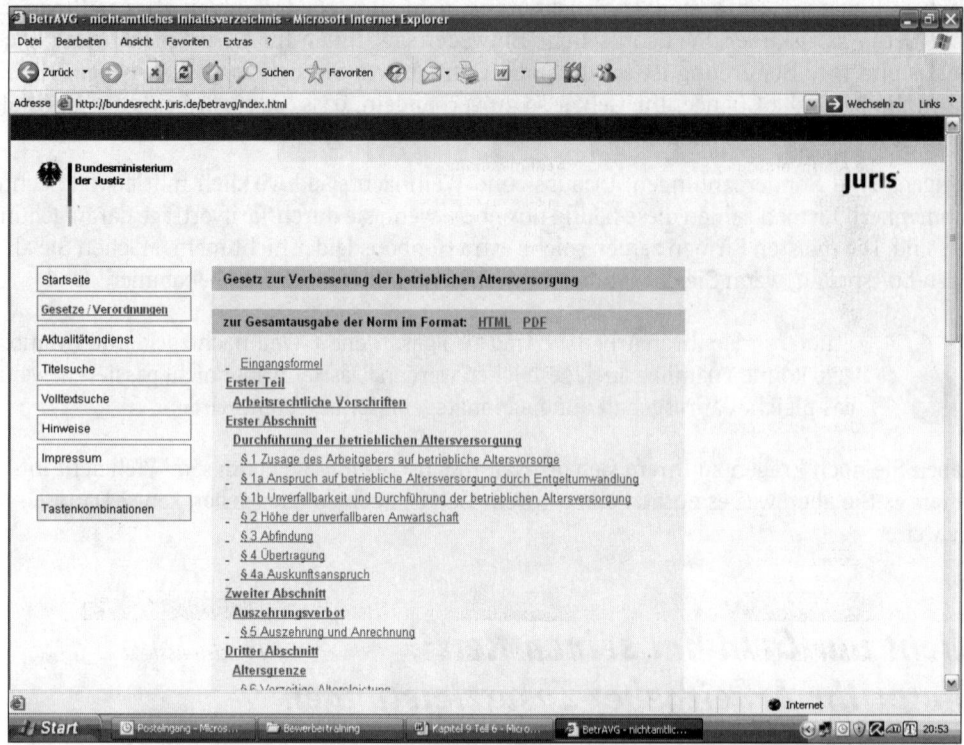

Abbildung 10.3: Ein gutes Nachschlagewerk für die gesetzlichen Regelungen

Ist doch prima! Unter www.bundesrecht.juris.de können Sie alles nachschlagen, was Sie interessiert. Und wieder verblüffen Sie Ihren neuen Chef, wenn Sie ihm erklären, wie gut Sie das Betriebsrentengesetz kennen. Jetzt aber bitte nicht auswendig lernen! Es reicht, wenn Sie verstanden haben, wozu es gut ist.

Wie die betrieblichen Angebote für die Altersvorsorge konkret aussehen können, erfahren Sie zum Beispiel unter www.betriebliche-altersvorsorge24.de (Abbildung 10.4).

Nun sind aber auch die letzten Unklarheiten beseitigt. Wie auch immer Ihre Firma sich entschieden hat, lassen Sie sich dieses Angebot auf keinen Fall entgehen!

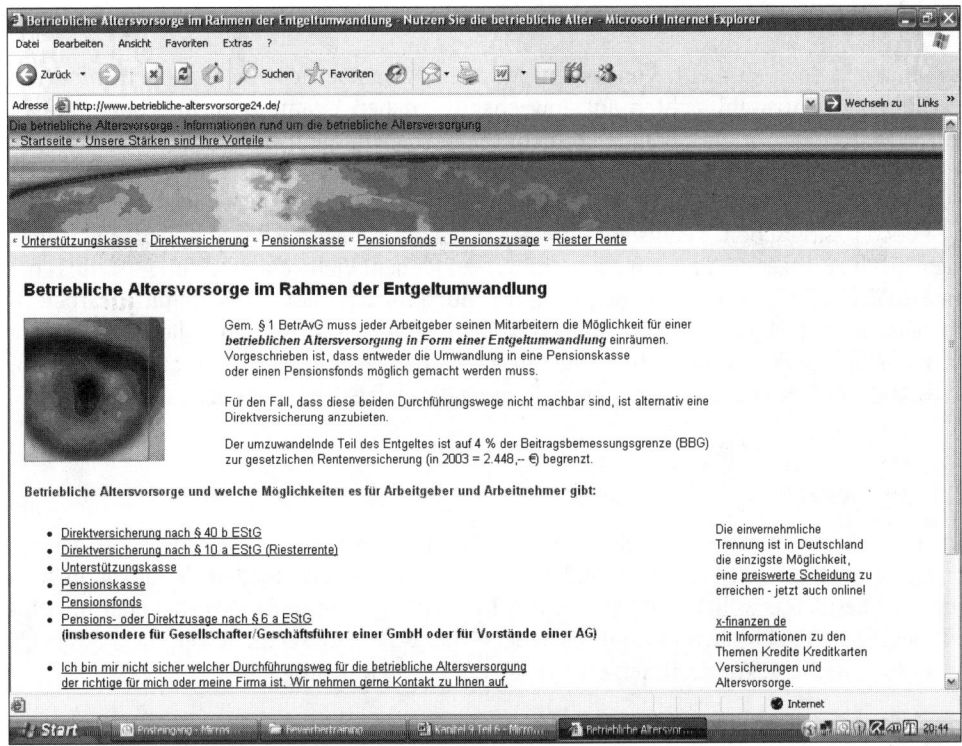

Abbildung 10.4: Ein schönes Beispiel, das Ihnen zeigt, wie die Praxis aussieht

Job-Ticket

Günstiger geht's nicht! Zumindest mit öffentlichen Verkehrsmitteln. Das Job-Ticket ist eine ganz spezielle Jahreskarte für Berufstätige. Firmen schließen mit Verkehrsunternehmen Verträge und zahlen einen Grundbeitrag an die Verkehrsunternehmen, damit ihren Mitarbeitern vergünstigte Fahrtickets zur Verfügung gestellt werden. Das Job-Ticket ist deshalb Ihre persönliche Jahreskarte und nicht übertragbar. Und sie hat noch weitere Vorteile: Sie können zeitweise weitere Personen unter der Woche und ganztägig an Wochenenden und Feiertagen mitnehmen. Wie viele Personen Sie wann begleiten können, erfragen Sie am besten dann bei dem zuständigen Verkehrsunternehmen.

Na, wenn das keine geniale Alternative zu stressigem Autofahren ist! Vor allem bei den Spritpreisen …

Was machen Sie bei so einem Angebot? Zugreifen, aber pronto!

Kasinobetrieb

Das schmeckt doch eh nicht! Von wegen! Moderne Kasinobetriebe bieten Ihnen mindestens zwei Essen zur Auswahl, achten auf Abwechslung, haben Vitamine im Angebot und einen weiteren extremen Vorteil: Sie müssen nicht selbst kochen! Sie haben die Chance, täglich für einen recht geringen Preis ordentlich zu essen. Ihr Arbeitgeber sponsert sein Kasino, so dass Ihnen tatsächlich wesentlich günstigere Essen angeboten werden als in Lokalen. Mal ehrlich: Es ist doch richtig schön, wenigstens einmal am Tag mit Kolleginnen und Kollegen in Ruhe an einem Tisch zu sitzen und für ein paar Minuten zu klönen! Vielleicht gibt's im Anschluss noch einen guten Kaffee und schon haben Sie gute Laune für das bisschen Nachmittagsarbeit. Bei den meisten Betrieben können Sie frei entscheiden, wann Sie essen gehen wollen – gefällt Ihnen der Speiseplan an einem Tag nicht, gehen Sie eben woanders hin. Testen Sie auf alle Fälle auch dieses Angebot Ihres neuen Arbeitgebers! Essen hält schließlich Leib und Seele zusammen.

Umzugskosten

Ein Umzug kostet immer Geld! Aber das wissen Sie ja. Ist doch klasse, wenn Ihr Arbeitgeber Ihnen hier freiwillig Kosten erstattet! Und dazu noch steuerfrei! Sie kriegen also ausnahmsweise brutto für netto, was wollen Sie mehr?! Ob er Ihnen die ganzen Umzugskosten oder nur einen Teil wiedergibt, liegt im Ermessen Ihres neuen Arbeitgebers. Gesetzliche Verpflichtungen gibt es hier für ihn nicht. Was er Ihnen ersetzt, gibt er Ihnen freiwillig.

 Ihre Umzugskosten können Sie nämlich auch in Ihrer Steuererklärung als Werbungskosten geltend machen – natürlich ausgenommen das, was Sie schon vom Chef bekommen haben.

Übrigens wird ein Umzug grundsätzlich als berufsbedingt angesehen, wenn sich Ihre arbeitstägliche Fahrtzeit zwischen Wohnung und Arbeitsplatz um mindestens eine Stunde verringert. Schön, wenn Sie auch hier zusätzliche Unterstützung von Ihrem neuen Arbeitgeber kriegen!

Mietzuschuss

Den gibt's leider nicht mehr oft. Auch hier sind Sie auf die Großzügigkeit Ihres neuen Arbeitgebers angewiesen. Wenn Ihr neuer Job so weit von Ihrem jetzigen Wohnort weg ist, dass Sie gezwungen sind, sich eine Zweitwohnung zu nehmen, dann machen Sie einen Luftsprung, wenn Ihr Chef die kompletten Mietkosten übernimmt! In manchen Jobs ist das so, aber leider nicht in vielen.

 Wenn Sie vom Chef nichts bekommen, können Sie auch diese Kosten in Ihrer Steuererklärung als Aufwendungen für doppelte Haushaltsführung absetzen.

Fragen Sie aber erst Ihren neuen Chef, ob und was er bereit ist zu zahlen. Im Zweifel lohnt sich sogar eher ein Umzug!

Dienstwagenregelung

Was ist Ihr Traumauto? Audi, Mercedes, Jaguar, Ferrari? Werden Sie nicht größenwahnsinnig! Sie können sich »von« schreiben, wenn Sie überhaupt einen Dienstwagen bekommen. In aller Regel hängt das von Ihrer Position ab. Klaro, je weiter oben Sie in der Hierarchie der Firma stehen, desto größer sind die Chancen auf ein echt tolles Spielzeug. Jedes Unternehmen hat hier seine eigenen Spielregeln. Je nach Position steht Ihnen ein kleineres oder größeres Auto zu. Tanken geht auf Kosten der Firma – schließlich nutzen Sie Ihr Dienstfahrzeug ja auch nur für Dienstfahrten. In aller Regel müssen Sie einen gewissen finanziellen Anteil selbst tragen. Damit kann dann zum Beispiel auch Ihre private Nutzung abgesichert sein. Denken Sie bitte daran, dass Sie bei Ihrer Steuererklärung hier zu Angaben verpflichtet sind.

Kriegen Sie keinen Firmenwagen, sondern die Erlaubnis, Ihr eigenes Auto für Dienstfahrten zu nutzen, erstattet Ihnen Ihr Arbeitgeber für die gefahrenen Kilometer eine festgelegte Kilometerpauschale. Immerhin! Besser als gar nichts.

Wenn Sie häufig on tour sein müssen, dann fragen Sie unbedingt in Ihrem Vorstellungsgespräch nach, wie Dienstwagen und Dienstfahrten im Unternehmen geregelt sind. Es gibt garantiert eine schriftlich fixierte *Dienstwagenregelung*. Studieren Sie sie gründlich! Schließlich trifft es Ihren Geldbeutel!

Das hätten Sie gar nicht für möglich gehalten, nicht? Dass es so viele zusätzliche Leistungen gibt! Wenn Sie glauben, das eigentliche Gehaltsangebot sei nicht gerade das Gelbe vom Ei und Sie kriegen aber jede Menge Zusatzleistungen angeboten, dann überlegen Sie gründlich, sehr gründlich, ob sich das Angebot nicht doch für Sie lohnt!

Mann oh Mann, jetzt ist Ihr Gespräch aber ganz schön lang geworden! Bis Ihnen das alles erklärt wurde und Sie es auch verstanden haben – hoffentlich haben Sie konzentriert zugehört und wissen, woran Sie sind!

Gleich dürfen Sie aufatmen: Gesprächsende

Sie schwitzen ganz schön, nicht? Keine Sorge, gleich haben Sie es geschafft: Das Ende Ihres Vorstellungsgespräches ist fast greifbar. Jetzt aber ja nicht überstürzt und fluchtartig davonstürmen! Überlegen Sie nochmals, ob alle Ihre Fragen beantwortet wurden – haben Sie auch nichts vergessen? Gut, dann kann die Verabschiedung beginnen.

In den seltensten Fällen bekommen Sie sofort beim Vorstellungsgespräch eine feste Zusage oder sogar einen Arbeitsvertrag vorgelegt, den Sie nur noch unterschreiben müssen. Das ist Ihr Lottogewinn! Greifen Sie ja zu und überlegen Sie nicht zu lange, schon dreimal nicht, wenn Sie Ihr Gespräch so richtig klasse fanden und sich rundum wohl gefühlt haben. Daheim wartet die Flasche Champagner schon lange darauf, endlich geköpft zu werden!

Machen Sie sich aber auch keinen Kopf, wenn Sie »nur« freundlich verabschiedet werden. Das ist die Regel. Ihr Gesprächspartner bedankt sich für das nette Gespräch mit Ihnen und sagt Ihnen, dass Sie »in wenigen Tagen Bescheid bekommen«. Sie sagen ebenfalls Danke für das ausführliche und informative Gespräch, geben ihm Ihre Hand, so wie Sie es in Kapitel 9

Vorbereitung ist alles gelernt haben, lächeln freundlich und sagen »Auf Wiedersehen«. Langsam umdrehen und aufrecht weggehen. Geschafft!

Jetzt heißt es abwarten! Geistern Ihnen beim Weggehen nochmals die Fragen durch den Kopf, die Ihnen gestellt wurden? Wie gut, dass Sie sich mit Kapitel 11 auf wichtige Fragen vorbereitet haben!

Fragen, auf die Sie vorbereitet sein sollten

In diesem Kapitel

▶ Jetzt kommen sie: Fragen über Fragen

▶ Richtiges Antworten will geübt sein

▶ Keine Angst vor »persönlichen« Fragen

*I*hr Vorstellungsgespräch ist schon mächtig anstrengend! Jede Menge Fragen prasseln auf Sie ein, schließlich will Ihr neuer Chef ganz genau wissen, wen er da vor sich hat. Es können alle möglichen Fragen sein. Manche beantworten Sie wie aus der Pistole geschossen, andere erschrecken und hemmen Sie erst mal. Wenn so eine »Schockfrage« kommt, gibt's ein geniales Mittel, mit dem Sie sich die nötige Überlegenszeit verschaffen können: Wiederholen Sie die Frage!

»Es interessiert Sie, was ich in meiner Freizeit mache? Also ..«

»Sie fragen mich, warum ich seit vielen Jahren in ein und demselben Unternehmen arbeite. Nun ...«

»Habe ich Sie richtig verstanden, dass Sie wissen möchten, warum, wieso, weshalb ...«

Merken Sie etwas? Es sind nur wenige Sekunden, die Sie brauchen, um die Frage zu wiederholen, aber es sind *entscheidende* Sekunden! Ihr Gehirn arbeitet auf Hochtouren und während Sie reden, versucht es eine Antwort zu finden. Und zwar eine gute! Und das gelingt auch! Probieren Sie es aus!

Zum Glück gibt's tatsächlich echte »Standardfragen« und auf die bereitet Sie dieses Kapitel optimal vor. Lesen Sie weiter.

Was wissen Sie über unser Unternehmen?

Alles! Oder etwa nicht? Sie haben sich doch schlau gemacht, über Internet, eventuell die Presse oder wenn's da wirklich nichts gegeben hat, über die zuständige Industrie- und Handelskammer. Glänzen Sie mit Ihrem Wissen! Erzählen Sie über die Geschichte des Unternehmens, den Aufbau, die Mitarbeiter, usw. Eben alles, was Ihnen das Internet verraten hat. Ihr Gesprächspartner wird aus dem Staunen nicht mehr herauskommen! Bingo, Sie haben 100 Punkte!

Wenn Sie tatsächlich überhaupt keine Infos kriegen konnten, dann sagen Sie das auch! Erzählen Sie, dass Sie Nachforschungen via Internet und die IHK angestellt haben, aber leider nichts erfahren haben. Ihr Gesprächspartner wird zugeben müssen, dass es noch keine Homepage gibt. Was Besseres kann Ihnen nicht passieren! Jetzt ist er am Zuge und muss Ihnen alles über sein Unternehmen erzählen. Lehnen Sie sich entspannt zurück und hören Sie konzentriert zu.

Warum haben Sie sich gerade bei uns beworben?

Ganz einfach: Sie sind das größte, schönste und beste Unternehmen, das es gibt! Oh bitte nicht! Haben Sie nicht gerade vor wenigen Minuten Ihren Lebenslauf geschildert? Da ist doch glasklar geworden, dass Ihre Ausbildung und Ihre Entwicklung nur ein Ziel haben: die Mitarbeit in diesem Unternehmen! Sie wollen schließlich dazu beitragen, dass Unternehmensziele mit Ihrem Know-how erreicht werden können! Dafür haben Sie die letzten Jahre permanent gelernt und gearbeitet. Und nun nutzen Sie die Chance, dass gerade *Ihr Job* angeboten wird. Mal ehrlich, wer kann da schon »nein« sagen?

Wieso glauben Sie, für die Stelle geeignet zu sein?

Wie? Müssen Sie jetzt noch einmal Ihren Lebenslauf zitieren? Kann doch gar nicht sein! Hat Ihr Gesprächspartner nicht zugehört? Genau für diese Stelle haben Sie eine Ausbildung gemacht, haben Sie sich weitergebildet, studiert und und und! Ihr neuer Arbeitgeber hat wohl doch nicht richtig zugehört, als Sie Ihren Lebenslauf geschildert haben. Bleiben Sie cool, wiederholen Sie noch einmal, was Sie alles gelernt haben und warum. Sagen Sie ihm noch einmal, dass Sie eine Stütze für seine Firma sind, dass Sie über ein Know-how verfügen, mit dem die Firmenziele noch leichter und schneller erreicht werden können!

Zeigen Sie deutlich, dass Sie erkannt haben, dass nicht Ihre Wünsche das Maß der Dinge sind, sondern die Ziele der Firma! Ihr Punktekonto steigt und steigt …

Warum wollen Sie sich verändern?

»Neue Besen kehren gut!« Sie verfügen über eine Ausbildung und ein Wissen, das neuen Wind in die Firma bringen kann. Sie möchten Ihr Wissen einbringen. In der alten Firma ist das nicht möglich, da sehen Sie keine Weiterkomm-Möglichkeiten, geschweige denn Aufstiegsmöglichkeiten für sich selbst. Vor allen Dingen haben Sie keine Lust, *betriebsblind* zu werden. Für Sie ist es wichtig, Neues kennen zu lernen, um Entwicklungen vorantreiben zu können, natürlich auch die eigene. Bei solchen Aussagen kann Ihnen keiner widerstehen!

 Denken Sie daran: Verlieren Sie bloß kein schlechtes Wort über Ihre alte Firma! Das hat hier überhaupt nichts zu suchen. Ihr Gesprächspartner ist an Ihnen interessiert und nicht an den Dingen, die aus Ihrer Sicht in der alten Firma schlecht gelaufen sind.

Was tun Sie als Erstes, wenn wir Sie einstellen?

Na was wohl? Logisch: Sie stürzen sich förmlich in die neue Aufgabe! Sie brennen darauf, Ihren neuen Job machen zu dürfen! Und Sie wollen ihn richtig gut machen. Während Sie in Ihren neuen Job hineinwachsen, freuen Sie sich, wenn Sie auch für Ihre Ideen auf offene Ohren stoßen und ein reger Wissensaustausch mit den anderen willkommen ist.

Alle Achtung! Sie zeigen schon wieder, dass die Firma und die Firmeninteressen für Sie im Vordergrund stehen und Ihre eigenen Interessen zweitrangig sind! Mehr kann sich ein neuer Chef gar nicht wünschen. Weiter so!

Wollen Sie Karriere machen?

Logisch! Sie haben eine tolle Ausbildung gemacht, tun alles, um diesen Job zu kriegen, haben sich extra bei diesem Unternehmen beworben, weil Sie der beste Kandidat für diesen Job sind – da stellt sich die Frage doch im Grunde gar nicht, oder? Natürlich wollen Sie nicht innerhalb von Monaten die Karriereleiter erklimmen. Sie möchten erst mal diesen Job, für den Sie sich gerade vorstellen, optimal beherrschen. Wenn das der Fall ist, wird man sehen, wie Sie sich weiterentwickeln können, ob sich Fähigkeiten und Neigungen zeigen, von denen Sie heute noch nichts wissen können, weil Sie erst noch im neuen Job herausgefordert werden müssen. Karriere ja, aber nicht Knall auf Fall.

 Machen Sie auf keinen Fall den Fehler und erzählen Sie Ihrem Gesprächspartner, wie gut Sie seinen Job machen können! Er wird sich lächelnd in seinem Stuhl zurücklegen, Sie reden und reden lassen und dann auf Nimmerwiedersehen nach Hause schicken. Wer gibt schon einem anderen einen Job, wenn er weiß, dass dieser gleich an seinem Stuhlbein sägt! No chance.

Was wollen Sie in drei Jahren erreicht haben?

Noch mal ein Check Ihrer Strebsamkeit, Motivation und Ihres Karrierebewusstseins! Lassen Sie sich nicht festnageln! Bleiben Sie so charmant wie bei der Karrierefrage und erklären Sie erneut, dass Sie gemeinsam mit Ihrem Gesprächspartner sehen, wie Sie sich in den nächsten drei Jahren entwickeln, vor allem auch, wie sich das Unternehmen entwickelt! Klasse wäre eine Führungsposition! Ob in dem Bereich, für den Sie jetzt eingestellt werden, oder in einem anderen, wird man abwarten müssen. Vielleicht möchten Sie auf Ihrem jetzigen Gebiet in drei Jahren ein echter Fachmann sein, Spezialwissen haben und als Spezialist gefragt sein? Denken Sie nicht immer nur an vertikale Aufstiegsmöglichkeiten, die horizontalen haben ebenso ihren Reiz!

… und lassen Sie auch bei dieser Antwort Ihre Finger vom Chefsessel Ihres Gesprächspartners!

Was tun Sie, wenn es Ärger mit dem Chef gibt?

Ihn anbrüllen, schließlich sind Sie im Recht, oder etwa nicht? Natürlich nicht! Sie haben gute Nerven, sind stressresistent und konfliktfähig! Beweisen Sie es! Erklären Sie Ihrem Gesprächspartner, dass Sie als Erstes den Grund für den Ärger erfahren wollen. Sie hören sich die Begründung an, hinterfragen, wie die Vorwürfe zustande gekommen sind, und lassen den anderen reden, bis er fertig ist. Holen Sie tief Luft und fragen Sie »Habe ich Sie richtig verstanden, dass der ganze Ärger entstanden ist, weil ...?« Ihr Gegenüber ist noch einmal an der Reihe, hat sich vielleicht von seiner ersten Aufregung erholt und ist erfreut, dass Sie offensichtlich genau zugehört haben. Weiter so! Auch wenn es Ihnen schwerfällt, sagen Sie, dass es Ihnen leid tut, dass Sie diese Wahrnehmung nicht hatten und auch nicht beabsichtigt hatten. Fragen Sie Ihren Chef, ob er einen konkreten Lösungsvorschlag hat. Falls ja, nehmen Sie ihn auf und denken Sie über seinen Vorschlag nach. Wenn Sie nicht gleich reagieren können oder wollen, bitten Sie um Nachdenkzeit und ein weiteres Gespräch. Haben Sie auch einen Vorschlag zu machen? Dann tun Sie es. Bitten Sie Ihren Chef, gemeinsam mit Ihnen darüber nachzudenken, was wohl der beste Lösungsweg ist. Mensch, sind Sie klasse! Statt zu streiten, führen Sie ein tatsächliches Konfliktgespräch, das nur ein Ziel hat: den Ärger mit der optimalen Lösung aus dem Weg zu räumen und zwar so, dass es keinen Ärger mehr gibt! Mehr kann sich ein Chef von seinem Mitarbeiter nicht wünschen.

Natürlich findet eine solche Diskussion nicht vor den anderen Kollegen statt. Das Büro Ihres Chefs akzeptieren Sie schon, auch wenn er damit seine hierarchische Überlegenheit demonstriert – viel lieber wäre Ihnen ein Besprechungszimmer, in dem Sie beide sich an einen runden Tisch setzen und in Ruhe ungestört reden können.

Ihre 100-Siegespunkte rücken immer näher!

Überstunden sind doch kein Thema, oder?

Und jetzt? Sie wollten doch unbedingt den Nine-to-five-Job! Überstunden, arbeiten von früh morgens bis in die Nacht hinein? Wissen Sie denn wirklich ganz genau, was Ihr Gesprächspartner unter Überstunden versteht? Nein?! Wie wäre es dann mit einer taktischen Frage: »Wenn viel Arbeit anfällt, bleibe ich gerne auch mal länger. Wie handhaben Sie das Thema Überstunden denn in Ihrer Firma?« Jetzt muss Ihr Gesprächspartner Rede und Antwort stehen. Sagt er, dass nur ab und an mal Überstunden anfallen und er in solchen Ausnahmesituationen erwartet, dass seine Mitarbeiter ihre Privatinteressen zurückstellen, oder sind Überstunden an der Tagesordnung? Wie werden die Überstunden ausgeglichen, in bar oder mit Freizeit? Wenn Überstunden an der Tagesordnung sind und ein Betriebsrat in dem Unternehmen vorhanden ist, dann müssen diese Überstunden offiziell als »Mehrarbeit« und vom Betriebsrat genehmigt werden. Für solche genehmigten Überstunden werden Ihnen tarifliche oder branchenübliche Zuschläge gezahlt. Auch hierauf achtet der Betriebsrat.

Nimmt Ihr potenzieller Arbeitgeber das Thema Überstunden und deren Vergütung in Ihren Vertrag auf? Prima, lassen Sie sich das ja nicht entgehen. Sie haben nämlich als Arbeitnehmer tatsächlich die Pflicht, Überstunden zu leisten. Aber nur, wenn diese im Interesse des Betriebes dringend erforderlich sind. Es darf niemand von Ihnen verlangen, dass Sie Ihre Gesundheit gefährden. In solchen Fällen dürfen Sie jede Überstunde verweigern.

Wie gut, dass Sie so clever nachgefragt haben! Jetzt wissen Sie, was Ihr neuer Chef hier von Ihnen erwartet.

Stärken hat jeder, aber haben Sie auch Schwächen?

Na logisch! Und zwar ganz schön viele! Alkohol, Spielcasinos, Schuhe kaufen und und und. Lassen Sie diesen Seelenstriptease ja sein! Treten Sie jetzt auch auf keinen Fall Ihre beruflichen Defizite breit! Diese Frage ist doch einfach genial und dazu gemacht, dass Sie Ihre kleinen Schwächen so richtig positiv verkaufen können.

Sie arbeiten gerne und hassen es, einen leeren Schreibtisch zu haben? Däumchen drehen müssen finden Sie grauenhaft? Bingo, dann sagen Sie das auch:

> *»Schwächen, hm, ja, habe ich schon. Ich finde, meine größte Schwäche ist, dass ich nicht ohne Arbeit sein kann. Wenn ich nichts zu tun habe, dann werde ich wahnsinnig.«*

Welcher Chef kann dieser Schwäche schon widerstehen?

Unpünktlichkeit können Sie nicht leiden? Prima Schwäche:

> *»Eine meiner Schwächen ist Pünktlichkeit! Ich finde es schrecklich, wenn andere sich verspäten. Ich achte auch immer darauf, dass ich pünktlich zu einem Termin komme und von anderen wünsche ich mir das halt auch.«*

Sie reden schnell und viel? Kleine Schwäche, die Sie schon ganz gut im Griff haben:

> *»Meine Schwäche ist, dass ich gerne mal ohne Punkt und Komma rede. Vor allem, wenn ich von etwas so richtig begeistert bin! Wenn ich dann merke, dass ich zu viel rede, habe ich aber auch überhaupt kein Problem damit, mich zurückzunehmen. Diese kleine Schwäche lerne ich noch in den Griff zu kriegen.«*

Was fällt Ihnen denn noch so alles ein?

✔ Ihre Ungeduld. Es nervt Sie, wenn andere ewig brauchen, um die Dinge auf den Punkt zu bringen.

✔ Ihr Ehrgeiz. Weil andere leicht den Eindruck bekommen, Sie würden für Ihren Erfolg über Leichen gehen. Dabei stimmt das gar nicht. Sie haben eben nur einen höheren Anspruch an sich selbst.

✔ Es immer allen recht machen zu wollen. Das geht nämlich einfach nicht. Und Sie müssen schließlich zusehen, dass Sie selbst nicht am Ende auf der Strecke bleiben.

✔ Aufgaben oder Probleme immer erst von allen negativen Seiten zu beleuchten. Sie gehen halt nach dem Ausschlussverfahren vor. Erst wenn Sie sicher sind, dass nichts mehr schiefgehen kann, sind Sie auch sicher, die optimale Lösung gefunden zu haben.

✔ Ihre Gelassenheit. Weil andere diese auch gerne als totales Desinteresse interpretieren. Dabei gehen Sie die Dinge nur mit einer guten Portion Ruhe an.

✔ Sie lieben das Chaos! Zu viel Ordnung hemmt nun mal Ihre Kreativität. Sie brauchen wenigstens ein Minimum an Chaos, um lösungsorientiert arbeiten zu können.

✔ Sie diskutieren gerne! Ihnen macht es Spaß, intensiv Probleme zu wälzen, auch wenn andere gerne ratzfatz eine Lösung haben wollen und keine Lust auf Diskussionen haben.

Alle Achtung! Sie entwickeln ja einen echten Schwächekatalog. Bevor Sie aber nun eine Schwäche nach der anderen in Ihrem Bewerbungsgespräch aufzählen, überlegen Sie in aller Ruhe vor Ihrem Gespräch, welche Ihrer Schwächen Sie am einfachsten positiv verkaufen können und wollen. Sie selbst kennen sich und Ihre Schwächen am besten. Spätestens seit Sie in Kapitel 2 Ihr Persönlichkeitsprofil erarbeitet haben. Nur Mut! So kleine Schwächen machen Sie richtig liebenswert.

In Kapitel 2 *Erstellen Sie Ihr Persönlichkeitsprofil!* haben Sie doch auch Ihre Stärken intensiv kennen gelernt. Wollen Sie nicht wenigstens eine erwähnen? Die Frage Ihres Gesprächspartners beinhaltet doch beide Seiten: *Stärken* hat jeder, aber haben Sie auch *Schwächen*? Warum sagen Sie nicht einfach:

> *»Sie haben in Ihrer Frage neben den Schwächen auch die Stärken angesprochen. Nun, eine meiner besonderen Stärken ist meine Belastbarkeit. Sie können mich mit noch so viel Arbeit zuschütten, ich verliere nicht meine Ruhe. Ich schaffe es immer wieder, klare Prioritäten zu setzen und so meine Arbeit termingerecht und ordentlich zu erledigen.«*

Sie sind ganz schön clever! So haben Sie dieser Frage endgültig einen positiven Touch gegeben und das beeindruckt auch Ihren Gesprächspartner. Weiter so.

 Achten Sie darauf, dass Sie Ihre Stärken so wie in dem Beispiel untermauern. Phrasen sind hier absolut nicht gefragt!

Was können Sie so gar nicht leiden?

Tratschende Kollegen, nervende Chefs, chaotisches Arbeiten … Lassen Sie sich nicht aufs Glatteis führen! Nehmen Sie die Frage so wie sie ist: völlig unverfänglich, und weichen Sie auf eben solche unverfängliche Themen aus: schlechtes Wetter, zu heiße Sommer, Schnakenplagen, Abgasgestank, Müllberge und so weiter. Lassen Sie sich überraschen, wie so ein allgemeines Thema plötzlich frischen Wind in Ihr Vorstellungsgespräch bringt. Warum? Nun, ganz einfach: Sie haben sich von der geschäftlichen Ebene ganz plötzlich auf eine private begeben. Sie verraten schließlich, was Sie persönlich verabscheuen. Vielleicht erzählt Ihnen Ihr Gesprächspartner gleich aus Sympathie so manches, das er gar nicht leiden kann. Endlich können Sie ein wenig Luft holen und auf die nächste Frage warten.

Haben Sie irgendwelche Behinderungen?

Hier müssen Sie Rede und Antwort stehen, wenn Sie tatsächlich im Sinne des Schwerbehindertengesetzes Behinderungen haben. Sie sind rechtlich dazu verpflichtet, weil Sie als Arbeitnehmer einem besonderen Schutz unterliegen. Dieser gesetzliche Schutz wird auch in Ihren Arbeitsvertrag aufgenommen. Informieren Sie sich bei Bedarf unter www.schwerbehindertengesetz.de (siehe Abbildung 11.1).

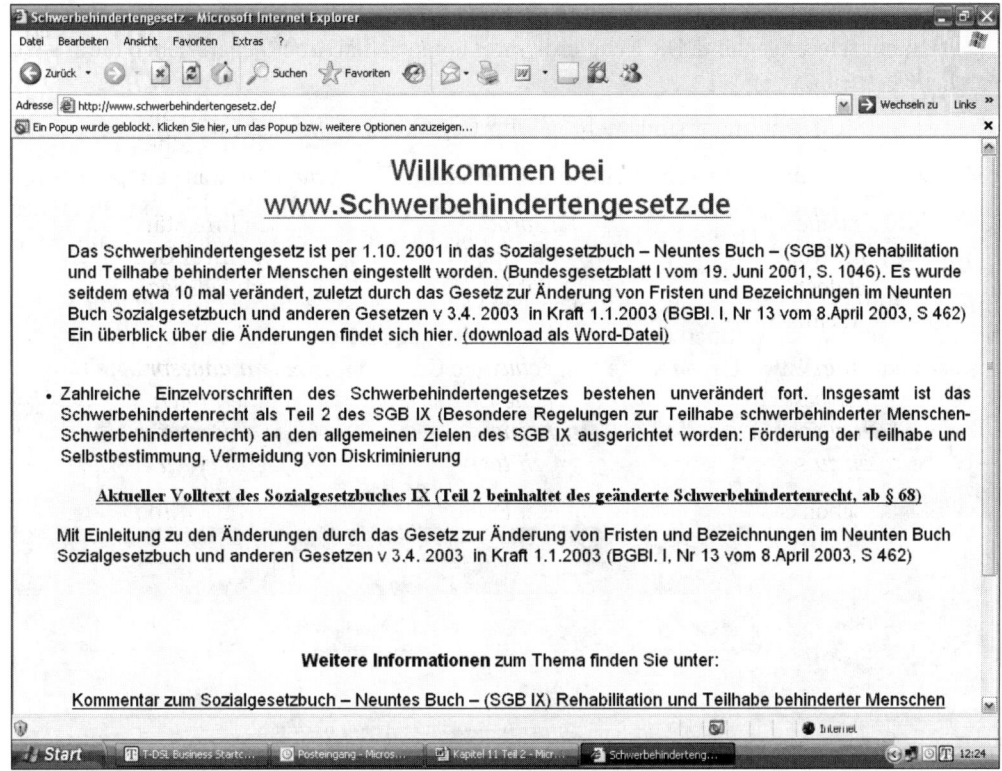

Abbildung 11.1: Hier erfahren Sie alles, was für Sie wichtig ist.

Sind Sie schwanger?

Eine absolut unzulässige Frage! Wenn Sie in Ihrem neuen Job mit Gefahrenstoffen arbeiten, dann sollten Sie hier wahrheitsgemäß antworten. Schließlich wollen Sie weder Ihre Gesundheit noch die Ihres Kindes gefährden. Als Schwangere genießen Sie einen besonderen Schutz. Einen Überblick über Ihre Rechte gibt Ihnen das Mutterschutzgesetz. Auf der Homepage von www.umwelt-online.de finden Sie in der Rubrik »Recht« eine schöne Zusammenfassung (siehe Abbildung 11.2).

Ansonsten brauchen Sie diese Frage nicht zu beantworten! Oder doch? Sie darf zwar eigentlich nicht wirklich gestellt werden, aber nun steht sie doch im Raum. Was wollen Sie jetzt tun?

Sie können sagen,

✔ dass Sie diese Frage nicht beantworten, weil es eine unzulässige Frage ist. Okay, Ihr Gesprächspartner kann sich damit zufrieden geben oder auch nicht – seine Reaktion auf diese Antwort ist schwer einzuschätzen.

✔ dass Sie wissen, dass Sie diese Frage nicht zu beantworten brauchen, es aber doch tun, da Sie nicht schwanger sind. Die Neugierde Ihres potenziellen Arbeitgebers haben Sie auf alle Fälle befriedigt.

✔ dass Sie nicht schwanger sind. Mehr will Ihr Gegenüber ja gar nicht wissen.

Geben Sie ruhig zu: Das ist schon eine blöde Situation! Da werden Sie was gefragt, was Sie nicht zu beantworten brauchen, und wenn Sie es nicht tun, entsteht vielleicht ein komisches Geschmäckle. Eine heikle Sache. Haben Sie sich bis jetzt in Ihrem Gespräch so richtig wohl gefühlt? Ist Ihnen Ihr Gesprächspartner sympathisch oder eher nicht? Entscheiden Sie aus Ihrem Gefühl heraus, welche Antwort Sie geben wollen. Selbst wenn Sie hier nicht die Wahrheit sagen sollten, kann Ihnen nichts passieren! Die Frage ist alles andere als arbeitsbezogen, insofern hat Ihre Antwort auch keine Folgen für die Gültigkeit Ihres Arbeitsvertrages.

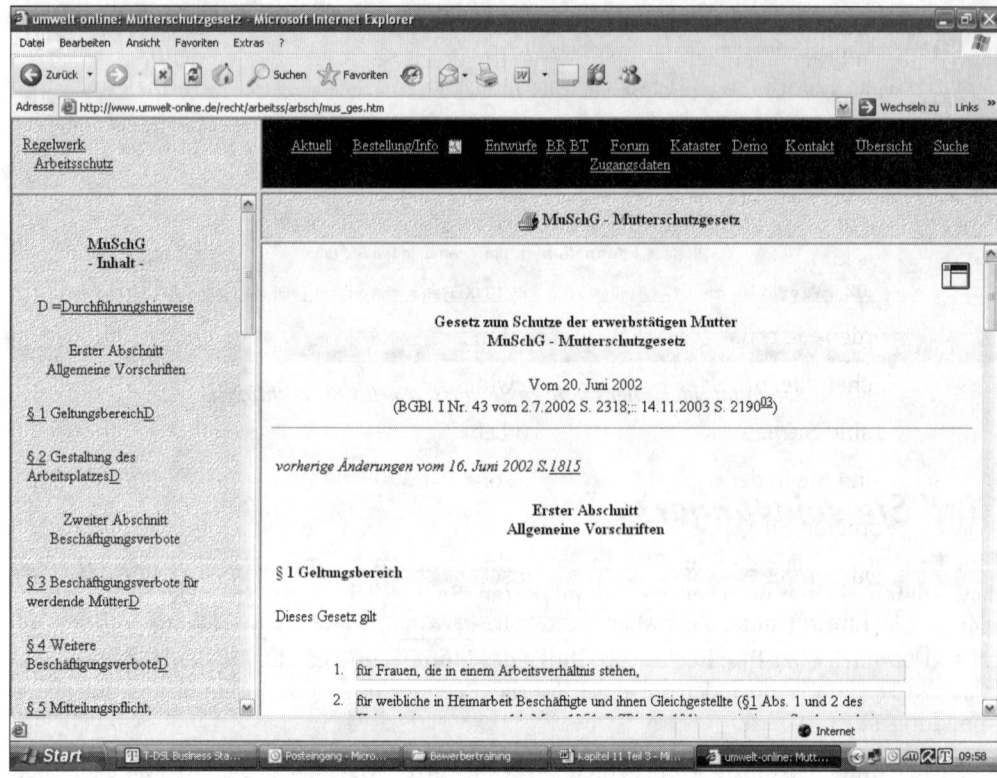

Abbildung 11.2: Eine gute Orientierungshilfe für alle werdenden Mütter

Wie steht's mit Ihrem politischen Engagement?

Sie bewerben sich gerade auf einen Job in einer politischen Organisation? Dann müssen Sie antworten. Schließlich will sich Ihr neuer Boss keinen Spion in sein Unternehmen holen!

Ansonsten brauchen Sie auch diese Frage nicht zu beantworten. Es ist dasselbe Spiel wie mit der Schwangerschaft! Nur dass da ausschließlich Frauen und bei der Politik alle betroffen sein können. Sie wollen aber in der Politik ganz groß rauskommen? Sie sind für die nächste Wahlperiode als Spitzenkandidat Ihrer Partei geplant? Warum sagen Sie das denn nicht, darauf können Sie doch stolz sein! Ihr potenzieller Arbeitgeber ist vielleicht auch stolz. Er kann höchstens Bedenken äußern, dass er ein bisschen Magen grummeln hat, ob Sie denn Ihrer Arbeit in der Firma auch gewachsen sein können. Überzeugen Sie ihn, dass Sie beides unter einen Hut bringen.

Wie auch immer Sie antworten, es darf Ihnen hieraus kein Nachteil entstehen, denn diese Frage ist nicht arbeitsbezogen, sondern betrifft Ihre Freizeit! Und was haben Sie gerade über solche Fragen gelernt? Richtig, eine nicht wahrheitsgemäße Antwort hat keine Folgen für die Gültigkeit Ihres Arbeitsvertrages.

Erleichtert? Das ist gut. Sie wissen jetzt, was auf Sie zukommen kann, haben sich schon mit vielen wichtigen Fragen beschäftigt und können Ihr Vorstellungsgespräch so richtig genießen!

Es gibt auch noch andere Fragen ...

So manch ein potenzieller neuer Arbeitgeber ist neugierig, ob es für Sie auch ein Leben außerhalb des Jobs gibt. Klar ist dem so. Die Frage ist nur, was er da genau von Ihnen wissen will. Das kann ganz unterschiedlich sein:

✔ Was würden Sie tun, wenn Sie nicht arbeiten müssten?

✔ Was machen Sie, um neue Freunde zu gewinnen?

✔ Worauf sind Sie besonders stolz in Ihrem Leben?

✔ Wofür sind Sie in der letzten Zeit ganz besonders gelobt worden?

✔ Wie definieren Sie »Glück«?

✔ Wofür würden Sie sich bedingungslos einsetzen?

✔ Welche Entscheidung in Ihrem Leben ist Ihnen besonders schwer gefallen?

✔ Welches Ihrer Ziele haben Sie nicht erreicht? Warum nicht?

✔ Würden Sie sich als Pragmatiker oder als Perfektionist bezeichnen? ...und warum?

✔ Wie wichtig ist Ihnen eine gute Qualität bei alltäglichen Gebrauchsmitteln?

✔ Planen Sie Ihren Tag/Ihre Woche/Ihr Jahr? Oder leben Sie in den Tag hinein und warten, was er bringt?

✔ Welche Rolle spielt »Zeit« in Ihrem Leben?

✔ Wie definieren Sie »Fairness«?

✔ In welchen Situationen werden Sie misstrauisch?

✔ Was bedeutet »Freiheit« für Sie?

✔ Was war die bislang peinlichste Situation in Ihrem Leben?

✔ Wenn Sie ein Tier sein dürften, was wären Sie am liebsten?

Und und und.

Was antworten Sie jetzt? Hier gibt es kein »Patentrezept«. Sie sind ein Individuum wie jeder andere auch, Ihr Leben ist geprägt von Erfahrungen, die Sie ganz alleine gesammelt haben, und es ist definitiv Ihr Leben, nach dem gefragt wird. Ihr Gesprächspartner will hier auf keinen Fall irgendwelche Floskeln hören und schon gar keine abgedroschenen Phrasen. Wie wäre es also mit der Wahrheit? Der schlichten Wahrheit, was Sie in Ihrem Leben jetzt bewegt und in der Vergangenheit bewegt hat. Einschneidende Erlebnisse, außergewöhnliche Erfahrungen, Wünsche, wie auch immer. Sie finden, das klingt jetzt doch ein wenig zu simpel? Das meinen Sie doch nicht im Ernst, oder? Sie wissen ganz genau, worauf es ankommt: dass Sie authentisch bleiben! Auch bei solch persönlichen Fragen. Und wie bleiben Sie authentisch? Aha, ganz richtig: indem Sie auch hier Ihrem Gegenüber nichts vorheucheln, sondern über Ihre tatsächlichen Gefühle und Sehnsüchte reden. Also doch mit der Wahrheit! Probieren Sie's aus!

Reflexion des Vorstellungsgespräches

In diesem Kapitel

▶ Oh what a feeling

▶ Alle Klarheiten beseitigt

▶ Wie gut Sie »rüber«gekommen sind

*V*orstellungsgespräch ist nicht gleich Vorstellungsgespräch. Das haben Sie schon gemerkt. Der Aufbau an sich ist immer ähnlich, aber die Atmosphäre macht's! Und die hängt nun mal von den Gesprächspartnern ab. Wie sympathisch sind sie sich, ist sofort die gleiche Wellenlänge da oder fühlen Sie sich wie in einem Iglu – so viel Kälte und Arroganz bringt Ihnen der andere entgegen? Egal ob Sie mit eingezogenem Kopf fluchtartig davongehechtet sind oder hocherhobenen Hauptes stolz das Unternehmen verlassen haben: Reflektieren Sie jedes Vorstellungsgespräch im Anschluss in aller Ruhe! So lernen Sie einmal mehr sich selbst einzuschätzen und können sich immer besser auf weitere Gespräche vorbereiten.

Gefühlschaos ja oder nein: Wie haben Sie das Gespräch empfunden?

Bombastisch! Rundum klasse! Sie haben sich von der ersten Sekunde an richtig wohl gefühlt, ein Wort gab das andere, es wurde mächtig viel gelacht und Sie hätten noch stundenlang bleiben und mit Ihrem neuen potenziellen Chef plaudern wollen. Genial! Das war *Ihr* Vorstellungsgespräch! Sie sind jetzt mit sich und der Welt zufrieden.

Oder etwa nicht? Haben Sie den Eindruck, Ihr Gespräch war eine einzige Katastrophe? Sie kamen sich wie auf dem Präsentierteller vor, die vielen Fragen, ausreden durften Sie auch nicht und Ihr Gesprächspartner hat Sie wie ein kleines dummes Kind behandelt? Ätzend! Sie fühlen sich jetzt sicherlich so richtig down und auch ein bisschen zornig. Warum denn? Was genau ist schiefgelaufen?

✔ War der Einstieg schon nicht gelungen und Sie konnten mit Ihrem Gesprächspartner nicht wirklich *warm* werden? Es lag wohl daran, dass Sie sich von der ersten Sekunde an total unwohl gefühlt haben und Ihr Gesprächspartner war Ihnen so richtig unsympathisch. Oder hat er sich echt bemüht, versucht, mit lockeren Sprüchen eine ebenso lockere Atmosphäre hinzukriegen, kam aber irgendwie nicht bei Ihnen an? Haken dran! Wenn die Chemie nicht stimmt, kann auch kein gescheites Gespräch zustande kommen.

✔ Hatten Sie einen schlechten Tag oder hat der andere Sie nur mit seiner Art auf dem linken Fuß erwischt? Sie sind also mit dem linken Fuß aufgestanden? Was wundert Sie da noch? Es ist schlichtweg nicht Ihr Tag gewesen. Entweder holen Sie das nächste Mal tief Luft und sagen sich, dass es trotzdem ein guter Tag wird, oder Sie ziehen gleich die Konsequenz: Sehen Sie zu, dass Ihr Vorstellungsgespräch noch mal verschoben wird. Vielleicht ist der andere Tag dann der richtige!

✔ Fanden Sie die Fragen zu Ihren Unterlagen merkwürdig und wussten teilweise gar nicht so recht, was der andere von Ihnen noch wissen wollte? Wieso haben Sie dann nicht einfach nachgefragt? Das hatten wir doch schon: Wenn Sie etwas nicht verstehen, dann wiederholen Sie die Frage noch mal »Habe ich Sie gerade richtig verstanden, dass ...« Sie haben Kapitel 11 *Fragen, auf die Sie vorbereitet sein sollten* wohl nicht gelesen? Dann tun Sie das jetzt! Hier lernen Sie, auf Fragen vorbereitet zu sein und geschickt nachzufragen, wenn Ihnen etwas unklar ist! Dieses Problem wird im nächsten Vorstellungsgespräch nicht mehr auftauchen!

✔ Glauben Sie, Sie haben die Arbeitsaufgabe oder die Arbeitsprobe nicht gut gelöst? Waren Sie zu aufgeregt, zu schusselig oder fühlten Sie sich einfach nur überrumpelt? Sie haben doch verstanden, was Sie machen sollten, oder etwa nicht? Und wieso fragen Sie nicht? Unklarheiten können schließlich nur mit Erklärungen beseitigt werden. Wenn Sie nachfragen, was gemeint ist, der andere eine Antwort gibt, Sie diese umsetzen und erklären, warum Sie jetzt was wie machen, sind Sie schon mitten im Lösen der Aufgabenstellung. Mehr brauchen Sie gar nicht! Also fürs nächste Mal üben.

✔ Das Gehaltsangebot ist nicht gerade das Nonplusultra? Sagen Sie offen, was Sie wollen. Oder klingt der Job so interessant für Sie, dass Sie das niedrigere Gehalt in Kauf nehmen wollen? Okay, dann haben Sie gerade Ihre Entscheidung gefällt. Sie können sich natürlich auch sagen: »Egal, den Job will ich eh nicht. Andere Firmen zahlen mir ein besseres Gehalt.«

✔ Die Verabschiedung ist zu guter Letzt auch noch missglückt, Sie haben vergessen, Ihrem Gesprächspartner die Hand zu geben, weil Sie nur noch flüchten wollten? Sind Sie ganz sicher? Hat nicht der andere vielleicht vergessen, Ihnen die Hand zu geben? Und wenn schon: *Tschüs* oder *Auf Wiedersehen* haben Sie doch bestimmt gesagt. Klar ist es peinlich, wenn Sie vergessen, die Hand zu geben, aber jetzt ist es definitiv zu spät, sich deswegen völlig kirre zu machen. Eines ist sicher: Das passiert Ihnen bei keinem Gespräch mehr! Ist doch immerhin ein gewaltiger Lerneffekt.

✔ Es herrschte also das ganze Gespräch über eine Eiszeit, die einfach nicht zu durchbrechen war? Oder war es nur phasenweise unterkühlt? Es lag an Ihnen, Sie sind nicht warm geworden und Ihr Gesprächspartner konnte Sie auch nicht auftauen. Dann passen Sie beide offensichtlich nicht zusammen. Wollen Sie mit dem echt zusammenarbeiten? Lassen Sie sich das noch mal durch den Kopf gehen.

Jetzt geht es Ihnen schon ein bisschen besser, gut! Welche Frage trifft denn auf Sie zu? Die ein oder andere oder alle? Und, was ist Ihr Fazit? Einfach ein schlechter Tag oder ein fürchterlicher Gesprächspartner? Ändern können Sie jetzt nichts mehr. Das Gespräch ist vorbei. Was können Sie in Zukunft besser machen? Sich während des Gesprächs nicht so sehr aufregen, einfach ruhiger bleiben, vielleicht sogar so richtig cool sein, indem Sie sich sagen: »Es ist jetzt halt so.

Nimm's hin und gib dein Bestes! Wenn's der andere nicht versteht, hat er Pech gehabt, dann kann das auch nicht der richtige Job für mich sein.«

Lassen Sie sich auf keinen Fall deprimieren! Das war halt jetzt kein so gutes Gespräch, das nächste wird auf alle Fälle klasse! Sie wissen jetzt, wie es sich anfühlt, wenn es nicht so gut läuft, und arbeiten an dem, was Sie Ihrer Meinung nach besser machen können. Weiter so, lassen Sie sich überraschen, wie gut es laufen kann. Gehen Sie mutig in die nächste Vorstellungsrunde, Sie können nur noch mehr lernen!

Sie sind up to date: Haben Sie für sich relevante Informationen erhalten?

Ganz wichtig! Wenn Sie sich nach dem Gespräch wie eine übervolle Festplatte eines Computers fühlen, dann wurden Sie garantiert ausführlich über alles informiert. Sie müssen diese Infos jetzt nur noch sortieren! Die nachstehenden Fragen helfen Ihnen dabei. Überlegen Sie, was Ihnen Ihr potenzieller neuer Chef alles erzählt hat:

✔ Hat er Sie ausführlich über sein Unternehmen aufgeklärt?

✔ Gehalt und Eintrittstermin sind klar?

✔ Wissen Sie genau oder zumindest sehr konkret, was für ein Job Sie erwartet?

✔ Müssen Sie über Ihren Job hinaus noch Aufgaben wahrnehmen?

✔ Welche Leistungen bekommen Sie außer Gehalt noch?

✔ Hatten Sie noch Fragen? Wie wurden diese beantwortet? Kurz und knapp oder in Ruhe ganz ausführlich?

✔ Wann werden Sie informiert, ob Sie den Zuschlag für die Stelle bekommen?

Wenn Ihnen die Antworten auf diese grundlegenden Fragen nach Ihrem Vorstellungsgespräch fehlen, stellt sich echt die Frage, ob Sie im richtigen Gespräch waren! Haben Sie vor lauter Aufregung nicht aufgepasst oder hat der andere tatsächlich so wenig erklärt? Sie waren also zu unkonzentriert – dann hilft alles Überlegen nichts, weil Sie die Ausführungen Ihres Gesprächspartners wohl kaum gespeichert haben. Das nächste Mal passen Sie gefälligst besser auf! Konzentrieren Sie sich, es geht schließlich um Ihren Job!

Hören Sie auf Ihren Bauch: Wie war das Vorstellungsgespräch?

Wie, Ihr Gesprächspartner war ein echter Muffel? Einer, dem Sie die Fäden aus der Nase ziehen mussten? Und viele Infos sind dabei nicht rübergekommen! Und so einer soll Ihnen künftig sagen, was Sie zu tun haben … Überlegen Sie sich gut, ob Sie mit einem solchen Menschen zusammenarbeiten wollen.

Drum prüfe, wer sich ewig bindet ...

Stellen Sie sich vor, Sie müssen Tag für Tag mit einem Chef auskommen, der Sie von der ersten Sekunde an, die er in die Firma kommt, bis zum Feierabend nervt.

Und wenn Sie dann mit so einem Scheusal auch noch richtig eng zusammenarbeiten müssen, der Sie permanent spüren lässt, dass Sie doch eigentlich nichts können und froh sein sollten, dass er Sie eingestellt hat, fangen Sie sukzessive an, an sich selbst zu zweifeln. Ein so dickes Elefantenfell hat kein Mensch, dass Nörgeleien, Schimpfen, unqualifizierte cholerische Wutausbrüche auf Dauer an einem abprallen! Und an Ihnen schon dreimal nicht, denn schließlich lieben Sie Ihren Job und machen Ihre Arbeit gerne! Aber Ihr Chef lässt nicht locker: Es ist sein Hobby, andere schlechtzumachen, Sie eingeschlossen, am liebsten hintenherum, damit die Gerüchteküche ja permanent brodelt. Wo es nur geht, schikaniert er Sie und es macht ihm offensichtlich Spaß, so richtig heftig in Ihre Schwachstellen zu bohren. Ihre Selbstzweifel nehmen zu. Sie sind sich plötzlich nicht mehr nur unsicher, ob Sie für den Job denn überhaupt geeignet sind – nein, Sie gehen sogar weiter: Sie fragen sich wirklich, was Sie denn überhaupt können.

Und am Ende? Am Ende werden Sie krank und Ihr Chef amüsiert sich weiterhin, natürlich auf Ihre Kosten, denn *er* hat doch von Anfang an gewusst und gesagt, dass Sie dem Job auf keinen Fall gewachsen sind!

Wie? Die Vorstellung lässt Ihnen das Blut in Ihren Adern gefrieren? Gut so! Dann sehen Sie sich Ihren zukünftigen Boss mit Adleraugen an: Wenn Sie das Gefühl haben, der meint es nicht ehrlich, er ist ein Blender und tut jetzt im Bewerbungsgespräch nur oberflächlich freundlich, damit er Sie um den kleinen Finger wickeln kann, lassen Sie die Finger von diesem Job! Sie haben gerade erlebt, was passieren kann und kein Job der Welt ist es wert, dass Sie krank werden. Schon gar nicht, wenn Sie freiwillig auf Jobsuche sind und die Wahl haben.

Einer für alle. Alle für einen – Das Betriebsklima

Das gilt auch für Ihr Arbeitsumfeld. Wie haben Sie das Arbeitsklima in dieser Firma während Ihres kurzen Bewerbungsaufenthaltes wahrgenommen? Angenehm, locker und trotz zu erkennender Hierarchieebenen herrschte ein freundlicher Umgangston? Das klingt gut und macht logischerweise Lust auf mehr. Wie bitte, so war es leider nicht? Sie hatten bereits bei der Begrüßung das Gefühl, in ein konfliktgeladenes Spannungsfeld zu treten? Warum? Weil der Chef das Gespräch an sich gerissen hat, die anderen kaum zu Wort kommen ließ oder Ihnen sogar das Wort abgeschnitten hat? Weil Sie bei der Betriebsführung das Gefühl hatten, die Mitarbeiter trauten sich kaum, Sie und Ihre Begleitung anzuschauen? Es wurden Ihnen nur verstohlene Blicke zugeworfen, Big Boss aber wurde mit einem lauten klaren »Guten Morgen« begrüßt. Danach trat wieder ängstlich-ehrvolles Schweigen in den Betriebshallen ein. Mal ehrlich, da wollen Sie doch nicht wirklich arbeiten, oder? Ihnen ist ein gutes offenes und kollegiales Miteinander wichtig, damit Sie sich in Ihrem Arbeitsumfeld wohl fühlen, kreativ und erfolgreich sein können.

Aha, jetzt wird Ihnen klar, was hier los ist: Ihr Bewerbungsgespräch besteht nicht nur aus dem verbalen Austausch zwischen Ihnen und Ihrem potenziellen neuen Chef, sondern ermöglicht Ihnen, bereits erste Eindrücke über Ihr Arbeitsumfeld zu bekommen!

✔ Fragen Sie sich gleich mal, wenn Sie in Empfang genommen werden, wie Sie sich gerade fühlen – gut aufgehoben, freundlich aufgenommen?

✔ Wie empfinden Sie die Räumlichkeiten, die Wände, die Möbel, und und und, während Sie in Ihr Besprechungszimmer geführt werden? Laufen Sie durch freundlich eingerichtete, helle Flure oder haben Sie das Gefühl, in Katakomben gelandet zu sein?

✔ Wie begegnen sich die Mitarbeiter untereinander? Haben Sie das Gefühl, die gehen kollegial miteinander um, oder ist sofort ein gewisser Konkurrenzkampf spürbar?

✔ Wie verhalten sich die anderem dem Chef gegenüber? Begegnen Sie ihm mit wertschätzendem Respekt oder mit buckelnder Hochachtung?

✔ Brütet jeder über seiner Arbeit oder stehen die anderen grüppchenweise in Gespräche vertieft beisammen?

Verlassen Sie sich bei allen Wahrnehmungen auf Ihr Gefühl. Zum Glück sind Sie wegen Ihres Bewerbungsgespräches ein bisschen aufgeregt! Das ist gut so! Denn Ihre Aufregung sensibilisiert Sie, damit Sie auch Dinge und Reaktionen wahrnehmen können, die Sie sonst gar nicht beachten würden.

 Denken Sie intensiv über Ihre Eindrücke nach. Je negativer die sind, desto mehr sollten Sie Abstand von diesem Job nehmen. Wenn Sie Ihre Arbeit engagiert machen wollen, soll auch das Arbeitsumfeld stimmen.

Sonst macht Ihnen Ihre Arbeit über kurz oder lang keinen Spaß mehr und Sie gehen erneut auf Jobsuche. Das muss nicht sein. Und wenn dann noch das Gespräch an sich schlecht gelaufen ist, ist es doch gut, dass Sie sagen können: »Macht gar nichts. Hier will ich sowieso nicht arbeiten.«

Wer schreibt, der bleibt – Notizen

Wie, es ist anders abgelaufen? Chef und Mitarbeiter haben ein echt gutes Miteinander rübergebracht und Sie fühlen sich richtig gut aufgeklärt. Alle Unklarheiten sind beseitigt und Sie haben jede Menge Infos erhalten! Na dann bleiben Sie erwartungsschwanger, welche Post Sie in den nächsten Tagen überraschen wird.

Haben Sie zurzeit mehrere Eisen im Feuer? Alle Achtung! Damit Sie nicht durcheinanderkommen, notieren Sie doch gleich im Anschluss an Ihr Vorstellungsgespräch alles, was Sie behalten haben. Legen Sie die Notizen zu Ihren Bewerbungsunterlagen. Ist doch klasse, wenn Sie ganz locker checken können, ob sich Ihr Gesprächspartner auch an seine Versprechen hält, wenn der Vertrag kommt! Und Sie haben den Kopf frei für Ihr nächstes Firmen-Date!

Was denkt möglicherweise Ihr Gesprächspartner?

Ist doch völlig egal! Hauptsache Sie kriegen den Job! Außerdem können Sie schlecht in den anderen reinschauen! Stimmt, aber Sie haben doch ein Gefühl für Ihr Gespräch gehabt und ebenso ein Gefühl, was Ihren Gesprächspartner angeht. Wenn es ein rundum gelungenes Gespräch war, dann sind Sie sich beide offensichtlich sympathisch und Ihr Gesprächspartner hat die gleiche Wellenlänge wie Sie. Sie können davon ausgehen, dass er Sie auch mag und das Gespräch mit Ihnen als angenehm empfunden hat. Ist doch ein schönes Gefühl!

Es kann natürlich genauso sein, dass der »Eisklotz« am Tischende gar keine Miene verzogen hat und Sie glauben, er könne Sie nicht leiden. Haben Sie deshalb Ihr Gespräch als unangenehm empfunden? Was macht Sie so sicher, dass der andere eine Abneigung gegen Sie hat? Kann doch sein, dass der nur einen schlechten Tag hatte oder eben nicht gerne seine Gefühle zeigt. Sie können nicht wirklich wissen, ob er etwas gegen Sie hat. Es gibt Menschen, die verziehen kaum eine Miene, nicht mal, wenn sie lachen müssen. Vielleicht wollte er mit seiner eisernen Maske nur testen, ob und wie Sie mit einer solch unterkühlten Situation umgehen können. Möglicherweise ist er sogar ganz begeistert von Ihnen! Lassen Sie sich einfach überraschen, ob Sie nicht doch eine Zusage bekommen. Machen Sie sich nicht allzu verrückt, ob Ihr Gesprächspartner nun völlig be- oder entgeistert von Ihnen war oder ist. Viel wichtiger ist, wie *Sie sich* während des Gesprächs mit ihm gefühlt haben und ob das okay für Sie war. Stellen Sie Ihre Gefühle in den Vordergrund!

✔ Haben Sie sich wohl gefühlt?

✔ Waren Sie während des Gesprächs locker und entspannt, nicht mal persönliche Fragen haben Sie in Schwitzen gebracht?

✔ Gab es ab und an sogar einen herzlichen Lacher?

✔ Hätten Sie noch stundenlang weiterschwätzen können?

Dann zögern Sie ja nicht, wenn die Zusage kommt! Greifen Sie zu, das ist Ihr Job!

Alle auf einmal!
Das Gruppeninterview

13

In diesem Kapitel

▶ Heiße Diskussionen warten auf Sie

▶ 1-2-3 und schon ist es vorbei

▶ Das Nonplusultra: Teamgeist

▶ Sie haben noch viel mehr zu bieten

▶ … und so widersteht Ihnen keiner

So ein super Vorstellungsgespräch! Sie dachten, Sie hätten den Job schon in der Tasche, und dann das: Sie müssen ins Gruppeninterview. Ein Saal voller Bewerber, jeder heiß auf den Job, Rivalität liegt in der Luft! Da müssen Sie jetzt durch! Wollen Sie aus der Masse hervorstechen? Na klar! Dann müssen Sie diskutieren können! Mit allen und völlig egal, über welches Thema. Ihr potenzieller neuer Chef interviewt alle Bewerber, er gibt Thema und Zeitrahmen vor. Was die Themen selbst angeht, gibt es keine Richtlinien, die können völlig variieren. Also, mal sehen, was kommt!

Das sorgt für Diskussionsstoff: Die Themenauswahl

Es kann passieren, dass alle Bewerber reihum nach ihren Hobbys, ihren Erwartungen, ihren Eigenschaften und und und gefragt werden. Also alles, was Sie in Ihrem Lebenslauf und Anschreiben schon formuliert haben. Ist doch prima! Hier sind Sie absolut geübt, es kann gar nichts schiefgehen! Im Grunde will Ihr Chef nur den Eindruck, den er aus Ihren Unterlagen gewonnen hat, von Ihnen bestätigt bekommen. Aber mal ehrlich: Eine Gruppendiskussion ist bei den Themen schwer möglich, oder? Deshalb werden für ein Gruppeninterview fast immer allgemeine Themen ausgesucht, damit tatsächlich ein bisschen Leben in die Bude kommt! Schließlich will Ihr zukünftiger Chef wissen, ob und wie sozial Sie sich in einer Gruppe verhalten! Viel spannender ist es zum Beispiel, Ihnen konkrete Aufgaben zu stellen:

✔ Das Unternehmen hat ein neues Produkt entwickelt. Es soll der Verkaufsschlager werden. Entwickeln Sie gemeinsam mit den anderen eine Strategie, damit dieses Produkt ein Verkaufshit wird.

Jetzt müssen Sie mit den anderen zusammenarbeiten, ob Sie wollen oder nicht! Wie Sie sich clever in einer solchen Situation verhalten, wissen Sie am Ende dieses Kapitels.

✔ Was könnte Sie noch Spannendes erwarten? Sie bekommen einen Beruf zugeteilt. Jeder von Ihnen bekommt ein Blatt Papier, auf dem zehn Begriffe zu diesem Beruf stehen, und jeder muss für sich diesen zehn Begriffen analog einer Skala von 1 (das wichtigste) bis 10 (völlig unwichtig) einen Wert zuordnen.

Dann geben Sie Ihr Papier, auf dem natürlich auch Ihr Name steht, dem Diskussionsleiter. Schließlich will er nun in der Gruppendiskussion verfolgen, ob und wie Sie es schaffen, den anderen klarzumachen, dass Ihre Werte-Skala die beste ist. Klar schaffen Sie das! Mit der nötigen charmanten Konsequenz und Überzeugung.

✔ Es können Fragen zu allgemeinen, politischen und wirtschaftlichen Themen kommen.

No Problem für Sie! Schließlich wissen Sie, dass Sie (wenigstens) während Ihrer Bewerbungsphase auf dem Laufenden sein müssen, was alles in der Welt passiert. Das ist einfach so! Also lesen Sie Zeitung, hören Sie Radio und saugen Sie die Nachrichten Tag für Tag auf. Sie werden im Gruppeninterview mit Ihrem Wissen glänzen!

Dies sind nur ein paar Beispiele. Sie sehen schon: Hier ist wirklich nahezu alles möglich. Aber wenigstens für den Ablauf gibt es ein konkretes Schema. Das ist doch immerhin etwas.

Jetzt kommen heiße Zeiten: Die drei Phasen

Aller guten Dinge sind drei! Wie gut, dass eine Gruppendiskussion drei Phasen hat: die Anwärmphase, den Hauptteil oder die Diskussionsphase und den Schluss. Streitereien, willenlose Diskussionen und großes Geschrei will keiner! Jede Diskussion soll Niveau haben und schließlich zu einer Problemlösung führen. Das geht nicht, wenn jeder den anderen anbrüllt. Aber das wissen Sie ja!

In aller Regel gibt es einen Interviewer und zwei bis drei zusätzliche Beobachter, die sich erst mal ein wenig mehr im Hintergrund halten. Im Anschluss an die Gruppendiskussion tauschen die Beobachter gemeinsam mit dem Interviewer ihre Eindrücke aus. Bevor die Diskussionsrunde losgeht, werden Ihnen die Beobachter namentlich und mit ihrer Funktion vorgestellt, mehr aber auch nicht. Lassen Sie sich von denen genauso wenig aus der Ruhe bringen wie von dem Interviewer selbst.

Manchmal liegt ein Schild auf Ihrem Platz. Schreiben Sie zuerst Ihren Namen auf das vor Ihnen liegende Schild, wenn Platz genug ist Vornamen und Nachnamen, ansonsten eben nur Ihren Nachnamen. So, lassen Sie den Rest auf sich zukommen. Lehnen Sie sich zurück und atmen Sie tief durch: Es wird spannend!

Sich in der Anwärmphase näher kommen

Ihnen ist jetzt schon heiß! Sie brauchen keine *Anwärmphase*, alles schnick schnack, Sie wollen gleich so richtig loslegen! Womit denn? Erst mal müssen Sie doch wissen, worum es geht. Und sind Sie nicht auch neugierig, wer Ihre Konkurrenten sind? Was sind das für Typen? Sind die besser als Sie oder stecken Sie die locker in die Tasche? Aha, jetzt brauchen Sie diese Anwärmphase doch!

Sie will nicht enden ... - Die Vorstellung

Sie sitzen mitten in der Runde Ihrer Mitbewerber, meist im Halbkreis, so dass jeder jeden angucken kann, und schon geht's los: Der Interviewer stellt sich und sein Unternehmen noch mal kurz vor und dann will er wissen, wer Sie sind und natürlich auch, warum Sie sich gerade auf diese Stelle beworben haben. Sie sind dran! Das ist nun wirklich eine Ihre leichtesten Übungen: Sie präsentieren sich selbst, so wie Sie es schon x-mal geübt haben:

✔ In Kapitel 2 haben Sie Ihr Persönlichkeitsprofil erstellt, Sie wissen also bestens, wer Sie sind und was Sie wollen.

✔ Mit Hilfe von Kapitel 3 haben Sie die Stelle genauestens analysiert und können locker flockig begründen, warum Sie sich auf diesen Ihren Traumjob bewerben.

✔ Außerdem haben Sie das in Kapitel 4 mit Ihrem Anschreiben bereits deutlich zum Ausdruck gebracht.

✔ Und erst Ihr Lebenslauf! Kapitel 5 hat Ihnen die absolute Steilvorlage gegeben: Sie können den vorwärts und rückwärts, ohne mit der Wimper zu zucken!

✔ Und gerade haben Sie sich mit Kapitel 10 *So läuft's im Vorstellungsgespräch* und Kapitel 11 *Fragen, auf die Sie vorbereitet sein sollten* optimal für diesen Moment vorbereitet.

Worauf warten Sie? Erzählen Sie, wer Sie sind und warum Sie hier sind: Machen Sie sich interessant und alle anderen neugierig! Sie können das! Wenn Sie eine Zeitvorgabe von drei bis fünf Minuten bekommen, ist das doch überhaupt kein Problem: Sie haben schließlich mit all den genannten Kapiteln gelernt, wie Sie sich auf das Wesentliche und Wichtigste konzentrieren und so Ihre persönlichen Highlights setzen.

Und nicht vergessen: Drei bis fünf Minuten können ganz schön lang sein, Sie brauchen jetzt nicht wie der D-Zug im Eiltempo zu reden! Schließlich soll Sie jeder gut verstehen können.

✔ Woran denken Sie noch? Gut aufgepasst! *Jeden mal ansehen!*

Erzählen Sie nicht nur dem Interviewer, wer Sie sind, richten Sie Ihre Worte an die ganze Gruppe, indem Sie immer wieder einen anderen anschauen. Und schon haben Sie zusätzliche Fleißpünktchen erhascht: Sie haben nämlich die Gruppe in Ihre persönliche Vorstellung mit einbezogen! Genau das will Ihr potenzieller Arbeitgeber sehen!

✔ Wie sitzen Sie?

Ja, nicht dahingepflanzt und schon gar nicht am Stuhl festgekrallt! Genau: gerade und aufrecht mitten auf dem Stuhl, so dass Sie Ihre Hände nach Belieben einsetzen können, um Ihren Worten noch mehr Ausdruck zu verleihen. Mensch, sind Sie gut! Sie haben echt viel gelernt!

✔ Was machen Sie, wenn Sie aufstehen müssen?

Oh nein, bitte nicht! Ihre Hände gehören in keine Hosen- oder Jackentasche! Ihre Hände sind lebendig, also lassen Sie sie miterzählen! Wenn das nicht Ihr Ding ist, dann halten Sie wenigstens die Hände vor sich, so dass sich ab und an mal Ihre Fingerspitzen berühren, Sie die Hände wieder zur Seite sinken lassen können und wieder hochnehmen usw. Das ist immer noch besser und wirkt lebhafter, als die Hände in der Tasche zu haben. Wenn Sie so gar nichts mit Ihren Händen anfangen können, sehen Sie zu, dass Sie immer einen Stift griffbereit haben. Sie mussten vor der Vorstellungsrunde Ihren Namen auf das Kärtchen schreiben, das vor Ihnen steht? Bingo! Behalten Sie den Stift in Ihren Händen, dann sind diese gut beschäftigt, ohne dass das irgendjemanden stört. Übrigens gilt die Beweglichkeit nicht nur für Ihre Hände: Ihr Oberkörper und Ihre Beine sind genauso beweglich. Drehen Sie sich ab und an mal ein wenig um, damit Sie auch im Stehen während Ihrer Präsentation jeden wenigstens einmal angesehen haben! Denken Sie an die Fleißpünktchen!

 Kreuzen Sie bloß nicht Ihre Arme vor Ihrer Brust! Dieses Brustkreuz gilt noch immer als die *Abwehrhaltung* schlechthin und signalisiert einen gewissen Grad von Verschlossenheit. Ob Sie das sind oder nicht, spielt keine Rolle: Es wirkt so! Sie sind doch das absolute Gegenteil: aufgeschlossen, neugierig, weltoffen!

Ihre Zeit ist um, Sie haben sich optimal präsentiert? Weiter so! Wie? Sie glauben, das eine oder andere haben Sie vergessen oder hätten Sie besser machen können? Auch gut. Das nächste Mal passen Sie auf und setzen Ihre Ideen in die Tat um. Das nennt sich »Lerneffekt«. Nutzen Sie ihn!

Wissen ist Macht – Beobachten Sie Ihre Mitbewerber

Sie dürfen sich jetzt in Ihrem Stuhl zurücklehnen. Bleiben Sie für die kommenden Minuten absolut wachsam! Konzentrieren Sie sich – auf die anderen:

✔ Was erzählen die über sich?

✔ Gibt es irgendwelche Gemeinsamkeiten, zum Beispiel gleiche Hobbys, Schulen, die Sie auch besucht haben, Wohnorte und und und?

✔ Wie gut sprechen die anderen Hochdeutsch? Kommt da ein wenig Dialekt zum Vorschein, Saarländisch, Pfälzisch, Bayrisch …?

✔ Spricht jemand besonders laut oder besonders leise?

✔ Wie wirken die anderen auf Sie: aufgeschlossen, lebhaft oder eher introvertiert, zurückhaltend?

✔ Versucht jemand, besonders witzig zu sein?

✔ Wie sitzen die anderen auf ihren Stühlen? Locker, ängstlich, sogar festgekrallt?

✔ Wie verhalten die sich bei ihrer Präsentation? Gibt's da Gestiken, verändert sich die Mimik?

Warum Sie die anderen so genau studieren sollen? Ganz einfach: damit Sie einschätzen können, mit wem Sie es zu tun haben! Sie lernen in diesen wenigen Minuten eine ganze Menge über Ihre Konkurrenten: Einer, der sich selbst sehr introvertiert und zurückhaltend präsentiert, wird nicht unbedingt der Wortführer in der Gruppendiskussion werden. Erzählt einer dagegen laut und mit viel Brimborium über sich, wird der bestimmt versuchen, die Diskussion an sich zu reißen. Sie werden sehen.

Stellen Sie sich vor, einer oder alle müssen sich vor Ihnen vorstellen. Sie sind der Letzte in der Runde. Klasse, wenn Sie Gemeinsamkeiten entdeckt haben, auf die Sie sich beziehen können:

> *»Zufällig bin ich im gleichen Ort geboren wie xy...«*

> *»Auch ich habe wie Frau x das Gymnasium y in z besucht.«*

> *»Mir scheint, wir sind eine recht sportliche Gruppe. Wie alle hier bin auch ich in meiner Freizeit sportlich aktiv. Mein Hobby ist ...«*

Aha, Sie haben den anderen aktiv und aufmerksam zugehört! Und jetzt integrieren Sie sogar die Aussagen der anderen in Ihre persönliche Vorstellung. Besser geht's gar nicht! Ihre Teamfähigkeit sticht bereits an dieser Stelle ins Auge! Der Interviewer wird begeistert sein. Die Beobachter genauso. Nutzen Sie Ihr Wissen über die anderen auch in der Diskussion! Wie, erfahren Sie gleich.

Konfrontation – jetzt wird diskutiert

Die heiße Phase ist da! Wie heiß sie tatsächlich wird, hängt vom Interviewer ab. Gibt er ein Thema vor und befragt reihum einen nach dem anderen nach seiner Meinung, wird kaum eine richtig heiße Diskussion zustande kommen. Sie merken, eine solche »Diskussion« wird sehr stark vom Interviewer gesteuert. Was soll damit erreicht werden?

Sie werden scharf beobachtet ...

Genau, jeder einzelne Bewerber kann genauestens beobachtet werden:

✔ Wie ist sein Ausdrucksvermögen und die Aussprache? Formuliert er deutlich und bleibt im Redefluss oder stockt er häufig?

✔ Wie ist das Kontaktverhalten? Blickt er nur den Interviewer an oder richtet er seinen Blick an alle?

✔ Erweckt seine Aussage bei den anderen Aufmerksamkeit? Kann er sie für seine Aussage begeistern?

✔ Integriert er die anderen? Nimmt er Bezug auf bereits getroffene Aussagen und knüpft daran an?

✔ Behält er den roten Faden? Verliert er sein Ziel nicht aus den Augen?

✔ Verändert er seine Körperhaltung, wenn er antwortet? Gestikuliert er mit Händen, Beinen, dem ganzen Körper oder bleibt er völlig still sitzen?

✔ Nimmt er wieder seine ursprüngliche Haltung ein, wenn der nächste dran ist?

Nicht schlecht, oder? Dass man mit so einer einfachen Frage so viel bei dem anderen erkennen kann. Viel interessanter und noch aussagekräftiger wird das Ganze, wenn die Gruppe nicht reihum befragt wird, sondern selbst diskutieren darf. Kein Problem für Sie!

... aber Sie machen eine gute Figur

Überlegen Sie, was Sie bereits beobachtet haben: Zwei Menschen sind Ihnen schließlich schon aufgefallen:

✔ **Der Zurückhaltende.** Der ist schon mal keine potenzielle Gefahr für Sie, aber ein Spannungsfeld: Integrieren Sie ihn in die Diskussion! Wenn er nichts von sich aus sagt, richten Sie gezielte Fragen an ihn! Mensch, sind Sie gut! Sie verstehen es nämlich, Schwächere zu motivieren.

✔ **Der von sich Überzeugte.** Den auszubremsen wird gar nicht so einfach. Sie können das: Lassen Sie ihn ausreden, äußern Sie Ihre Meinung und fragen gleich einen, der noch nichts oder wenig gesagt hat, nach seiner Meinung. Schon wieder die anderen integriert! Sie werden langsam unheimlich ... unheimlich gut! Lassen Sie sich nicht auf ein verbales Duell mit dem Besserwisser ein! Lenken Sie ab. Beziehen Sie die anderen in Ihr Duell mit ein. Schließlich wollen Sie diskutieren und sich nicht duellieren!

Sie sind also bereits mächtig aktiv! Andere genauso! Während Ihrer lebhaften Diskussion haben die Beobachter alle Hände voll zu tun. Die nehmen Sie jetzt genauestens unter die Lupe:

✔ Zeigen Sie Initiative und starten die Diskussion? Oder helfen Sie immer mal wieder, damit es weitergeht, wenn der Diskussion die Luft ausgeht?

✔ Hören Sie den anderen aktiv und aufmerksam zu?

✔ Lassen Sie andere ausreden?

✔ Tolerieren und akzeptieren Sie andere Meinungen?

✔ Oder versuchen Sie auf Biegen und Brechen, Ihre Meinung durchzusetzen?

✔ Lassen Sie sich in Ihrem Redefluss unterbrechen oder nicht?

✔ Halten Sie Blickkontakt zu den anderen?

✔ Versetzen Sie sich in die Rolle der anderen und zeigen eine gewisse Sensibilität für die Interessen der anderen?

✔ Vermitteln Sie untereinander?

✔ Motivieren Sie andere Teilnehmer, mitzudiskutieren?

✔ Sorgen Sie für eine angenehme Atmosphäre?

✔ Wirken Sie sicher, überzeugend und bleiben sachlich?

✔ Behalten Sie den roten Faden? Machen Sie immer wieder Vorschläge, halten Ergebnisse fest, strukturieren die Beiträge?

✔ Weisen Sie anderen Aufgaben zu?

✔ Übernimmt die Gruppe Ihre Meinung als Gruppenmeinung?

Sie fühlen sich wie unterm Mikroskop, so viele Kleinigkeiten, auf die die Beobachter achten! Sie haben sogar Schweißperlen auf der Stirn? Aber warum denn? Sie müssen ja auf so vieles achten und glauben, Sie können sich doch gar nicht alles merken! Doch, können Sie! Am Ende dieses Kapitels sind Sie ein Gruppeninterview-Profi: Sie wissen ganz genau, wie Sie sich zu verhalten haben! Entspannen Sie sich erst mal und lesen Sie weiter.

Entspanntes Finale

Die Diskussion war ein voller Erfolg! Ihnen ist jetzt noch heiß, Ihre Wangen glühen noch immer, so eifrig haben Sie mitgewirkt. Der Interviewer fasst noch einmal zusammen, was sie gerade alle gemeinsam erarbeitet haben, bedankt sich bei Ihnen für die lebhafte Diskussion und verabschiedet Sie – fürs Erste. Mehr ist es nicht. Warten ist angesagt. Der Interviewer und die Beobachter werten nun ihre Notizen aus und dann erst geht's für Sie weiter. Lassen Sie in der Zwischenzeit die ganze Diskussion nochmals Revue passieren. Wie sind Sie vorgegangen? Haben Sie sich richtig verhalten? Gab's Momente, wo Sie am liebsten davongestürmt wären, oder war alles rundum okay für Sie? Worauf haben Sie besonders geachtet? Na hoffentlich erst mal auf das Wichtigste:

Beweisen Sie Ihre Teamfähigkeit!

Alle reden ständig davon. Wissen Sie wirklich, was Teamfähigkeit ist? Es ist die Bereitschaft, in einer Gruppe zu arbeiten, seine eigenen Meinungen und Gedanken ebenso wie die der anderen weiterzuentwickeln und sich so auf unterschiedliche Prozesse einlassen zu können. Mehr ist es im Grunde nicht. Das können Sie, Sie haben es gerade bewiesen. Es kommen nur noch ein paar wenige Kleinigkeiten dazu:

✔ **Ohne Regeln geht kaum etwas, auch nicht bei Teamwork.**

Formulieren Sie klare Regeln. Diese Regeln müssen alle akzeptieren und jeder Einzelne hält sich an sie.

✔ **Sie alle haben ein gemeinsames Ziel.**

Genau das wollen Sie erreichen. Gemeinsam! Ihr persönlicher Erfolg ist zwar ganz nett, im Vordergrund steht ab jetzt allerdings immer der Erfolg des ganzen Teams. Sie sind also ein kleines elementares Teilchen in einer größeren Menge. Klein, aber oho!

✔ **Jeder sieht ein Problem aus einer anderen Perspektive.**

Genau diese unterschiedlichen Sichtweisen sind wichtig: Sie ergeben Ihre gemeinsame gebündelte Stärke! Teamstärke! So wird nichts vergessen und ein Problem oder eine Aufgabe wird von vielen Seiten beleuchtet und diskutiert. Wo führt das hin? Na wohin schon: zu einer gemeinsamen Lösung und damit zum gemeinsamen Erfolg!

✔ **Integration lautet das Zauberwort!**

Gehen Sie auf die anderen ein, helfen Sie Ihnen und lassen Sie sich selbst helfen. Spielen Sie aber ja kein »Opfer«. Ihr Selbstbewusstsein ist weiterhin gefragt. Schließlich bedeutet Integration nicht »unterordnen«! Ganz im Gegenteil: Gleichberechtigung ist angesagt! Das Motto lautet: Einer für alle, alle für einen!

Jetzt wissen Sie genau, was Teamfähigkeit heißt. Und, ist sie eine Ihrer ganz großen Stärken? Ihre größte sogar? Wow, mal sehen, was Sie sonst noch zu bieten haben!

... und Ihre weiteren Stärken

Die haben Sie doch schon während der drei Phasen gezeigt! Oder etwa nicht? Denken Sie noch mal intensiv nach. Wie war das in der Anwärmphase:

✔ Fließend, immer entlang am roten Faden, ohne zu stottern, haben Sie über sich erzählt. Aha! Sie haben Ihr *Selbstbewusstsein* und Ihre *Souveränität* gezeigt.

✔ Die anderen haben Ihren Ausführungen gespannt gelauscht: super, Sie können *andere begeistern*! Das kann nicht jeder. Sie können richtig stolz auf sich sein!

✔ Sie haben immer wieder von einem zum anderen geschaut. Keinen vergessen, die anderen in Ihr Statement integriert. Sogar das eine oder andere, was schon gesagt wurde, in Ihrer Präsentation aufgenommen? Genial! Sie sind also kein Egoist, der immer nur an sich denkt und andere nicht beachtet, ganz im Gegenteil: Sie sind ein *aktiver Zuhörer, Teamplayer* und *rücksichtsvoll*! Tolle Eigenschaften! Sie sind eine echte Rarität!

Und in der Diskussionsphase haben Sie noch mal zugelegt:

✔ Ihr Sprachverhalten hat sich womöglich deutlich gesteigert: Sie haben nicht nur ohne Punkt und Komma und trotzdem klar und deutlich gesprochen, womöglich haben Sie Pointen gesetzt? Die anderen zum Nachdenken und auch mal zum Lachen gebracht. Ihr *Ausdrucksvermögen* ist spitzenklasse! Da kann sich mancher eine Scheibe von abschneiden!

✔ Und erst Ihr *Kommunikationsverhalten*: Blickkontakt mit allen Anwesenden gehalten, eine freundliche, offene und verbindliche Mimik an den Tag gelegt! Einfach umwerfend!

✔ Aber jetzt kommt's noch besser: Sie haben zwar Ihren eigenen Standpunkt vertreten, dennoch die Einwände der anderen immer wieder berücksichtigt und abgewägt, was am ehesten zur Aufgabenlösung beiträgt. Immer mal wieder haben Sie passende Lösungen angeboten und sind dabei total sachlich geblieben. Sie haben keine Minute das Ziel aus den Augen verloren! Mehr *Zielstrebigkeit* gepaart mit *Konflikt- und Kompromissfähigkeit* kann sich kein Arbeitgeber wünschen! Hut ab!

✔ Haben Sie damit nicht auch Ihre *Flexibilität* unter Beweis gestellt? Sie sind immer wieder auf neue Anregungen eingegangen, haben unterschiedliche Gesichtspunkte und Infos gesammelt, um gemeinsam mit den anderen neue Lösungswege zu finden. Waren kreativ und sind nicht einfach nur stur gerade Ihren Weg entlanggegangen. Ihre Stärken sind kaum noch zu toppen!

✔ Vor allem weil Sie am Ende insbesondere Ihre *Überzeugungsfähigkeit* und Ihr *Durchsetzungsvermögen* demonstriert haben! Wurde nicht Ihre Meinung als Gruppenmeinung übernommen? Sie sind von allen anderen voll akzeptiert worden! Was wollen Sie mehr?

Viel mehr Stärken können Sie in einer Gruppendiskussion kaum unter Beweis stellen. Respekt! Haben Sie gezaubert?

Werden Sie aktiv, aber richtig

Zaubern ist gar nicht notwendig. Mutig haben Sie sich in die Gruppendiskussion gestürzt und sind sogar ohne größere Blessuren davongekommen. Nur die Schweißperlen ... von denen haben Sie eine ganze Menge vergossen! Das ist völlig normal. Es können aber ein paar weniger werden: Prägen Sie sich die nachstehenden Grundregeln ein, üben Sie diese immer wieder bewusst, wenn's sein muss, still und heimlich in Ihrem Kämmerlein. So lange, bis Sie Ihnen in Fleisch und Blut übergegangen sind. Ist Ihr Verhalten perfekt, haben Sie die nötige Gelassenheit und Zeit, sich völlig auf die Diskussion und deren Thema zu konzentrieren. Los geht's, üben Sie.

Kleines Verhaltens-ABC

Was machen Sie als Erstes, wenn Sie einen mit Menschen gefüllten Raum betreten? Richtig: Sie sagen »Guten Tag.« Das machen Sie auch jetzt, wenn Sie auf Ihre Gruppe treffen. Ihr Interviewer hat Sie persönlich in Empfang genommen und Sie haben sich beide begrüßt. Nun betreten Sie den Raum, in dem schon einige andere Bewerber sitzen.

✔ Gehen Sie auf jeden Einzelnen zu.

✔ Strecken Sie ihm die Hand hin.

✔ Sagen Sie »Guten Tag, mein Name ist ...« oder »Max Muster, guten Tag.«

✔ Erst wenn Sie alle Anwesenden begrüßt haben, setzen Sie sich auf einen freien Stuhl.

Alle Achtung! Sie haben gerade mit Ihrem guten Benehmen Mordseindruck geschunden. Weiter so!

Achten Sie mal darauf, ob außer Ihnen noch ein anderer Bewerber, der frisch zur Gruppe kommt, sich so elegant vorstellt und alle begrüßt. Sie werden Ihr blaues Wunder erleben, wie wenige diese kleine Etikette beherrschen.

✔ Bleiben Sie während der ganzen Diskussion freundlich und höflich. Das Wörtchen »Bitte« kommt immer gut an! Wenn Sie eine Frage an einen Mitbewerber oder gar den Interviewer richten, klingt das so doch richtig schön: »Wie bitte ist denn Ihre Meinung?« oder »Wie bitte soll ich das verstehen?« und so weiter. Kleines Wort, große Wirkung! Vor allem freundliche Wirkung! Aber bitte auch nicht übertreiben!

✔ Aussagen wie »Was reden Sie für einen Mist« oder »So ein Blödsinn, so ein Schwachsinn …« haben in einer Gruppendiskussion nichts zu suchen! Streichen Sie die Worte aus Ihrem Sprachschatz. Respekt- und rücksichtsvoller Umgang miteinander ist angesagt. Halten Sie sich daran.

✔ Und was ist mit Ihrem Lächeln? Sind Sie so angespannt, dass Sie gar nicht mehr wissen, wie es geht? Dann machen Sie sich mal locker! Lächeln Sie! Nicht grinsen und auf keinen Fall Grimassen schneiden! Ihr perfektes Lächeln haben Sie bereits in Kapitel 9 *Vorbereitung ist alles* geübt. Sie können das also, worauf warten Sie: Freundliches Keepsmiling ist angesagt.

✔ Blickkontakt halten! Also immer wieder von einem zum anderen sehen. Aber ja keinen anstarren! Und auf keinen Fall gelangweilt zur Decke blicken! Wenn Sie Äußerungen der anderen nerven, dann zeigen Sie das auf keinen Fall mit Ihrer Mimik! Atmen Sie einfach ganz, ganz tief durch und sagen sich innerlich »Was für ein Mist, aber okay, es geht weiter.« Versuchen Sie, neutral zu wirken. Übrigens haben Sie Ihren persönlichen Blickkontakt auch schon längst geübt, blättern Sie wieder zurück zu Kapitel 9 *Vorbereitung ist alles*.

✔ Sitzen und Stehen beherrschen Sie ebenfalls perfekt. Wie, nein? Dann haben Sie wohl *Jetzt kommen heiße Zeiten: Die drei Phasen* in diesem Kapitel überlesen. Holen Sie das nach, aber pronto! Da steht bereits alles drinnen.

✔ Wie steht's mit Ihrer nonverbalen Kommunikation? Kopfnicken signalisiert *Zustimmung*; Kopfschütteln *Ablehnung*. Das wissen Sie noch. Gut, dann beweisen Sie es auch! Was bedeutet: Schultern hochziehen, tiefes Schnaufen, Schultern sinken lassen oder nur einfaches Achselzucken? Richtig: *Ich weiß es nicht! Ratlosigkeit.*

Aha, so langsam verstehen Sie das Kleine Verhaltens-ABC. Es wird Ihnen klar, dass Sie im Grunde mit jeder Faser Ihres Körpers diskutieren. Also steuern Sie Ihre einzelnen Fasern richtig!

Mal sehen, was Ihre nonverbale Kommunikation noch so alles hergibt.

✔ Unruhiges Auf- und Abwippen Ihrer Beine heißt? Genau: *Ich bin nervös* oder *ich bin ungeduldig*. Genau das Gleiche gilt für Hände verschränken und Daumen drehen oder Fingerspitzen aufeinanderschlagen. Unterlassen Sie das alles gefälligst während der Gruppendiskussion. Diese Verhaltensformen fallen negativ auf und das wollen Sie schließlich nicht.

 Agieren Sie auch auf keinen Fall mit erhobenem Zeigefinger! Das wirkt schulmeisterlich belehrend, ja sogar drohend! Absolut unsympathisch! Das sind Sie nicht, deshalb Finger weg vom Zeigefinger!

✔ Bleiben Sie offen: Nutzen Sie offene Gesten wie offene Arme mit nach außen zeigenden Handflächen. So signalisieren Sie, dass Sie bereit sind, die Meinungen der anderen aufzunehmen. Das macht Sie ungeheuer sympathisch!

✔ Wie können Sie sich noch verhalten? Sich übers Kinn streichen zum Beispiel signalisiert *Nachdenken*. Das dürfen Sie natürlich jederzeit!

✔ So eine Gruppendiskussion dauert mitunter recht lange und kann sehr anstrengend werden. Gähnen Sie ja nicht! Gähnen bedeutet, dass Sie ermüdet sind und auch gelangweilt! Sie werden keine Lorbeeren ernten! Weder vom Interviewer noch von den Beobachtern.

Damit Sie Ihre Gruppendiskussion freundlich, höflich, respekt- und rücksichtsvoll meistern, brauchen Sie insbesondere drei Dinge: *Ausdauer – Energie – Konzentration*.

✔ **Ausdauer,** damit Sie auf keinen Fall nach kurzer Zeit ins Gähnen und Resignieren verfallen

✔ **Energie,** damit Sie aufmerksam und gespannt die Diskussion verfolgen und sich immer zum richtigen Zeitpunkt einmischen können

✔ **Konzentration,** damit Sie den roten Faden nicht verlieren und so die anderen übertrumpfen

Jetzt schieben Sie nicht gleich schon wieder Panik, dass das alles viel zu viel ist! Sie können das und mit ein bisschen Übung werden Sie immer besser. Prägen Sie sich die Verhaltensregeln ein. Nehmen Sie kleine Diskussionen im privaten oder geschäftlichen Bereich: Versuchen Sie, sich optimal zu verhalten! So wie Sie es in diesem Kapitel gelernt haben. Das geht nicht beim ersten Mal. Erleben Sie, wie Sie sich entwickeln! Ehrlich, Sie kriegen immer mehr Übung und dann kommt der Moment, wo Sie plötzlich anfangen, die anderen zu studieren. Wie verhalten die sich denn? Was machen die für Fehler? Jetzt haben Sie es geschafft! Das Kleine Verhaltens-ABC ist Ihnen in Fleisch und Blut übergegangen! Sie können locker in jede Gruppendiskussion gehen!

Sie stellen die richtigen Fragen

Worum geht es in einer Gruppendiskussion? Ganz einfach: ums Diskutieren. Um einen angeregten Meinungsaustausch, der nicht einschlafen, sondern für eine kurze Zeit recht intensiv sein soll. Das heißt für Sie, dass Sie nicht einfach nur dasitzen können und warten, bis Sie gefragt werden, um dann eine Antwort zu geben. Ihre Aktivität ist gefragt! Die Beobachter wollen sehen, dass Sie in der Lage sind, eine Diskussion in Gang zu setzen. Und wie machen Sie das? Genau: mit den richtigen Fragen! Wie müssen die aussehen? Die müssen knackig sein! Sie wollen die anderen zum Nachdenken und Mitdenken anregen. Das funktioniert mit ganz einfachen *offenen Fragen:*

>*Wie ist Ihre Meinung zu dem Thema xy?*«

>*Wieso glauben Sie auch, dass das eine gute Idee ist?*«

>*Was genau macht Sie so sicher, dass Ihre Entscheidung die richtige ist?*«

>*Wieso sind Sie von xy so überzeugt?*«

>*Was bedeutet Ihre Entscheidung für das Team?*«

>*Wieso glauben Sie, dass wir mit Ihrem Vorschlag unser Problem lösen?*«

>*Was meinen die anderen?*«

>*Herr xy, würden Sie dem zustimmen? Wenn ja, warum?*«

»Was sind die Vorteile/Nachteile von ...?«

»Überlegen wir noch einmal in Ruhe: Was bedeutet xy? Warum sollen wir so vorgehen?«

Sie haben es kapiert! Auf diese Fragen kann jeder seine eigene Meinung äußern. Viele Meinungen bedeuten einen Meinungsaustausch. Mehr braucht eine aktive Gruppendiskussion nicht. Und Sie stechen aus der Gruppe hervor! Wieso? Na, weil Sie es schaffen, die Diskussion, den Meinungsaustausch mit Ihren wenigen Fragen immer wieder weiter voranzutreiben. Sie bringen sich aktiv ein und geben allen anderen die Chance, sich ebenso zu beteiligen. Sie beweisen also immer wieder Ihre Teamfähigkeit!

Was haben Sie beim Fragen noch gemerkt? Richtig: Ihre *Fragetechnik* ist genauso wichtig:

✔ Das Fragewort – was, wie, wo ... – gehört immer an den Anfang Ihres Fragesatzes. Warum? Damit jeder gleich weiß, was los ist: Achtung! Jetzt kommt eine Frage! Und schon konzentriert sich jeder auf Sie. Sie erzielen damit bewusst Aufmerksamkeit.

✔ Finger weg von Kettenfragen! Sie wollen doch nicht Fragen, die sich aneinanderreihen, ohne Punkt und Komma, mit vielen wichtigen Detailfragen, die so verwirrend sind, dass Sie am Ende gar nicht mehr wissen, was gerade als Erstes gefragt wurde, oder? Das braucht keiner! Immer mit der Ruhe, stellen Sie lieber eine Frage nach der anderen. Oft ist Ihre nächste Frage schließlich abhängig von der Antwort, die gerade gegeben wurde.

✔ Sie denken dran: nicht auf ein Frage-Pas-de-Deux einlassen! Das gibt dann keine Gruppendiskussion, sondern einen Dialog. Der ist nun mal nicht gewünscht. Richten Sie immer wieder Fragen an die ganze Gruppe. Fällt Ihnen auf, dass sich so ein, zwei Mitbewerber gar nicht verbal beteiligen, sprechen Sie diese direkt mit Ihrer Frage an. Sie haben wieder gepunktet! Haben Sie doch auch zurückhaltenden Mitbewerbern eine Chance gegeben. Sie sind einfach klasse!

Und wie war das noch mal? Was machen Sie, wenn Ihnen eine Frage gestellt wird, die Sie nicht gleich beantworten können? Genau: freundlich zurückfragen:

»Habe ich Sie richtig verstanden, dass ...«

Schon haben Sie den nötigen Zeitpuffer, um sich Ihre Antwort zu überlegen.

Alle Achtung! Sie haben es geschafft! Die Diskussion ist dank Ihrer Fragen prima gelaufen!

Wie geht es nach der Gruppendiskussion weiter? Wenn Sie auf Ihr Ergebnis warten müssen, werden Sie in einen separaten Raum, meist einen Pausenraum, gebracht, wo Sie noch ein wenig mit den anderen plauschen können. Mal sehen, ob Sie in die nächste Runde kommen! Versuchen Sie, sich etwas zu abzulenken und zu entspannen. Die kommenden Tests können nämlich noch anstrengender werden. Je gelassener Sie sind, desto lockerer und neugieriger können Sie weitermachen.

Und tschüs – Verabschieden Sie sich ordnentlich

Was kann noch passieren? Nach der Gruppendiskussion ist Sense und Sie werden direkt nach Hause geschickt. Schon möglich. Denn man los, verabschieden Sie sich. »Tschüs« und weg sind Sie. Nein! Nicht! Sie geben dem Interviewer und – sofern sie auch noch im Raum sind – den Beobachtern die Hand und sagen »Auf Wiedersehen.« Das ist das Mindestmaß an Höflichkeit und Sie besitzen es. Also beweisen Sie es erneut. Sie werden kaum die Chance haben, Ihren Mitbewerbern nochmals die Hand zu drücken. Passen Sie auf, wie schnell und fluchtartig die weg sind! Aber Sie machen das nicht! Sie fallen wieder positiv auf, indem Sie langsam gehen, kein Fluchtverhalten an den Tag legen und sich persönlich verabschiedet haben. Sie haben einen guten, ja sogar sehr guten Eindruck hinterlassen. Sie kommen bestimmt in die nächste Runde!

Fühlen Sie sich fit? Na dann probieren Sie doch aus, wie geschickt Sie die Aufgaben, die im Anhang unter *Übungsaufgaben* auf Sie warten, lösen können. Viel Spaß dabei!

Wie Gefühl erfolgreich macht – Die Geheimnisse psychologischer Testverfahren

14

In diesem Kapitel

▶ Vier Psycho-Testverfahren zum Kennenlernen

▶ Wie Sie sich auf Psycho-Tests vorbereiten können

▶ Und was Sie lieber nicht tun sollten

S ie befürchten, dass jetzt Ihr tiefes inneres Seelenleben durchforstet und für alle sichtbar wird? Keine Sorge! Psychologische Tests gehören heutzutage zum Bewerberauswahlverfahren »einfach dazu«. Sie werden mittlerweile sogar gelegentlich bei der Einstellung von Azubis im Handwerk angewendet. Psychologische Testverfahren sind eine Ergänzung zum Vorstellungsgespräch und werden zusätzlich zum Gruppeninterview oder auch anstelle des Gruppeninterviews eingesetzt, um noch besser herauszufinden, ob der Bewerber tatsächlich dem Anforderungsprofil des Jobs entspricht. Es sind also keine »Intelligenztests«, mit denen Ihr Intelligenzquotient festgestellt werden soll. Ganz im Gegenteil: Psychologische Tests erfordern unter anderem auch eine Menge Kreativität, *Ihre* Kreativität.

Überwinden Sie »schriftliche Hürden« spielerisch

Es sind tatsächlich fast ausschließlich schriftliche Aufgaben, die Sie lösen müssen. Sie können auch mit Übungen konfrontiert werden, die von Ihnen verbale Beschreibungen verlangen: Zum Beispiel werden Ihnen Bilder mit »willenlosen Zeichnungen«, also mit Farbklecksen oder unvollständigen Formen, vorgelegt und Sie müssen beschreiben, was Sie sehen. Was hinter diesen einzelnen Übungen steckt und welche Eigenschaften Ihr potenzieller neuer Chef so bei Ihnen erkennen will, erfahren Sie ausführlich auf den folgenden Seiten.

Wichtig ist für Sie zu wissen, dass für alle Arten dieser psychologischen Testverfahren vier so genannte *Gütekriterien* maßgeblich sind:

✔ **Objektivität:** bedeutet, dass das Testergebnis nicht von dem, der es auswertet, beeinflusst werden darf! Jeder Bewerber bekommt die gleichen Aufgaben. Diese Aufgaben werden allen Bewerbern mit den gleichen Worten erklärt und die Auswertung der Aufgaben erfolgt nach einheitlichen Richtlinien.

✔ **Zuverlässigkeit:** Psychologische Testverfahren sind wissenschaftliche Tests. Diese wissenschaftlichen Tests müssen anhand einer Werteskala, die von 0 über 0,1, 0,2, und so weiter bis 1,0 reicht, einen Zuverlässigkeitsgrad von mindestens 0,85 erreichen, damit sie auch tatsächlich als _zuverlässig_ gelten. Dieser Wert von 0,85 sagt aus, dass der Test bei Wiederholung unter den gleichen Bedingungen in ca. neunzig von einhundert Fällen zum selben Ergebnis führt.

✔ **Normierung:** Halten Sie die gerade beschriebene Werteskala noch einen Moment fest, denn alle soeben individuell gemessenen Werte müssen sich nun mit den gesamten Messergebnissen einer Personengruppe vergleichen lassen, die eine Bewerberauswahl für den gleichen Job durchlaufen.

✔ **Gültigkeit:** Jeder Test darf nur die Merkmale und Eigenschaften messen, für die er entwickelt wurde. Ein Test, der zum Beispiel soziale Eigenschaften wie Kontaktfähigkeit messen soll, darf weder die Konzentrationsfähigkeit noch die Kreativität eines Bewerbers messen.

Ganz schön interessant, nicht wahr? Und beruhigend, denn Sie wissen jetzt, dass Sie keinen willenlosen Spielereien und Befragungen ausgesetzt werden, sondern dass ein klares System hinter all diesen psychologischen Tests steckt. Mal sehen, _wie systematisch_ solche psychologischen Tests ablaufen.

Es gibt sie in Hülle und Fülle: Die Testvarianten

Das ist auch gut so. Sonst würden diese psychologischen Tests irgendwann total langweilig werden, vor allem für Sie als Bewerber. Damit das nicht passiert, haben viele Spezialisten ganz unterschiedliche Testarten ausgearbeitet und gleichzeitig verschiedenen Schwerpunkte gesetzt. Sie werden jetzt gleich einige Beispiele der bekanntesten Testverfahren kennen lernen. Es gibt noch viele andere, aber hier noch weiter ins Detail zu gehen, würde die Seitenzahl dieses Buches unnötig nach oben treiben.

 Wenn Sie gleich Lust bekommen, noch mehr dieser psychologischen Testverfahren kennen zu lernen, dann schauen Sie doch einfach selbst nach, was es noch so alles gibt. Das gute alte Internet hilft Ihnen gerne dabei! Geben Sie über eine Suchmaschine den Begriff »Psychologische Testverfahren« ein und lassen Sie sich überraschen, was Ihnen zusätzlich präsentiert wird.

Das DISG-Persönlichkeitsprofil

Die vier Buchstaben des DISG-Persönlichkeitsprofils stehen für konkrete Begriffe, besser gesagt für konkrete Eigenschaften, die an Ihnen getestet werden:

✔ **D**ominant

✔ **I**nitiativ

✔ **S**tetig

✔ **G**ewissenhaft

Diese vier Eigenschaften charakterisieren vier verschiedene Verhaltenstypen. Wie sehen diese Verhaltenstypen konkret aus?

✔ **Der *dominante* Typ:** ist tonangebend. Er ist durchsetzungsfähig, und zwar auf Biegen und Brechen. Seine Risikobereitschaft ist ebenfalls stark ausgeprägt und daher ist er auch entscheidungsfreudig. Er übernimmt gerne das Kommando, ist konsequent und direkt. Phasenweise legt er ein derart autoritäres Verhalten an den Tag, dass er auch gerne als »Choleriker« bezeichnet wird.

✔ **Der *initiative* Typ:** ist kontaktfreudig und kommunikativ. Er kann andere locker unterhalten, sie begeistern und schafft es gleichzeitig, sich problemlos in Teams zu integrieren. Der geborene Optimist!

✔ **Der *stetige* Typ:** ist wie der Fels in einer Brandung! Seine Geduld und Hilfsbereitschaft machen ihn sympathisch und beliebt. Ein bodenständiger Typ, der sich gerne zum Spezialisten entwickelt. Es kann aber auch passieren, dass er zu gerne an einmal vereinbarten Arbeitsabläufen festhält und als phlegmatisch eingestuft wird.

✔ **Der *gewissenhafte* Typ:** ist ein Perfektionist! Kritisch und konzentriert analysiert er Probleme und Aufgaben. Sein Qualitätsbewusstsein ist stark ausgeprägt. Bisweilen führt sein intensives Interesse an Aufgaben dazu, dass er introvertiert, manchmal sogar melancholisch wirkt.

Nun hören Sie bloß auf, zu überlegen, welcher Typ Sie sind! Es geht nicht darum, Sie ganz konkret einem dieser vier Typen zuzuordnen, sondern darum, herauszufinden, welche Anteile der verschiedenen Typen bei Ihnen in welcher Kombination vorherrschen. Ganz schön interessant, nicht wahr? Sind Sie also zum Beispiel so teamfähig wie der *initiative* Typ und besitzen ein gleichermaßen ausgeprägtes Durchsetzungsvermögen wie der *dominante*? Oder streben Sie nach Perfektion wie der *gewissenhafte* Typ und sind dabei so geduldig und ausdauernd wie der *stetige*? Und und und ... Merken Sie etwas? Genau: Die Mischung macht's! Wie will ein potenzieller Arbeitgeber nun mittels DISG-Persönlichkeitsprofil herausfinden, ob Sie die richtige Mischung für den angebotenen Job sind? Ganz einfach: Er stellt Ihnen viele, viele Fragen:

✔ Meistens stehen neben den Fragen vorformulierte Antworten, von denen Sie nur die anzukreuzen brauchen, die auf Sie zutrifft (*Multiple-Choice-Verfahren*).

✔ Oder es stehen neben diesen Frage die klassischen Werteskalen zur Verfügung mit »trifft voll auf mich zu / trifft ab und an auf mich zu / trifft selten auf mich zu / trifft überhaupt nicht auf mich zu«.

Kommt Ihnen das alles nicht irgendwie bekannt vor? Hey, Sie haben gut aufgepasst! In Kapitel 2 *Erstellen Sie Ihr Persönlichkeitsprofil* haben Sie mit genau solchen Auswertungstabellen gearbeitet! Sie haben also bereits Ihren ersten psychologischen Test schon längst absolviert! Und der war gar nicht so schwierig, nicht wahr? Schön, dann brauchen Sie auch den DISG-Persönlichkeitsprofil-Test nicht zu fürchten. Vor allem nicht, weil Ihnen mit ähnlichen Fragen, wie Sie sie bereits aus Kapitel 2 kennen, auf den Zahn gefühlt wird. Zum Beispiel will Ihr potenzieller neuer Arbeitgeber Folgendes wissen:

✔ Was sind Ihre größten Stärkten?

✔ Legen Sie Wert auf intensive Zusammenarbeit mit Ihrem Chef?

✔ In welchem Arbeitsumfeld fühlen Sie sich wohl?

✔ Wie rasch erkennen Sie Konfliktsignale bei anderen?

✔ Welche Bedeutung hat Ihr Beruf für Sie?

✔ Sind Sie ein Volltischler oder ein Leertischler?

✔ Telefonieren Sie gerne?

✔ Was bedeutet für Sie »kommunikativ veranlagt sein«?

Fein. Jetzt haben Sie endgültig erkannt, dass Sie dem DISG-Persönlichkeitsprofil-Test auf alle Fälle gewachsen sind. Mal sehen, ob das bei den anderen Testverfahren auch so ist. Sie können gerne Ihr ganz persönliches DISG-Persönlichkeitsprofil erstellen lassen. Wie? Na wie wäre es mit dem guten alten Internet? Geben Sie doch mal den Link www.coachteam.de/persönlichkeitstest-persönlichkeitsanalyse ein. Sie gelangen dann auf die Seite, die Sie in Abbildung 14.1 sehen. Nur keine Hemmungen, nehmen Sie ruhig mit dem Anbieter Kontakt auf. Sie wissen doch: Fragen kostet nichts.

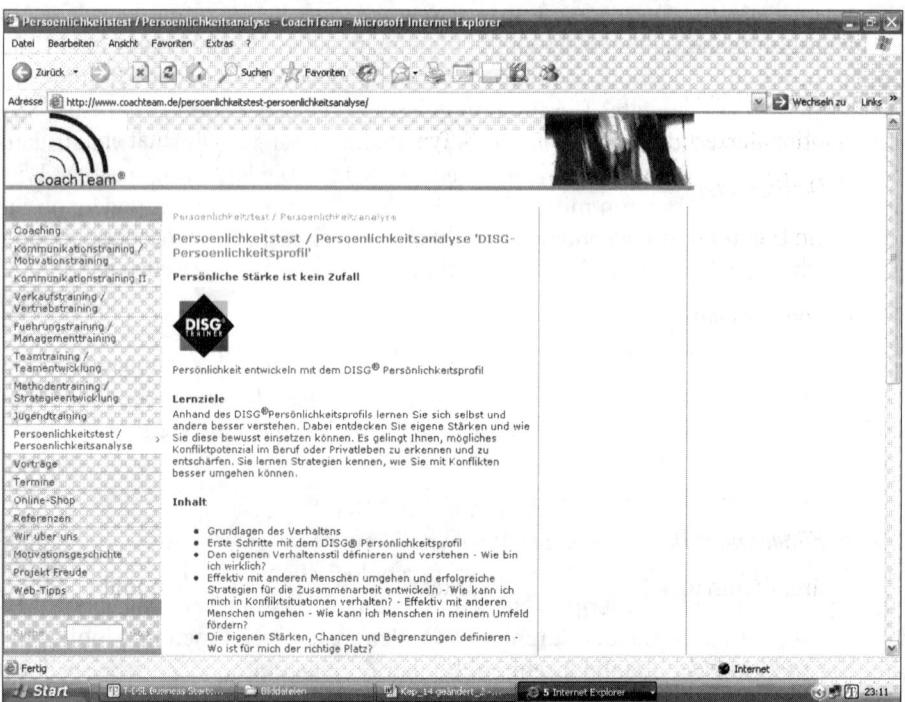

Abbildung 14.1: Testen Sie doch mal, wie Ihr DISG-Persönlichkeitsprofil aussieht.

Das Enneagramm

Das ist auch was für Sie! Das Enneagramm ist genauso wie das DISG-Persönlichkeitsprofil eine Typenlehre, die sich allerdings nicht mir vier Typen zufrieden gibt, sondern eine Einteilung in neun Persönlichkeitstypen vornimmt. Raten Sie mal, was Sie machen müssen, um herauszufinden, welcher Typ Sie sind? Richtig: Fragen beantworten, in dem Ihnen bereits bekannten Stil.

Es gibt eine ganze Menge Bücher, die sich nur mit diesem Thema befassen und Ihnen jede Menge Tests anbieten. Sie werden überrascht sein, wie ausführlich die neun Enneagramm-Typen jeweils beschrieben sind:

✔ **Typ 1:** *Reformer oder Perfektionist*

Ein Typ, der an Prinzipien festhält, gerne Dinge verbessert und bei seinem Streben nach Perfektion häufig intolerant wirkt.

✔ **Typ 2:** *Helfer oder Fürsorglicher*

Ein freundlicher, allzeit hilfsbereiter Kollege, der sich selbst gerne in den Schatten stellt, um als Märtyrer gefeiert zu werden.

✔ **Typ 3:** *Macher oder Statusmensch*

Ein ehrgeiziger, zielstrebiger und erfolgheischender Zeitgenosse, der es genießt, im Mittelpunkt zu stehen. Er (ver)urteilt andere gerne aufgrund von Äußerlichkeiten und ist selbst ausgesprochen eitel.

✔ **Typ 4:** *Künstler oder Romantiker*

Ein emotionaler, erfinderischer, kreativer Typ, der gerne mal der Realität entflieht.

✔ **Typ 5:** *Denker oder Beobachter*

Nein, kein Dichter und Denker, denn Erfindungen liegen ihm nicht. Er geht ausgesprochen analytisch vor, will alles bis ins kleinste Detail wissen und wirkt bisweilen introvertiert.

✔ **Typ 6:** *Loyaler oder Fragender*

Ein vertrauenswürdiger Typ, der mit seinen Kollegen kommunikativ umgeht und gegenüber seinen Vorgesetzten autoritätswahrend auftritt.

✔ **Typ 7:** *Vielseitiger oder Abenteurer*

Ein energiegeladener, impulsiver Typ, der auch gerne mal »das Extreme« ausprobiert.

✔ **Typ 8:** *Führer oder Boss*

Autoritäre, dominante Typen, die ein starkes Selbstbewusstsein haben und andere gerne führen.

✔ **Typ 9:** *Friedliebender oder Harmonischer*

Ein ruhiger besonnener Typ, den andere gerne mögen, obgleich er selbst sich durchaus gerne mal einem Eremitendasein verschreibt.

Sie werden mit Sicherheit feststellen, dass Sie selbst eine Mischung aus verschiedenen Typen sind. Laut Enneagramm kommen die kurz beschriebenen neun Typen in drei Ausprägungen vor:

✔ einer gesunden

✔ einer durchschnittlichen

✔ einer krankhaften

Je nachdem, welche Typisierung wie stark ausgeprägt ist, beeinflussen sich diese unterschiedlichen Typen gegenseitig, positiv wie negativ. Sind Sie zum Beispiel der geborene Abenteurer und haben ein ausgeprägtes Führungsverhalten? Dann kann es durchaus sein, dass Sie mit einer leidenschaftlichen Impulsivität Ihrer Autorität frönen und radikal Entscheidungen über die Köpfe andere hinweg fällen und umsetzen. Oder sind Sie vielleicht ein Denker und Beobachter mit einer künstlerisch, romantischen Veranlagung? Dann kann es passieren, dass Ihre analytische Ader eine gesunde Portion Kreativität bekommt. Nun, welcher Typ beziehungsweise welche Typen passen denn in welcher Ausprägung zu Ihnen? Versuchen Sie, sich einfach spontan zu typisieren. Ja, jetzt, ohne irgendwelche Fragen zu beantworten. Verlassen Sie sich auf Ihr Bauchgefühl und schreiben Sie sich auf, welcher Typ nach Ihrer Auffassung zu Ihnen passt und ob dieser Typ bei Ihnen gesund, durchschnittlich oder schon krankhaft ausgeprägt ist. So und jetzt machen Sie doch mal einen kostenlosen Enneagramm-Test online.

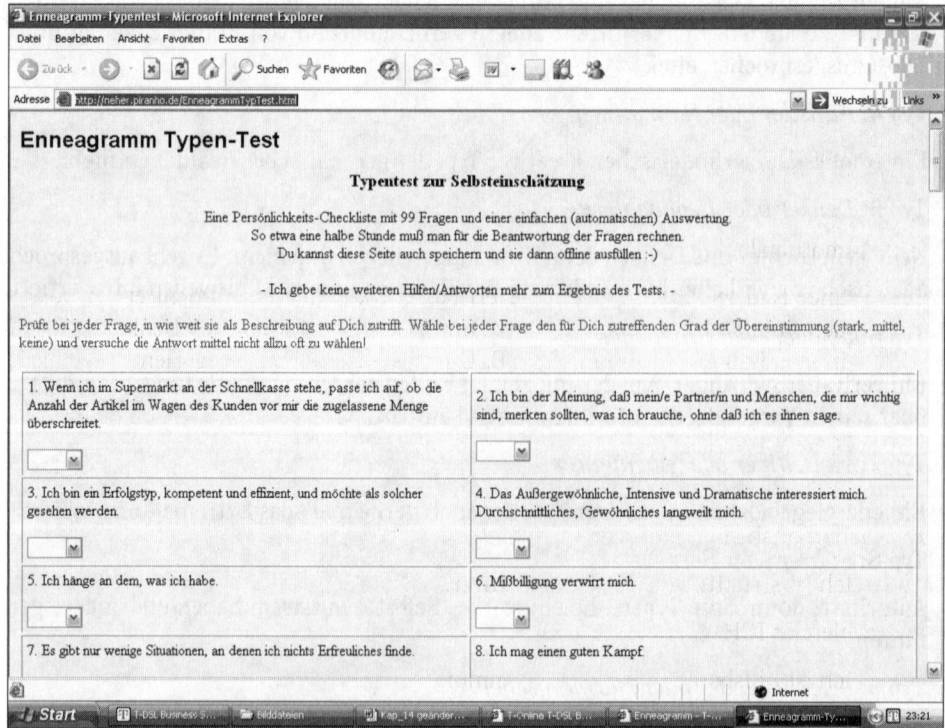

Abbildung 14.2: Eine schöne Enneagramm-Test-Möglichkeit

Unter `http://neher.piranho.de/EnneagrammTypTest.html` können Sie in aller Ruhe Ihren Enneagramm-Test absolvieren. Mal sehen, ob Ihre persönliche Einschätzung mit dem Testergebnis übereinstimmt (siehe Abbildung 14.2)!

Das H.D.I. - Herrmann-Dominanz-Instrument

Dieses Instrument ist für Sie besonders interessant. Das Herrmann-Dominanz-Instrument ist eine Selbstanalyse und gibt Ihnen Aufschluss über Ihre bevorzugte Denk- und Verhaltensweisen. Und zwar genau so, wie Sie sich selbst sehen. Basis für diese Selbstanalyse ist Ihr Gehirn. Wissen Sie noch, wie Ihr Gehirn aufgeteilt ist? Richtig: in Großhirn, Zwischenhirn und Stammhirn. Jede Hirnhälfte hat besondere Funktionen. Für die Selbstanalyse spielen die linke und rechte Hälfte des Großhirns eine ausschlaggebende Rolle.

Die linke Hälfte des Großhirns ist bei den meisten Menschen verantwortlich für

✔ Sprache

✔ Logisches Denken

✔ Vernunft

Es ist also Ihre rationelle und analytische Seite, mit deren Hilfe Sie zum Beispiel Probleme lösen.

Die rechte Hälfte des Großhirns »verwaltet« die Koordination von

✔ Bildern

✔ Mustern

✔ Vorstellungen

✔ Ideen

Es ist Ihre emotionale, kreative Seite.

Der Amerikaner Ned Herrmann, der das Herrmann-Dominanz-Instrument entwickelt hat, macht sich den Aufbau des Gehirns zu Nutze und teilt die menschlichen Denk- und Verhaltensweisen in vier Kategorien, nämlich A, B, C und D. Allen vier Kategorien sind konkrete Merkmale zugeordnet wie zum Beispiel:

✔ **A** = Rationales ICH

Dieses Ich ist realistisch, analytisch, logisch, kritisch, sachbezogen.

✔ **B** = Sicherheitsbedürftiges ICH

Dieses Ich ist strukturiert, organisiert, zuverlässig, ordentlich.

✔ **C** = Fühlendes ICH

Dieses Ich ist hilfsbereit, emotional, kommunikativ, extrovertiert.

✔ **D** = Experimentelles ICH

Dieses Ich ist kreativ, intuitiv, experimentierfreudig, neugierig, risikofreudig.

Jedes Ich hat also ganz bestimmte Fähigkeiten, aus denen der Mensch seinen ganz persönlichen Stil und besondere Vorlieben beziehungsweise Interessen entwickelt.

✔ Das *rationale ICH* zum Beispiel lässt Sie aufgrund seiner analytischen Ausprägung sorgfältig und präzise arbeiten. Ihr besonderes Interesse gilt einer ordentlichen, effizienten Leistung. Auf Ihre Mitmenschen können Sie deswegen durchaus kalkulierend und rücksichtslos wirken.

✔ Ihr *sicherheitsbedürftiges ICH* geht mit vorbildlicher Disziplin und recht methodisch an Aufgaben heran. Qualität und Zuverlässigkeit spielen für Sie eine große Rolle. So können Sie bei anderen den Eindruck erwecken, Sie seien pedantisch und langweilig.

✔ Aufgrund Ihres *fühlenden ICHs* sind Sie bei allem, was Sie tun, freundlich, mitfühlend, einfach ein sozialer Typ. Liebe und Menschlichkeit stehen bei Ihnen hoch im Kurs. Andere empfinden Sie dagegen möglicherweise als übersensibel und unprofessionell.

✔ Ihr *experimentelles ICH* sorgt dafür, dass Sie fantasievoll und kreativ an Aufgaben herangehen. Sie lieben Entdeckungsreisen und haben Spaß daran, Konzepte zu entwickeln. Auf andere können Sie deshalb auch impulsiv und chaotisch wirken.

Wie finden Sie das alles nun heraus? Na klar: mittels eines Fragebogens. Dieser Fragebogen besteht aus 120 Fragen, die in gut zwanzig Minuten beantwortet werden können. Unter `www.hazweioh.de/pdf-lager/ganzhirnkonzept/HDIformular.pdf` finden Sie diesen Fragebogen. Und es erwarten Sie solche Fragen wie in Abbildung 14.3.

Ausgewertet wird Ihr Fragebogen bei einer lizenzierten Stelle mittels eines speziellen Computerprogramms. Sie alleine bekommen das Ergebnis der Auswertung mit einer ausführlichen Erläuterung. Keine Sorge: Das Ergebnis ist prinzipiell wertneutral. Das bedeutet also, dass es keine »guten« oder »schlechten« Ergebnisse gibt. Ganz im Gegenteil: Diese Selbstanalyse kann Ihnen einiges über Ihre beruflichen Fähigkeiten verraten. Online-Tests sind in diesem Bereich derzeit noch selten. Wenn Sie sich intensiver mit dem Herrmann-Dominanz-Instrument befassen wollen, dann werfen Sie doch mal einen Blick in die nachstehende Literatur:

✔ Ned Herrmann: Kreativität und Kompetenz. Das einmalige Gehirn. Mit dem Originalfragebogen. Fulda: Paidia-Verlag 1991.

✔ Ned Herrmann: Das Ganzhirn-Konzept für Führungskräfte. Welcher Quadrant dominiert Sie und Ihre Organisation? Wien: Ueberreuter 1997.

✔ Roland Spinola, Frank D. Peschanel: Das Hirn-Dominanz-Instrument (HDI) – Grundlagen und Anwendungen des Ned-Herrmann-Modells (HBDM) für die Personalentwicklung. Speyer: Gabal 1988; 3. Aufl. 1992.

Insbesondere der Originalfragebogen in *Kreativität und Kompetenz. Das einmalige Gehirn* kann Ihnen einiges über Ihre Persönlichkeit verraten. Probieren Sie's doch aus! Klicken Sie auf `http://www.strategie-b.de/h-d-i/hdi-fragebogen.html`. Da wird Ihnen ein Fragebogen samt Auswertung angeboten (siehe Abbildung 14.4) – allerdings nicht kostenlos:

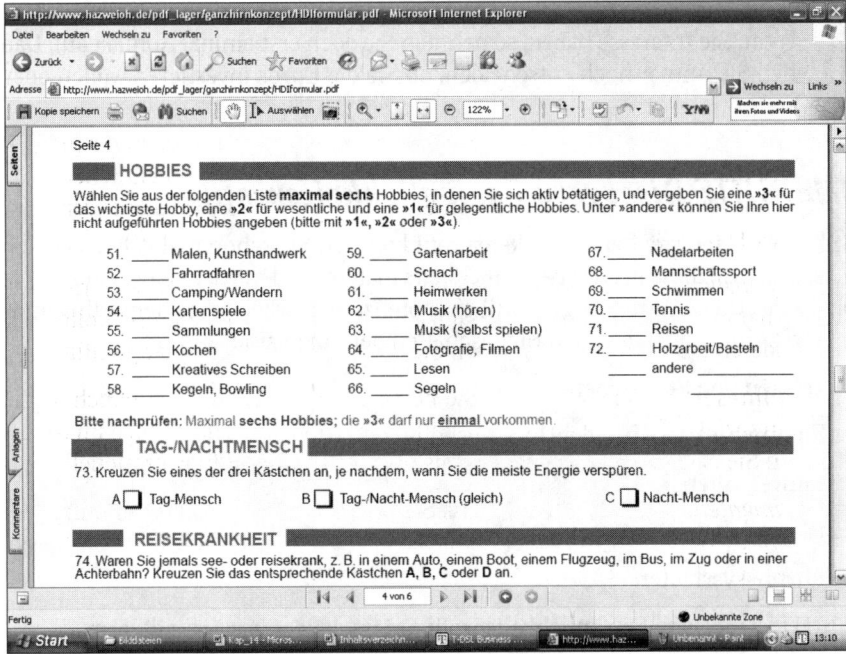

Abbildung 14.3: Fragen über Fragen …

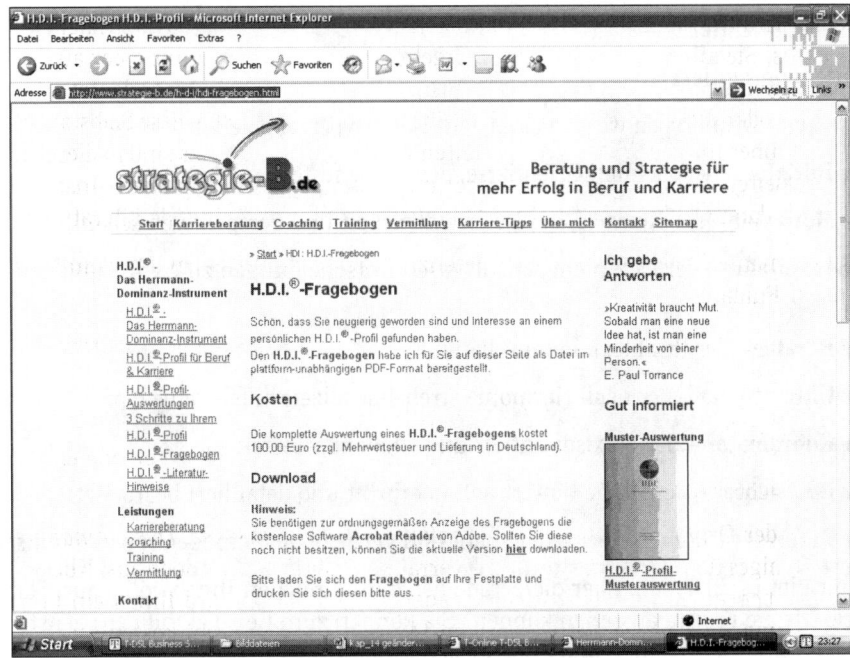

Abbildung 14.4: Eine weitere mögliche Testvariante für das Herrmann-Dominanz-Instrument

 Wenn Sie Interesse haben, so nehmen Sie doch erst einmal Kontakt auf. Dann können Sie immer noch entscheiden, ob Sie die Euros investieren wollen oder nicht.

Das INSIGHTS Discovery Persönlichkeitsprofil

Vom INSIGHTS Discovery Persönlichkeitsprofil könnten Sie schon mal gehört, besser gesagt gelesen haben, denn diese Art der Persönlichkeitsanalyse wird mittlerweile in über 30 Ländern eingesetzt. Mittels eines Fragebogens will ein potenzieller Arbeitgeber herausfinden, wie ausgeprägt zum Beispiel die folgenden Eigenschaften bei Ihnen sind:

✔ Ihre Stärken und Schwächen

✔ Ihre Kommunikationsfähigkeit

✔ Ihr Teamverhalten

✔ Ihr Ziel- und Zeitmanagement

✔ Ihr Führungsverhalten

Das INSIGHTS Discovery Persönlichkeitsprofil unterscheidet vier Grundtypen:

✔ Extrovertiert

✔ Introvertiert

✔ Aufgabenorientiert

✔ Menschenorientiert

Aus diesen vier Grundtypen werden dann acht Haupttypen abgeleitet:

✔ **Der Initiator** – der sachlich Orientierte, der Dinge testet und durchsetzt.

✔ **Der Motivator** – der Kreative, der Neues entwickelt und Perspektiven schafft.

✔ **Der Inspirator** – der sich nicht scheut, rasch Entscheidungen zu treffen und neue Ideen weitergibt.

✔ **Der Berater** – der flexible, kommunikative Typ.

✔ **Der Unterstützer** – der nach Harmonie strebende allzeit hilfsbereite Typ.

✔ **Der Koordinator** – der praxisorientiert und effizient arbeitet.

✔ **Der Beobachter** – der Dinge hinterfragt, überprüft und detailliert bearbeitet.

✔ **Der Reformer** – der das Abenteuer sucht und gerne neue Methoden um- und einsetzt.

Insgesamt gibt es 72 Typen. Aber die gerade genannten reichen Ihnen völlig aus. Haben Sie eine Idee, wie die Fragen aussehen können? Sie können zum Beispiel mit der nachstehenden Situation konfrontiert werden und müssen sich für eine Antwort entscheiden:

Sie sind im Supermarkt, kommen zur Kasse und haben es recht eilig. Von zwei Kassen ist nur eine Kasse besetzt und vor Ihnen stehen bereits acht Menschen mit vollen Einkaufskörben in der Schlange. Sie entdecken eine weitere Mitarbeiterin des Supermarktes, die eifrig Regale einräumt. Wie verhalten Sie sich:

✔ Sie warten geduldig, bis Sie an der Reihe sind.

✔ Sie schimpfen vor sich hin.

✔ Sie bitte die andere Mitarbeiterin höflich, die zweite Kasse zu öffnen.

✔ Sie fragen die anderen Personen in der Schlange, ob Sie jemand vorlässt.

Oder Sie dürfen zum Beispiel bei den folgenden Fragen wieder mal »Kreuzchen« setzen, die entweder sagen, dass Sie etwas »gar nicht«, »manchmal« oder »immer« machen:

✔ Kommunizieren Sie bei Ihrer verbalen Kommunikation auch nonverbal?

✔ Reden Sie gerne »um den heißen Brei herum«?

✔ Ist Projektarbeit für Sie Teamarbeit?

✔ Stellen Sie Ihre eigenen Bedürfnisse problemlos hinter die einer Gruppe zurück?

✔ Erkennen Sie Karrierechancen und nutzen konsequent jede sich bietende Gelegenheit?

✔ Nutzen Sie Ihr persönliches Netzwerk, um beruflich weiterzukommen?

Fällt Ihnen etwas auf? Richtig: Solche beziehungsweise ähnliche Fragen sind Ihnen bereits bei dem DISG-Persönlichkeitsprofil begegnet. Was sagt Ihnen das? Aha, diese unterschiedlichen psychologischen Tests laufen immer wieder auf das Gleiche hinaus. Es wird ein Stärken/Schwächen-Profil von Ihnen erstellt. Mehr nicht. Haben Sie noch immer Bedenken, Sie könnten in einem solchen Test »versagen«? Mal ehrlich: Versagen geht gar nicht! Was lediglich passieren kann, ist die Tatsache, dass Ihre Eigenschaften nicht die richtigen für den Job sind. Wenn dem so ist, brauchen Sie den Job auch nicht!

Klar können Sie auch hier online üben. Der Internet-Anbieter »Insights« bietet Ihnen unter http://www.typefocus.de/ einen entsprechenden Online-Fragebogen an(siehe Abbildung 14.5).

Auch hier gilt: Kontaktaufnahme ist erwünscht. Zumal Sie nur via Telefonanruf Ihren persönlichen Zugangscode für den Online-Test erhalten. Viel Spaß!

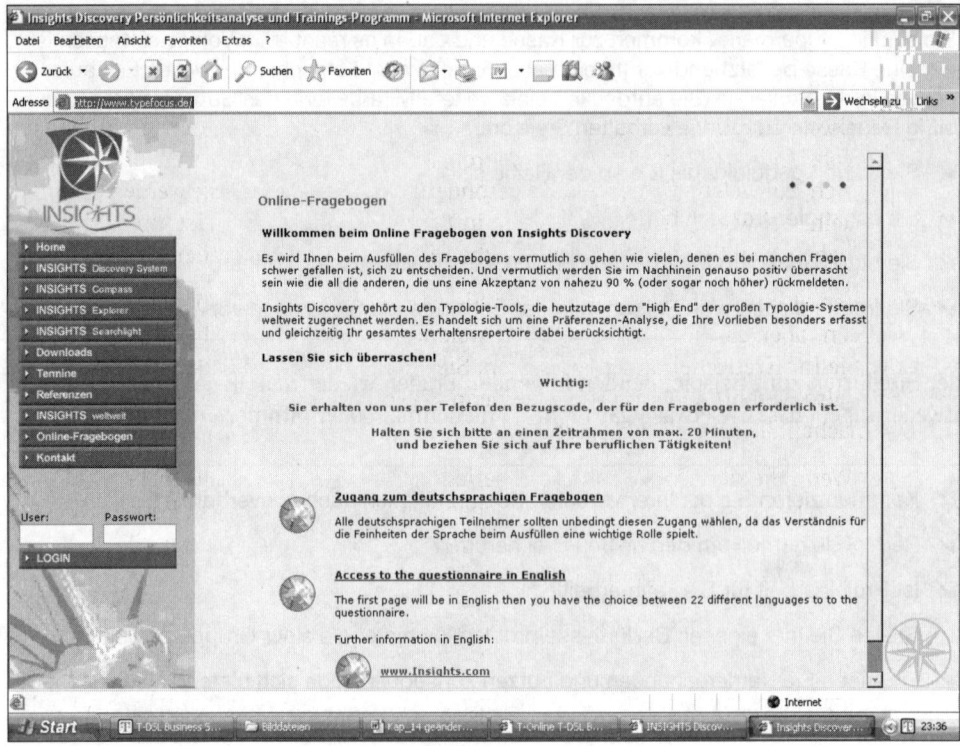

Abbildung 14.5: Wenn Sie Lust auf Ihren persönlichen INSIGHTS-Test haben, dann linken Sie sich ein.

Profilchecks mit Multiple Choice

Endlich was ganz Einfaches. Glauben Sie? Sie mögen also diese »Ankreuzaufgaben«? Das ist doch schon die halbe Miete! Haben Sie eine ungefähre Vorstellung, was auf Sie zukommt? Erst mal keine Fragen! Jetzt kommen handfeste Aussagen. Ob und inwieweit diese Aussagen auf Sie zutreffen, dürfen Sie dann mit Ihrem Kreuzchen entscheiden. Zum Beispiel könnte da stehen:

> Herausforderungen begegne ich mutig.

Und jetzt müssen Sie entscheiden, wo Sie Ihr Kreuzchen setzen:

✔ Immer

✔ Häufig

✔ Kommt darauf an

✔ Eher selten

✔ Nie

Dieses Muster zieht sich durch den ganzen Test. Gibt es etwas, das Sie sich zur Vorbereitung auf einen solchen Multiple-Choice-Test unbedingt vorher ganz genau ansehen sollten? Hey, Sie sind echt gut!

 Die Stellenausschreibung beziehungsweise das Anforderungsprofil des angebotenen Jobs! Gehen Sie das Anforderungsprofil aufs Neue detailliert durch und merken Sie sich, auf welche Eigenschaften besonders Wert gelegt wird. Sie werden überrascht sein, bei wie vielen Aussagen Sie in dem Multiple-Choice-Test ein Aha-Erlebnis haben, weil Sie erkennen, auf welche Eigenschaft die Formulierung abzielt!

Es kann Ihnen also durchaus passieren, dass Sie aus dem Bauch raus spontan eine Antwort geben würden, aber da Sie nun wissen, auf welche Eigenschaften es bei Ihrem Traumjob ankommt, Sie Ihr Kreuzchen woanders setzen. Sie gehen mit den Aussagen in dem Multiple-Choice-Test also wesentlich bewusster um, wenn Sie wissen, was im Job von Ihnen verlangt wird. Das machen Sie schon richtig gut!

 Wenn Sie sich trotz intensiver Überlegungen bei einer Aussage mal nicht für eine Antwort entscheiden können, weichen Sie auf eine »teils-teils«-Position aus. Achten Sie aber bitte darauf, dass dieses »teils-teils« in eine eher positive Richtung geht, damit Sie nicht am Ende als »Pessimist« dastehen.

Werfen Sie doch einen Blick ins Internet! Ein gutes Beispiel für Multiple-Choice-Aufgaben finden Sie unter: `www.stangl-taller.at` (siehe Abbildung 14.6).

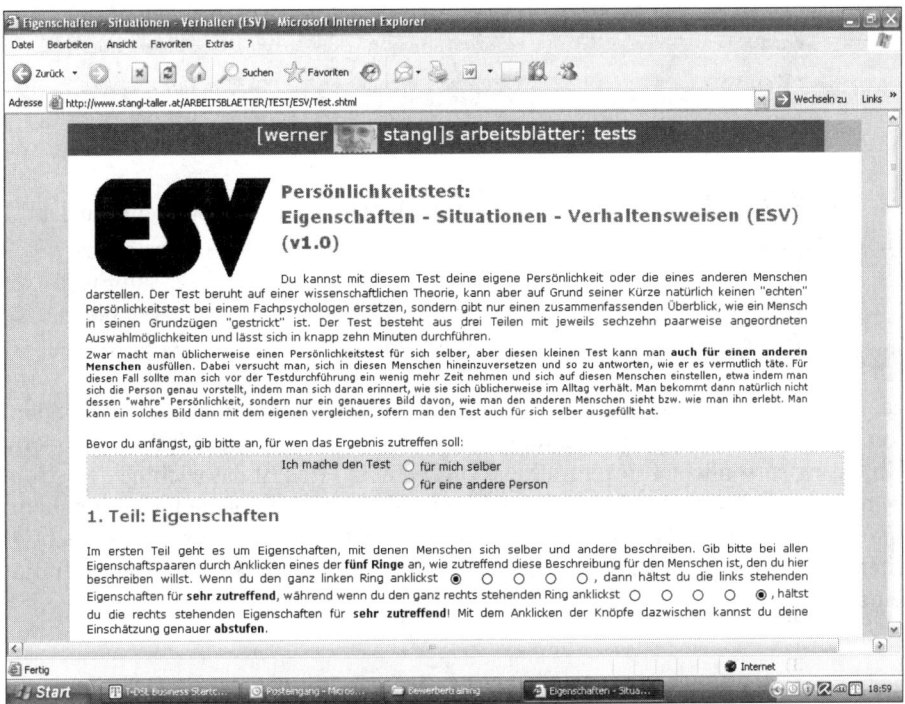

Abbildung 14.6: Testen Sie sich doch mal – hier sogar kostenlos

Wenn Sie alle Ihre »Kreuzchen« gesetzt haben, dann erhalten Sie ein Testergebnis, das zum Beispiel so aussehen kann wie in Abbildung 14.7.

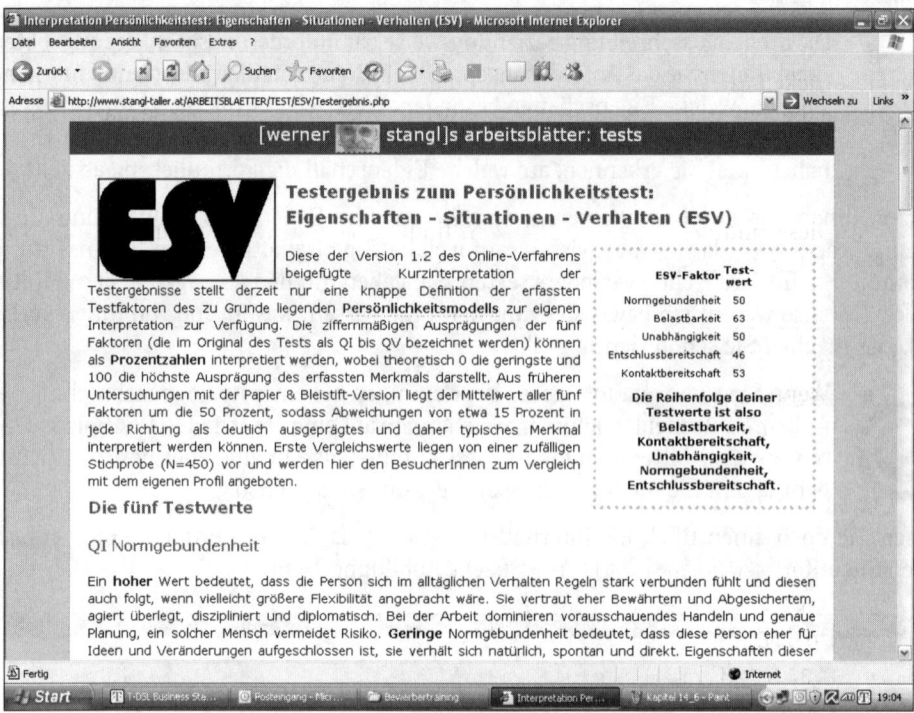

Abbildung 14.7: ... und sind Sie neugierig, wie wohl Ihr Testergebnis aussieht?

Na, wie sieht's aus? Wollen Sie den Test nicht endlich mal selbst ausprobieren? Auf geht's! Mal sehen, wie Ihr Ergebnis ist.

Konzentrationsübungen

Konzentrationsfähigkeit bei der Arbeit ist nichts anderes als die Ausdauer eines Sportlers, wenn er aktiv trainiert. Sie ist lernbar und je besser Sie sie beherrschen, desto »ausdauernder« wird Ihre ganz persönliche Konzentrationsfähigkeit auch. Was ist das wichtigste Instrument, mit dem Sie einen Konzentrationstest absolvieren? Genau: Ihr Köpfchen! Und vor allem Ihre *visuelle Aufmerksamkeit*. Wie lernen denn Sportler, ihre Ausdauer zu steigern? Richtig: mit gezieltem Training! Also, worauf warten Sie? Fangen Sie endlich an, Ihre Konzentrationsfähigkeit zu trainieren!

123 & ABC - Üben Sie intensiv

Schauen Sie sich doch einmal die folgenden drei kurzen Übungsaufgaben an, damit Sie sehen, was bei Konzentrationstests von Ihnen verlangt wird. Gehen Sie bitte erst mit aller Ruhe an diese Aufgaben heran, nehmen Sie sich eine Stoppuhr und wenn Sie mit der ersten Aufgabe beginnen, drücken Sie auf Start. Sind Sie mit dieser Aufgabe fertig, stoppen Sie die Uhr und notieren sich die Zeit, die Sie für diese Aufgabe gebraucht haben. Das Gleiche machen Sie mit den anderen beiden Aufgaben auch.

 Diese und die folgenden Übungen finden Sie als Download unter http://www. wiley-vch.de/publish/dt/books/ISBN3-527-70325-X.

Übung 1

Ergänzen Sie die Aufgabenreihen.

1.   c c c c c c c c c c c c c c c c c
2.   cd c cd c cd c cd c cd ....cd
3.   20 19 18 17 16 15 14 13 12 ... 10
4.   7 3 7 3 7 3 7 3 7 3 7 7
5.   o aa o bb o cc o dd o ee .... o
6.   2 a 4 c 6 i 8 ...... u
7.   40 37 34 31 28 13
8.   5 3 6 4 10 42
9.   m ll o pp q vv
10. acb dfe gjh ... ... xzy
11. 555 z 666 y vvv
12. 3 6 9 12 36
13. ab de gh ... ... yz
14. uts rqp ... ... cba
15. 83 43 73 33 13

Übung 2

Streichen Sie in den Buchstabenreihen alle **n, m** und **u** heraus, aber auch wirklich alle!

1. c f r g n u h g j m k a i n o r w m p q q v b u u n z t m n u x y a r e n o n m

2. g b n u j u u u h j k i o p m b w a m m z t p l k m x c y w m w n u s f t g u z

3. a s e r d f n m k i u i o u p u j k m b g r t n m l p v n u e r t v u v n v u m k

4. c d f g b m n z g u kl h z w t u n m g h tz cv ed uj uhv mpl ngr dre nhb k l m

5. n h u m n j r n h t z r g h j k z u r n i u t n v b h n u n z wet cgf uulommppj jg tnm t r w

6. h u h n j k i u z h j k l i n z u n d u n d u n d u n d zt redf gelds zuordnung tz u h gjj zuzuzu

7. v t z e richtung t r i n drunterundweg oiu hinundwieder hz t t g b n m p q a

8. setzdichrichtighin jkjjhb huuuhnundhahn laufen w g r u h t z pppg rg unbgt

9. mhuztruinhguzenbgeb ge bhzrb tosjncue khensgcen jkmoiune dienndhehn u

10. gehiens euth lhweins ohwen o beiwen bslnjerhohn zuowein hbeowen hgj lh

11. lkoiuenbw bwekj wkwe whe ehioe be hnkbheu ljiheg hibew h nweimm chg

12. k bwhe i h ew hb eoihe bel wiehr n biewhe rl m.mohin ben eh ben hbeg w h

13. lwienb ewzehb benw e be hkl h e he lh enb e hknb eowbe iweteb bly aa aiub

14. j gn vu hg etb i gwej beuib m n bjughue uwb nbeigw i h ta e azb bze t oh ta

15. nochimmmernichtamende bien w beowehn bzs oh ebw jlk owe behwe baonb

16. nbbeu wg beixg b wg bjub tweb veugbb acbr eub uuueb z vben tmm beh ohte

17. wen ibh eweoh ben wihb emk h mcne be wugeb e ig be wg b ewoen gab bjeiw

18. oweinb ehwe tg alibe m mnubew ekb ubeoh be mahteh iube wmned be kwbe

19. benw h beiu lbe h v neihe beh nhwo be mbeoiw boenm mdne ba boe wel bah

20. m r t z g j bu m d z dj b g t u i d sh d b a s e v n u m n m u g t f b jgen ef t e j

21. beiwn beimnt ls ifh j t z p k l h ie hent mo uj nb gt c v f r n h j z u u u c v uvv

22. bhe ich we bosh ce baoen mbniub oh eobhe n owghbwne bowiuebg bnaohe b

23. bwne eb bwoeir bal lkchrntz aboh btnaob kient albien bla aih blsa bh zmbihe g

24. bewhiubuuujen bewhe beinn wewene mm nbnei alibeh wen bwiean biemmnne

25. bnn ibue nang emin bmin tenib hbntnuuvuv ubneonnb ibjeiuben bih anbeitn mnb

Übung 3

Ordnen Sie den angegebenen Buchstaben das entsprechende Zeichen zu.

A	B	C	D	E	F	G	H	I	K	L	M	N	O	P
=	!	$	%	&	?	§	+	-	/	#	:	;	}	{

B	E	E	N	O	H	L	D	P	K	A	B	N	P	E

I	I	K	L	L	M	F	G	K	O	P	A	C	C	E	L

A	A	B	B	C	C	H	H	I	I	L	L	M	M	N

H	I	D	D	E	O	P	O	P	P	O	L	K	M	P

K	L	K	L	M	G	A	K	L	B	E	L	M	N	O

F	G	P	K	A	B	G	L	P	A	D	A	F	H	I	I

K	M	O	D	A	B	P	N	G	E	H	E	G	M	N

O	P	E	E	E	L	M	N	C	O	O	O	H

L	K	F	D	E	A	B	G	M	N	O	A	D	H	L

P	O	N	M	L	E	F	G	H	I	K	D	C	B	A

D	E	F	G	K	L	N	O	P	A	B	C	H	I	K	O

F	A	K	P	N	F	L	H	I	F	B	O	G	D	E	P

Und wie geht's Ihnen jetzt? Gar nicht so einfach, diese drei kleinen Übungen, nicht wahr? Wie lange haben Sie für jede Übung gebraucht? Was, sooo lange? Das muss sich aber wirklich ändern! Aber auf keinen Fall zu Lasten der Qualität! Sie wollen schließlich keine Fehler machen. Für diese Übungen dürfen Sie insgesamt maximal eine gute Viertelstunde brauchen. Mal sehen, wie Sie Ihre Zeit besser in den Griff kriegen.

Übung macht den Meister: So steigern Sie Ihre Konzentrationsfähigkeit noch weiter

Sie haben gerade recht gemütlich drei kurze Übungsaufgaben gelöst und jede Menge Zeit dafür gebraucht. Das ist vollkommen normal, weil Sie zuerst einmal verstehen müssen, was von Ihnen verlangt wird, und erst dann zu »arbeiten« beginnen können. Bis Sie wissen, um was es geht, verstreicht schon etwas Zeit. Wie schaffen Sie es, diese Zeit so kurz wie möglich zu halten und relativ schnell zu verstehen, was Sie in einer Übung gleich machen müssen? Richtig: indem Sie üben, üben, üben. Wenn's geht, mit vielen unterschiedlichen Übungsaufgaben. So werden Sie gut gewappnet sein, wenn Sie vor Ihrem Bewerbungstest sitzen.

Was können Sie noch tun, um Zeit sparen zu lernen? Hey, Sie sind wirklich gut! Setzen Sie sich für jede Übung ein Zeitlimit! Fangen Sie mit den drei Beispielübungen an:

✔ Übung 1 muss in drei Minuten vollständig abgearbeitet sein.

✔ Übung 2 sollten Sie innerhalb von zweieinhalb Minuten ergänzen.

✔ Übung 3 sollte nicht länger als zehn Minuten in Anspruch nehmen.

Und los geht's! Na, was glauben Sie, wie lange Sie üben werden, bis Sie die Aufgaben innerhalb der Zeitvorgaben fehlerfrei lösen können? Wagen Sie es ja nicht, aufzugeben, bevor Sie Ihre gerade gesteckten Zeitziele erreicht haben! Zeigen Sie Biss. Den brauchen Sie nämlich auch im realen Bewerbungstest. Wieso wohl? Korrekt: Da kriegen Sie nämlich für jede Übung eine feste Zeit vorgegeben und ist dieses Zeitlimit erreicht, müssen Sie auch die Übung beenden, egal, wie weit Sie gekommen sind. Deswegen ist es so wichtig, dass Sie sich gut vorbereiten und Ihre Konzentrationsfähigkeit ausbauen!

 Am Ende dieses Kapitels finden Sie nützliche Hinweise auf kostenlose Testübungen. Sie werden überrascht sein, wie viele verschiedene Typen es für diese Übungen gibt und wie knapp die Zeit zum Lösen bei manchen bemessen ist. Nutzen Sie diese Chance auf alle Fälle für Ihre eigene Vorbereitung! Einfacher können Sie Ihre Konzentrationsfähigkeit nicht trainieren.

Wer die Wahl hat ...: Sätze vervollständigen

Ahnen Sie schon, was jetzt noch kommt? Logisch: Die Überschrift ist zwar kurz, aber dafür aussagekräftig! Eine weitere beliebte Übung besteht darin, Ihnen unvollständige Sätze zu präsentieren, die Sie ergänzen sollen. Diese Sätze können recht unterschiedlich »aufgemacht« sein:

✔ Es fehlen einzelne Wörter innerhalb eines Satzes.

✔ Es sind Satzanfänge oder Satzenden zu ergänzen.

✔ Sie bekommen Satzanfänge oder Satzenden, dazu einzelne Wörter und müssen das Ganze nun in einen sinnvollen Satz verpacken.

✔ Sie bekommen eine ganze Reihe einzelner Wörter und müssen daraus mehrere Sätze oder sogar eine kleine Geschichte kreieren.

Was soll ein solcher Test denn beweisen? Eine ganze Menge:

✔ Wie gut Sie Rechtschreibung und Grammatik beherrschen.

✔ Ob Sie logisch denken.

✔ Wie ausgeprägt Ihre Kreativität ist.

✔ Ob Sie Fantasie haben.

✔ Wie geschickt und gewählt Sie sich ausdrücken.

✔ Ob Sie über einen guten Wortschatz verfügen.

✔ Wie Sie mit Fachbegriffen hantieren.

✔ Ob Sie Ihre Gedanken in Worten klar und deutlich ausdrücken können.

Je nachdem für welchen Job Sie sich bewerben, spielt Ihr sprachliches Ausdrucksvermögen eine entscheidende Rolle. Dass Sie zum Beispiel als Journalist oder Lehrer für Ihren Job ein anderes Sprach-Repertoire brauchen als ein Automechaniker oder EDV-Spezialist, ist selbstredend.

Wie können solche Sätze nun aussehen? Haben Sie wirklich keine Vorstellung? Also dann werfen Sie einen Blick auf die nachstehenden Satzanfänge und ergänzen Sie diese ganz spontan:

✔ Ich würde jetzt am liebsten sofort …

✔ Ich beneide viele Menschen um …

✔ Wenn ich Chef einer großen Firma wäre, würde ich als Erstes …

✔ Eiskunstlauf finde ich faszinierend, weil …

✔ Ich wollte nie auf einer einsamen Insel leben, weil …

✔ Bewerbertests finde ich …

✔ Ich denke, unser Bildungssystem …

✔ Karrieremöglichkeiten innerhalb einer Firma sollten …

✔ Outdoor-Training ist eine gute Möglichkeit …

✔ In einer Gruppe bin ich immer …

 Auch diese Übung finden Sie unter `http://www.wiley-vch.de/publish/dt/books/` `ISBN3-527-70325-X` zum Downloaden.

Jetzt wissen Sie, was auf Sie zukommen kann. Sie brauchen sich also keine Sorgen zu machen. Eine Winzigkeit sollten Sie dennoch beherzigen: Vervollständigen Sie die Sätze ...

... nicht um jeden Preis!

Bevor Sie sich zu willenlosen Satzkonstruktionen hinreißen lassen, nur damit auf Ihrem Blatt Papier etwas steht, hören Sie bitte lieber auf. Was hindert Sie denn daran, zuzugeben, dass Sie Verständnisschwierigkeiten mit dem einen oder anderen Satz haben? Oder dass Ihnen gerade nichts Passendes einfällt, was aus den vorgegebenen Wortfetzen eine interessante Geschichte macht? Das ist immer noch besser, als sich irgendwelche Fantasien aus den Fingern zu saugen, hinter denen Sie nicht wirklich stehen.

 Begründen Sie aber auf alle Fälle, warum Sie keine Idee haben, was Sie schreiben könnten. Damit zeigen Sie nämlich einmal, dass Sie nicht auf Biegen und Brechen nach Lösungen von Problemen suchen, sondern sich mit diesen auseinandersetzen, und zum anderen beweisen Sie anhand Ihrer Formulierungen, wie gut Sie mit der Sprache umgehen können und ob Sie sich verständlich ausdrücken können.

Bingo! Sie haben es kapiert: Es ist dreimal besser, mit Ihren eigenen Worten klar und vernünftig zum Ausdruck zu bringen, was gerade Sache ist, als mit vorgegebenen Worten als »willenloser chaotischer Fantast« abgestempelt und ad acta gelegt zu werden!

Es gibt auch »bildhafte« Varianten

Jetzt hatten Sie sich schon gefreut, diesen Schreibkram im Griff zu haben und da kommt's noch dicker: Wann haben Sie das letzte Mal eine »Bildbeschreibung« gemacht? Wahrscheinlich ist das schon eine Ewigkeit her ... Nun, dann wird jetzt Ihr Erinnerungsvermögen aktiviert! Kein Problem. Verschaffen Sie sich erst einmal einen Überblick, was da so alles auf Sie zukommen kann:

✔ Ein Bild zeigt eine oder mehrere alltägliche Situationen. Sie müssen eine *spannende* Geschichte dazu erzählen.

✔ Sie bekommen eine undeutliche Fotografie und müssen beschreiben, was Sie *deutlich* erkennen können.

✔ Ihnen werden verschiedene Zeichnungen vorgelegt, die eine Geschichte erzählen. Auf jeder Zeichnung gibt es eine oder mehrere Sprechblasen und Sie müssen diese *mit Worten* ausfüllen.

✔ Es werden Ihnen Bilder mit »Farbklecksen« gezeigt und Sie müssen *ausführlich beschreiben*, was Sie alles auf diesen Bildern erkennen.

Wie gut, dass Sie Fantasie besitzen! Außer Ihrer Fantasie zeigen solche Tests auch wieder,

✔ wie ausgeprägt Ihr Sprachvermögen ist

✔ ob Sie bei der Beschreibung der Bilder *analytisch* vorgehen

✔ wie *logisch* und *passend* Ihre Geschichten zu den Bildern sind

✔ ob Sie mehr zu *positiven* oder eher zu *negativen* Beschreibungen tendieren

✔ wie *gefühlvoll* Sie sich bei der Bildbeschreibung ausdrücken

✔ ob Sie *Beziehungen* der einzelnen Bilder zueinander *erfassen* können

✔ und und und

Was machen Sie, wenn Ihnen nun so gar nichts zu dem Bild oder den Bildern einfällt? Hey, Sie haben wirklich gut aufgepasst!

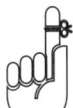 Sie schreiben die Wahrheit. Dass Ihnen nichts zu dem Bild oder den Bildern einfällt, und begründen, warum Ihnen nichts dazu einfällt. Damit ist für jeden klar, dass Sie sich zumindest mit der Aufgabenstellung auseinandergesetzt haben!

Hören Sie doch jetzt endlich auf, sich permanent selbst einzureden: »Ach, das kann ich nicht. Und mir fällt bestimmt nichts ein.« Was soll das denn noch? Erstens wissen Sie, wie Sie damit umgehen, wenn Ihnen wirklich die Ideen ausbleiben, und zweitens *müssen* Sie doch auch nicht alle Aufgaben perfekt lösen! Das geht gar nicht. Manche Aufgaben liegen Ihnen nun mal nicht, andere verstehen Sie vielleicht auch mal nicht. Na und! Sie absolvieren jeden Test nach besten Wissen und Können! Sie können also nicht völlig k. o. gehen. Und schließlich haben Sie ja auch fleißig geübt!

Kleines Schlusswort zum Online-Üben

Sie haben im Laufe des Kapitels verschiedene Internetseiten kennen gelernt. Wenn Sie über eine Suchmaschine gehen und »psychologische Tests« oder »psychologische Bewerbertests« eingeben, bekommen Sie zum Beispiel eine Übersicht, wie sie in Abbildung 14.8 zu sehen ist.

Leider ist es so, dass die meisten Test-Angebote für Unternehmen gedacht sind. Die Anbieter lassen sich ihre Tests auch ganz gut bezahlen. Das ist jetzt aber kein Grund, gleich zu verzweifeln. Sie haben für die in diesem Kapitel beschriebenen psychologischen Testverfahren schließlich bereits konkrete Internet-Anbieter kennen gelernt. Wenn Sie nun weitere Tests gefunden haben, die Sie interessieren, dann lesen Sie bitte erst das »Kleingedruckte«. In aller Regel finden Sie zu den Angeboten eine kurze Inhaltsbeschreibung, damit Sie eine Orientierung bekommen, welche Testverfahren Sie nutzen können. Ob Sie sich für ein Test-Angebot entscheiden und wenn ja, für welches, bleibt Ihnen überlassen. Sie wissen selbst am besten, was Sie noch intensiv üben wollen oder was Sie besonders interessiert. Aber sehen Sie genau hin: Die meisten Anbieter verlangen auch etwas für ihre Tests – Euros. Es heißt zwar immer: Gutes hat seinen Preis. Es muss aber nicht unbedingt sein, dass Sie für einen psychologischen Test bezahlen.

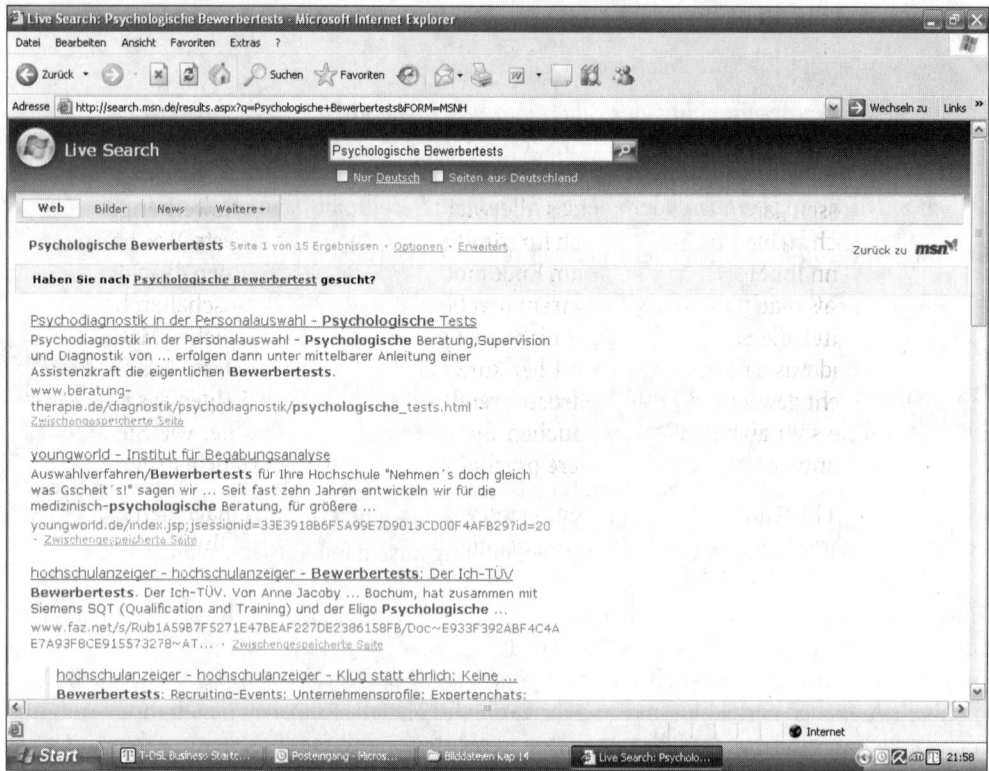

Abbildung 14.8: Wer die Wahl hat ...

 Es gibt einige Anbieter, die Ihnen ihre psychologischen Tests im Internet kostenlos zur Verfügung stellen. Greifen Sie zu und probieren Sie hier erst mal, bevor Sie Ihr Geld in teure Tests investieren! Mit diesen kostenlosen psychologischen Tests bekommen Sie einen guten Einblick in das, was Sie in der Bewerberauswahl erwarten kann, und Sie können sich in aller Ruhe entspannt vorbereiten.

Wie wäre es, wenn Sie jetzt ein wenig Ihren »Spieltrieb« ausleben? Nehmen Sie doch noch einmal den psychologischen Test unter `www.stangl-taller.at/STANGL/WERNER/BERUF/TESTS` und überlegen Sie, ob Sie bei der ein und anderen Frage vielleicht auch anders antworten können oder gar wollen. Arbeiten Sie den Test nochmals komplett durch. Na, wie sieht Ihr Testergebnis jetzt aus? Leicht modifiziert? Sie haben plötzlich eine völlig andere Ausprägung Ihrer Eigenschaften? Aha.

Merken Sie, dass diese psychologischen Testergebnisse beeinflussbar sind? Die Ergebnisse sind abhängig von Ihren Antworten. Sie könnten also theoretisch im Bewerberauswahlverfahren mogeln. Je mehr Übungstests Sie machen, desto klarer wird Ihnen, welche Antworten am Ende eines Tests welche Eigenschaften hervorheben.

 Was heißt das für Ihren tatsächlichen psychologischen Test, wenn's um eine konkrete Stelle geht? Nun, Sie prüfen vor Ihrem Test noch einmal ganz genau, welche persönlichen Eigenschaften Ihr potenzieller neuer Arbeitgeber von Ihnen erwartet, und versuchen, in dem entsprechenden psychologischen Test hier gezielt und bewusst zu antworten, um beim Testergebnis mit den geforderten Eigenschaften zu glänzen ... und schon rückt der Job ein Stück näher ... Wagen Sie das ja nicht! Sie wissen ganz genau, dass es das Allerwichtigste ist, bei Ihren Bewerbungen authentisch zu bleiben! Das gilt auch für sämtliche psychologische Tests. Was bringt Ihnen denn Ihr Mogeln, wenn Sie am Ende einen Job kriegen, der Ihnen dann doch keinen Spaß macht? Sie haben in Ihrem psychologischen Test Eigenschaften herausgearbeitet, die Sie womöglich gar nicht oder nicht in dem erforderlichen Maße besitzen. Und was passiert jetzt? Klar: Über kurz oder lang stellen Sie fest, dass Sie dem Job nicht gewachsen sind! Wie frustrierend das ist und welche Folgen das hat, können Sie sich ausmalen. Das brauchen Sie echt nicht! Bleiben Sie, wie Sie sind! Und beantworten Sie insbesondere psychologische Testfragen wahrheitsgemäß.

Wie? Sie haben Lust auf weitere Übungen? Dann werfen Sie doch schon mal einen Blick in den Anhang. Es warten jede Menge *Übungsaufgaben* auf Sie. Da können Sie Ihren »Spieltrieb« so richtig ausleben! Viel Spaß dabei!

Teil V

Das Assessment-Center

The 5th Wave — By Rich Tennant

»Eine wirklich gute Antwort! Ich hätte da noch eine andere Frage ...«

In diesem Teil ...

Die Königsdisziplin unter den Auswahlverfahren wartet auf Sie! Endlich ist es so weit: Auf geht's ins Assessment-Center! Werden Sie Assessment-Center-König! Sie sind doch schon mitten in den Vorbereitungen. Sie beherrschen schon so viele Übungen im Schlaf, da kommt's auf die paar auch nicht mehr an. Welche? Das erfahren Sie in Kapitel 16 und Kapitel 17. Halt, langsam. Rennen Sie nicht gleich los! Bevor Sie so richtig zu üben anfangen, lesen Sie erst mal Kapitel 15. Hier erfahren Sie, was ein Assessment-Center überhaupt ist und wer da so alles mitmacht. Das wissen Sie schon längst? Mal sehen, ob das stimmt ...

Sie sind eingeladen! Das erwartet Sie bei einem Assessment-Center

In diesem Kapitel

▶ Was es so alles gibt

▶ Jetzt werden Sie genau unter die Lupe genommen

▶ Wer macht was

▶ Ohne Assessment-Center wäre die Welt ja so schön

▶ Kennen Sie das bisschen subjektive Objektivität auch?

Dachten Sie wirklich, nach dem Gruppeninterview und den psychologischen Tests hätten Sie schon alles hinter sich? Das wäre ja langweilig. Die ganze Zeit waren Sie neugierig, was als Nächstes kommt. Was ist denn nun los mit Ihnen? Ach so: Assessment-Center sind für Sie ein Buch mit sieben Siegeln! Nun denn: Dann fangen Sie doch einfach an, die sieben Siegel nacheinander zu knacken. Scheibchenweise. Dann wird diese »Masse« an Aufgaben leichter verdaulich. Mal sehen: Was genau steht in Ihrer Einladung zum Assessment-Center?

Es gibt die unterschiedlichsten Assessment-Center ...

Wie, Assessment-Center ist also nicht gleich Assessment-Center? Ja und nein.

Assessment-Center ist gleich Assessment-Center, weil jedes Assessment-Center von der Grundstruktur gleich ist: Es ist eine seminarähnliche Veranstaltung, bei der mehrere Beobachter die Bewerber in den unterschiedlichsten Testsituationen unter die Lupe nehmen. Die Beobachter haben einen festgelegten Kriterienkatalog vor sich, der ihnen sagt, welche Eigenschaften der Bewerber zeigen soll. Sie notieren nun alles, was sie beobachten, zu jedem einzelnen Bewerber. So können sie am Ende aller Übungen gut beurteilen, ob der Kandidat sich für die Stelle eignet oder nicht. Einfach und unkompliziert. Finden Sie doch auch!

Wer sucht, der findet – Die unterschiedlichen Assessment-Center

Warum ist nun Assessment-Center nicht gleich Assessment-Center? Ganz einfach: weil Assessment-Center aus verschiedenen Gründen durchgeführt werden. Es gibt:

✔ **Auswahlassessments** – Bingo! Da müssen Sie durch, wenn Sie einen neuen Job suchen. Hier wird mit konkreten Übungen nach dem optimalen Kandidaten für eine offene Stelle gesucht. Schließlich will keiner die berühmte Katze im Sack kaufen! Sie haben doch noch die Stellenanzeige und Ihre mühevoll erarbeitete Stellenanalyse. Los, raussuchen! Falls

Sie es vergessen haben, gehen Sie zurück zu Kapitel 3, *Anzeigen auswerten*. Was steht da noch mal? Welche Anforderungen müssen Sie erfüllen? Aha, das ist es: Sie werden in Ihrem Assessment-Center durchgecheckt, ob Sie tatsächlich genau diese Anforderungen erfüllen. Für Sie ist das doch null Problemo! Schließlich bereiten Sie sich nun gleich optimal vor.

✔ **Beförderungsassessments** – die lernen Sie kennen, wenn Sie an Ihrer Karriere basteln! Sie werden auf Herz und Nieren geprüft, ob Sie sich für eine Führungsposition eignen. Logisch, dass da wieder andere Kriterien im Vordergrund stehen als bei einem Auswahlassessment-Center. Was braucht eine Führungspersönlichkeit? Perfektes Fachwissen und die Fähigkeit, andere zu führen, zu motivieren, zu entwickeln, zu fördern, als Chef akzeptiert zu werden und und und. Genau diese Eigenschaften werden im Beförderungsassessment abgefragt. Momentan hat das bei Ihnen ja noch ein bisschen Zeit.

✔ **Beurteilungsassessments** – die sind ähnlich wie Beförderungsassessments, wobei es hier nicht gleich darum geht, dass Sie eine Führungsaufgabe übernehmen; hier wird getestet, ob Sie der nächsthöheren Funktion in Ihrem Job gewachsen sind. Nehmen Sie einen Banker, der im Firmenkundengeschäft arbeitet und als Juniorbetreuer die reifen und erfahrenen Senior-Betreuer unterstützt. Ist doch klar, dass der nicht ewig »Junior« bleiben will. Wenn er zum Senior-Betreuer aufsteigen will, muss er ein Assessment-Center durchlaufen und sein Können – fachlich wie persönlich – unter Beweis stellen. So kann beurteilt werden, ob er tatsächlich genügend erfahren ist, um einen qualifizierten Senior abzugeben.

Den ganzen Tag unter Beobachtung

Was gibt's sonst noch für Unterschiede?

Ein Assessment-Center kann einen ganzen Tag lang dauern. Start ist am frühen Morgen, dann kommen die ersten Übungen, eine gemeinsame Mittagspause, in der Sie auch unter Beobachtung stehen. Das glauben Sie nicht? Aber hallo! Ihre Tischmanieren und Umgangsformen am Tisch sagen eine ganze Menge über Sie aus:

✔ Warten Sie höflich, bis alle ihr Essen haben, oder stürzen Sie sich gleich auf Ihren Teller?

✔ Denken Sie an die Worte »Guten Appetit«?

✔ Löffeln Sie Ihre Suppe ordentlich aus oder schlürfen Sie den Teller herzhaft leer?

✔ Essen Sie mit dem richtigen Besteck die richtige Speise, nehmen Sie also das Besteck von außen nach innen weg?

Übrigens wird die Suppe immer mit dem großen Löffel gegessen, der kleine ist für das Dessert.

✔ Wie halten Sie Ihr Glas – vornehm am Stiel oder weniger vornehm am Kelch?

✔ Was machen Sie mit der Serviette? Legen Sie sie auf den Schoß, wenn serviert wird, und tupfen Sie vor jedem Schluck, den Sie trinken, Ihren Mund ab, damit Ihr Glas keine hässlichen Abdrücke bekommt?

Gut, so ist es richtig. Wenn Sie die Serviette neben Ihren Teller legen, denken Sie daran, den schmutzigen Teil immer so zu Ihnen zu falten, dass ihn die anderen nicht sehen. Sehr schön!

✔ Stehen Sie erst auf, wenn alle mit dem Essen fertig sind.

Glauben Sie jetzt, dass Sie auch beim Essen mit Adleraugen bewacht werden? Gut. Es ist nämlich so.

Nach dem Essen geht's dann meist ohne Kaffeepäuschen weiter. Das kommt nach weiteren Aufgaben. Und am späten Abend haben Sie es dann geschafft! Sie dürfen nach Hause.

Vor morgens bis abends unter Strom

Der Zeitplan eines Ein-Tages-Assessment-Centers kann zum Beispiel so aussehen:

08.00 Uhr	Begrüßung und Vorstellung des Moderators und der Beobachter Unternehmenspräsentation Kurzer Überblick über den Ablauf des heutigen Assessment-Centers
08.30 Uhr	Persönliche Vorstellung der Kandidaten im Rahmen einer Kurzpräsentation
09.30 Uhr	Postkorbübung Bearbeitungszeit 60 Minuten
10.30 Uhr	Ergebnispräsentation der Postkorbübung
11.00 Uhr	Gruppendiskussion Einteilung der Kandidaten in Gruppen Themenvergabe Vorbereitungszeit zehn Minuten Diskussionsdauer 20 Minuten
11.30 Uhr	Ergebnispräsentation der Gruppendiskussion
12.00 Uhr	Mittagspause
13.00 Uhr	Rollenspiele Rollenverteilung Vorbereitungszeit fünf Minuten Rollenspiel 25 Minuten
14.30 Uhr	Problemlösungsaufgabe Vorbereitungszeit 45 Minuten Präsentation 15 Minuten

15.30 Uhr	Kaffeepause
16.00 Uhr	Einzelinterviews mit den Kandidaten
17.30 Uhr	Feedbackgespräche
19.00 Uhr	Ende der Veranstaltung

Ebenso gut kann ein Assessment-Center über zwei oder mehr Tage gehen. Bei manchen Firmen bis zu einer Woche. So wie bei einem Seminar, nur dass Sie eben diesmal jede Sekunde beobachtet werden. Je länger ein Assessment-Center dauert, desto besser lassen sich Ihre Stressresistenz und Ihr Gruppenverhalten feststellen. Schließlich müssen Sie sich permanent mit Ihren Mitbewerbern arrangieren. Ganz schön anstrengend!

 Ihre Eigenschaften werden wie mit einem Röntgengerät durchleuchtet! Deshalb ist es ganz wichtig, dass Sie schlichtweg authentisch bleiben! Verstellen Sie sich nicht! Auf Dauer schaffen Sie das sowieso nicht und außerdem wollen Sie doch auch wissen, ob der Job und die Firma tatsächlich zu Ihnen passen und Sie so akzeptiert werden, wie Sie nun mal sind.

Ein wesentliches Merkmal des Assessment-Centers sind die Feedbackgespräche mit den Kandidaten am Ende einer jeden Veranstaltung. Hier wird Ihnen gespiegelt, warum Sie die Beobachter überzeugt haben oder auch nicht. Nehmen Sie dieses Feedback an, aber denken Sie bitte daran, dass:

✔ es eine Momentaufnahme des heutigen Tages ist

✔ die Beobachter Ihnen ihre persönlichen Eindrücke mitteilen

✔ Sie beim nächsten Assessment-Center völlig anders »wirken« können

Denken Sie über das Feedback in aller Ruhe nach. Gibt es Anregungen, die Sie annehmen und umsetzen möchten? Gut. Dann überlegen Sie, was Sie beim nächsten Mal anders machen werden. Haben Sie das Gefühl, das Feedback beschreibt einen Menschen, den Sie gar nicht kennen? Dann sollten Sie dieses Feedback auch bitte nicht allzu ernst nehmen. War das Feedback klasse und Sie haben den Zuschlag für den Job bekommen? Spitze! Was wollen Sie mehr?!

Die zählen: Die Auswahlvariablen

Sie haben bereits gemerkt, warum Assessment-Center nicht gleich Assessment-Center und doch wieder gleich Assessment-Center ist: So unterschiedlich die Bezeichnungen für die einzelnen Assessment-Center auch sind, so unterschiedlich können die Auswahlkriterien gar nicht sein. Ihnen auf den nächsten Seiten jedes nur mögliche Kriterium aufzuzeigen, würde den Rahmen dieses Buches sprengen. Dafür gibt es weitere Fachliteratur, die sich nur mit Assessment-Centern befasst. Ein kleines Schmankerl wartet trotzdem auf Sie: Kapitel 16 und 17 zeigen Ihnen, wie Sie die Aufgaben in einem Assessment-Center wunderbar bestehen können. Lassen Sie sich überraschen! ... vor allem, weil Sie selbst schon ziemlich viele kennen! Ab

Kapitel 9, *Vorbereitung ist alles* bis hierher, an diese Stelle, haben Sie eine Fülle von Kriterien kennen gelernt. Nein? Sicher doch! Diese Kriterien oder Auswahlvariablen sind nichts anderes als Ihre Eigenschaften!

Mal sehen, ob Sie mit den nachstehenden was anfangen können. Es sind die wichtigsten Auswahlvariablen, die sich wie ein roter Faden durchs Assessment-Center ziehen:

✔ **Praktische Intelligenz** – die haben Sie! Sie sind in der Lage, Probleme mit Ihrem Wissen und Können zu lösen. Dabei nutzen Sie Ihre Logik, gehen sogar wie Sherlock Holmes analytisch und akribisch vor, beleuchten das Problem von vielen Seiten, um die optimale Lösung zu finden.

✔ **Emotionale Stabilität** – Sie sind der Fels in der Brandung! Nichts und niemand wirft Sie aus der Bahn: Sie behalten den roten Faden, trotzen jedem Stress, fauchen keinen wie ein wild gewordener Kater an, sondern bleiben trotz hoher Belastung souverän, freundlich, höflich – eben stabil!

✔ **Motivation** – hat keiner mehr als Sie! Sie sind gespannt auf alles, was kommt! Lösen mit Feuereifer alle Aufgaben und sind aktiver als bei jedem Sportwettkampf.

✔ **Physische Fähigkeiten** – Ihr handwerkliches Geschick ist gefragt: Mit Fingerspitzengefühl lösen Sie die kniffeligsten Aufgaben.

✔ **Sozialverhalten** – das üben Sie permanent: bei jeder Gruppenübung, jedem Dialog, sogar beim Essen! Sie sind teamfähig, rücksichtsvoll, haben gute Umgangsformen – mit anderen Worten: Ihr Sozialverhalten ist perfekt!

✔ **Agitationsfähigkeit** – klingt klasse, bezeichnet aber nichts anderes als »Begeisterungsfähigkeit«: Beweisen Sie, dass Sie andere in Ihren Bann ziehen und restlos für sich und Ihre Ideen begeistern können! Ihrer Zauberkraft kann keiner widerstehen!

✔ **Führungsverhalten** – ist Ihnen in die Wiege gelegt worden! So wie Sie alle begeistern, werden Sie der Traumchef aller sein!

Das sind jetzt gerade mal ein halbes Dutzend Kriterien und die lassen sich definitiv in nahezu allen verschiedenen Übungen beobachten. Sie werden verfeinert, indem sie mit detaillierten Verhaltensbeschreibungen noch ergänzt werden. Nehmen Sie die »Agitationsfähigkeit« als Überschrift, darunter steht dann als Begriffsvertiefung:

✔ Kann andere begeistern

✔ Zieht die anderen förmlich in seinen Bann

✔ Hören ihm gespannt und teilweise mit Erfurcht zu

✔ Übernehmen seine Meinung als ihre eigene

Mit den einzelnen Aussagen lässt sich doch richtig gut beurteilen, ob Sie die besagte Agitationsfähigkeit besitzen und sogar wie ausgeprägt diese ist. Schon genial, nicht wahr! Kleine Sätze mit großer Wirkung. Mit solchen Sätzen werden auch alle anderen Auswahlvariablen näher beschrieben. Was heißt das? Der bereits mehrfach erwähnte *Kriterienkatalog* ist entstanden.

Und mit nichts anderem arbeiten die Beobachter, die Sie im Assessment-Center auseinander-nehmen. Ihre Eigenschaften und Fähigkeiten werden buchstäblich seziert.

Darf's ein bisschen wissenschaftlich sein: Die charakterologische Komplexprüfung

Das Seziermesser schlechthin! Keine Sorge, klingt zwar auf den ersten Blick brutal, tut aber gar nicht weh! Jedes Assessment-Center ist eine charakterologische Komplexprüfung. Wieso? Nun, weil jedes AC (das ist die Abkürzung für Assessment-Center) mit komplexen Prüfungen bzw. Übungen Ihre Charaktereigenschaften durchcheckt. Logischerweise bedeuten viele verschiedene Prüfungen, dass viele unterschiedliche Aussagen getroffen werden können. Mit anderen Worten, Sie werden analysiert und zwar so gründlich wie nur möglich:

✔ **Ihre Lebenslaufanalyse** – was passiert, wenn Ihr Lebenslauf bis ins kleinste Detail angeschaut wird? Ganz einfach: Ihre seelische und geistige Entwicklung wird überprüft. In welchen Umfeld sind Sie groß geworden, welchen Schulabschluss und Beruf haben Sie, haben Sie Karriere gemacht, was sind Ihre Hobbys usw. Das kennen Sie bereits alles und beherrschen das Thema aus dem Effeff.

✔ **Ihre Ausdrucksanalyse** – haben Sie seit Kapitel 9 _Vorbereitung ist alles_ in jedem Kapitel so geübt, dass Sie auch hier der absolute Profi sind: Ihre Rhetorik passt zu Ihrer Körpersprache, Ihre schriftliche Ausdrucksweise ergänzt beides in Perfektion. Mehr verbirgt sich nicht hinter der _Ausdrucksanalyse_. Mal ehrlich: Die 100 Punkte sahnen Sie doch locker ab!

✔ **Ihre Geistesanalyse** – zeigt, dass Sie völlig normal sind: Ihre Denkstruktur, also wie Sie vorgehen, geht mit Ihren Denkmethoden, also wie und womit Sie Ihre Ideen umsetzen, Hand in Hand. Das ist der Beweis für Ihre Intelligenz. Mehr wollen die Beobachter gar nicht sehen.

✔ **Ihre Handlungsanalyse** – zeigt, ob und wie gut Sie in der Lage sind, spontan und trotzdem überlegt zu reagieren. Mit der passenden Übung lässt sich dann ganz einfach erkennen, inwieweit Sie sogar andere Menschen beeinflussen können. Richtig spannend! So flexibel, wie Sie sich auf die unterschiedlichsten Situationen einstellen, ist das eine Ihrer leichtesten Übungen. Und Ihre Agitationsfähigkeit stellen Sie sowieso permanent unter Beweis: Schließlich hört Ihnen jeder gerne und aufmerksam zu und läuft mit Ihnen in die Richtung, die Sie vorgeben.

✔ **Bei Ihrer Führerprobe** – wird untersucht, wie gefestigt und stabil Ihre Gesamtpersönlichkeit ist. Ein alter Hut für Sie. Sie sind der geborene Chef! Zeigen Sie's den anderen.

✔ **Das Schlusskolloquium** – die einzige Unbekannte für Sie. Nicht wirklich. Hier überprüfen und besprechen sich die Beobachter, ob sie alle der gleichen Meinung sind, was Ihre Eigenschaften angeht. Was alle von Ihnen denken, erfahren Sie im Anschluss in einem Vier-Augen-Gespräch.

Wieder ein Sixpack. Fünf Analysen und eine finale Überprüfung der einzelnen Analysen, die zu der Entscheidung führt, ob Sie eingestellt werden oder nicht. Das hat was! Sie werden nicht mit einer Nullachtfünfzehn-Methode in irgendeine Schublade gesteckt. Im Gegenteil: Sie kriegen viele Chancen, zu zeigen, was in Ihnen steckt! Also nutzen Sie sie auch!

Die spielen alle eine Rolle: Mitwirkende eines Assessment-Centers

Was macht einen guten Film aus? Ein klasse Regisseur, die richtigen Kameraleute und geniale Schauspieler. Mehr Akteure braucht auch ein Assessment-Center nicht. Genauso wie beim Film sind beim Assessment-Center die Rollen fest verteilt und damit natürlich auch die Aufgaben. Wenn jeder weiß, was er zu tun hat, ist Erfolg vorprogrammiert. Wie sieht diese Rollen- und Aufgabenverteilung nun aus?

Moderator

Wie im prallen Leben ist das ein aufregender Job! Mit dem Moderator steht und fällt die Show. Nehmen Sie Thomas Gottschalk mit »Wetten dass … « oder Sabine Christiansen mit ihrer Talkshow. Die beiden müssen top vorbereitet sein, gut gelaunt und konzentriert humorvoll ihre Zuschauer durch die Sendungen führen, sonst werden sie kurzerhand weggedrückt. Das will natürlich keiner!

So ähnlich ist es nun mit dem Moderator eines Assessment-Center. Der muss sich super vorbereiten, sein Einsatz dauert von Anfang bis Ende eines Assessment-Centers. Sie können sich vorstellen, welche Kondition er braucht und wie detailliert er planen muss. Sein Job ist nicht nur das Durchführen des Assessment-Centers, er bereitet es vor und zwar bis ins kleinste Detail:

✔ Er plant die Dauer des Assessment-Centers – ist es eine Ein- oder Mehrtagesveranstaltung; wann beginnt das Assessment-Center, wann sind die Pausen, gibt es Mittagessen – wann und wo – wann ist das Assessment-Center zu Ende?

✔ Er organisiert die Räumlichkeiten, die für das gesamte Assessment-Center benötigt werden.

✔ Er sorgt dafür, dass sämtliche Materialien, vom Papier über Kuli bis hin zur Metaplanwand, vorhanden sind.

✔ Er legt fest, wie viele Beobachter gebraucht werden.

✔ Er plant sämtliche Übungen, die alle Bewerber zu absolvieren haben.

✔ Er legt die Beobachtungskriterien und den Bewertungsmaßstab gemeinsam mit den Beobachtern fest.

✔ Während des Assessment-Centers kontrolliert er, ob die Beobachter ihre Arbeit ordentlich machen.

✔ Er achtet auf die Kandidaten, dass da keiner über die Stränge schlägt.

✔ Er greift bei Streitigkeiten schlichtend ein und hat die Gesamt-Verantwortung, dass das Assessment-Center reibungslos verläuft.

Harter Job! Oder wie sehen Sie das? Der Moderator steht während eines Assessment-Centers mit Sicherheit nicht weniger unter Strom als Sie. Wird er Ihnen ein kleines bisschen sympathisch? Fein! Sie werden merken, ob er sich mit seinem Assessment-Center Mühe gegeben hat oder Sie ein Nullachtfünfzehn-Programm absolvieren müssen. Wenn er sein Assessment-Center top durchorganisiert hat, werden Sie das Gefühl haben, tatsächlich wie in einem Film zu sein: Es geht von einer Szenerie in die nächste, wie am Fließband. So soll ein Assessment-Center ablaufen. Logisch, dass auch seine Helfer absolut fit sein müssen.

Beobachter

Kameraleute eben! Liegen die ganze Zeit auf der Lauer, beobachten jede Ihrer Bewegungen, verfolgen alles, was Sie sagen, und halten ihre Eindrücke schriftlich fest. Die wissen aber auch genau, was sie tun und worauf sie zu achten haben, denn:

✔ Der Moderator hat ihnen einen Kriterienkatalog an die Hand gegeben.

✔ Er hat jede einzelne Übung mit ihnen durchgesprochen.

✔ Er hat detailliert behandelt, worauf bei den einzelnen Aufgaben ganz genau zu achten ist.

Sie können sicher sein, denen entgeht nichts! Alles, was die beobachten und festhalten, wird im Anschluss an die Übungen ausgewertet. So können alle nachvollziehen und beweisen, ob Sie sich für den Job eignen. Also strengen Sie sich an!

Beobachter sind übrigens keine Greenhorns! Es sind erfahrene Mitarbeiter, Führungskräfte und Personaler. Wenn ein Unternehmen selbst nicht genügend Beobachter für ein Assessment-Center hat, kann es sich externe Berater hinzuziehen. Die werden ebenso gebrieft wie die eigenen Mitarbeiter, schließlich ist das Ziel, für die offene Stelle den besten Bewerber ausfindig zu machen.

Beobachter haben ein feines Instrument, um alle Eigenschaften, die sie bei Ihnen erkennen wollen und können, übersichtlich festzuhalten: einen Beobachterbogen. Und so kann der aussehen:

Beispiel eines möglichen Beobachterbogens mit Kriterienanalyse

Hier lernen Sie einen »Muster-Beobachtungsbogen für die Persönliche Vorstellung« exemplarisch kennen. Studieren Sie doch mal genau, worauf die Beobachter so alles achten. Unter `http://www.wiley-vch.de/publish/dt/books/ISBN3-527-70325-X` finden Sie ihn, wenn Sie ihn sich aus dem Internet herunterladen möchten

Beobachtungsbogen 1 – Einzelübung: Persönliche Vorstellung

Beobachter: _____

Bewertungsschlüssel ++ + o – – –

Beurteilungskriterien	Anmer-kungen	Anmer-kungen	Anmer-kungen	Anmer-kungen	Anmer-kungen
Name	Bewer-ber1	Bewer-ber2	Bewer-ber3	Bewer-ber4	Bewer-ber5
Ausdrucksvermögen/ Sprachverhalten: Ausdrucksvermögen und Aussprache Formulierung Redefluss					
Kommunikationsverhalten: Kontaktverhalten (Blickkontakt; Gestik/Mimik: offen, freundlich, verbindlich) kann begeistern/erweckt Aufmerksamkeit Integration der Zuhörer					
Auftreten: Sicherheit Überzeugungskraft Körperhaltung und Gestik Konzentration					

Eigentlich doch ein ganz einfaches Werkzeug, nicht wahr. Zuerst kommt die Überschrift »Beobachtungsbogen 1 – Einzelübung: Persönliche Vorstellung«. Damit weiß jeder Beobachter, worum es geht:

✔ Eine Einzelübung, das heißt, Sie treten alleine in Aktion.

✔ Es ist also keine Gruppenübung.

✔ Sie müssen sich selbst präsentieren.

Damit die Beobachter im Anschluss an die Übung ihre Notizen auswerten können und kein Durcheinander entsteht, wer wen jetzt wie beurteilt, schreibt der Beobachter seinen eigenen Namen auf.

Hinter dem Namen ist ein total einfacher Bewertungsschlüssel angegeben:

++ = sehr gut

+ = gut

o = zufriedenstellend, in Ordnung

– = noch ausreichend, aber nicht gerade prickelnd

– – = ungenügend oder gar nicht vorhanden

Aha, ein Bewertungsschlüssel ist sozusagen ein Notenschlüssel. Richtig. Aber so wirklich aussagekräftig ist er nicht oder was meinen Sie? Und was wird überhaupt bewertet? Na klar: Ihre Eigenschaften. Die Eigenschaften, die Sie nun bei Ihrer persönlichen Vorstellung deutlich zeigen sollen. Die stehen in der linken Spalte unter »Beurteilungskriterien«. Bei dieser Übung wird Wert gelegt auf:

✔ Ausdrucksvermögen/Sprachvermögen

✔ Kommunikationsverhalten

✔ Auftreten

Für Sie alles alte Hüte! Damit Sie wissen, worauf die Beobachter konkret achten müssen, sind die einzelnen Eigenschaften nochmals näher charakterisiert:

Ausdrucksvermögen/Sprachvermögen:

Ausdrucksvermögen und Aussprache:

✔ Sprechen Sie Hochdeutsch oder im Dialekt?

✔ Sind Sie gut zu verstehen oder nuscheln Sie?

Formulierung

✔ Wie ist Ihre Wortwahl? Benutzen Sie nur einfache Worte oder auch Fremdworte oder gar Fachbegriffe (Letzteres zum Beispiel wenn es um die Beschreibung Ihres Berufes geht)?

✔ Formulieren Sie so, dass jeder versteht, was Sie da gerade erzählen, oder reden Sie in »Böhmischen Dörfern«?

✔ Behalten Sie den roten Faden oder springen Sie wie ein aufgescheuchtes Huhn durch Ihren Lebenslauf?

Redefluss

✔ Sprechen Sie am Stück oder stottern Sie immer wieder?

✔ Sprechen Sie flüssig, in einem angemessenen Tempo oder extrem langsam oder ganz, ganz schnell?

✔ Machen Sie Sprechpausen, zum Beispiel um einen Spannungsbogen aufzubauen?

Jetzt sind Sie aber wirklich überrascht, dass sich hinter diesen drei kleinen Worten tatsächlich eine solche Aussagekraft versteckt! Keine Sorge, die Beobachter müssen sich diese Details, also wofür jeder einzelne Begriff steht, nicht aus den Fingern saugen. Dafür werden die ja im Vorfeld vor jedem Assessment Center eingehend geschult. Der eine oder andere macht sich auch einen kleinen Spickzettel zurecht, damit er immer wieder checken kann, ob er auf die richtigen und wichtigen Eigenschaften achtet. Mal sehen, was so alles unter »Kommunikationsverhalten« zu verstehen ist:

Kommunikationsverhalten

Kontaktverhalten (Blickkontakt; Gestik/Mimik: offen, freundlich, verbindlich)

✔ Hier ist die eigentliche Definition schon in der Klammer gegeben, so präsentiert sich der Bewerber, was sein Kontaktverhalten angeht, optimal.

Kann begeistern/erweckt Aufmerksamkeit

✔ Erzählt/Schildert er seinen Lebenslauf so, dass der Beobachter gespannt seine Geschichte verfolgt oder sind die Ausführungen langweilig?

✔ Setzt der Bewerber Pointen?

✔ Verstehen die Beobachter die Pointen, sind die witzig oder eher ironisch?

Integration der Zuhörer

✔ Spricht der Bewerber permanent in der Ich-Version oder bezieht er die Zuhörer mit ein? Verwendet er zum Beispiel Äußerungen wie:

- Das kennen Sie sicher auch.

- Wem von uns ist das nicht auch schon passiert.

- Wie Sie sich sicher vorstellen können ...

- Verstehen Sie, wie ...

 Integrieren heißt natürlich nicht »nur« ansprechen, vergessen Sie auf keinen Fall den Blickkontakt ... auch wenn der hier unter *Kontaktverhalten* steht.

Kommunikation ist also ganz schön vielseitig. Sie wissen ja, es gibt die *verbale* und *nonverbale Kommunikation*. Die verbale haben Sie gerade intensiv kennen gelernt, die nonverbale wurde mit dem *Kontaktverhalten* schon ein bisschen näher beleuchtet. Mal sehen, was da noch so alles reingepackt werden kann: Ihr Auftreten. Was sonst? Mehr nonverbale Kommunikation geht nicht! Sehen Sie selbst:

Sicherheit

✔ Stehen Sie frei vor der ganzen Mannschaft oder lehnen Sie sich irgendwo an?

✔ Halten Sie sich womöglich noch an einem Tisch oder Ähnlichem fest? ... dann sind Sie alles andere als »sicher« ...

 Bleiben Sie standhaft! In Ihrer Aussage, Ihrer Meinung. Aber nicht an einem einzigen Fleckchen mit Ihrem Körper stehen. Sie wissen doch, dass Sie ein wenig Bewegung in Ihre Story bekommen, wenn auch Sie sich ein wenig hin- und herbewegen! Probieren Sie es aus!

Überzeugungskraft

✔ Kommt das, was Sie sagen, überzeugend rüber?

✔ Sprechen Sie mit lauter, aber nicht brüllender Stimme?

✔ Oder hat man das Gefühl, Ihre Stimme schwankt immer wieder und Sie sind unsicher bei dem, was Sie da gerade sagen?

✔ Sprechen Sie womöglich extrem leise, so richtig schüchtern? ... dann wirken Sie auch so! Klare deutliche Ansage ist hier gefragt! So überzeugen Sie.

Körperhaltung und Gestik

✔ Verschränken Sie die Arme? Auf der Brust oder hinter dem Rücken?

✔ Verschwinden Ihre Hände in irgendwelchen Taschen?

✔ Oder hängen Ihre Arme locker an Ihrem Körper und bewegen sich ab und an?

✔ Bewegen Sie Ihre Hände? Öffnen Sie die Handflächen oder haben Sie womöglich geballte Fäuste im Einsatz?

✔ Halten Sie einen Stift in Ihren Händen und beschäftigen diese so?

✔ Ist Ihre Körperhaltung offen, den Beobachtern zugewandt?

✔ Oder zeigen Sie sich lieber von der Seite und bieten Ihre kühle Schulter an? Sind Sie also mehr oder weniger distanziert?

✔ Wie ist die Mimik in Ihrem Gesicht? Blickkontakt, Lächeln, Augenzwinkern und und und. Die ganze Palette halt.

Konzentration

✔ Verlieren Sie permanent Ihren roten Faden?

✔ Fangen Sie immer wieder von vorne an?

✔ Suchen Sie nach den passenden Worten, geraten häufig ins Stocken?

✔ Oder reden Sie wie am Fließband, ohne den roten Faden zu verlieren?

✔ Mit klarer deutlicher Aussprache und in angemessenem Tempo?

Das hätten Sie nicht für möglich gehalten, oder? Drei Beurteilungskriterien, die im Detail eine Menge über Sie und Ihre Eigenschaften verraten. Und das Beste daran ist: Sie wissen jetzt, worauf es ankommt, und können sich entsprechend gut vorbereiten!

Legen Sie den Beobachtungsbogen jetzt nicht aus der Hand. Da gibt's noch eine Zeile und ein paar Spalten, die noch nicht besprochen sind. Unter den *Beurteilungskriterien* steht *Name* und daneben kommen dann auf diesem Beobachtungsbogen fünf Spalten. Was sagt Ihnen das? Genau: Mit diesem einen Bogen können fünf verschiedene Bewerber beurteilt werden. Warum denn das? Wäre es nicht viel übersichtlicher, für jeden Bewerber so einen Bogen auszufüllen? Nein? Aha, und warum nicht? Weil so jeder Beobachter auf Anhieb und auf einen Blick den Top-Vergleich hat, wie unterschiedlich sich diese fünf Bewerber präsentiert haben! So kann er leicht die Spreu vom Weizen trennen. Noch klarer wird dieser Vergleich durch die jeweiligen Spalten, deren Überschrift »Anmerkungen« heißt. Hier hat der Beobachter genug Platz, um stichwortartig seine Eindrücke hinzuschreiben und seine Bewertung abzugeben.

Erkennen die anderen tatsächlich so Ihre persönlichen Schlüsselqualifikationen?

Je genauer und detaillierter ein Beobachtungsbogen ist, desto mehr kann der Beobachter am Ende über Sie aussagen. Natürlich nur, wenn Sie sich auch auf die Übungen einlassen. Wenn Sie nix zeigen, kann er auch nichts erkennen. Das ist ja aber selbstverständlich. Schließlich gehen Sie in ein Assessment-Center, nicht nur weil Sie neugierig sind, sondern weil Sie zeigen wollen, was Sie alles draufhaben! Und Sie haben gerade noch etwas gemerkt: Alles, was Sie zeigen, ist absolut keine vergebene Liebesmühe! Ihre Leistungen werden wahrgenommen, schriftlich festgehalten und entsprechend bewertet. Gute Vorbereitung lohnt sich also wirklich! Das wissen Sie ja längst.

Vergessen Sie bei aller Euphorie bitte nicht die Tatsache, dass ein Assessment-Center auch mal schieflaufen kann. Sie stehen morgens sprichwörtlich mit dem linken Bein auf und haben einfach einen schlechten Tag. Nichts geht Ihnen aus der Hand und die Übungen schon dreimal nicht. Am Ende sind Sie völlig entnervt und nur noch froh, wenn dieser Tag und damit dieses Assessment-Center vorüber ist. Vielleicht erwischen Sie auch mal oder zusätzlich zu Ihrem miesen Tag Beobachter, die Sie so gar nicht abkönnen. Da kommt nicht mal ein Hauch von Sympathie zustande. Was soll's! Haken Sie das Assessment-Center ab. Sie haben neue Übungen kennen gelernt, Erfahrungen gesammelt und wissen jetzt einmal mehr, dass so ein Assessment-Center die Momentaufnahme Ihrer körperlichen und geistigen Verfassung eines Tages ist. Und wer hat schon immer nur gute Tage! Ach was? Es macht Ihnen jetzt gar nichts mehr aus, vielleicht auch mal eine »negative« Erfahrung zu sammeln? Die gehört doch einfach dazu und Sie haben erkannt, wie breit das Lernfeld bei einem Assessment-Center ist. Sie sind unglaublich! Jetzt kann Sie wirklich gar nichts mehr erschüttern! Stark! Dann viel Spaß bei Ihrem Assessment-Center!

Kandidaten

Das ist Ihre Rolle. Sie sind der Schauspieler, der auf Herz und Nieren geprüft wird, ob er seine Rolle richtig gut einstudiert hat. Aber schauspielern Sie nicht zu sehr! Bleiben Sie lieber authentisch, denn Sie wollen schließlich selbst wissen, ob der Job auch der richtige für Sie ist. Kandidaten sind also die Bewerber. Alle mit dem gleichen Ziel: den angebotenen Job zu kriegen. Sie sind alle Konkurrenten, jeder wird sein Bestes geben. Beweisen Sie, dass Sie besser sind als die anderen! Wie? Bereiten Sie sich in aller Ruhe und intensiv mit Kapitel 16 auf Ihr Assessment-Center vor.

Die haben ihre Gründe: Warum Firmen ein Assessment-Center einsetzen

Eigentlich macht ein Assessment-Center doch nur Arbeit! Die ganze Vorbereitung, all die Mitarbeiter, die an dem Tag oder noch länger nicht produktiv sind, weil sie bei der Durchführung des Assessment-Centers anwesend sein müssen, und die Kosten! Die Mitarbeiter kosten sowieso Geld, das Assessment-Center kostet 'ne Menge, weil Räumlichkeiten gemietet werden, die ganzen Teilnehmer verköstigt werden, womöglich kriegt der eine oder andere Bewerber auch noch Reisespesen und und und. Lohnt sich denn ein Assessment-Center überhaupt? Ja! Es lohnt sich! Und es lohnt sich die ganze Arbeit mit all den Kosten. Firmen wollen die besten Mitarbeiter. Wie gut oder schlecht ein Kandidat ist, beweisen seine schriftlichen Bewerbungsunterlagen nicht unbedingt. Ein Bewerber mit super Zeugnissen und Top-Noten kann zum Beispiel ein genialer Theoretiker sein, der aber bei praktischen Tätigkeiten die absolute Null ist. Selbst im Vorstellungsgespräch zeigt sich seine praktische Unfähigkeit nicht. Aber im Assessment-Center! Hier werden schließlich die notwendigen praktischen Übungen durchgeführt. Der Bewerber muss sein Wissen und Können in vielen unterschiedlichen Testsituationen unter Beweis stellen und steht permanent unter Strom. Somit können seine Fähigkeiten richtig gut durchleuchtet und beurteilt werden. Da die Beurteilung nicht allein von einer Person, sondern von vielen erfolgt, ist eine gewisse Objektivität sichergestellt. Es wird eben nicht der eingestellt, der die schönsten blauen Augen hat, sondern tatsächlich der, der am besten die ganzen Assessment-Center-Aufgaben gemeistert hat. Damit hat derjenige auch bewiesen, dass er die Eigenschaften hat, die für den angebotenen Job gebraucht werden.

Und was die Kosten angeht, lohnen die sich natürlich genauso. Wenn ein Unternehmen mit einem Assessment-Center den Mitarbeiter findet, der die kommenden paar Jahre einen super Job macht, ist das doch wesentlich kostengünstiger, als wenn zwei, drei, vier oder mehr Bewerber nach Jobantritt in der Probezeit ständig wieder entlassen werden müssen, weil sie sich eben nicht wirklich für die Aufgabe eignen. Hier entstehen nämlich permanent Kosten: wieder Anzeige schalten, Bewerber aussuchen, Vertrag geben, Gehalt zahlen, Vertrag kündigen, Bewerber entlassen, nächsten Bewerber suchen. Eine ganze Menge unnötige Verwaltungsarbeit neben dem ganzen Ärger. Das passiert mit einem Assessment-Center nicht. Die Kosten hierfür entstehen ein oder zwei Mal im Jahr, sind plan- und budgetierbar – und damit kalkulierbar.

Ebenso gering ist die Möglichkeit der Fehlbesetzung der Stelle, weil der Bewerber ja im Assessment-Center rundum gecheckt wurde. Und falls das doch mal passiert, dann gibt's eine Liste aller Assessment-Center-Teilnehmer und die zugehörigen Testauswertungen, so dass die Firma ganz locker sagen kann: »Der nächste bitte.« Sie sehen, ein Assessment-Center ist eine lohnende Investition. Kein Wunder, dass Firmen auf dieses Auswahlverfahren schwören!

Stopp! Auch für Verhaltensprüfungen gibt es Grenzen

Wie heißt es so schön: »Wo die Sonne scheint, da gibt's auch Schatten.« Wenn ein Assessment-Center das Allheilmittel schlechthin wäre, gäbe es weder Gruppeninterviews noch all die vielen anderen psychologischen Tests. Ein Vorstellungsgespräch wäre nur noch lästig, denn mit einem Assessment-Center könnten schließlich sämtliche Fliegen mit einer Klappe geschlagen werden.

Alle Übungen in einem Assessment-Center sind Verhaltensprüfungen. Das bedeutet, dass die Übungen so konzipiert sein müssen, dass die gewünschten Verhaltensweisen auch tatsächlich beobachtet werden können. Wenn zum Beispiel das Führungsverhalten eines Bewerbers getestet werden soll, braucht er eine Aufgabe, bei der er zeigen kann, wie er auf andere Einfluss nimmt. Die Eigenschaft »Führungsverhalten« muss mit der gleichen Übung bei allen Bewerbern zu beobachten sein. Die einzelnen Übungen müssen also in sich schlüssig sein. Die Ergebnisse, die aus den Beobachtungen gewonnen werden, müssen untereinander vergleichbar sein. Das geht nur, wenn

✔ die Aufgaben in einem Assessment-Center einheitlich sind.

✔ die Beobachter die Aufgaben gleichermaßen verstanden haben.

✔ ihre Beobachtungen schriftlich festgehalten werden.

Klingt Ihnen alles viel zu theoretisch? Wie wäre es damit: Sie haben eine Übung, mit der das Führungsverhalten von Meier beobachtet werden soll. Sie sollen das Führungsverhalten mit dieser Übung genauso beobachten können wie Ihre Beobachter-Kollegen A, B und C. Meier macht die Übung. Sie, A, B und C beobachten und kommen alle zu einer Aussage, was das Führungsverhalten von Meier angeht. Jetzt wird Meier gegen Müller ausgetauscht. Sie, A, B und C werden gegen die Beobachter L, M, N und O ausgetauscht. Müller macht die Übung und nun können L, M, N und O etwas zum Führungsverhalten von Müller sagen. Bingo! Die Übung erfüllt also ihren Zweck.

Nun hat jeder Bewerber eine Unmenge an Eigenschaften. Sie wollen so viele Eigenschaften wie nur möglich kennen lernen! Falsch! Sie wollen ganz konkrete Eigenschaften kennen lernen, nämlich die, die für den angebotenen Job wichtig sind! Alle anderen interessieren Sie nicht. Mit einer einzigen Übung können aber nicht alle für einen Job erforderlichen Eigenschaften getestet werden. Deshalb sind viele Übungen notwendig. Bei der einen können gezielt wenige Eigenschaften beobachtet werden, bei anderen Übungen kommt es zu Überschneidungen, weil viel mehr Eigenschaften getestet werden. Genau deswegen brauchen die Beobachter ihre Beobachtungsbögen, die nichts anderes als die bereits viel zitierten *Kriterienkataloge* sind. Da stehen zu jeder Übung die Eigenschaften, die auf alle Fälle erkannt werden müssen. Das hilft ungemein! Am Ende einer jeden Übung kann so genau gesagt werden, ob der Kandidat die gewünschten Eigenschaften gezeigt hat und in welchem Umfang. Die richtige Beurteilung der Eigenschaften ist damit leichter und treffender.

Das bedeutet aber auch, dass die einzelnen Übungen nicht allzu sehr in die Tiefe gehen können. Warum? Nun, weil die Übungen so gestrickt sein müssen, dass sie von allen Beobachtern verstanden werden und von allen Kandidaten absolviert werden können, ohne das große und tief greifende Erklärungen notwendig sind. Das geht nur mit Übungen, die nicht psychologisch tief greifend sind, da weder Beobachter noch Kandidaten ein Psychologie-Studium absolviert haben. Gut für Sie! Denn das heißt, dass alle Assessment-Center-Übungen machbar sind! Das Bestehen eines Assessment-Centers ist also kein Hexenwerk! Halt, Stopp, noch nicht üben! Lesen Sie erst das ganze Kapitel zu Ende! Sonst entgeht Ihnen etwas …

Nicht jeder ist neutral – Wahrnehmungsverzerrungen der Beobachter

Wo Menschen sind, da menschelt es. Jeder ist ein Individuum mit ganz speziellen Vorlieben. Und das ist gut so. Stellen Sie sich vor, alle würden das gleiche Auto, das gleiche Haus oder gar den gleichen Partner wollen! Das wäre doch eine Katastrophe, finden Sie nicht auch? Wie gut, dass die Geschmäcker verschieden sind. Eine Vorliebe für etwas zu haben, heißt, dass Sie es mögen. Was Sie nicht mögen, ist Ihnen unangenehm und Sie finden es bisweilen sogar ätzend. Warum sollte es bei den Beobachtern während eines Assessment-Centers anders sein? Schließlich sind das auch nur Menschen! Schon richtig, aber die dürfen keine Vorlieben haben! Beobachter müssen neutral sein, jeden Bewerber bzw. Kandidaten gleich behandeln und völlig objektiv seine Verhaltensweisen bewerten. Subjektivität ist verboten! Beobachter sind wie ein Schiedsrichter beim Fußballspiel: unparteiisch und neutral. Aber das ist gar nicht so einfach! Schließlich geht es beim Assessment-Center nicht darum, einen Ball ins gegnerische Tor zu bekommen, sondern um Menschen und deren Charaktereigenschaften. Glauben Sie wirklich, jeder Beobachter hat sich vollkommen im Griff? Mal ehrlich, Sie kennen das doch selbst: Da kommt einer zur Tür herein, läuft an Ihnen vorbei, Sie sehen ihn an, holen tief Luft und können ihn sprichwörtlich nicht riechen! So richtig erklären können Sie nicht, warum Sie ausgerechnet den nicht mögen. Irgendetwas hat er an sich … etwas, das Sie abstößt. Aha, was heißt das nun? Dieser Typ kann tun und lassen, was er will, er wird Ihnen niemals wirklich sympathisch werden. Merken Sie, wie schwer es so ein Beobachter hat? Der darf nämlich solche Antipathien erst gar nicht entstehen lassen. Wie das geht? Mit den entsprechenden Schulungen. Wollen Sie wissen, was die Beobachter alles zu unterdrücken lernen? Eine ganze Menge …

Halo-Effekt

Good old America lässt grüßen! Da kommt dieser Begriff nämlich her. Übersetzt heißt Halo-Effekt nämlich nichts anderes als »Heiligenschein«-Wirkung.

Da kommt eine Kandidatin in den Raum, groß, schlank mit langen blonden gelockten Haaren – wie ein Engel! Nur der Heiligenschein fehlt noch … Ach, da kommt ein Brillenträger, tolle Brille, sehr modernes Gestell, steht dem richtig gut, der sieht ja so was von intellektuell aus – der ist sicher super intelligent! Die nächste Kandidatin sieht aus, als käme sie direkt aus einem Modeschmuck-Laden! Du liebe Zeit, ist die mit Glanz und Glitter ausstaffiert – na ja, ob die viel Grips hat, ist doch wohl eher fraglich.

Merken Sie, was hier los ist? Genau: Allein wegen ihres äußeren Erscheinungsbildes wird ein erstes Urteil über die Kandidaten gefällt! Ist das nicht peinlich? Von Äußerlichkeiten darf man sich doch nicht so verleiten lassen! Keine Sorge, Ihren Beobachtern passiert das nicht! Die wissen ganz genau, worauf sie zu achten haben. Schließlich haben die ja ihren Kriterienkatalog.

 Vergessen Sie bitte nicht, dass Ihr erster Eindruck natürlich trotzdem eine große Bedeutung hat und es deshalb wichtig ist, dass Sie gepflegt und ansprechend aussehend erscheinen.

Implizierte Persönlichkeitstheorie

Das klingt ganz schön kompliziert, nicht wahr? Dabei ist diese Wahrnehmungsverzerrung gar nicht so weit von dem Halo-Effekt entfernt.

Kennen Sie Menschen, die einen Raum betreten, sofort die Aufmerksamkeit auf sich lenken, weil sie ihr ganzes Temperament versprühen? Das sind doch alles unglaublich kreative Menschen, nicht? Wer so temperamentvoll ist, steht permanent unter Strom und muss doch ständig irgendetwas Neues konzipieren. Das ist ja wohl sonnenklar! Das krasse Gegenteil sind dann die Typen, die so gar nicht auffallen. Vollkommen Introvertierte. Das können ja nur Langweiler sein. Wie sollen die was auf die Beine stellen? Geht doch gar nicht.

Wie, Sie haben schon erkannt, was hier läuft? Richtig: Es wird von einem beobachteten Persönlichkeitsmerkmal auf ein unbeobachtetes Persönlichkeitsmerkmal geschlossen. Temperamentvoll = kreativ; introvertiert = Langweiler. Ganz schön gemein, so zu denken. Wer sagt denn, dass der Temperamentvolle nicht der totale Chaot ist, der so gar nichts geregelt kriegt, und der Introvertierte der Überlegende, der in Ruhe eine Strategie entwickelt und geniale Ideen hat? Also Finger weg von solchen Theorien!

Voreingenommenheit

Die kennt ja wohl jeder! Hier werden anhand der Nationalitäten die entsprechenden Vorurteile gebildet:

Die Deutschen sind fleißig, denn sie leben, um zu arbeiten – die Franzosen sind faul, denn sie arbeiten nur das Nötigste, um zu leben, dafür seien sie fantastische Liebhaber – aber die besten Liebhaber sind feurige Italiener und und und. Keine Sorge, Ihre Beobachter sind genauso wenig voreingenommen wie Sie!

Übertragung/Projektion

Hier wird es ein kleines bisschen komplizierter. Wie war das denn während Ihrer Schulzeit, da hatten Sie doch bestimmt einen Lehrer, den Sie so gar nicht ausstehen konnten? Einen, der im Winter vielleicht immer Rollkragenpullis getragen und permanent genäselt hat? Jetzt kommt plötzlich einer die Tür rein, der hat einen Rollkragenpulli an, näselt ein »Guten Morgen« und bewegt sich auch noch so stocksteif wie Ihr Ex-Lehrer. Oh je, der ist Ihnen doch von der ersten Sekunde an genauso unsympathisch wie Ihr Ex-Lehrer! Und dabei hat er Ihnen gar nichts getan ... Und dann kommt da einer, der ist in derselben Stadt geboren wie Sie, hat dieselbe Grundschule besucht und just seine erste große Liebe in derselben Disko kennen gelernt wie Sie. Ach, ist der sympathisch! So ein toller Kerl! Sind Sie sicher ...?

Was passiert hier? Es ist dieses »Ach, der erinnert mich an ...«-Syndrom, dem Sie hier erliegen. Vollkommen unbewusst projizieren Sie das Verhalten und Auftreten eines Ihnen völlig Fremden mit einer Ihnen bekannten Person aus der Vergangenheit. Je nachdem welche Erfahrungen Sie mit der Person in Ihrer Vergangenheit gemacht haben, ist Ihnen der »Newcomer« weniger oder mehr sympathisch. Bei einem Beobachter könnte dann ein solcher Sympathie-Effekt zu einer positiveren Einschätzung eines Kandidaten führen. Das kann ganz schön heikel werden. Also muss das »Ach, der erinnert mich an ...«-Syndrom umfunktioniert werden zu einem »Ach, der erinnert mich zwar an ... – mal sehen, ob er tatsächlich genauso ist ...«-Syndrom. Für sämtliche Beobachter während eines Assessment-Centers eine ihrer leichtesten Übungen.

Ganz schön beeindruckend, wodurch ein jeder sich beeinflussen lassen kann! Sie wissen jetzt, wodurch sich Ihre Beobachter auf keinen Fall irritieren lassen. Das ist eine echte Kunst, seine persönlichen Empfindungen so unter Kontrolle zu haben, dass von Halo-Effekt bis zur Projektion keine Wahrnehmungsverzerrung entsteht. Ihre Beobachter verdienen schon eine Menge Respekt. Aber den kriegen die auch von Ihnen! Sie werden sich auch von nichts und niemandem beeinflussen lassen! Sie gehen Ihren Weg! Und zwar super vorbereitet! Worauf warten Sie? Sie wollen es doch schon die ganze Zeit: üben, üben, üben!

Wie Sie sich auf Einzelübungen vorbereiten können

16

In diesem Kapitel

▶ Präsentieren Sie sich eindrucksvoll

▶ So bringen Sie Ordnung ins Papierchaos

▶ Probleme wollen gelöst werden

▶ Wollten Sie nicht schon immer mal Ihre eigene Rede halten?

Sie brennen darauf, endlich zu erfahren, was Sie alles in einem Assessment-Center erwartet? Dann ist dieses Kapitel genau das richtige für Sie! Jetzt dürfen Sie üben, üben, üben. Stürmen Sie aber bitte nicht von einer Aufgabe in die nächste. Eine nach der anderen. Nach jeder Übung machen Sie erst mal eine Pause. Warum? Ganz einfach: damit Sie das, was Sie gerade gemacht haben, auch ordentlich verdauen! Schließlich müssen Sie am Ende einer jeden Übung für sich entscheiden, ob Sie tatsächlich richtig gut waren. Oder gibt's Dinge, die Sie beim nächsten Mal anders machen würden? Besser machen können? Dann üben Sie gleich noch mal! Schmecken Sie wieder nach, was Sie gerade gemacht haben – so lange, bis Sie rundum zufrieden sind.

 Eines ist sicher: Je mehr Sie üben, je intensiver Sie sich mit jeder einzelnen Übung befassen, desto mehr geht sie Ihnen in Fleisch und Blut über. Und das Fazit? Sie können professionell vorbereitet in Ihr tatsächliches Assessment-Center gehen und sich ganz entspannt auf sämtliche Aufgaben konzentrieren! Ihre Aufregung können Sie guten Gewissens zu Hause lassen.

Sie wissen, was Sie erwartet und viel mehr Neues kann nicht dazukommen. Es kann höchstens ein wenig anders sein. Das war's dann aber auch. Wie anders die Aufgaben sein können, können Sie im Kapitel *Übungsanhang* sehen. Dort finden Sie weitere beispielhafte Übungsaufgaben. Sie versprechen jetzt aber, dass Sie erst mal dieses Kapitel lesen, damit Sie verschiedene Möglichkeiten kennen lernen, wie Sie Ihre Lösungsstrategien einfach und unkompliziert erarbeiten können! Also denn man los.

Ihre ganz persönliche Vorstellung

Schon wieder! Das kann ja wohl nicht wahr sein! Erst haben Sie ein Vorstellungsgespräch, wo Sie Ihren Werdegang schildern, dann müssen Sie sich im Gruppeninterview erneut vorstellen und jetzt schon wieder? Ja. Ist so. Hilft alles nichts. Sie müssen sich erneut präsentieren und zwar richtig gut! Setzen Sie sich in Szene! Selbstbewusst und aktiv. Sie wissen doch schon, wie's geht.

So sieht die Übungsaufgabe auf dem Papier aus:

Übung: Die Persönliche Vorstellung	
Zeitvorgabe	drei bis fünf Minuten pro Teilnehmer
Hilfsmittel	keine
Themenbeschreibung	Angaben zur Person, schulischer und beruflicher Werdegang, Freizeitgestaltung, Zukunftserwartungen

Ganz schön einfach gemacht, nicht wahr? Und dabei steckt da so viel dahinter!

Der rote Faden - Ihr Lebenslauf

Dieser rote Faden begleitet Sie in der Tat während Ihrer gesamten Bewerbungsphase und natürlich auch im Assessment-Center. Also müssen Sie nochmals einen konzentrierten Blick in Ihre schriftlichen Bewerbungsunterlagen werfen und prüfen, was alles genau in dem Lebenslauf steht, den Sie an die Firma geschickt haben. Überlegen Sie, wie Sie vorgehen wollen: Fangen Sie bei Ihrer Ausbildung an und machen Sie Ihrem potenziellen neuen Arbeitgeber klar, dass Ihr kompletter beruflicher Werdegang doch nur auf diesen einen Job, nämlich den angebotenen, ausgerichtet war und ist. Wenn Sie noch unsicher sind, ob Ihre Vorgehensweise die richtige ist, dann lesen Sie doch Kapitel 9 *Vorbereitung ist alles* und Kapitel 10 *So läuft's im Vorstellungsgespräch*. Hier lernen Sie, sich intensiv mit Ihrem Lebenslauf auseinanderzusetzen, denn Sie müssen ihn schließlich im Schlaf runterspulen können.

Setzen Sie die richtigen Schwerpunkte

Natürlich wird diese Vorstellung nicht bei jeder Firma gleich ausfallen, denn im Idealfall stellen Sie Ihren bisherigen Werdegang so vor, dass sich Ihre Bewerbung bei der Firma ganz logisch daraus ergibt. Kramen Sie also noch einmal die Stellenanalyse hervor. In Kapitel 3 *Anzeigen auswerten* haben Sie sich schließlich intensiv damit auseinandergesetzt, was diese Firma von Ihnen erwartet. Beweisen Sie, dass Sie wissen, worum es geht. Checken Sie noch einmal durch:

✔ Für welchen Job bewerben Sie sich? – Welche Ihrer bisherigen Tätigkeiten passen genau dazu? Welche ergänzen diesen Job? Das sind genau die, über die Sie bei Ihrer persönlichen Vorstellung reden.

✔ Welche markanten Eigenschaften brauchen Sie für den Job? Was steht dazu in Ihrer Stellenanalyse? Greifen Sie drei bis maximal vier Schlüsselqualifikationen auf und erläutern Sie kurz und bündig, dass Sie diese Schlüsselqualifikationen haben und wie Sie sie umsetzen. Ihr Traumjob verlangt ein Organisationstalent und das ist eine Ihrer größten Stärken? Dann können Sie doch sagen: »Wenn sich Arbeitsberge auf meinem Schreibtisch türmen, dann fühle ich mich so richtig wohl! Ich finde es spannend und es macht mir richtig Spaß, die Arbeit einzuteilen, Prioritäten zu setzen und dann zu bearbeiten. Wenn neue Themen zusätzlich auf meinen Tisch flattern, bringt mich das überhaupt nicht aus der Ruhe, ich kann gut beurteilen, ob das neue Thema dann oberste Priorität bekommt oder entsprechend geschoben werden kann.« Alle Achtung! Jetzt haben Sie sich aber ins Zeug gelegt: Neben Ihrem Organisationstalent haben Sie auch gleich Ihre Belastbarkeit zum Ausdruck gebracht! Klasse, Sie haben verstanden, worum es geht!

Also machen Sie sich Ihre Gedanken und formulieren Sie doch zum Üben mal schriftlich, was Sie sagen möchten, um mit den gewünschten Eigenschaften zu bestechen. Wenn Ihnen Ihre Formulierung gefällt und vor allem Sie überzeugt, kommen Sie authentisch rüber. Und nur so überzeugen Sie die anderen von Ihren Eigenschaften.

✔ Was ist mit Ihren Hobbys? Passen die zu dem Job? Wenn ja, können Sie hier ein bisschen ausführlicher werden. Wird für den Job eine extrem gute Konzentrationsfähigkeit gefordert und Sie spielen zum Beispiel Schach, können Sie durchaus locker formulieren:»Was mein Hobby angeht, so ist das eine gute Ergänzung für meinen Beruf. Ich bin leidenschaftlicher Schachspieler und deshalb bin ich es gewohnt, extrem lange hoch konzentriert zu sein.« Klingt richtig gut! Wenn Ihr Hobby keine Ergänzung zum Job darstellt, was machen Sie dann? Richtig, Sie sagen, dass Ihr Hobby Ihr Ausgleich zum Beruf ist. Wenn Sie hier noch kleine Unsicherheiten haben, blättern Sie doch mal zurück zu Kapitel 2 *Erstellen Sie Ihr Persönlichkeitsprofil*. Hier haben Sie sich ganz ausführlich mit Ihren Freizeitaktivitäten beschäftigt.

✔ Welcher Schwerpunkt fehlt noch? Ganz klar: Ihre Zukunftserwartungen. Kapitel 11 *Fragen, auf die Sie vorbereitet sein sollten* lässt grüßen. Was wollen Sie in den nächsten paar Jahren erreicht haben, wie steht's mit Ihrer Karriere usw.? Worauf warten Sie? Die Antworten kennen Sie doch schon längst!

Viel mehr Schwerpunkte werden Sie bei Ihrer persönlichen Vorstellung kaum an den Mann und die Frau bringen können. Warum? Nun, diese Übung startet mit dem Druckmittel schlechthin: der Zeitvorgabe! In aller Regel bekommen Sie für Ihre persönliche Vorstellung drei bis fünf Minuten Zeit.

Bewahren Sie innerlich und äußerlich Haltung

Drei bis fünf Minuten können aber auch eine ganz schön lange Zeit sein! Ist Ihr Lebenslauf prall gefüllt und in schriftlicher Natur schon etliche Seiten lang, wird's mit den paar Minuten schon eng. Da heißt es in der Tat: Absolute Prioritäten setzen! Wie das geht, haben Sie gerade gelernt! Orientieren Sie sich an der Firma, was die will und was für die interessant ist! Und bewahren Sie die Ruhe.

Reden Sie mit einer normalen Sprechgeschwindigkeit, laut und deutlich, damit Sie jeder verstehen kann. Ihre Stimme muss nicht monoton in ein und derselben Tonlage dahindämmern – setzen Sie auch hier Prioritäten: Erheben Sie die Stimme, wenn Sie etwas besonders betonen wollen, und lassen Sie den Klang im Anschluss wieder auf Ihre sonstige Tonebene sinken.

Versuchen Sie wieder, alle im Raum Anwesenden anzusprechen: Blicken Sie von einem zum anderen und ja nicht in den luftleeren Raum, aus dem Fenster oder an die Decke! Die anderen wollen wissen, wer Sie sind – der Decke und dem Fenster sind Sie völlig egal.

Sie präsentieren sich im Stehen, aufrecht und gerade. Wie lautet das Motto noch mal? Bauch rein, Brust raus! Was Sie mit Ihren Händen alles anstellen können, haben Sie in Kapitel 13 *Alle auf einmal! Das Gruppeninterview* ausführlich gelernt. Blättern Sie fix zurück oder reicht Ihnen die Kurzfassung:

✔ Hände nicht in irgendwelche Hosen- oder Jackentaschen packen

✔ Arme nicht vor Ihrer Brust verschränken

✔ Die Hände sprechen lassen, Fingerspitzen zusammenführen, Handflächen mit der Innenseite zu den Anwesenden öffnen

✔ Im Zweifel einen Stift mitnehmen, der Ihre Hände beschäftigt

Lehnen Sie sich bloß nicht an irgendetwas an oder halten sich womöglich an Tischkanten fest! Das ist alles andere als cool. Es wirkt, als brauchen Sie jetzt den absoluten Halt, als wären Sie unsicher und verkrampft! Das sind Sie nicht! Bleiben Sie während Ihrer kompletten Vorstellung an einem Fleck stehen, wirken Sie unbeweglich und steif. Macht also auch keinen so guten Eindruck. Rennen Sie von rechts nach links, vorwärts und rückwärts, verbreiten Sie Hektik und wirken gestresst. Und wer will schon so ein Stresslein einstellen? Keiner. Sie können sich gerne an Ihrem Präsentationsplatz ein wenig bewegen, mal einen Schritt zur Seite, mal nach vorne und wieder an den Ausgangspunkt zurück. Immer mit der entsprechenden Ruhe. So wirken Sie souverän und überlegt. Genau das wollen die Beobachter sehen.

Und denken Sie daran: Wenn Sie fertig sind und zu Ihrem Platz gehen, dann ist das wie beim Abschied! Normal gehen, nicht rennen, ein bisschen lächeln und Sie haben gewonnen!

Ihre äußerliche Haltung ist jetzt perfekt!

Wie sieht's denn in Ihnen aus? Da brodelt's, ist doch klar! Ein bisschen Aufregung gehört schließlich dazu, sonst würde es doch gar keinen Spaß machen. Wenn Sie nicht aufgeregt wären, hätte Ihre persönliche Vorstellung ja gar keinen Reiz mehr für Sie! Sie würden Ihr Leben einfach abspulen – wie ätzend! So eine Spule läuft bei gleichem Tempo monoton Runde für Runde ... Wo bleiben da Ihre Highlights? Ihre Schwerpunkte? Wie sollen die anderen erfahren, was Ihnen wichtig ist, was so Besonderes an Ihnen ist? Akzeptieren Sie Ihre Aufregung und sagen sich: »Hurra! Ich lebe noch! Ich habe Gefühl in mir! Stark!« Dann atmen Sie ein paar Mal ganz tief ein und aus: Sie können das! Auf geht's in Ihre persönliche Vorstellung!

Ab ins Körbchen: Die Postkorbübung

Ab ins Körbchen! Aber ja in das richtige! Damit Sie an dieser Stelle richtig in Schwung kommen und Ihre erste Erfahrung machen, was bei dieser Übung auf Sie zukommt, werden Sie jetzt tatsächlich gleich mit Papier überflutet – wie im prallen Leben, wenn Sie nach drei Wochen

Urlaub an Ihren Arbeitsplatz zurückkommen. Nutzen Sie diese Übung mit ihren Beispielen jetzt gleich als richtige Übungsaufgabe! Nur keine Hemmungen, probieren Sie es! Sie kennen die Situation doch auch:

Der erste Tag nach dem Urlaub ist doch meist der totale Horror! Was sich da so alles angesammelt hat ... Jetzt heißt es erst mal: sortieren. Werfen Sie auf keinen Fall irgendein Papierchen einfach so weg. Diese Übung ist nämlich ganz schön raffiniert. Sie aber auch! Bewahren Sie bei dieser Übung vor allem eines: Ruhe. Bei der Postkorbübung wird schnell deutlich, ob und wie Sie in der Lage sind, sich einen Gesamtüberblick zu verschaffen. Und dann wird es richtig spannend:

 Wie organisieren Sie sich jetzt, welche Entscheidungen treffen Sie?

Zählen Sie zu den Jägern und Sammlern, die nicht mal einen Anruf von anderen erledigen lassen, oder zu den totalen Leertischlern, die schlichtweg alles delegieren, um ja keine finale Entscheidung treffen zu müssen? Wie gehen Sie vor, kommunizieren Sie Ihre Wünsche mündlich oder schriftlich oder sogar beides?

Wie, Ihnen brennt es schon unter den Nägeln? Sie wollen endlich wissen, was da alles auf Ihrem Tisch liegt? Na, worauf warten Sie dann – legen Sie los!

Eine Menge Papier!

Üben ist angesagt, aber richtig: Auf Ihrem Schreibtisch stapeln sich einige Unterlagen, nämlich alle, die jetzt kommen:

Das Übungsblatt sagt Ihnen, dass Sie 20 Minuten Zeit haben, um sich zu organisieren, und dann allen anderen, also dem Moderator, den Beobachtern und Ihren Mitbewerbern erklären müssen, was Sie wann, wie und warum tun.

Das erste Handout macht Ihnen klar, in welcher Situation Sie sich nun gerade befinden. Im Übungsbeispiel kommen Sie frisch aus Ihrem Urlaub und wollen gleich am nächsten Tag eine Dienstreise antreten. Vorher haben Sie noch das bisschen Papier auf Ihrem Schreibtisch zu beseitigen.

 Dieses bisschen Papier sind die zwölf verschiedenen Dokumente. Sie können sich diese Dokumente zum Üben auch gerne gleich im Internet runterladen. Hier ist die Adresse: http://www.wiley-vch.de/publish/dt/books/ISBN3-527-70325-X.

Mal sehen, was Sie damit anstellen:

Postkorbübung	
Zeitvorgabe:	20 Minuten Bearbeitungszeit; Anschließend zehn Minuten Lösungspräsentation
Hilfsmittel:	Stift und Aufgabenblätter
Themenbeschreibung:	Sie sind Personalreferent/in Hartmann. Die letzte Woche hatten Sie Urlaub. Es ist Montagmorgen und Ihr Schreibtisch liegt voller Post. Private Post haben Sie außerdem auch noch mitgebracht. Sie wollen jetzt alles bearbeiten, damit Sie bis zur Mittagspause einen Überblick hinsichtlich der anstehenden Aktivitäten haben.

Ausgangssituation

Heute ist Montag früh. Morgen, Dienstag, 02. Juni, reisen Sie am späten Nachmittag nach Barcelona, wo Sie nächste Woche bei einem Tochterunternehmen in einem wichtigen Projekt mitarbeiten werden.

Bearbeiten Sie alle Unterlagen. Entscheiden Sie, was Sie wann und wie machen. Denken Sie auch daran, die nötige Zeit einzuplanen, um alles zu erledigen. Notieren Sie Ihre Entscheidungen auf dem jeweiligen Vorgang. Erstellen Sie im Anschluss einen Zeitplan bis zu Ihrer Abreise morgen früh und eventuell sogar für die erste Woche nach Ihrer Rückkehr. Bedenken Sie, dass alles in der regulären Arbeitszeit von 8.00 bis 17.00 Uhr erledigt wird. Machen Sie alles selbst? Soll Ihre Sekretärin Dinge erledigen? Beachten Sie, dass Sie in Ihrem Job auch noch Routinearbeiten zu erledigen haben, für die Sie am Tag gute drei Stunden einplanen müssen.

Sie haben 20 Minuten Zeit, Ihre Entscheidungen zu treffen und den Zeitplan zu erstellen. Im Anschluss präsentieren Sie Ihre Ausarbeitung in maximal zehn Minuten.

Dokument 1

> **Gesprächsnotiz**
>
> Anruf des Projektgruppenleiters »Familienbetreuung für Mitarbeiterinnen und Mitarbeiter«: Er möchte Ihnen gerne den Ergebnisbericht präsentieren und die weitere Vorgehensweise besprechen. Terminvorschlag:
>
> Montag, 01. Juni, 13.00 – 15.00 Uhr.
>
> Bitte um kurze Info, ob der Termin machbar ist.
>
> Gruß Müller

Dokument 2

E-Mail

Sehr geehrte/r Frau/Herr Hartmann,

ich habe gehört, dass im Unternehmensbereich 2 von Hr. Müller die Einführung von Familienbetreuung vorbereitet wird. Ich bin sehr interessiert, von Ihnen frühzeitig in das Konzept und die Planungen involviert zu werden, da die Thematik auch in meinem Bereich derzeit aktuell diskutiert wird.

Wann haben Sie Zeit für einen Informationsaustausch?

Beste Grüße

Ulrich Meyer
Unternehmensbereich 8

Dokument 3

Catering Wohl bekommt's

Frau/Herrn Hartmann,

wunschgemäß bestätigen wir Ihnen die Lieferung von Fingerfood für 30 Personen für den 02. Juni, um 17.00 Uhr an Ihr Gästekasino.

Freundliche Grüße
Ihr Catering-Team

Dokument 4

Infozirkel

Liebe Mitarbeiterinnen und Mitarbeiter,

der Infozirkel findet am Montag, 01. Juni, von 9.30 Uhr bis 12.00 Uhr im großen Sitzungssaal statt.

Agenda: aktueller Bericht der Geschäftsleitung

Projektthemen

Konzeption Familienbetreuung – Stand und Umsetzung

Sonstiges

Beste Grüße
Becker
Geschäftsleitung

Dokument 5

E-Mail vom 01. Juni 7.30 Uhr

Liebe/r Frau/Herr Hartmann,

schön, dass Sie wieder da sind. Sie hatten hoffentlich einen erholsamen und erlebnisreichen Urlaub.

Ich erwarte Sie heute um 13.00 Uhr in meinem Büro mit aktuellen Informationen zur Umsetzung unseres Projektes Familienbetreuung.

Und bringen Sie auch gleich Ihre Präsentation für den Personalleiter-Kongress im August mit.

Beste Grüße
Ihr Chef

Dokument 6

Persönlicher Brief

Betrifft Ihre Chiffre-Anzeige »Haushaltshilfe gesucht«

Sehr geehrte/r Frau/Herr Hartmann,

unsere Agentur vermittelt professionelle Haushaltshilfen. Überzeugen Sie sich selbst, rufen Sie uns zwecks einer Terminvereinbarung kurzfristig an.

Freundliche Grüße

Ihre Vermittlungsagentur

Dokument 7

Einladung

Liebe Kolleginnen und Kollegen,

wir freuen uns, die 40-jährige Betriebszugehörigkeit unseres Kollegen Otto Berner gemeinsam mit Ihnen zu feiern. Hierzu laden wir Sie zu einem gemütlichen Beisammensein am Montag, 01. Juni um 17.00 Uhr in unser Gästekasino ein. Für Ihr leibliches Wohl ist bestens gesorgt.

Mit freundlichen Grüßen

Anne Wolter

Sekretariat Hartmann

Dokument 8

Brief vom 26. Mai

Betrifft Personalleiter-Kongress

Sehr geehrte/r Frau/Herr Hartmann,

besten Dank für Ihre Zusage, im Rahmen unseres Personalleiter-Kongresses am 13. und 14. August zu referieren. Wir haben Ihren Vortrag am 14. August von 08.30 Uhr bis 12.00 Uhr eingeplant. Bitte lassen Sie uns frühzeitig wissen, inwiefern Sie technische Unterstützung von unserer Seite benötigen.

Wir wären Ihnen verbunden, wenn Sie uns kurzfristig eine Zusammenfassung Ihres Vortrages zusenden könnten, damit wir Ihre Ausarbeitungen entsprechend in unseren Teilnehmerunterlagen integrieren können. Besten Dank.

Mit freundlichen Grüßen

Kongressteamleitung

Dokument 9

Schreiben des Personalrates

Persönlich
Frau/Herrn Hartmann

Sehr geehrte/r Frau/Herr Hartmann,

wir haben erfahren, dass in Ihrem Unternehmensbereich das Projekt Familienbetreuung umgesetzt werden soll. Wir weisen Sie darauf hin, dass uns bislang keine Informationen geschweige denn die erforderlichen Anträge vorliegen. Sollten Sie Ihrer Informations-pflicht nicht kurzfristig nachkommen, werden wir uns entsprechende rechtliche Schritte vorbehalten.

Friedrich

Personalratsleiter

Dokument 10

Telefonnotiz:

Anruf Ihrer Freundin Conny

Hallo,
ich muss kurzfristig ins Krankenhaus, meine Mutter ist gestürzt und wird gerade
notoperiert. Ich hab' keine Ahnung, was nun abgeht und wann ich nach Hause komme.
Vergiss nicht zur Bank zu gehen, sonst musst du morgen ohne Geld nach Spanien
fliegen.
Bis später
Conny

Dokument 11

Zeitungsausschnitt vom 27. Mai

Todesanzeige Ihres ehemaligen Chefs, mit dem Sie ein extrem gutes und enges
Verhältnis hatten. Seine Beerdigung ist am Montag, 01. Juni, 13.00 Uhr auf dem
Hauptfriedhof.

Dokument 12

Anruf am Freitag, 29. Mai:

Otto Berner ist krank und wird voraussichtlich erst wieder übernächste Woche kommen
können.

Wolter
-Sekretärin-

Was ist denn jetzt los? Die Panik steht Ihnen ja förmlich ins Gesicht geschrieben! Warum denn
nur? Es sind doch gerade mal zwölf Papierchen, die Sie verarzten müssen. Das geht doch ganz
einfach!

... und wie Sie damit umgehen

Tief durchatmen! Im ersten Moment sieht das alles chaotischer aus, als es ist. Haben Sie die einzelnen Dokumente richtig gelesen? Ja? Wirklich? Also nicht einfach nur so überflogen, um möglichst schnell mit dem Sortieren anzufangen, sondern intensiv gelesen, so dass Sie verstanden haben und wissen, was da auf jedem Papierchen steht? Aha, da haben Sie es schon: schnell und oberflächlich geht bei dieser Übung gar nix! Konzentriertes Lesen ist hier das Nonplusultra! Vor allem auch: Gehirn einschalten! Sie müssen aufnehmen und realisieren, was auf jedem einzelnen Dokument steht. Dann erkennen Sie ganz leicht, dass viele Dokumente in Zusammenhang miteinander stehen. Und jetzt können Sie so richtig loslegen:

Lernen Sie strukturieren

Bevor Sie irgendwelche Entscheidungen treffen, müssen Sie erst mal wissen, was wohin gehört, oder besser gesagt, was zusammengehört. Eine Struktur muss her! Eine einfache, klare, leicht verständliche Struktur, die Ihnen hilft, die richtigen Entscheidungen zu treffen. Wie war der erste Satz für diese Übung? Genau: Ab ins Körbchen! Wenn Sie doch nur welche hätten ... Es geht auch ohne tatsächliche Körbchen:

Machen Sie als erstes »Häufchen«: Legen Sie immer die Dokumente auf ein Häufchen, die Ihrer Meinung nach zusammengehören.

Sie haben doch die einzelnen Vorgänge aufmerksam durchgelesen. Gut. Haben Sie sie auch *aktiv* gelesen? Sie wissen gar nicht, wie das geht? Dann lernen Sie es jetzt: Aktives Lesen bedeutet, dass Sie einen Text lesen und einen Stift in Ihrer Hand halten, mit dem Sie alles, was Ihnen interessant und wichtig erscheint, markieren. Dazu brauchen Sie nicht mal farbige Textmarker, ein Kuli oder gar Bleistift tut's genauso. Sie können Aussagen unterstreichen, Striche, Kreuzchen, Kringel oder Pfeile machen. Lassen Sie Ihrer Fantasie freien Lauf. Sie müssen nur wissen, mit welchen Zeichen Sie die Aussagen markieren, die miteinander zusammenhängen. Sie können gerne auch gleich auf den Dokumenten notieren, was Sie damit machen wollen, also zum Beispiel

✔ Delegieren

✔ Selbst erledigen

✔ Ab in die Wiedervorlage

Sie lernen auch einzuschätzen, wie wichtig oder dringend die einzelnen Dokumente bearbeitet werden müssen. Was halten Sie davon, Ihre Erkenntnis ebenfalls gleich auf dem Dokument kenntlich zu machen, zum Beispiel mit einem Ausrufezeichen oder den Kürzeln *P1, P2, P3,* um die Prioritäten zuzuordnen?

✔ P1 = hohe Priorität, eilig

✔ P2 = mittlere Priorität, kann noch ein wenig warten

✔ P3 = geringe Priorität, hat Zeit

Wie finden Sie nun heraus, was womit zusammenhängt? Überlegen Sie:

✔ Was sagen Ihnen Handout und Situationsbeschreibung? Es ist Montag früh. 01. Juni. Ihre Regelarbeitszeit dauert von 8.00 bis 17.00 Uhr. Das bedeutet, dass Sie gerade angekommen sind, es ist also kurz nach 8.00 Uhr und Sie fangen an, sich durch den Papierberg zu kämpfen.

Was gehört nun alles zu diesem Montag? Dokument 1 mit einem Terminvorschlag, Dokument 4 Infozirkel, Dokument 5 Chef-Mail, Dokument 7 Einladung, Dokument 11 Zeitungsausschnitt.

Damit haben Sie Ihr erstes »Häufchen« und eine Menge Arbeit für den Montag auf dem Tisch. Schieben Sie jetzt ja nicht alles andere zur Seite! Sie strukturieren gerade! Also weiter geht's:

✔ Was gehört zu morgen, Dienstag, 02. Juni? Die Info, dass Sie eine Geschäftsreise nach Barcelona antreten, ohne dass Ihnen eine Zeitvorgabe gesetzt ist – das bedeutet, Sie wissen nicht, zu welcher Uhrzeit Sie losmüssen, das heißt aber auch, dass Sie in dieser Übung frei entscheiden können, zu welcher Zeit Sie Ihre Dienstreise antreten, zumal Sie erst nächste Woche dort ein Projekt begleiten sollen. Dokument 3 Catering Wohl bekommt's. Aha, damit ist der Dienstag klar. Zumindest auf den ersten Blick. Das zweite »Häufchen« liegt vor Ihnen.

Was ist mit den anderen Infos? Nehmen Sie nochmals jedes Einzelne vor:

✔ Tägliche Routinearbeiten, Dauer drei Stunden

✔ Dokument 2 Terminanfrage wegen Infoaustausch von Ulrich Meyer

✔ Dokument 6 Persönlicher Brief zwecks Haushaltshilfe

✔ Dokument 8 Personalleiter-Kongress im August

✔ Dokument 9 Schreiben des Personalrates wg. Familienbetreuung

✔ Dokument 10 Telefonnotiz von Freundin, die nicht zur Bank kann

✔ Dokument 12 Anrufzettel mit Info, dass Otto Berner diese Woche krank ist

Was ist? Können Sie noch weitere »Häufchen« machen? Na klar! Ordnen Sie jetzt die Unterlagen nach den Themen:

✔ Was gehört alles zu Ihrem ersten »Häufchen« für den heutigen Montag? Zu Dokument 1, Dokument 4, Dokument 5, Dokument 7 und Dokument 11 kommen noch folgende dazu:

- Tägliche Routinearbeit mit drei Stunden

- Dokument 2 Terminanfrage wegen Infoaustausch von Ulrich Meyer

- Dokument 9 Schreiben des Personalrates wg. Familienbetreuung

- Dokument 10 Telefonnotiz von Freundin, die nicht zur Bank kann

- Dokument 12 Anrufzettel mit Info, dass Otto Berner diese Woche krank ist

Ihr »Häufchen« ist ganz schön gewachsen!

✔ Nehmen Sie sich das Dienstags-»Häufchen« noch mal vor, können Sie hier eines der offenen Dokumente zuordnen? Zumindest die tägliche Routinearbeit mit drei Stunden gehört hier auch dazu. Mehr erst mal nicht.

✔ Dokument 6 und Dokument 8 legen Sie jedes für sich. Aber nicht aus den Augen verlieren!

 Strukturieren bedeutet also zu überprüfen, was wohin gehört:

> ✔ Checken, welche Vorgänge zu welchem Tag/Datum gehören
>
> ✔ Zuordnen, welche Dokumente den gleichen Inhalt haben oder von ihren Themen inhaltlich zusammengehören
>
> ✔ Die Vorgänge zu separieren, die offensichtlich mit den anderen nichts zu tun haben. Diese dürfen aber nicht verloren gehen, schließlich sollen sie ja auch bearbeitet werden.

Ein großes Arbeits-»Häufchen« für heute, ein kleineres für morgen und zwei separate Mini-»Häufchen«. Kein Papierchaos mehr! Der erste Schritt ist gemacht: Sie haben das Chaos strukturiert. Jetzt geht's ans Eingemachte! Welches Papierchen ist nun wichtig und was kann warten? Sie sind gefordert!

Setzen Sie Prioritäten

Wie lange haben Sie gebraucht, um diesen Überblick zu bekommen? Maximal eine halbe Stunde. Prima, dann ist es jetzt kurz nach halb neun und Sie können schon so richtig zu arbeiten anfangen. Mal sehen, was heute alles bereits mit genauen Terminen auf Ihrem Programm steht:

✔ Dokument 1 Termin wg. Familienbetreuung 13.00–15.00 Uhr

✔ Dokument 4 Infozirkel 9.30–12.00 Uhr

✔ Dokument 5 Cheftermin um 13.00 Uhr

✔ Dokument 7 Jubiläumsfeier für Otto Berner ab 17.00 Uhr

✔ Dokument 11 Beerdigung Ihres Ex-Chefs um 13.00 Uhr

Oh je! Offensichtlich haben Sie zeitlich ein heftiges Problem, außer Sie klonen sich ab 13.00 Uhr! Was machen Sie denn nun? Logisch: Prioritäten setzen!

✔ Dokument 4 geht in Ordnung, den Termin ab 9.30 Uhr können Sie problemlos wahrnehmen, bis dahin ist auch noch etwas Zeit.

✔ Dokument 1 Terminvorschlag wg. Familienbetreuung: Rufen Sie Ihren Kollegen Müller an und bitten Sie um eine Terminverschiebung. Wie wäre es von 14.30 bis 16.30 Uhr?

✔ Dokument 5 Ihr Chef will Sie doch genau wegen des Themas Familienbetreuung sprechen. Rufen Sie ihn nach Ihrem Telefonat mit dem Kollegen Müller sofort an. Der Chef hat schließlich immer oberste Priorität. Teilen Sie ihm mit, dass Sie sich von 14.30 bis

16.30 Uhr mit dem Kollegen Müller austauschen und ihn im Anschluss gerne um 16.40 Uhr brandaktuell informieren. Bei Ihrem 16.40-Uhr-Termin sagen Sie ihm dann auch, dass Sie ihm Ihre Präsentation für den Personalleiter-Kongress im August nach Ihrem Spanien-Aufenthalt vorlegen, da der Kongress schließlich erst in eineinhalb Monaten ist und Sie die Präsentation noch nicht finalisiert haben.

Damit können Sie um 13.00 Uhr zur Beerdigung Ihres Ex-Chefs. Dokument 11 wird also auch erledigt.

✔ Was ist mit Dokument 7, der Jubiläumsfeier? Liegt da nicht noch ein anderes Papierchen in Ihrem »Häufchen«? Na klar! Dokument 12! Otto Berner ist krank! Das heißt, die Jubiläumsfeier muss abgesagt werden! Wäre doch peinlich, ohne den Ehrengast zu feiern. Irgendetwas war da doch noch? Was war das denn gleich? Richtig: Dokument 3 Catering Wohl bekommt´s! Dokument 3 gehört gar nicht zu morgen! Das ist die Catering-Bestellung für heute, für die Jubiläumsfeier. Wie gut, dass die heute nicht kommt! Aber morgen brauchen Sie sie auch nicht, die muss umgehend abgesagt werden! Müssen Sie das unbedingt selbst machen? Wie wäre es, wenn Sie sich auf diese Dokumente als Gedankenstütze schon mal »Delegieren« notieren? Eine gute Idee!

Langsam kriegen Sie doch Schweißperlen auf die Stirn! Obwohl Sie echt gut sind! Ihre Termine für heute haben Sie doch schon im Griff! Was liegt noch alles im »Häufchen«?

✔ Dokument 2 Terminanfrage wegen Infoaustausch von Ulrich Meyer: macht erst Sinn, wenn Sie up to date sind, was das Thema Familienbetreuung angeht. Also Meyer anrufen und mit ihm einen Termin vereinbaren, wenn Sie wieder aus Spanien zurück sind. Hier brennt nichts an.

✔ Dokument 9 der verärgerte Personalrat: Den rufen Sie am besten gleich an, teilen ihm mit, dass Sie heute Nachmittag diverse Gespräche wegen des Themas Familienbetreuung haben, und bieten ihm an, sich morgen, Dienstag, 02. Juni, um 8.30 Uhr zu einem Informationsaustausch mit ihm zu treffen, schließlich fliegen Sie erst am späten Nachmittag nach Spanien. Puh! Jetzt ist auch der erst mal zufrieden. Haben Sie gut gemacht!

✔ Dokument 10 sagt Ihnen, dass Sie selbst zur Bank müssen, wenn Sie nicht ohne Bargeld nach Spanien reisen wollen. Müssen Sie da unbedingt heute hin? Na ja, dann hätten Sie's vom Tisch … Wie gut, dass es Geldautomaten gibt! Sie wollen ja nicht Millionenbeträge mitnehmen, sondern Ihr Taschengeld. Dafür reicht die Geldautomatausgabe allemal. Und Sie sind zeitlich unabhängig. Sie können Ihr Geld also in aller Ruhe nach Feierabend abheben gehen.

Alle Achtung! Sie kapieren schnell!

 Prioritäten setzen, bedeutet also:

✔ Termine checken – wann steht welcher Termin an, wie lange dauert er, muss er eventuell verschoben werden, wer ist alles von terminlichen Veränderungen betroffen und muss informiert werden, was müssen Sie alles für den Termin vorbereiten, welche Unterlagen brauchen Sie für den jeweiligen Termin?

✔ Haben Vorgesetzte ein Anliegen? Ihr Chef hat immer oberste Priorität. In der Hierarchie kommen im Anschluss Betriebs- oder Personalrat, Mitarbeiter und Kunden.

✔ Beschwerden arbeiten Sie am besten auch immer sofort ab und persönlich! Die sind Ihre Chefsache und werden auf keinen Fall delegiert.

Aha, auf jedem Dokument steht jetzt, was Sie damit machen oder bereits gemacht haben. Wie viel Zeit haben Sie noch, bis der Infozirkel anfängt? Es ist kurz nach 9.00 Uhr, der Infozirkel startet um 9.30 Uhr. Worauf warten Sie? Rufen Sie schon Ihre Sekretärin zu sich! Der haben Sie doch wohl in einer guten Viertelstunde erklärt, wie und womit sie Ihnen Ihre Arbeit erleichtern kann! Dafür wird sie schließlich bezahlt.

Delegieren Sie

Bei Ihrem prall gefüllten Terminkalender können Sie unmöglich alles im Alleingang erledigen. Sie haben gerade festgestellt, was heute, Montag, 01. Juni an Arbeit ansteht und bereits die wichtigsten Dinge persönlich erledigt: Telefonate mit dem Kollegen Müller, Ihrem Chef und dem Personalrat. Ihr Zeitplan für heute steht auch:

✔ Gleich um 9.30–12.00 Uhr Infozirkel

✔ 12.00 Uhr schnell heimfahren, umziehen

✔ 13.00 Uhr Beerdigung Ihres Ex-Chefs

✔ 14.30–16.30 Uhr Meeting wegen des Themas Familienbetreuung

✔ Ab 16.40 Uhr Termin beim Chef, der bestimmt eine Weile dauern wird.

✔ Und um 17.00 Uhr wäre eigentlich Feierabend …

Was also soll jetzt Ihre Sekretärin, Frau Wolter, für Sie erledigen? Als Erstes die Jubiläumsfeier für Otto Berner heute absagen (Dokument 7), weil Herr Berner diese Woche krank ist (Dokument 12) und das Catering abbestellen (Dokument 3), außerdem soll sie dem kranken Herrn Berner noch freundliche Genesungswünsche schicken und ihm mitteilen, dass seine Feier zu einem ihm angenehmen Termin nachgeholt wird. Den Kollegen Ulrich Meyer soll sie anrufen und mit ihm einen Termin nach Ihrer Rückkehr aus Spanien vereinbaren, damit Sie beide sich in Ruhe über das Thema Familienbetreuung austauschen können (Dokument 2).

Denken Sie noch an Dokument 6 und Dokument 8! Bitten Sie Ihre Sekretärin, die Kongressteamleitung des Personalleiter-Kongresses, der im August stattfindet, anzurufen und denen mitzuteilen, dass Sie eine Zusammenfassung Ihres Vortrages bis 10. Juli zusenden. Dann soll Frau Wolter den Vorgang in Ihre Wiedervorlage nach Ihrer Spanien-Rückkehr legen. Sie werden den Vortrag in Ruhe ausarbeiten können. Dokument 8 ist erledigt. Dokument 6, Ihre persönliche Haushaltshilfe, kann noch gut zwei Wochen warten, schließlich gehen Sie jetzt erst mal auf Dienstreise. Also ab in die Wiedervorlage, darum kümmern Sie sich persönlich, wenn Sie aus Spanien wieder da sind.

Was fehlt jetzt noch? Die tägliche Routinearbeit! Für die haben Sie heute, Montag, überhaupt keine Zeit – außer Sie machen Überstunden. Das geht aber nicht, denn Sie müssen noch Ihre Reisekoffer packen. Also bitten Sie Ihre Sekretärin, die Routinearbeit von heute auf morgen zu legen. Erinnern Sie sich: Es steht nirgends, wann Sie morgen nach Spanien fliegen. Ihre Projektarbeit dort ist erst nächste Woche! Das bedeutet, Sie können auch ganz bequem morgen Nachmittag oder am Abend verreisen. Dann haben Sie den ganzen Dienstag Zeit, um die Routinearbeiten der beiden Tage zu erledigen.

Sie sind spitze! Sie haben absolut nichts vergessen! Natürlich auch dank Ihrer Sekretärin.

 Delegieren heißt also:

✔ sich selbst die nötige Luft zu verschaffen, um wichtige und brisante Themen mit der nötigen Konzentration und Gewissenhaftigkeit abarbeiten zu können

✔ anderen Vertrauen entgegenzubringen, dass diese die Arbeiten genauso gut erledigen können wie Sie selbst

✔ andere in Ihre Arbeit einzubinden und damit für eine offene und klare Kommunikation zu sorgen

Delegieren ist somit eine besondere Form der Zusammenarbeit.

Sie haben soeben bewiesen, was für ein Organisationstalent Sie sind! Sie haben alle Vorgänge aufgenommen, nach Prioritäten eingestuft und sogar zeitlich abgearbeitet, dabei erkannt, was wie zusammenhängt, und somit sämtliche Probleme gelöst! Sie sind genial, einfach genial! Und wie Sie die anderen überzeugt haben!

Argumentieren Sie Ihre Entscheidungen

Ganze zehn Minuten haben Sie dafür Zeit! Also reden Sie nicht um den heißen Brei herum, sondern kommen Sie gleich zur Sache! In den vergangenen 20 Minuten haben Sie den Papierberg bearbeitet und jetzt müssen Sie erklären, was Sie mit jedem einzelnen Vorgang machen. Beweisen Sie, dass Sie Ihr Gehirn eingeschaltet haben und nicht mit »Bauchgefühl« handeln. Ihr messerscharfer Verstand ist gefordert! Sonst nix.

Fassen Sie noch einmal für sich persönlich zusammen:

✔ Sie haben festgelegt, welche Aufgaben Sie selbst erledigen und welche Sie delegieren. Es gibt Vorgänge, die Sie guten Gewissens delegieren können, wie zum Beispiel Terminvereinbarungen für Themen, die nicht brennend aktuell abgearbeitet werden müssen, und Aufgaben, die in Ihre Wiedervorlage wandern. Andere Aufgaben können nur einzig und alleine von Ihnen erledigt werden, zum Beispiel die Teilnahme an für Sie wichtigen Sitzungen, Beschwerden, Aufträge Ihres Vorgesetzten und Dinge, die Ihnen persönlich wichtig sind.

✔ Sie haben entscheiden, welche Termine Sie wahrnehmen wollen und können und welche verlegt werden müssen.

✔ Damit steht Ihr Zeitplan für heute und morgen.

✔ Bei Ihren Entscheidungen haben Sie sich von der Dringlichkeit und Wichtigkeit der Informationen beeinflussen lassen:

Die Reihenfolge, wann Sie welches Thema abarbeiten, hängt natürlich von den zeitlichen Vorgaben der einzelnen Aufgaben ab. Vorgegebene Termine, die nicht verschoben werden können, müssen Sie nun mal zu der vorgeschlagenen Zeit wahrnehmen. Dafür können Sie Einfluss nehmen auf Terminvorschläge, die noch nicht final feststehen. Bitten Sie um Terminverschiebungen auf einen Zeitpunkt, der Ihnen passt. Damit verschaffen Sie sich Luft, um andere wichtigere Dinge zuerst zu bearbeiten.

Das Grundgerüst haben Sie im Kopf. Prima! Dann müssen Sie jetzt nur noch den Beobachtern erklären, wofür Sie sich bei jedem einzelnen Dokument entschieden haben:

✔ **Dokument 1:** Erledigen Sie persönlich, rufen Müller an, bitten um Terminverschiebung auf einen späteren Zeitpunkt, weil Ihnen die Beerdigung Ihres Chefs (Dokument 11) persönlich wichtig ist und Sie es aus Anstandsgründen und wegen Ihres extrem guten Verhältnisses für wichtig erachten, selbst zur Beerdigung zu gehen.

✔ **Dokument 2:** Delegieren Sie an Ihre Sekretärin, weil der Infoaustausch mit Ihrem Kollegen nicht unbedingt heute und jetzt erledigt werden muss. Außerdem wollen Sie erst aktuell informiert sein, bevor Sie mit dem Kollegen über das Thema reden.

✔ **Dokument 3:** Gehört zusammen mit Dokument 7 und Dokument 12. Diese Themen übertragen Sie Ihrer Sekretärin. Sie muss das Catering für die geplante Jubiläumsfeier für den Kollegen Berner absagen. Da der Kollege die ganze Woche krank ist, wird Ihre Sekretärin auch gleich die Jubiläumsfeier für heute absagen. Erinnern Sie sie auch nochmals an die Genesungswünsche für Herrn Berner.

✔ **Dokument 4:** Da nehmen Sie selbst teil. Schließlich werden Sie hier auf den aktuellen Stand des Projektes Familienbetreuung gebracht. Es ist ein absolut wichtiges Thema, wie weitere Dokumente zeigen. Deshalb kommt hier auch keine Terminverschiebung in Frage.

✔ **Dokument 5:** Erledigen Sie selbst. Ihr Chef hat immer oberste Priorität für Sie. In diesem Fall bitten Sie ihn persönlich um Terminverschiebung auf einen späteren Zeitpunkt, damit Sie seine Wünsche erfüllen können. Das geht erst, wenn Sie heute Vormittag über das Projekt Familienbetreuung informiert werden und heute Nachmittag mit Ihrem Kollegen diskutiert haben, ansonsten können Sie Ihrem Chef nicht wirklich berichten, wie der aktuelle Stand ist.

✔ **Dokument 6:** Ein ganz persönliches Thema. Ist Ihnen zwar wichtig, eilt aber nicht, deswegen kommt's in die Wiedervorlage. Ein so persönliches Thema delegieren Sie niemals! Schließlich ist das Ihre Privatsache und Privates wird nur von Ihnen selbst erledigt.

✔ **Dokument 7:** Haben Sie mit Dokument 3 erledigt.

✔ **Dokument 8:** Delegieren Sie wieder an Ihre Sekretärin. Die soll die Kongressleitung informieren, dass Sie sich zu einem späteren Zeitpunkt mit ihnen in Verbindung setzen und den Vorgang in die Wiedervorlage nehmen, denn die Präsentation müssen und werden Sie selbst ausarbeiten, wenn Sie aus Spanien zurück sind.

✔ **Dokument 9:** Eine Beschwerde! Und dann noch vom Personalrat! So was duldet keinen Aufschub und ist Ihre Sache! Sie erledigen das selbst und rufen gleich an.

✔ **Dokument 10:** Ist auch Ihre Sache. Zur Bank gehen Sie persönlich, der Geldautomat macht Sie zeitlich flexibel. Das Thema erledigen Sie nach Feierabend.

✔ **Dokument 11:** Ist Ihnen wichtig, sagten Sie ja bereits bei Dokument 1. Da gehen Sie hin.

✔ **Dokument 12:** Haben Sie doch schon längst erledigt mit Dokument 3.

Respekt! Und das alles in zehn Minuten! Sie haben sich wacker geschlagen und klasse argumentiert.

Natürlich können Sie auch andere Lösungen vorschlagen. Was gefällt Ihnen an der Muster-Lösung nicht? Was wollen Sie anders machen? Vielleicht gehen Sie gar nicht zur Beerdigung, wollen Ihren Chef viel früher sprechen, nehmen die Beschwerde des Personalrates mit zu Ihrem Chef, um dann mit ihm gemeinsam auf den Personalrat zuzugehen und und und. Sie haben viele verschiedene Möglichkeiten. Wichtig ist nur, dass Sie alle Aufgaben lösen und in einen vernünftigen Zusammenhang bringen. Los, überlegen Sie doch mal, was Sie anders machen wollen, schreiben Sie es auf und checken Sie dann, ob es auch wirklich geht! Und vergessen Sie Ihre Begründungen nicht!

Mal sehen, ob die Beobachter mit Ihrer Muster-Lösung zufrieden sind.

Stehen Sie zu Ihren Entscheidungen!

Jetzt wird Ihnen richtig auf den Zahn gefühlt! Wie sollen die Beobachter sonst rauskriegen, ob Sie tatsächlich hinter Ihren Entscheidungen stehen? Die werden Sie ganz gemein fragen,

✔ ob Sie der Meinung sind, die richtigen Entscheidungen getroffen zu haben

✔ ob Sie Ihre Entscheidungen nicht besser überdenken wollen

✔ ob Sie wirklich sicher sind, dass Ihre Vorschläge gut sind

✔ ob Sie überzeugt sind, dass Ihre Entscheidungen in der Realität so umgesetzt werden können

✔ ob Sie sich auch andere Lösungswege vorstellen könnten oder ob Sie der Meinung sind, den optimalen Lösungsweg gefunden zu haben

✔ warum Sie sich so und nicht anders entschieden haben

Achtung! Die wollen Sie doch nur aus dem Konzept bringen! Sie unsicher machen. Das wird denen aber nicht gelingen. Selbst wenn Sie plötzlich innerlich anfangen zu zittern und zu beben, ob Sie denn wirklich die richtigen Entscheidungen getroffen haben, bleiben Sie nach außen »eisern«. Vertreten Sie Ihre Entscheidungen und zwar konsequent! Die Beobachter wollen wissen, ob Sie eine klare Position beziehen und vertreten. Ihr Fähnlein in den Wind zu hängen, den anderen nach dem Mund zu reden und zu sagen, »… man könnte auch …« ist Ihr K. O.! Sie haben Ihre Gründe für Ihre Vorgehensweise, also lassen Sie sich nicht von Ihrem Weg abbringen. Ihre Standhaftigkeit und Überzeugungskraft sind gefragt. Sie haben sich viele Gedanken gemacht und die Entscheidungen getroffen, von denen Sie überzeugt sind, dass sie richtig sind. Also, worauf warten Sie? Machen Sie das den anderen klar! Schließlich wartet schon die nächste Übung auf Sie.

Jetzt haben wir das Problem: Problemlösungsaufgaben

Was erwartet Sie wohl jetzt? Natürlich: Probleme, was sonst? Sie werden nun gleich beispielhaft ein großes Problem wälzen. Denken Sie daran, das Problem von allen Seiten zu beleuchten, die Ihnen einfallen und nach bestem Wissen und Gewissen eine Lösung zu erarbeiten.

 Es kann durchaus sein, dass in Ihrem Assessment-Center Problemlösungsaufgaben als Gruppenaufgaben gestellt werden. Müssen Sie diese Aufgabe gemeinsam mit anderen lösen, so spielt deren Meinung eine ebenso entscheidende Rolle wie die Ihre. Hier ist Teamgeist und Kompromissfähigkeit gefragt, damit sie alle zusammen zu einer vernünftigen und guten Lösung kommen.

Sie werden für die beispielhafte Problemlösungsaufgabe am Ende der Übung ausnahmsweise keine Auflösung der Aufgaben bekommen. Sie lernen dafür, wie Sie Probleme geschickt angehen, kreativ und intuitiv werden können, so dass Sie am Ende dieser Übung in der Lage sind, sowohl alleine als auch in der Gruppe mit einer guten Strategie Lösungen zu erarbeiten. Wichtig ist, dass Sie die Aufgabe, die Sie lösen müssen, zuerst in aller Ruhe lesen und vor allen Dingen verstehen. Also mal sehen, was so alles gefragt sein kann.

So viele Fragen auf einmal …

Sind Sie fachlich fit? Total fit? Schön für Sie. Aber in den meisten Fällen an dieser Stelle nicht unbedingt wichtig. Dass Sie ein fachliches Problem lösen müssen, kommt ganz selten vor. Warum wohl? Das Prüfungskomitee braucht in solchen Fällen wenigstens ein Minimum an Fachwissen, es müssen also die Beobachter zusätzlich fachlich geschult werden und oft muss wenigstens ein Fachvorgesetzter in das Assessment-Center mit einbezogen werden. Das ist für viele Firmen recht aufwendig.

Wie gut, dass es komplexe Fallstudien gibt, die allround eingesetzt werden können!

 Auch diese Aufgabe finden Sie als Download im Internet unter `http://www.wiley-vch.de/publish/dt/books/ISBN3-527-70325-X`.

Aufgabe

Sie sind Abteilungsleiter eines kleinen Versandwarenhandels und haben 15 Mitarbeiter, von denen zehn für den Warenversand zuständig sind. Die anderen fünf Mitarbeiter haben die Aufgabe, den Versand mit der notwendigen EDV-Technik zu steuern. Sie nehmen Aufträge telefonisch, via Fax und Mail oder postalisch entgegen, setzen die Aufträge technisch um, so dass der Versand abschließend die Ware an die Kunden schicken kann. Die Mitarbeiter in der EDV können sich problemlos ebenso gegenseitig vertreten wie die Kollegen im Versand.

Seit einigen Wochen merken Sie, dass insbesondere die jüngeren Mitarbeiter aus dem Versand sich immer wieder zu längeren Gesprächen im EDV-Büro aufhalten. Die Arbeit im Versand bleibt liegen und die Beschwerden der Kunden häufen sich mittlerweile. Zum Teil werden die Waren falsch ausgezeichnet, der Anteil an Retouren ist in den letzten beiden Wochen stark gestiegen. Außerdem stört Sie das Chaos, das mittlerweile in dem Versandlager herrscht, Kartons stapeln sich, Materialreste liegen überall herum, die Waren werden nicht mehr in die vorgesehenen Regale sortiert, sondern liegen ungeordnet zwischen den Kartons auf dem Boden.

Sie wurden vor kurzem im Rahmen eines Seminars für Führungskräfte geschult. Hier haben Sie gelernt, dass Sie mit Ihrem Team Zielvereinbarungen treffen müssen, um vor allem auch ein besseres Betriebsergebnis zu erzielen. Sie werden an dem Umsatz Ihrer Abteilung gemessen und sind bislang noch weit in den roten Zahlen. Das bedeutet auch, dass Sie und Ihre Mitarbeiter am Jahresende keine Bonuszahlung bekommen. Bislang haben Sie noch kein Teammeeting einberufen, weil Sie wegen der momentanen Situation mit erheblichem Widerstand Ihrer Mitarbeiter rechnen.

Jetzt sitzt Ihnen die Geschäftsleitung im Nacken und will so schnell wie möglich wissen, wie und bis wann Sie aus den roten Zahlen kommen.

Lösen Sie folgende Fragen:

✔ Was sind die Ursachen für den desolaten Zustand in Ihrer Abteilung?

✔ Welche konkreten kurz-, mittel- und langfristigen Ziele wollen Sie vereinbaren?

✔ Wie motivieren Sie Ihre Mitarbeiter für die Zielerreichung?

✔ Wie argumentieren Sie gegenüber der Geschäftsleitung?

Prall aus dem Leben gegriffen, nicht wahr! Solche realitätsnahen Probleme sind bei Ihnen doch herzlich willkommen. Sie dürfen kreativ werden.

Sie finden die richtigen Lösungen

Mal ehrlich: Eigentlich ist es doch egal, welches Problem Sie haben. Fakt ist, Sie haben ein Problem und müssen es lösen. Fakt ist auch, dass es nicht *die* Lösung schlechthin gibt. Und das wiederum ist Ihre große Chance. Wie gehen Sie also vor?

Sie lesen den Text ganz genau. Dann schlüpfen Sie in die Rolle des Betroffenen. Sie sind jetzt der Abteilungsleiter. Wichtig ist, dass Sie sich mit Ihrer Rolle identifizieren. Jetzt erst kommt das eigentliche Problem:

✔ Was genau ist denn überhaupt Ihr Problem?

Eine total chaotische Abteilung.

✔ Wie ist das Problem entstanden? Was ist also die Ursache für das Problem?

Offensichtlich unmotivierte Mitarbeiter, Ihr persönliches Führungsverhalten usw.

✔ Wer ist beteiligt/betroffen?

Mitarbeiter und Geschäftsleitung

✔ Was wollen Sie nun ganz genau erreichen? Was ist Ihr konkretes Ziel?

Eine top organisierte Abteilung mit motivierten Mitarbeitern, die sorgfältig, zielstrebig und kundenorientiert arbeiten und es gemeinsam mit Ihnen schaffen, aus den roten Zahlen zu kommen.

✔ Welches Ziel soll kurzfristig erreicht werden?

Die Durchorganisation der Abteilung

✔ Welches ist Ihr mittelfristiges Ziel?

Aus den roten Zahlen zu kommen

✔ Was wollen Sie langfristig erreichen?

Motivierte, gute, arbeitsame und organisierte Mitarbeiter zu haben, mit denen Sie schwarze Zahlen schreiben

✔ Womit können Sie Ihr Ziel erreichen?

Den Mitarbeitern klarmachen, dass bei deren Arbeitshaltung die Abteilung geschlossen wird und alle arbeitslos werden. Ihnen deutlich vor Augen führen, was sich verändern muss: aufräumen, Ordnung schaffen, Überblick bekommen, die Kunden termingerecht mit ordentlicher Ware versorgen und und und, damit eben die Abteilung nicht geschlossen wird.

Was ist Ihr erstes Fazit? Richtig: Gespräche sind erforderlich. Gruppengespräche mit Ihrer kompletten Abteilung und/oder Einzelgespräche – das müssen Sie entscheiden. Damit Sie am Ende Ihr Ziel erreichen, müssen sowieso alle mit ins Boot genommen und entsprechende Vereinbarungen getroffen werden. Was halten Sie von den berühmten W-Fragen? Schließlich haben Sie die doch gerade benutzt, um Ihr Problem zu durchleuchten. Hier nochmals die Kurzform, mit der Sie geschickt an eine problematische Aufgabe herangehen können:

✔ was (ist los)

✔ wie (ist es passiert)

✔ wer (ist beteiligt)

✔ wo (soll es hin gehen = Ziel)

✔ womit (erreichen Sie Ihr Ziel) und

✔ bis wann.

Aha, jetzt haben Sie es verstanden! Klasse.

 Diese W-Fragen sind sowohl wichtig für Sie, wenn Sie als Einzelkämpfer alleine dieses Problem in Ihrem Assessment-Center lösen müssen, aber genauso gut, wenn Sie mit einer Gruppe an das Problem rangehen, weil dann alle erst mal einen Überblick bekommen, was los ist und wo es hingehen soll. Halten Sie Ihre Antworten wie in dem vorangegangenen Beispiel schriftlich fest, egal ob Sie sich alleine durch das Problem kämpfen oder mit anderen gemeinsam.

Der große Vorteil ist, dass Ihnen nichts »verloren« geht und Sie immer wieder überprüfen können, wo Sie auf der Zielgeraden stehen. Sind Sie neugierig, wie so was aussieht? Dann lesen Sie weiter!

Die To-do-Liste

Sie ist echt klasse, diese To-do-Liste! Wenn Sie die einmal kennen gelernt haben, werden Sie sie immer wieder nutzen! Sie können nämlich dank der To-do-Liste mit relativ wenig Aufwand einen Lösungsplan erarbeiten!

Prima ist, dass Sie keine Romane zu schreiben brauchen. Stichworte reichen völlig aus. Warum? Ganz einfach: Sie haben doch gerade entweder für sich selbst erkannt oder mit allen Beteiligten diskutiert, was das Problem ist, Ursachenforschung betrieben und somit das Problem analysiert. Was los ist und wie es passiert ist, steht fest. Nun ist es an der Zeit, zu entscheiden, mit welchen Mitteln, also wie, das gewünschte Ziel erreicht werden soll. Erinnern Sie sich? Sie wollen langfristig motivierte, gute, fleißige Mitarbeiter, mit denen Sie schwarze Zahlen schreiben. Das bedeutet also, dass Sie, um Ihr Problem zu lösen und Ihr Ziel zu erreichen, mit sämtlichen Mitarbeitern in Ihrer Abteilung diese To-do-Liste erarbeiten müssen. Hier werden alle Vereinbarungen, die Sie mit Ihren Mitarbeitern treffen, festgehalten.

Und so einfach ist diese To-do-Liste aufgebaut:

Wer   macht was   bis wann.

Wenn Sie nun die gestellte Aufgabe alleine lösen müssen, können Sie diesen Plan nach Ihren Vorstellungen systematisch aufstellen. Sie könnten zum Beispiel notieren, wer ab sofort dafür sorgt, dass das Material ordentlich und sauber in den richtigen Regalen aufbewahrt wird, wer die leeren Kartons entsorgt, ob Sie die Auftragsannahme an einen Mitarbeiter delegieren, konkrete Vertretungsabsprachen treffen und und und.

 Müssen Sie die Aufgabe innerhalb einer Gruppe lösen, so halten Sie Ihre Ideen bitte nicht zurück, sondern kommunizieren diese offen. Hören Sie konzentriert den anderen zu, was die so alles vorschlagen, und gehen Sie entsprechend konstruktiv mit ihrer Kritik um. Sie müssen hier Teamgeist und strategisches Vorgehen beweisen, denn am Ende wollen die Beobachter bei dieser Übung im Assessment-Center auch Lösungen sehen.

Überzeugen Sie argumentativ!

Die Kunst bei diesen Problemlösungsaufgaben ist es, am Ende den Beobachtern eine schlüssige und strategisch klare, gute Lösung des Problems anzubieten. Es wird von Ihnen oder Ihrer Gruppe erwartet, dass Sie Ihre Lösung am Ende präsentieren. Das können Sie auch. Sie haben ja gerade entweder im Alleingang oder gemeinsam mit den anderen Ihren »Arbeitsplan« aufgestellt, mit dem Sie Ihre desolate Abteilung aus der derzeitigen Misere zum Erfolg führen. Erklären Sie in aller Ruhe Ihre Vorgehensweise:

✔ Sie haben Ihr Problem analysiert. Sie können es also genauestens beschreiben und wissen sogar, wie es entstanden ist. Also formulieren Sie als Erstes kurz das Problem und schildern seine Ursachen. Dadurch erkennen die Beobachter, dass Sie wissen, worum es geht.

✔ Beschreiben Sie dann Ihre Ziele. Was wollen Sie verändern und wie schnell, also kurz-, mittel- und langfristig, wollen Sie Veränderungen haben.

✔ Erklären Sie, mit welchen Mitteln und Methoden Sie zu Ihren Zielen kommen. Denken Sie an die To-do-Liste! Erläutern Sie, mit welchem/welchen Mitarbeiter/n Sie welche Vereinbarungen getroffen haben.

✔ Begründen Sie, warum Sie glauben, mit Ihrer Vorgehensweise am besten Ihre Ziele zu erreichen. Vergessen Sie hier nicht die Themen Motivation und Engagement. Sie haben schließlich Ihre Mitarbeiter mit ins Boot genommen und Ihnen klargemacht, dass der Erfolg nur gemeinsam mit Ihnen zu erreichen ist.

Gut haben Sie das gemacht!

Wenn Sie nun gemeinsam mit Ihrer Gruppe Ihre Lösungsstrategie präsentieren müssen, dann ist es notwendig, dass Sie sich innerhalb Ihrer Gruppe abstimmen, wer welchen Part vorträgt. Der eine kann zum Beispiel die Problemanalyse schildern, der andere übernimmt die Zielbeschreibung, wieder ein anderer erklärt die Methoden, die zur Zielerreichung führen sollen und so weiter. Achten Sie mit darauf, dass jeder Ihrer Gruppe einen aktiven Beitrag liefert – Sie selbst natürlich auch. Nach Möglichkeit sollte jeder von Ihnen freiwillig einen Part übernehmen und in aller Regel ist dem auch so, weil ja auch jeder von Ihnen weiß, dass er unter »Beobachtung« steht. Schließlich wollen die Beobachter sehen, wie ausgeprägt Ihr Teamgeist ist und wie fair Sie miteinander umgehen.

Haben Sie die Vorgehensweise verstanden? Gut, dann fassen Sie jetzt nochmals zusammen, was Sie bei Problemlösungsaufgaben unbedingt beachten sollen. Sie werden ja aus ganz bestimmten Gründen mit dieser Problemlösungsaufgabe konfrontiert. Was also wollen die Beobachter von Ihnen erfahren?

Die Beobachter wollen hören und sehen:

✔ dass Sie aktiv an ein Problem herangehen

✔ dass Sie Ihre analytischen Fähigkeiten unter Beweis stellen, indem Sie die Ursachen und deren Wirkung hinterfragen

✔ dass Sie nach passenden Lösungen suchen und so Ihre Ziel- und Ergebnisorientierung demonstrieren

✔ dass Sie dabei alle anderen aktiv mit einbeziehen und damit Ihre Team- und Kooperationsfähigkeit beweisen

Na, wie sieht's aus? Haben Sie nicht Lust, Ihre ganz persönliche Lösungsstrategie für die am Anfang gestellte Aufgabe zu erarbeiten? Auf geht's: Werden Sie aktiv! Mal sehen, was Ihnen so alles einfällt!

Reden Sie (nicht), wie Ihnen der Schnabel gewachsen ist: Übungen zur mündlichen Kommunikation

Die fehlen bei keinem Assessment-Center! Zur Abwechslung kommt jetzt wieder eine Ihrer Solo-Einlagen. Schließlich wollen vor allem die Beobachter wissen, wie redegewandt Sie sind! Was bietet sich da wohl besser an, als eine Präsentation! Eine Übung, prall aus dem Leben gegriffen: Im Arbeitsleben werden Sie permanent mit Präsentationen konfrontiert. Wie gut! Damit ist diese Übung erneut keine »Unbekannte« für Sie. Womöglich haben Sie sogar selbst schon ein Seminar zum Thema »Präsentation« mitgemacht? Nein? Macht nichts. Sie lernen jetzt sowieso, wie's geht. Erst mal müssen Sie wissen, was Sie präsentieren sollen. Das kann ein fachliches oder allgemeines Thema sein. Natürlich haben Sie nicht endlos Zeit:

✔ Die Vorbereitung Ihrer Präsentation dauert in aller Regel zwischen 20 und 30 Minuten.

✔ Die tatsächliche Präsentation dauert nicht länger als zehn Minuten.

Damit Ihr Vortrag nicht zu »trocken« wird, bekommen Sie entsprechende Präsentationsmedien zur Verfügung gestellt:

✔ Flipchart

✔ Pinnwand

✔ Moderationskärtchen

✔ Board-Marker

✔ Overheadprojektor und Folien

Schließlich wollen die Beobachter sehen, ob und wie geübt Sie im Umgang mit diesen Medien sind! Ihre Methodenkompetenz ist gefragt!

Verschont bleiben Sie normalerweise von einer PowerPoint-Präsentation mit Beamer. Das ist zwar heutzutage die modernste Präsentationsform – für ein Assessment-Center wäre es allerdings recht aufwendig, jedem Bewerber einen PC oder Laptop zur Verfügung zu stellen. Außerdem könnten die Beobachter während der Präsentation von ihrer eigentlichen Aufgabe abgelenkt werden: Statt den Bewerber mit Adler-Augen zu verfolgen, könnten sie sich von den hübschen, bunten Präsentationsbildchen einlullen lassen.

Es gibt ein paar grundsätzliche Präsentationsregeln, die die Visualisierung betreffen und die Sie auf alle Fälle beachten müssen:

Egal ob Flipchart oder Pinnwand:

✔ Eine Überschrift muss immer da sein, damit jeder weiß, worum es geht. Sie können auch einen treffenden Titel wählen, wenn Sie möchten.

✔ Wenn Sie Symbole einsetzen, also Kreise, Dreiecke, Quadrate, Sternchen, was auch immer, achten Sie peinlich genau darauf, die gleichen Sachverhalte auch mit den gleichen Symbolen und den gleichen Farben zu kennzeichnen.

✔ Apropos Farben: Verwenden Sie nicht mehr als drei Farben! Weniger ist hier mehr: Ihre Farben dürfen gerne eine konkrete Bedeutung haben, zum Beispiel:

- Rot = eine Aussage besonders hervorheben; um die Wichtigkeit zu unterstreichen

- Blau = für generelle Anmerkungen, Aussagen

- Grün = für alles, was man sich merken soll

✔ Alles, was Sie miteinander vergleichen oder in Zusammenhang stellen, steht nebeneinander bzw. wird nebeneinander angeordnet.

✔ Die wichtigsten Aussagen gehören in die Bildmitte. Sie sind schließlich der Blickfang!

✔ Überladen Sie Ihr Flipchart und die Pinnwand nicht! Übersichtlichkeit ist das A und O. Sie können gerne zwischen 20 und 30 Prozent der Fläche frei lassen. Das wirkt ein wenig »luftig«. Und wem schadet schon ein bisschen Luft?

✔ Vergessen Sie ja nicht, leserlich zu schreiben!

Nun wissen Sie, wie Sie Ihren Vortrag optisch untermalen können! Das hilft Ihnen auch beim nächsten Thema.

Freies Reden

Ist gar nicht so schwer. Bevor Sie ans Reden denken, machen Sie sich erst kleine stichwortartige Notizen, was Sie sagen möchten. Damit sind Sie sicher, dass Sie nichts vergessen, und haben den Kopf frei für die wichtigsten Rede-Grundregeln:

✔ Sprechen Sie klar und deutlich. Verschluckte Silben können in der Tat zu Missverständnissen führen.

✔ Rasen Sie nicht durch Ihren Vortrag, sprechen Sie mit einem normalen Tempo. Zu langsames Sprechen führt zu einem langen Vortrag, der so ganz schnell langweilig wird.

✔ Variieren Sie Ihre Tonlage. Reden mit einem gleichbleibenden Ton schläfert Ihre Zuhörer über kurz oder lang ein. Betonen Sie, was Ihnen wichtig ist, indem Sie Ihre Stimme heben und auch mal ein wenig lauter sprechen. Wenn der eine oder andere zusammenzuckt, ist das gut! Der hört Ihnen dann nämlich richtig zu.

✔ Was ist total daneben? Ganz genau: an die Decke, aus dem Fenster oder auf den Boden zu sehen! Sie reden mit Menschen – also schauen Sie Ihre Zuhörer auch an. Lassen Sie Ihren Blick von einem zum anderen schweifen und starren Sie ja nicht nur einen einzigen während Ihres Vortrags permanent an. Sie sind doch schließlich nicht aufdringlich!

✔ Ihre Hände haben genügend Präsentationsmaterial, mit dem sie sich beschäftigen können. Also wagen Sie es nicht, Ihre Hände in irgendwelchen Taschen verschwinden zu lassen oder gar die Arme zu verschränken! Sie wissen ganz genau, wie das wirkt! Ablehnend, überheblich ...

Wenn Sie denken, dass Ihnen an dieser Stelle noch der eine oder andere Tipp fehlt, dann blättern Sie zurück zu Kapitel 9 *Vorbereitung ist alles*. Für Ihren ersten öffentlichen Auftritt, nämlich Ihr Vorstellungsgespräch, haben Sie bereits intensiv reden geübt.

Damit Ihr Vortrag richtig gut wird, brauchen Sie einen *Leitfaden*, an dem Sie sich orientieren und der dafür sorgt, dass Sie nichts vergessen. Wo kriegen Sie den bloß her?

Überblick und Analyse helfen

Eigentlich müsste die Überschrift umgekehrt lauten, denn mit der richtigen Analyse bekommen Sie einen Überblick und mit dem Überblick Ihren Leitfaden. Erinnern Sie sich noch an Ihre Schulzeit? Den Deutschunterricht? Was haben Sie da ganz besonders gehasst? Richtig: den Kurzvortrag, den lästigen Kurzvortrag. Er holt Sie gerade wieder ein. Jetzt und hier. Denn im Grunde ist Ihre Präsentation nichts anderes als ein Kurzvortrag. Sie müssen innerhalb von zehn Minuten eine Aufgabe so darstellen, dass jeder begreift, was Sache ist. Wissen Sie noch, wie ein Kurzvortrag aufgebaut ist? Ganz genau, aus den drei Elementen:

Einleitung

✔ Worum geht es?

Je besser Sie die Aufgabe, das Problem darstellen, desto einfacher begreifen es Ihre Zuhörer. Nehmen Sie doch ein Beispiel aus dem prallen Leben, etwas, womit wahrscheinlich schon jeder irgendwelche Erfahrungen gemacht hat. Also was Triviales, so dass sich möglichst alle angesprochen fühlen.

✔ Warum halten Sie nun diesen Vortrag?

Machen Sie Ihren Zuhörern kurz und knackig klar, was der Sinn und Zweck Ihrer Rede ist.

✔ Hat der Zuhörer denn etwas zu erwarten?

Na logisch! Eine ganze Menge: Erklären Sie ihm, wie sich Ihr Vortrag gliedert – natürlich mit den richtigen Worten. Machen Sie ihn neugierig auf das, was Sie gleich erzählen! Sie wissen doch, wie's geht! Rhetorische Fragen, Sie kennen das doch auch ... und und und. Ah ja, jetzt sind Sie in Ihrem Element! Weiter so.

Hauptteil

Los geht's: Starten Sie Ihren Vortrag und immer schön der Reihe nach! Vergessen Sie auch hier Ihren roten Faden nicht. Nutzen Sie die Medien, die Ihnen zur Verfügung gestellt werden. Je mehr Sie visualisieren – aber bitte schön übersichtlich –, desto leichter ist es für Sie, den Vortrag zu halten, und Ihre Zuhörer kriegen viel mehr mit! Sie kennen doch sicher noch diese berühmte Lerntabelle:

20 Prozent behält ein Mensch von dem, was er hört,

30 Prozent behält er von dem, was er sieht,

50 Prozent behält er also von dem, was er hört und sieht.

70 Prozent behält er von dem, worüber er redet und

90 Prozent von dem, was er tut.

Sie wollen doch, dass die anderen möglichst viel von Ihrem Vortrag behalten? Dann sprechen Sie gefälligst die Augen und Ohren der anderen an!

Übrigens, haben Sie gerade gemerkt, dass Sie wirklich 90 Prozent von dem wissen und können, was Sie selbst tun? Ist das nicht genial! Sie üben so fleißig für Ihr Assessment-Center, dass Sie es wirklich beherrschen, und zwar nicht nur zu 50 Prozent, nein zu 90 Prozent! Sie müssen ja alles selbstständig üben und genau das alles verinnerlichen Sie! Was soll denn da noch schiefgehen? Genau: gar nichts mehr!

Und nicht vergessen: Auch während Sie den Hauptteil Ihrer Präsentation vortragen, können und müssen Sie Ihre Zuhörer mit einbeziehen! Nicht, dass die Ihnen einschlafen! Fragen Sie munter in die Runde, um die anderen zu aktivieren, auch wenn Sie keine direkte Antwort erwarten! Sie lieben sie mittlerweile, nicht wahr? Die guten rhetorischen Fragen …

Schluss

Der ist ebenso kurz und knackig wie Ihre Einleitung:

✔ Fassen Sie noch mal die wesentlichen Inhalte zusammen.

✔ Machen Sie allen klar, welchen Nutzen die davon haben.

✔ Sie können auch Aufgaben verteilen, damit die anderen gleich wissen, wo sie dran sind.

Ist das nicht einfach genial? Mit dem Kurzvortrag teilen Sie Ihre Präsentation in drei Teile, füllen diese scheibchenweise mit den relevanten Informationen und haben ratzfatz Ihren Leitfaden. Das klingt Ihnen noch ziemlich abstrakt? Okay. Nehmen Sie nachstehendes Beispiel, aber erschrecken Sie nicht gleich! Die Zeiten, in denen von Ihnen ein einfacher Kurzvortrag zu Themen wie »Halten Sie einen Vortrag über Ihr Lieblingshobby« verlangt wurden, sind vorbei! Heutzutage wird Ihnen bei diesem Thema schon etwas mehr abverlangt. Keine Sorge, Sie können das! Wie es geht, zeigt Ihnen diese ausführliche Übung:

> Sie übernehmen die Leitung der Marketing-Abteilung einer Firma mit insgesamt 120 Mitarbeitern. In drei Wochen steht ein besonderes Highlight bevor: Die Firma feiert ihren 80. Geburtstag. Ein 80-jähriges Firmenjubiläum ist schon was ganz Besonderes und Sie sollen nun gemeinsam mit Ihren sieben Mitarbeitern diese Feier organisieren. Woran müssen Sie alles denken, damit das Firmenjubiläum ein gelungener und unvergesslicher Event für alle Beteiligten wird? Präsentieren Sie uns Ihre Eventplanung. Sie haben 30 Minuten Vorbereitungszeit, anschließend dürfen Sie uns Ihre Ausarbeitung innerhalb von zehn Minuten präsentieren.

Die Aufgabenstellung finden Sie als Download unter http://www.wiley-vch.de/publish/dt/books/ISBN3-527-70325-X.

Kleine Aufgabe mit großer Wirkung! Da steckt eine Menge an Präsentationsmaterial drinnen, nicht wahr! Na, dann fangen Sie an, sich den notwendigen Überblick zu verschaffen:

Als Erstes machen Sie eine Bestandsaufnahme:

✔ Sie sind Leiter der Marketing-Abteilung.

✔ Ihr Team besteht aus sieben Mitarbeitern (MA 1 – MA 7).

✔ Die Firma hat insgesamt 120 Mitarbeiter.

✔ In drei Wochen ist das große Firmenjubiläum.

Was halten Sie davon, Ihre Bestandsaufnahme auf einem Flipchart zu notieren? Arbeiten Sie gleich mit zwei Farben: die Überschrift »Bestandsaufnahme« schreiben Sie in Blau und machen ein Wölkchen außen rum, die Unterpunkte schreiben Sie in Schwarz und markieren jeden Topic mit einem Pfeil.

Jetzt haben Sie einen Überblick über Ihre Lage und bingo: bereits das erste Medium, nämlich das Flipchart, eingesetzt. Weiter geht's.

Nehmen Sie nun die Pinnwand. Wieso? Sie wollen lieber beim Flipchart bleiben? Das wäre jetzt ungünstig, denn beim Flipchart müssen Sie dann anfangen, permanent hin- und herzublättern, wenn Sie was nachsehen möchten. Auf der Pinnwand dagegen können Sie viel besser Ihre Vorgehensweise strukturieren und darstellen, vor allem weil Sie auch mehr Platz als auf einem Flipchart-Papier haben. Notieren Sie die Überschrift, nämlich:

✔ Was ist Ihre Aufgabe?

Die Jubiläumsfeier mit allem Drum und Dran zu organisieren. Also schreiben Sie wieder in einer großen schönen Wolke: *Organisation des 80-jährigen Firmenjubiläums.*

Bevor Sie anfangen, willenlos alles aufzuschreiben, was Ihnen gerade einfällt, überlegen Sie erst noch mal, was Sie gerade vor wenigen Seiten bei den *Problemlösungsaufgaben* gelernt haben. Richtig: Das Nonplusultra ist die To-do-Liste. Was hindert Sie denn daran, dieses altbewährte

Instrument auch hier einzusetzen? Gar nichts! Zeichnen Sie eine Tabelle auf Ihre Pinnwand mit den Spalten:

Was ist für die Organisation der Feier erforderlich?	Wer organisiert?	Bis wann?

Ist doch übersichtlich und hilft Ihnen, sich auf das Wesentliche zu konzentrieren, nicht wahr? Dann dürfen Sie endlich so richtig loslegen: Nehmen Sie die Moderationskärtchen und schreiben Sie alles auf, wovon Sie glauben, dass es für die Organisation der Feier wichtig ist. Wenn Sie auch schon gleich mit den Moderationskärtchen eine Struktur vorgeben wollen, dann teilen Sie sich die Farben auf, zum Beispiel Grün für alles, was mit Örtlichkeiten zusammenhängt, Rot für Topics rund um die Feier, Weiß für sonstige Themen. Wie sieht das nun in der Praxis aus?

✔ Auf Ihren grünen Kärtchen steht:

- Wann soll die Feier stattfinden? Den ganzen Tag oder nur abends?

- Wo soll die Feier stattfinden? In der Firma selbst oder außerhalb?

- Welche Lokalitäten außerhalb der Firma kommen in Frage?

- Wie sind die Räumlichkeiten ausgestattet?

- Sind zusätzliche Tische und Stühle erforderlich?

- Wird zusätzlicher Raumschmuck benötigt? Tischdekoration, Blumen usw.

- Wie sieht die Bewirtung der Gäste aus? Welcher Caterer kommt in Frage, was soll es zu essen und zu trinken geben?

✔ Auf den roten Kärtchen notieren Sie:

- Wer wird eingeladen? Mitarbeiter und Kunden?

- Wer lädt ein?

- Wer empfängt die Gäste?

- Wer hält die Jubiläumsrede?

- Wie lange dauert die Jubiläumsrede?

- Wer eröffnet das Buffet?

✔ Sonstige Themen stehen auf den weißen Kärtchen, zum Beispiel:

- Welches Budget steht zur Verfügung?

- Werden Show-Einlagen durch Künstler gewünscht?

- Gibt es Überraschungen oder kleine Geschenke für die Gäste?

Wie? Ihnen fällt spontan noch viel mehr ein? Na, dann schreiben Sie Ihre Ideen unbedingt jetzt gleich mit auf, bevor Sie alle Kärtchen anpinnen! Wie pinnen Sie denn Ihre Moderationskärtchen an? Genau:

Geordnet nach den Themen – ist ja dank der farbigen Einteilung total einfach –, neben- oder untereinander, je nachdem wie viel Platz in Ihrer Spalte »Was ist für die Organisation der Feier erforderlich?« ist. Klasse, jetzt wissen Sie, was zu tun ist, also ran an den Speck: Verteilen Sie die Aufgaben! Schließlich haben Sie sieben Mitarbeiter und ein bissel was wollen Sie bestimmt auch selbst machen.

Fangen wir mit Ihnen an. Was ist Ihr Job? Logisch, alles zu klären, was gemeinsam mit der Firmenleitung zu besprechen ist! Sämtliche Abstimmungen, die auf Chefebene erfolgen, sind definitiv Chefsache und werden nie von Ihnen delegiert!

✔ Also klären sie ab, wo (räumlich gesehen) die Feier stattfinden soll (ein grünes Kärtchen) und besprechen alle roten Kärtchen, damit Sie schon mal den groben Ablauf der Feier vor Augen haben. Ebenso diskutieren Sie mit der Firmenleitung die beiden weißen Kärtchen, damit Sie wissen, was Sie ausgeben können und ob Sonderwünsche der Geschäftsleitung zu berücksichtigen sind.

✔ Wenn Sie wissen, wo die Feier stattfinden soll, können Sie die Aufgaben der grünen Kärtchen, die örtliche Organisation, an drei Ihrer Mitarbeiter delegieren, von denen Sie wissen, dass sie Hand in Hand arbeiten und in solchen Themen perfekte Organisatoren sind.

Was haben Sie denn da gerade gemacht? Ganz locker haben Sie die zweite Spalte auf Ihrer Pinnwand gefüllt! Sie haben festgelegt, wer sich um was kümmern muss! Ergänzen Sie jetzt noch, bis wann die Topics auf den Moderationskärtchen abgearbeitet werden sollen. Was muss kurzfristig passieren? Klaro: Ihr Gespräch mit der Geschäftsleitung, damit die Planung der Feier so richtig vonstatten gehen kann. Teilen Sie die übrigen Punkte so ein, dass Ihre Eventplanung bis spätestens eine Woche vor der Feier steht. Dann haben Sie noch genügend zeitlichen Spielraum für unvorhergesehene Themen. Das war's! Sie haben die Aufgabe analysiert und einen perfekten Überblick für alle Beteiligten geschaffen, was zu tun ist, und dabei noch ganz viele verschiedene Medien eingesetzt. Jetzt brauchen Sie das doch nur noch allen zu erzählen! Reden Sie frei von der Leber, was Sie da gerade gemacht haben! Ihr Flipchart und Ihre Pinnwand führen Sie doch geradezu durch Ihre Rede! Sie können ja gar nicht ins Stocken geraten! Sie fangen beim Flipchart-Überblick an, wo Sie stehen, gehen zur Pinnwand und erklären Ihre Aufgabe und wie Sie an die Aufgabe mit Ihrer To-do-Liste rangehen, und dann erläutern Sie anhand der Moderationskärtchen, was zu tun ist. Sie brauchen nicht mal einen Ghostwriter! Klasse Ihr Vortrag! Jetzt gibt es da nur noch eine winzige Kleinigkeit zu beachten, damit Ihre »freie Rede« vollkommen perfekt ist.

So nebenbei bemerkt haben Sie gerade wieder Ihr Organisationstalent unter Beweis gestellt. Sie sind echt genial!

Es darf nicht langweilig werden!

Sie wissen, dass Sie Ihrer Stimme Ausdruck verleihen und sich selbst ein bisschen bewegen müssen, um auch »Bewegung« in Ihre Rede zu bekommen. Schließlich haben Sie den Teil *Freies Reden* erst vor wenigen Minuten studiert. Was können Sie denn sonst noch tun? Ganz einfach: einen »Spannungsbogen« aufbauen. Wie das geht? Nun, welche Vorträge finden Sie denn spannend?

Aha, Vorträge:

✔ in denen ab und an eine Frage vorkommt, gerne auch eine rhetorische oder spitzfindige.

✔ die einen Zusammenhang zu Ihren ganz persönlichen Erlebnissen herstellen, nach dem Motto: »Sie kennen das doch auch, wenn ...« oder »Ihnen ist es doch auch schon mal passiert, dass ... «.

Zwei einfache Methoden, die absolut wirksam Ihren Vortrag auflockern und spannend machen! Und dabei brauchen Sie die zwei Methoden gar nicht mal nach jedem Satz zu verwenden. Im Gegenteil: Setzen Sie die Pointen, da, wo Sie welche haben wollen.

Begrüßen Sie die Anwesenden zu Anfang Ihrer Rede und steigen Sie gleich witzig ein:

»Sehr geehrte Damen und Herren, ich freue mich, Ihnen heute meine Eventplanung für das 80-jährige Firmenjubiläum vorzustellen. Auch wenn es nach einem ganz simplen Auftrag klingt, so kennen Sie doch alle die Problematik, die sich bei solchen Feierlichkeiten plötzlich und unerwartet einstellt: Der Termin rückt immer näher und egal, wen man braucht, der ist dann überraschenderweise krank oder nicht erreichbar und schon tun sich Abgründe auf: zeitliche Abgründe! Aber bevor wir gleich intensiv in die Materie einsteigen, lassen Sie uns einen Überblick gewinnen, wo wir gerade stehen. ...«

So schwungvoll können Sie loslegen. Zwischendurch kommt immer mal wieder die eine oder andere auflockernde Einlage:

Hatten Sie auch schon mal das Gefühl, Ihnen schwindet der Boden unter den Füßen? Sie haben alles durchgeplant, bis ins kleinste Detail und dann kommt doch etwas vollkommen Unvorhergesehenes? Deshalb ist die zeitliche Planung so ungeheuer wichtig, nicht wahr?!

Los, überlegen Sie selbst, welche Ihrer Aussagen Sie in eine Frage packen können! Schreiben Sie sich Ihre Ideen auf. Tragen Sie doch alles, was Ihnen einfällt, zusammen. Schreiben Sie Ihre Rede! Und die tragen Sie einem guten Freund vor. Mal sehen, was der zu Ihren Fähigkeiten sagt. Sie werden staunen! Na, sind Sie motiviert? Dann machen Sie doch gleich mit der nächsten Übung weiter!

Wie Sie sich auf Gruppenübungen vorbereiten können

In diesem Kapitel

▶ Achten Sie weiter auf Ihre Strategie

▶ Rollenspiele machen Spaß

▶ Auch führerlose Gruppendiskussionen haben ihren Reiz

S ie haben gerade Ihre Einzelübungen durchgearbeitet und schwitzen schon ganz schön. Das hilft aber nichts, denn Gruppenübungen gehören nun mal genauso zu einem Assessment-Center wie Einzelübungen. Und so schön nacheinander wie hier in diesem Buch werden Ihnen die Übungen in Ihrem Assessment-Center auf keinen Fall angeboten. Da geht's schon mal kreuz und quer – von der Einzelübung zur Gruppenaufgabe und wieder zurück und so weiter. Behalten Sie aber bitte Ihre gerade gelernte Vorgehensweise bei: Machen Sie auch in diesem Kapitel nach jeder Übung eine Pause und »schmecken« Sie sie nach. Was ist gut gelaufen, was können Sie Ihrer Meinung nach besser machen und wie wollen Sie es besser machen? Sie wissen ja nun, wie es geht. Also dann fangen Sie an!

Rollenspiele

Eine der beliebtesten Gruppenübungen! Und sogar eine richtig spannende! Bei dieser Übung bekommen Sie eine ganz konkrete Rolle zugewiesen, die Sie tutto kompletto verinnerlichen und den anderen gegenüber stolz vertreten müssen. Jetzt seien Sie doch nicht gleich so enttäuscht! Klar wäre es schöner, wenn Sie sich Ihre Rolle selbst aussuchen könnten, aber mal ehrlich: Da würde doch jeder genau das machen, wovon er überzeugt ist, dass er es auch kann. Wie langweilig! Lassen Sie sich doch überraschen, was Sie alles können! So schwierig ist es nämlich gar nicht, in eine andere Haut zu schlüpfen. Aha, endlich werden Sie ein bisschen neugierig! Gut so. Bevor Sie Ihr schauspielerisches Können zeigen dürfen, gibt es noch ein paar wenige grundsätzliche Dinge, die Sie unbedingt beachten sollten. Worum geht es in erster Linie bei dieser Übung, was wollen die Beobachter sehen?

✔ Wie Ihr Diskussionsverhalten ist:

- Reden Sie in ganzen Sätzen und verlieren den roten Faden nicht? Wie ist also Ihre Ausdrucksfähigkeit?

- Hören Sie den anderen aktiv und aufmerksam zu?

- Lassen Sie andere ausreden?

- Bleiben Sie in der Lautstärke moderat oder werden Sie womöglich immer lauter, um sich durchsetzen zu wollen?

- Können Sie mit Kritik umgehen?

✔ Wie Ihr Teamverhalten ist:

- Sprechen Sie zurückhaltende Teilnehmer an?

- Integrieren Sie die anderen in die Diskussion?

- Erfragen Sie die Meinung der anderen?

- Zeigen Sie Verständnis für deren Sichtweisen?

- Motivieren Sie die anderen?

- Bieten Sie Ihre Hilfe und Unterstützung an?

- Sorgen Sie für eine angenehme Atmosphäre?

✔ Wie Ihr Entscheidungsverhalten ist:

- Versuchen Sie auf Biegen und Brechen, Ihre Meinung durchzusetzen?

- Steht das Finden einer gemeinsamen Lösung für Sie im Vordergrund?

- Nehmen Sie die Meinungen der anderen auf und entwickeln Sie diese weiter?

- Suchen Sie nach passenden Lösungen?

- Zeigen Sie Kreativität, um Lösungen zu finden?

Mal ehrlich: Das kennen Sie doch schon alles. Sie können sich also vollkommen auf Ihre Rolle konzentrieren! Die müssen Sie schließlich überzeugend rüberbringen. Dafür haben Sie in aller Regel zwischen 30 bis 50 Minuten Zeit. Warum werden Sie immer noch nicht so richtig locker? Ach so:

Sie sind doch kein Schauspieler!

Von wegen! Sie haben jede Menge Potenzial in sich! Bleiben Sie ganz ruhig und machen Sie es wie die Profis:

Lesen Sie sich Ihre Rollenanweisung ganz genau durch! Sie haben dafür immerhin zwischen fünf bis zehn Minuten Zeit. Das ist eine ganze Menge. Sie können also mehrfach lesen, wen Sie nun gleich »verkörpern« dürfen:

✔ Was ist das für ein Mensch?

✔ Welche Gefühle hat er?

✔ Gibt es Infos zu seinem privaten Umfeld?

✔ Was ist sein Job, macht er den gerne?

✔ Welche Absichten, welche Ziele verfolgt er?

Jetzt verstehen Sie, was hier los ist: Es ist völlig egal, ob Sie »Ihre Rolle« mögen oder nicht, mit den richtigen Fragen schaffen Sie es, sich sukzessiv in die andere Haut hineinzufühlen! Sie sind richtig gut!

 Stellen Sie alle Fragen, die Ihnen einfallen – natürlich nicht laut, sondern in Ihrem Kopf – und beantworten Sie diese auch. Je mehr Fragen, desto mehr Antworten und desto klarer wird Ihnen Ihre Rolle.

Sie haben doch bestimmt schon mal im Fernsehen eine Reportage verfolgt, in der Schauspieler über ihren neuesten Film berichten. Nehmen Sie Johny Depp in seiner Rolle als Capt'n Jack in dem Film »Fluch der Karibik«. Wenn Herr Depp gefragt wird, wen er spielt, dann sagt er: »Capt´n Jack. Capt´n Jack ist eine faszinierende Persönlichkeit. Er ist …« und dann beschreibt er die Eigenschaften des Capt´ns. Er respektiert, dass Capt´n Jack eine völlig andere Person als er selbst ist, und dennoch identifiziert er sich mit ihm, weil er alle seine Eigenschaften kennt und somit in seine Haut schlüpfen kann. Faszinierend, nicht wahr? Dann lassen Sie sich doch von der Faszination anstecken!

Lernen Sie, »in Rollen zu schlüpfen«

Zeigen Sie, dass Sie sich locker in eine andere Persönlichkeit verwandeln können. Lesen Sie die nachstehende Situationsbeschreibung und nehmen Sie sich dann eine Person nach der anderen vor und analysieren Sie, was wohl in jedem Einzelnen vorgeht.

 Die Situationsbeschreibung und die Beschreibung der Persönlichkeiten finden Sie als Download unter http://www.wiley-vch.de/publish/dt/books/ISBN3-527-70325-X.

Situationsbeschreibung

In Ihrer Abteilung gibt es seit Jahren eine feste Arbeitszeit von täglich acht Stunden. Die Arbeitszeit beginnt morgens um 8.00 Uhr, Mittagspause ist in zwei Schichten entweder von 12.00 bis 13.00 Uhr oder von 13.00 bis 14.00 Uhr und Feierabend ist um 17.00 Uhr. Überstunden sollten nicht anfallen, häufen sich aber in den letzten Monaten immer mehr. »Arbeitszeitflexibilisierung« scheint notwendig zu werden.

Heute treffen sich alle Mitarbeiter, um sich mit diesem brisanten Thema auseinanderzusetzen und eine optimale Lösung zu finden.

Sie sind **Anne Meier**, 24 Jahre alt, unverheiratet und machen Ihren Job ganz gerne. Die starren Arbeitszeiten finden Sie ätzend. Sie hätten gerne endlich flexible Arbeitszeiten, damit Sie länger als eine Stunde in die Mittagspause gehen könnten. Ihre Pause würden Sie nämlich gerne für Einkäufe oder Treffen mit Ihren Freundinnen nutzen und dafür reicht Ihnen eine Stunde nicht aus. Sie haben dafür aber auch kein Problem, abends länger als bis 17.00 Uhr zu arbeiten.

Sie sind **Johann Herbig**, 52 Jahre jung, verheiratet, zwei erwachsene Kinder. Mit den Arbeitszeiten hatten Sie bislang überhaupt kein Problem. Überstunden machen Sie sowieso nicht, schließlich sind Sie ein tariflich bezahlter Mitarbeiter mit einem Durchschnittseinkommen. Sie vertreten die Meinung, dass Überstunden die machen müssen, die außertariflich verdienen, denn die kriegen Überstunden ja eh mit bezahlt. Die ganze Aufregung wegen der Überstunden verstehen Sie so gar nicht und jetzt müssen Sie noch Ihre kostbare Zeit für das Geplänkel wegen Arbeitszeitflexibilisierung opfern.

Sie heißen **Klaus Zeitig**, sind 34 Jahre alt, verheiratet und der Leiter dieser Abteilung. Privat haben Sie momentan eine Menge Stress, Ihre Frau fühlt sich vernachlässigt, weil Sie fast rund um die Uhr in der Firma sind, und wenn Sie spät abends nach Hause kommen, gibt's meistens Streitereien um Nichtigkeiten. Sie sind heute eh angespannt, haben die Nacht kaum geschlafen, weil Sie mal wieder eine heftige Auseinandersetzung mit Ihrer Frau hatten, und haben jetzt überhaupt keine Lust auf Diskussionen. Außerdem hatten Sie noch keine Zeit, sich mit dem Thema Arbeitszeitflexibilisierung auseinanderzusetzen. Aber schließlich sind Sie der Boss! Sollen doch erst mal die anderen reden!

Sie sind **Nadine Schnell**, 28 Jahre alt, junge Mutti und die einzige Teilzeitbeschäftigte in der Abteilung. Die starren Arbeitszeiten sind ein großes Problem für Sie. Jeden Morgen müssen Sie Ihre Tochter zu einer Freundin bringen, weil der Kindergarten erst um 9.00 Uhr aufmacht, und auch die Abholerei ist immer recht umständlich für Sie. Ihre Arbeit schaffen Sie sowieso nie während Ihrer täglichen Arbeitszeit von fünf Stunden. Ihnen wäre es am liebsten, wenn Wochen- oder Jahresarbeitszeiten eingeführt würden.

Sie heißen **Max Wulf**, sind 30 Jahre alt und seit zwölf Wochen als Leiharbeiter in der Abteilung beschäftigt. Eigentlich ist Ihnen das Thema Arbeitszeitflexibilisierung völlig egal, weil Sie es als Leiharbeiter gewohnt sind, sich den unterschiedlichen Arbeitszeiten der verschiedenen Firmen, zu denen Sie geschickt werden, anzupassen. Sie haben aber in anderen Unternehmen schon jede Menge Erfahrung mit flexiblen Arbeitszeitmodellen gesammelt. Aus diesem Grund wurden Sie von dem Abteilungsleiter gebeten, an der Sitzung teilzunehmen. Sie haben das Gefühl, dass der Abteilungsleiter gar keine Ahnung von dem Thema hat und deshalb von Ihrem Wissen profitieren will. Das ärgert Sie.

Fünf Personen und fünf völlig unterschiedliche Persönlichkeiten. Und trotzdem wird Ihre Analyse immer die gleiche sein. Das glauben Sie nicht? Mal sehen:

✔ Worum geht es? Eine Sitzung, in der die optimale Arbeitszeit-Regelung gefunden werden soll, so dass die anfallende Arbeit ohne Überstunden zu bewältigen ist und nach Möglichkeit die Bedürfnisse jedes Einzelnen berücksichtigt werden.

✔ Was müssen Sie als Erstes checken, wenn Sie in die Haut des anderen schlüpfen? Genau:

- Wer ist das?

- Wie interessiert ist er an dem Thema?

Und jetzt analysieren Sie jeden Einzelnen:

Anne Meier: ledig und lose, will längere Pausenzeiten und ist bereit, dafür abends längere Arbeitszeiten in Kauf zu nehmen. Würde sie denn auch morgens früher anfangen wollen? Irgendwie wirkt sie doch wie ein quirliges, munteres Persönchen, oder nicht?

Johann Herbig: versteht gar nicht, warum das Thema diskutiert werden muss. Die alte Regelung hat sich doch bislang bewährt. Er macht eh keine Überstunden. Die Sitzung ist für ihn pure Zeitverschwendung. Er scheint also nicht an einer Diskussion interessiert zu sein, oder? Motivation ist bei ihm nicht zu spüren, nicht wahr?

Klaus Zeitig: der von der Ehefrau gestresste Abteilungsleiter. Eine Regelung seines Privatlebens wäre ihm viel, viel lieber, als jetzt Diskussionen wegen der Arbeitszeit zu führen. Er ist eh schon genug genervt. Aber er kann ja auch den Boss raushängen und erst mal sehen, was die anderen so meinen. Ist der nicht ganz schön arrogant? Oder einfach nur mit der Situation überfordert? Oder eben ein echter Boss?

Nadine Schnell: die einzige Teilzeit-Tante, permanent in Hektik und unter Strom. Hat neben der Arbeit auch noch zu Hause eine Menge zu managen. Sehnt die sich nicht total nach flexibler Arbeitszeit? Kommt da nicht ein riesengroßes Bedürfnis freier Zeiteinteilung rüber?

Max Wulf: ist Leiharbeiter, hat also eigentlich gar nix mit der Abteilung zu tun, hilft ja nur aus. Er hat aber als Einziger bislang Erfahrung mit flexiblen Arbeitszeiten. Und hat er nicht auch das Gefühl, dass sein Wissen und seine Erfahrungen nur ausgenutzt bzw. benutzt werden sollen, damit sich andere keine großen Gedanken machen und neue Strategien entwickeln müssen? Fühlt der sich nicht ausgenutzt und ist deswegen schon sauer?

So, jetzt wissen Sie, wer jeder Einzelne ist und wie sehr ihm das Thema Arbeitszeitflexibilisierung am Herzen liegt.

Auf geht's: Nehmen Sie sich ein Blatt Papier und schreiben Sie auf, wie jeder argumentieren kann, um seine Interessen durchzusetzen. Wie, das finden Sie ätzend? Sie haben Recht! In einem echten Assessment-Center kennen Sie die Rollen der anderen nämlich auch nicht. Da können Sie nur die Position beziehen, die Ihnen zugeteilt wird. Hier und jetzt zum Üben wissen zumindest Sie, wer sich hinter jeder Rolle verbirgt. Das macht aber gar nichts! Damit es spannend bleibt, bitten Sie doch Freunde oder Bekannte, Ihnen bei der Vorbereitung auf das Assessment-Center zu helfen. Daraus kann auch ein interessantes Spiel werden, an denen auch Ihre Helfer Spaß haben. Weisen Sie jedem eine Rolle zu. Es darf aber keiner vom anderen wissen, welche Rolle der hat. Also nehmen Sie am besten *Post-its* mit den Namen der einzelnen Rollen und lassen Sie die anderen ein Zettelchen ziehen. Das übrig gebliebene ist Ihre Rolle und das ist gut so! Denn so haben Sie sich keine Rolle aussuchen können, sondern müssen die nehmen, die Ihnen zugewiesen ist. Eben wie im Assessment-Center. Und jetzt geht's los. Diskutieren Sie munter drauflos, mal sehen, wie heiß die Diskussion wird und ob Sie eine gemeinsame Lösung finden. Das macht schon Spaß, nicht wahr? Aber nicht willenlos diskutieren, das kommt erst bei der nächsten Übung!

Führerlose Gruppendiskussion

Schon wieder Diskutieren, das nimmt ja gar kein Ende! Was kommt denn jetzt noch Neues dazu? Warum sind Sie denn so genervt? Sie haben gerade mit Bravour Ihr Rollenspiel gemeistert – bleiben Sie doch lieber neugierig auf das, was es sonst noch so in einem Assessment-Center gibt. Sie haben es doch gerade richtig genossen, mal in eine andere Haut zu schlüpfen, was glauben Sie, wie sehr Sie es nun genießen werden, Ihre eigene Meinung zu vertreten. Das ist nämlich der Unterschied zu den Rollenspielen: Bei der führerlosen Gruppendiskussion wird Ihnen keine konkrete Rolle zugewiesen, Ihre ganz persönliche Meinung ist gefragt. Die Gruppe bekommt ein Thema, über das sie diskutieren soll. Es ist in aller Regel ein problematisches Thema und Ziel ist auch hier, gemeinsam eine Lösung zu erarbeiten. Sie werden selten mit Fachthemen konfrontiert, allgemein interessante Themen sind angesagt, wobei die völlig unterschiedlich sein können, zum Beispiel:

✔ Soll das Rauchen in Ihrer Firma grundsätzlich verboten werden?

✔ Wollen Sie das firmeneigene Kasino abschaffen?

✔ Sollen künftig neue Arbeitsplätze geschaffen werden, indem sämtliche Vollzeitjobs in Teilzeitjobs gewandelt werden?

Es kann auch ein wenig »spezieller« werden:

✔ Entwerfen Sie einen Motivationskatalog für Führungskräfte (eine Art Anleitung, wie Mitarbeiter leicht motiviert werden können).

Ganz schön kniffelige Themen, nicht wahr?

Diese Übung ist für alle Beteiligten noch mal ein Grad spannender als die Rollenspiele, denn dadurch, dass kein Teilnehmer eine konkret vorgegebene Position beziehen kann, sondern sich seine eigene Meinung bilden und diese auch vertreten muss, kann es die kontroversesten Diskussionen geben. Was heißt das?

Willenlose Streitereien?

Führerlos bedeutet nicht gleich willenlos! Es soll zwar zu lebhaften Diskussionen der Teilnehmer kommen, nicht aber zu regelrechten Streitereien. Überlegen Sie mal, welche Ihrer Eigenschaften diese Übung zutage fördert? Richtig, alle, die auch bei dem Rollenspiel zu beobachten waren:

✔ **Wie Ihr Diskussionsverhalten ist:**

• Reden Sie in ganzen Sätzen und verlieren den roten Faden nicht? Wie ist also Ihre Ausdrucksfähigkeit?

• Hören Sie den anderen aktiv und aufmerksam zu?

• Lassen Sie andere ausreden?

- Bleiben Sie in der Lautstärke moderat oder werden Sie womöglich immer lauter, um sich durchsetzen zu wollen?

- Können Sie mit Kritik umgehen?

✔ **Wie Ihr Teamverhalten ist:**

- Sprechen Sie zurückhaltende Teilnehmer an?

- Integrieren Sie die anderen in die Diskussion?

- Erfragen Sie die Meinung der anderen?

- Zeigen Sie für die Sichtweisen der anderen Verständnis?

- Motivieren Sie die anderen?

- Bieten Sie Ihre Hilfe und Unterstützung an?

- Sorgen Sie für eine angenehme Atmosphäre?

✔ **Wie Ihr Entscheidungsverhalten ist:**

- Versuchen Sie auf Biegen und Brechen, Ihre Meinung durchzusetzen?

- Steht das Finden einer gemeinsamen Lösung für Sie im Vordergrund?

- Nehmen Sie die Meinungen der anderen auf und entwickeln Sie diese weiter?

- Suchen Sie nach passenden Lösungen?

- Zeigen Sie Kreativität, um Lösungen zu finden?

Gibt es da nicht doch noch ein paar zusätzliche Eigenschaften, die Ihnen so eine ungesteuerte Diskussion entlockt? Klar doch:

✔ **Initiative – wie ausgeprägt ist die bei Ihnen?**

- Übernehmen Sie ganz eifrig Aufgaben?

- Lassen Sie erst mal die anderen arbeiten und warten, was übrig bleibt?

- Machen Sie Strukturierungsvorschläge?

- Halten Sie Ergebnisse fest?

- Bringen Sie neue Ideen/Vorschläge in die Diskussion ein?

- Wiederholen Sie permanent, was andere sagen?

✔ **Konfliktfähigkeit – wie sehr lassen Sie sich auf den Zahn fühlen?**

- Vertreten Sie Ihren eigenen Standpunkt nachhaltig?

- Lassen Sie die Meinungen der anderen gelten?

- Korrigieren Sie auch mal Ihre eigene Meinung?

- Bleiben Sie sachlich?

- Oder werden Sie sogar persönlich, um Ihre Meinung durchzusetzen?

- Mit welcher Ausdauer und Energie vertreten Sie Ihren Standpunkt?

✔ **Überzeugungsfähigkeit – wie nachhaltig wirken Sie auf andere?**

- Wie verschaffen Sie sich Akzeptanz?

- Können die anderen Ihrer Argumentation folgen?

- Schaffen Sie es, andere von Ihrer Meinung zu überzeugen?

- Übernehmen die anderen Ihre Meinung, womöglich sogar als Gruppenmeinung?

- Geben die anderen klein bei, weil Sie ein gewisses Aggressionspotenzial an den Tag legen?

- Übernehmen Sie die Gruppenführung?

Das sind eine Menge Eigenschaften, nicht wahr? Sie werden also ganz schön durchleuchtet! Mit Geschrei und Ellenbogenmentalität haben Sie hier absolut keine Chance. Aber das wissen Sie ja! Wie diskutieren Sie denn? Gehören Sie zu denen, die beim kleinsten Widerspruch wie ein HB-Männchen an die Decke gehen, oder ziehen Sie lieber zurück und sitzen das Problem mehr oder minder aus? Wie auch immer, beides geht im Assessment-Center nicht, hier müssen Sie Farbe bekennen und sich einbringen. Sie können das doch! Sie haben bis hierher jede Übung gemeistert, warum sollte die denn jetzt schiefgehen? Klar wird das eine anstrengende Übung und momentan ist Ihnen so ein bisschen die Luft ausgegangen, aber das ist doch kein Grund, jetzt das große Zittern zu kriegen. Es gibt für alles eine Strategie! So auch jetzt. Bevor Sie gleich hitzig diskutieren oder kein Wort rausbringen, holen Sie jetzt erst einmal ganz tief Luft. Dann setzen Sie sich aufrecht auf Ihren Stuhl und lehnen sich mal an der Rückenlehne an. Aha, Sie entspannen schon ein klein wenig. Gut. Was halten Sie von der folgenden Taktik?

 Hören Sie aufmerksam zu, wenn der Moderator die Aufgabe erklärt. Im Zweifel schreiben Sie sich die Aufgabe auf. Das hat den Charme, dass Sie während der gesamten Diskussion immer wieder einen Blick auf Ihr Zettelchen werfen können und so sehen, ob Sie noch auf der Zielgeraden sind oder am Thema vorbeidiskutieren.

Klar haben Sie zu dem Thema, zu der Aufgabe Ihre ganz persönliche Meinung. Die müssen Sie doch aber nicht gleich in epischer Breite den anderen unter die Nase reiben, oder? Lassen Sie doch erst mal die anderen reden. Die könnten Ihnen interessante Ideen liefern, über die Sie dann erst noch mal nachdenken können. Vielleicht ergänzt das eine oder andere Ihre Meinung und Sie können an der Aussage Ihres Mitbewerbers anknüpfen: »Herr Meier, da kann ich Ihnen nur beipflichten. Ich bin der gleichen Meinung und möchte noch ergänzen, dass ...« Oder Meier liefert Ihnen die Vorlage, damit Sie Ihre gegensätzliche Meinung sagen: »Herr Meier, was Sie da sagen, ist sehr interessant. Ich für meinen Teil bin allerdings der Meinung, dass ...« Damit bringen Sie zum Ausdruck, dass Sie den anderen aktiv zuhören, deren Meinung akzeptieren und dennoch Ihren eigenen Standpunkt haben, den Sie auch vertreten. Das macht Sie richtig sympathisch.

Wenn keiner zu reden anfängt, dürfen Sie gerne den ersten Schritt machen. Wie wäre es, wenn Sie die Aufgabenstellung noch einmal für alle zusammenfassen und mit einer Frage verbinden: »Eine sehr interessante Aufgabe, die wir da zu lösen haben. Wir sollen also ... Hat denn jemand bereits Erfahrung mit diesem Thema?« Seine Erfahrungen teilt doch jeder gerne mit! Und wenn keiner Erfahrungen hat, dann können Sie zum Beispiel auch fragen, ob denn jemand eine Vorstellung hat, wie man nun am besten an das Thema herangeht. Sie glauben gar nicht, welche Wirkungen solche freundlichen Fragen haben. Lassen Sie sich mal überraschen, wie schnell einer Ihrer Mitbewerber auf diesen Zug aufspringt und seine Meinung kundtut.

Unterbrechen Sie die anderen nicht. Falls das trotzdem mal passiert, vergeben Sie sich nichts, wenn Sie sich für die Unterbrechung entschuldigen. Höflichkeit kommt immer gut an.

Denken Sie daran, auch bei dieser Übung zu allen Blickkontakt zu halten. Wagen Sie es aber ja nicht, mit Ihrer Mimik deutlich zu machen, dass Sie gelangweilt oder von den Aussagen Ihrer Mitbewerber genervt sind! Verrollen Sie also auf keinen Fall die Augen! Sie wissen ja: »Ein Blick sagt mehr als tausend Worte.«

Streichen Sie für diese Übung sämtliche Imperative aus Ihrem Wortschatz ebenso wie den dazugehörigen Befehlston! Es wird nun einmal viel Wert auf Ihre Teamfähigkeit gelegt! Wenn Sie also die anderen zu etwas bewegen wollen, dann so:

✔ Was halten Sie davon, wenn wir ... machen?

✔ Wie finden Sie die Idee ...?

✔ Könnten Sie sich vorstellen, dass wir mit ... zum Ziel kommen?

✔ Sind alle damit einverstanden, dass wir so vorgehen?

✔ Verstehe ich es richtig, dass wir folgende Strategie anwenden wollen?

✔ Ist der vorgeschlagene Lösungsweg im Interesse aller?

Sie sind echt charmant! Klar können Sie auch sagen, dass Sie etwas nicht gut finden. Dann aber bitte mit dem entsprechend guten Vorschlag von Ihnen gleich im Anschluss:

> *Ich halte das für keine gute Idee. Ich für meinen Teil könnte mir vorstellen, dass ... Was meinen Sie zu meinem Vorschlag?«*

oder

> *»Finden Sie nicht auch, dass folgende Lösung vielleicht eher zum Ziel führt ...?«*

oder

> *»Was halten Sie von folgender Modifikation Ihres Vorschlags ...?«*

Jetzt haben Sie es: Diplomatie ist das Zauberwort! Ganz genau, nicht mit dem Kopf durch die Wand, sondern von hinten durchs Auge in die Brust. Aha, jetzt, da die Taktik klar ist, haben Sie auch richtig Lust auf diese Übung. Mal sehen, was da so alles kommen kann.

Die Meinungen der anderen strukturieren

Geht so was überhaupt? Na klar doch! Für die führerlose Gruppendiskussion haben Sie zwischen 50 bis 60 Minuten Zeit. Manchmal auch länger. Abhängig ist der Zeitrahmen von der Größe der Teilnehmergruppe, denn man rechnet pro Teilnehmer mit einer Rededauer von acht bis zehn Minuten. Sie haben also eine ganze Menge Zeit! Schließlich müssen Sie Ihre acht bis zehn Minuten nicht am Fließband runterreden. Bringen Sie sich so ein, wie Sie es für richtig halten. Extrem hilfreich ist es, erst einmal einen Überblick über die Diskussionsbeiträge zu bekommen. Dann ist es auch relativ einfach, den passenden Zeitpunkt für den eigenen Beitrag zu erkennen. Wie kriegen Sie denn den Überblick? Mit den richtigen Hilfsmitteln, denn es stehen Ihnen entweder Flipchart und/oder Pinnwand mit Moderationskärtchen zur Verfügung.

Gut. Das bedeutet, dass die Beträge schriftlich gesammelt und für alle sichtbar festgehalten werden. Erinnern Sie sich noch an die *Problemlösungsaufgaben* aus Kapitel 16? Kommt Ihnen nicht ein gewisser Aha-Effekt? Flipchart, Pinnwand, Moderationskärtchen – wozu waren die da notwendig? Richtig: zum Strukturieren der Aufgabe und zum Erstellen einer To-do-Liste.

 Machen Sie eine To-do-Liste. Sie haben eine Aufgabe, die es gemeinsam zu lösen gilt, sammeln nun die einzelnen Aussagen an der Pinnwand und entscheiden dann, wer was bis wann erledigt, und lösen so die Aufgabe.

Jetzt haben Sie den Überblick! Alle Ideen und Einfälle Ihrer Mitbewerber stehen auf dem Flipchart oder an der Pinnwand. Natürlich können und sollen Sie hier auch schon Ihre eigenen Ideen einbringen. Alles, was Ihnen zu der Aufgabe einfällt und Ihnen wichtig erscheint, halten Sie schriftlich fest oder lassen es schriftlich festhalten. Sie sind der Meinung, dass Sie noch nicht wirklich den Überblick haben? Wieso nicht? Ach so, weil es ja erst mal eine »willenlose« Ideensammlung ist, die da auf Flipchart oder an der Pinnwand steht. Was hält Sie denn davon ab, dieses chaotische Sammelsurium zu strukturieren? Sehen Sie mal genau hin: Viele Ideen sind ähnlich oder beziehen sich auf das Gleiche. Also fassen Sie diese Aussagen unter einer Überschrift zusammen. So machen Sie das mit sämtlichen Aussagen: Alles das, was in irgendeiner Beziehung zueinander steht, wird neben- oder untereinander geschrieben und kriegt eine treffende Überschrift; alle anderen Begriffe oder Aussagen bleiben »solo«. Endlich: Der Überblick ist jetzt wirklich da! Die Lösung des Problems fehlt noch. Wie, Sie haben da so eine Idee?

Den eigenen Standpunkt erkennen

Geben Sie zu: Am Anfang der Diskussion hätten Sie auf Biegen und Brechen Ihre »erste« Meinung vertreten! Jetzt sieht die Welt schon anders aus. Durch den vielen Input von außen, den Ideen und Meinungen der anderen, ist die Aufgabe von vielen Seiten beleuchtet worden. Teilweise auch von Seiten, an die Sie gar nicht gedacht hätten. Ist das nicht klasse? Eine Aufgabenstellung, viele unterschiedliche Meinungen und schon wird das ursprüngliche »Riesenproblem« scheibchenweise zerlegt und durchleuchtet. Es tauchen viele neue Aspekte auf, über die es sich lohnt, nachzudenken. Halten Sie noch immer an Ihrer spontanen ersten Meinung fest oder hat sie sich geändert? Keine Sorge, wenn Sie unter Berücksichtigung aller Aspekte noch immer an Ihrer ursprünglichen Auffassung festhalten wollen, dann tun Sie das auch! Sämtliche *Wenn* und *Aber* konnten Sie nicht dazu bewegen, Ihre Meinung zu ändern. Gut, dann sind Sie von Ihrer ursprünglichen Meinung schlichtweg überzeugt. Also vertreten Sie sie auch.

Wenn nun aber die Argumente der anderen Sie zu dem Schluss gebracht haben, dass Ihnen Ihre erste Meinung gar nicht mehr so klasse vorkommt und Sie nach einigem Überlegen jetzt eine andere Meinung haben, dann stehen Sie dazu! Erklären Sie, warum Sie Ihre Meinung geändert haben. Sie werden staunen, wie viel Respekt Ihnen die anderen entgegenbringen, wenn Sie denen klarmachen, dass Sie im ersten Aufwasch auf dem falschen Dampfer waren und nun aus ganz konkreten Gründen eine andere Auffassung vertreten. Sie müssen Ihre »neue« Meinung nur begründen können. Hängen Sie ja nicht Ihr Fähnlein in den Wind und fangen an zu stammeln nach dem Motto: »Ich denke, wir könnten, sollten, wollten ...«! Hardfacts sind gefragt! Schließlich haben Sie Ihre Meinung doch wegen hieb- und stichfester Argumente geändert! Also zählen Sie diese auf und erklären Sie. So schaffen Sie es auch spielerisch zu dem letzten Punkt:

Überzeugen ohne Streiterei

Wie überzeugen Sie denn andere von Ihrer Meinung? Nicht, indem Sie sagen, dass das so und nicht anders ist, oder? Ganz im Gegenteil: indem Sie mehr oder weniger ausführlich erklären, warum Sie diese Meinung vertreten. Es sind die Gründe, die Ihnen helfen, andere von Ihrer Meinung zu überzeugen oder sogar für Ihre Meinung zu begeistern. Ist doch eigentlich ganz logisch, nicht wahr? Und wenn es dann noch gute Argumente gibt, die beweisen, dass mit Ihrer Methode eine Menge Vorteile für alle entstehen, dann haben Sie auf ganzer Linie gewonnen! Na ja, die Nachteile Ihres Vorschlags dürfen Sie natürlich nicht verschweigen. Aber Sie müssen die Nachteile auch nicht unnötig breittreten. Erwähnen Sie sie. Stellen Sie im Gegenzug die Vorteile ganz besonders deutlich heraus!

Fassen Sie noch mal Ihre Überzeugungsstrategie zusammen:

✔ Stichhaltige Argumente sammeln

✔ Gründe, die beweisen, dass Ihre Meinung richtig ist und zum Ziel führt

✔ Gründe, die die anderen auch verstehen können

✔ Nachteile nicht »unterschlagen«, sondern zumindest erwähnen

✔ Vorteile und Nutzen klar herausstellen

So einfach ist Überzeugen! Probieren Sie es aus! Nehmen Sie ein paar Freunde und diskutieren Sie mal über die am Anfang genannten Themen. Wenden Sie Ihre Überzeugungsstrategie an – Sie werden staunen, wie leicht Sie die anderen auf Ihre Seite ziehen!

Aber nicht vergessen: Wenn andere bessere Argumente haben und Sie überzeugen können, dass Ihre Meinung nicht das Gelbe vom Ei ist, dann lassen Sie das auch unbedingt zu! Sie zeigen extreme Größe, wenn Sie zugeben, dass die Vorschläge der anderen viel geeigneter sind, um das Problem bzw. die Aufgabe zu lösen! Sie beweisen noch viel mehr als nur Größe: Flexibilität und Teamgeist! Die Fähigkeit, flexibel »umzudenken«, wenn es Sinn macht und notwendig erscheint, und die Fähigkeit, mit anderen zusammenzuarbeiten, gemeinsam im Interesse der Aufgabe Lösungen zu finden. Wow, alle Achtung, viel mehr kann sich kein Arbeitgeber von seinem neuen Mitarbeiter wünschen! Jetzt haben Sie den Job in der Tasche!

Haben Sie alle Übungen durchgearbeitet? Mal ganz ehrlich: Wie fühlen Sie sich gerade? Fix und alle, nicht wahr? Und trotzdem motiviert? Das ist ja klasse! Sie freuen sich also auf Ihr richtiges Assessment-Center und darauf zu zeigen, was in Ihnen steckt! Super! Ein bisschen Geduld müssen Sie noch haben, aber die nächste Einladung kommt bestimmt.

Wenn Sie Lust haben, testen Sie doch gleich mal im Anhang anhand der *Übungsaufgaben*, ob und wie Sie die gerade gelernten Strategien umsetzen können. Sie werden jede Menge Spaß haben! Probieren Sie es aus!

Teil VI

Der Top-Ten-Teil

The 5th Wave — By Rich Tennant

Agentur für Arbeit

»Es gibt leider zur Zeit nicht viele Angebote für Könige mit langer Berufserfahrung. Aber ich habe eine offene Stelle für einen Türsteher in einem Vergnügungspark. Wie wäre es damit?«

In diesem Teil ...

Sie haben es fast geschafft! Das Ende dieses Buches kommt immer näher. Alle Achtung, dass Sie sich so konzentriert durch die vielen Kapitel gearbeitet haben. Sie glauben, Sie wissen jetzt alles, was rund ums Bewerben wichtig ist? Nun: fast. Ein paar Kleinigkeiten gibt es da schon noch, insbesondere ganz beliebte »Fettnäpfchen«, in die Sie nicht wirklich treten müssen. Wie Sie sich diese Peinlichkeiten ersparen können, zeigen Ihnen Kapitel 18 und Kapitel 19. Warum Sie sich bewerben sollen, darüber klärt Sie Kapitel 20 auf. Und zu guter Letzt erfahren Sie, dass es gar nicht so kompliziert ist, sich auf Englisch zu bewerben. Let's start!

Ein schlechter Start ... – die zehn K.-o.-Kriterien für ein Anschreiben

In diesem Kapitel

▶ Das ist nun doch zu viel des Guten

▶ Anschreiben versus Lebenslauf

▶ Nicht jeder ist ein Profi

▶ Warum gutes Deutsch so wichtig ist

Es gibt sie wirklich immer noch, diese zehn Fauxpas, mit denen Sie sich selbst gleich am Anfang Ihrer Bewerbungsorgie aus dem Rennen katapultieren. Dabei sind es tatsächlich richtig alte Hüte! Aber Sie passieren ganz einfach. Warum wohl? Na logisch: weil Sie es besonders gut machen wollen! Sie wollen extrem höflich in Ihrem Anschreiben sein, den Leser fesseln und von sich begeistern, ja sogar faszinieren, damit er Sie unbedingt persönlich kennen lernen will. Dafür lassen Sie sich so manches Außergewöhnliche einfallen. Aber es ist wie so oft im prallen Leben: Das Außergewöhnliche hat nicht immer die gewünschte außergewöhnliche Anziehungskraft. Mit Klarheit und Einfachheit siegen Sie hier auf ganzer Linie! Überlegen Sie noch mal, was ein Personaler mit der Flut der Bewerbungen macht, die er auf den Tisch bekommt? Der schafft es doch gar nicht, alle Anschreiben bis ins kleinste Detail zu lesen. Jeder Personaler hat sein eigenes System, wie er bereits beim ersten Durchsehen der Bewerbungsunterlagen die selektiert, die für ihn in die nähere Auswahl kommen. Dabei ist es durchaus Usus, das Anschreiben im ersten Durchlauf nur zu »überfliegen«. Hier müssen dem Personaler schon die wichtigsten Merkmale in die Augen springen:

✔ Warum bewerben Sie sich?

✔ Was macht Sie als Bewerber interessant?

✔ Was haben Sie zu bieten?

Das wissen Sie ja aber alles schon aus Kapitel 4, *Das wirkungsvolle Anschreiben*. Warum also wollen Sie noch eine Extravaganz an den Tag legen, die total unnötig ist? Lesen Sie jetzt in aller Ruhe weiter und hüten Sie sich davor, die kommenden Seiten zu überfliegen! Saugen Sie die Wirkung jedes einzelnen »Fehltritts« auf! Und zwar richtig. So richtig intensiv. Dann passiert Ihnen bei Ihrem Anschreiben kein einziger dieser Fehler! Ihr Anschreiben wird richtig klasse!

Zu schwülstige Anrede »verehrte/geschätzte Damen und Herren«

Lieben Sie auch diese ganz alten klassischen Filme? Die Damen in ihren rauschenden Gewändern, die Herren im Anzug und niemals ohne Hut? Zeiten, in denen der geworfene Handschuh zum Duell herausgefordert hat? Ach ja! Das waren die Zeiten, in denen eine so schwülstige Anrede ein absolutes Muss war! Und wehe, Sie haben sich nicht daran gehalten. Sofort war Ihre »gute Kinderstube« in Frage gestellt. Eine ganz schön steife Gesellschaft war das damals. Ist doch herrlich, dass heute ein ganz anderer Umgangston herrscht! Ein schlichter, aber dennoch stets freundlicher, den jeder versteht. Ab und an hören Sie sicherlich noch diese leicht versnobte Anrede. Achtung: Sie haben richtig gelesen, Sie *hören* sie. Bei großen Reden, bei Empfängen, womöglich auch im Theater oder in der Oper bei Begrüßungsreden. Das war's dann aber auch.

Sie leben jetzt und heute. Und das *Heute* hat seinen eigenen Stil. Einen Stil, den Sie pflegen, vor allem, wenn Sie in Ihren Anschreiben ganz »normale« Anreden verwenden:

✔ Sehr geehrte Damen und Herren

✔ Sehr geehrte/r Frau/Herr

✔ Guten Tag Frau/Herr ...

Finger weg von einem »Hallo die Damen und Herren« oder »Hallo Frau/Herr ...«! Die Anrede ist dann doch viel zu flapsig! Bleiben Sie stilvoll! Damit haben Sie den größten Erfolg.

Ebensolche schwülstigen Grußformeln wie »mit vorzüglicher Hochachtung«

Haben Sie da nicht auch das Gefühl, dass Ihr Anschreiben vor Schmalz trieft? *Vorzüglich*, verwenden Sie das Wort denn überhaupt in Ihrem alltäglichen Sprachgebrauch? Wenn ja, dann doch höchstens im Zusammenhang mit richtig gutem leckerem Essen! »Das schmeckt ja vorzüglich! Einfach köstlich!«, da passt der Ausdruck. Sie wollen doch aber nicht, dass Ihr potenzieller neuer Arbeitgeber Ihr Anschreiben verspeist. Lesen soll er es! Neugierig auf Sie werden, sich im Kopf schon ein gutes Bild von Ihnen machen. Also vergessen Sie das *vorzüglich*. Ebenso Ihre *Hochachtung* oder gar ein *Hochachtungsvoll*. Das hat vielleicht einen Beigeschmack! Einen heftig negativen. Wieso? Überlegen Sie: Wann haben Sie Post bekommen, die mit einem *Hochachtungsvoll* unterschrieben war? Was war das für Post? Aha: Mahnschreiben! Erinnerungsschreiben, dass Sie irgendwelche Zahlungen vergessen haben und unbedingt erledigen müssen. Womöglich mussten Sie auch gleich noch Mahngebühren zahlen. Keine angenehme Post also. Sie wollen doch alles andere als unangenehm wirken und schon gar nicht *ermahnend*. Solche Assoziationen rufen Sie bei dem Leser aber hervor. Deshalb: Finger weg von diesen schwülstigen Grußformeln! Die sind absolut unpassend. Schon klar, dass Sie im Grunde nur einen »außergewöhnlichen« Abschluss für Ihr Anschreiben gesucht haben. Die Frage ist nur, warum? Mal ehrlich: So eine an den Tag gelegte Extravaganz wirkt doch überhaupt nicht. Im Gegenteil: Extravaganz und Überheblichkeit oder sogar Arroganz liegen ganz dicht beieinander. Und Sie sind alles andere als arrogant! Ist es nicht viel wichtiger, was in Ihrem Anschreiben drin steht? Ihr Anschreiben selbst ist doch das Außergewöhnliche! Hier haben Sie Ihre Fähigkeiten auf den Punkt gebracht und machen Ihrem potenziellen neuen Arbeitgeber klar, dass nur Sie für den Job in Frage kommen. Wie charmant wirkt da ein schlichter, einfacher Abschiedsgruß:

✔ Mit freundlichem Gruß/Mit freundlichen Grüßen

✔ Freundliche Grüße

✔ Mit freundlichen Grüßen aus einem sonnigen Frankfurt

✔ Mit sonnigen Grüßen aus Bad Orb

Schön! Über solche freundlichen und sonnigen Grüße freut sich jeder Leser! Ganz besonders Ihr möglicher neuer Arbeitgeber.

Auch *Herzlichen Gruß/Herzliche Grüße* ist okay. Dieser Gruß wirkt allerdings schon etwas vertraut, von daher müssen Sie entscheiden, ob Sie ihn verwenden wollen oder nicht. Machen Sie Ihre Entscheidung abhängig davon, wie locker das Unternehmen in seiner Anzeige schreibt. Wirkt die Anzeige absolut nicht steif auf Sie und ist vielleicht sogar von einem jungen Team die Rede, mit dem Sie zusammenarbeiten sollen, dann können Sie guten Gewissens auch herzlich grüßen.

Was halten Sie von:

Mit bestem Gruß/Mit besten Grüßen?

Klingt das nicht zu überheblich für Ihr Anschreiben? Irgendwie schon, oder? Lesen Sie einfach weiter und entscheiden Sie nach den nächsten Seiten, ob Sie bestens grüßen wollen oder lieber nicht.

Sie sind nicht unbedingt »der Beste« – warum Superlative nicht ins Anschreiben gehören

Versetzen Sie sich einmal in die Rolle eines Personalers: Sie suchen einen Top-Mitarbeiter für eine bestimmte Stelle, haben eine Stellenanzeige geschaltet und einen Berg von Bewerbungen vor sich auf dem Tisch liegen. Jetzt fangen Sie an, den Berg abzuarbeiten. Die ersten paar Bewerbungen sind nicht übel, reißen Sie aber nicht wirklich vom Hocker. Plötzlich haben Sie ein Anschreiben in den Händen, das ein wenig anders ist. Es fängt damit an, dass ein Bewerber schreibt:

✔ Er habe sehr starkes Interesse an dem Job.

✔ Die Stellenanzeige habe seine Neugierde sehr geweckt.

✔ Die Anzeige spreche ihn sehr an.

Wie wirkt das nun auf Sie? Kommt Ihnen nicht automatisch sofort der Gedanke, warum »sehr« großes Interesse oder große Neugierde besteht? Was ist das für ein Bewerber, der sich so *sehr* angesprochen fühlt? Sucht der vielleicht schon lange nach einem Job? Hat er das dringende Bedürfnis, sich zu verändern, weil ihm sein derzeitiger Job gar keinen Spaß macht? Schon interessant, dass Sie sofort beginnen, diesen Bewerber zu hinterfragen und das sogar mit einer gehörigen Portion Skepsis. Okay, lassen Sie das jetzt erst mal kurz auf sich wirken und lesen Sie das Anschreiben weiter. Nanu, was ist das? Der Bewerber behauptet:

✔ dass er sehr qualifiziert ist

✔ dass er die gestellten Anforderungen voll erfüllt, nein sogar bestens erfüllt

✔ dass seine größte Stärke zum Beispiel sein Organisationstalent ist

✔ dass er eine stark ausgeprägte Teamfähigkeit besitzt

Er ist also der größte, stärkste, beste und qualifizierteste Bewerber. Ihr Wunsch ist in Erfüllung gegangen. Sie brauchen keine weitere Bewerbung mehr zu lesen: Sie haben gerade den Besten vor sich liegen. Also weg mit den anderen Bewerbungen! Wie? Sie wollen auf keinen Fall die anderen Bewerber gleich vom Tisch fegen? Warum nicht, glauben Sie, es kommt noch was Besseres nach? Ach, Sie sind gar nicht so richtig begeistert von diesem supertollen Bewerber. So, so und warum? Weil Sie denken, dass einer, der sich selbst so in den Himmel hebt, entweder völlig von sich eingenommen ist und/oder alles andere als so gut ist. Solche Aussagen finden Sie also arrogant. Gar nicht beeindruckend. Einen richtig guten Bewerber erkennen Sie nicht an diesen Superlativen, sondern an der Art, wie geschickt er sein Können verpackt. Und zwar mit einer schlichten Verpackung, aber dafür mit richtig viel Inhalt! Klasse! Sie haben Kapitel 4, *Das wirkungsvolle Anschreiben* nicht nur gelesen, Sie haben es verstanden! Toll! Bleiben Sie in Ihrem Anschreiben auf dem Boden und beschreiben Sie Ihre Fähigkeiten und Ihr Können mit ganz normalen Worten. Ohne zu übertreiben! Das kommt richtig gut an! So wie Sie damit richtig gut rüberkommen. Wenn Sie hierzu eine kleine Auffrischung brauchen, wissen Sie doch, dass Sie schöne Beispiele in Kapitel 4 finden. Blättern Sie doch einfach zurück.

Auch im restlichen Anschreiben, also wenn Sie zum Beispiel Ihren derzeitigen Job beschreiben oder Aussagen treffen, was Sie gemacht haben, dann hören Sie ja auf, nun hier irgendwelche Superlative »verstecken« zu wollen:

✔ Am liebsten habe ich als Teamleiter fungiert.

✔ Am meisten Spaß macht mir selbstständiges Arbeiten.

✔ Am besten kann ich in Konfliktsituationen mit aufbrausenden Kollegen umgehen.

Wie anmaßend! Sie sind ja richtig überheblich! Wie gut, dass Sie das gerade selbst merken! Vor allen Dingen graben Sie sich so auch Ihr eigenes Grab, falls Sie in der Tat zum Vorstellungsgespräch geladen werden: Ihr Gesprächspartner wird Sie auf Herz und Nieren prüfen, ob Sie alles, was Sie so betonen und hervorheben, wirklich so besonders gut können. Ersparen Sie sich diese Prüfungen! Sie bestechen auf ganz natürliche Weise durch Ihre Persönlichkeit, Ihr Wissen und Ihr Können! Das ist Ihre absolute Stärke und die erkennen auch Ihre Gesprächspartner, ohne dass Sie das so betonen! So und nun streichen Sie endgültig sämtliche Superlative aus Ihrem Gedächtnis!

Ein Anschreiben ist kein Lebenslauf!

Das wissen Sie. Aber mal ehrlich: Wie oft sind Sie versucht, bereits im Anschreiben zu erzählen, was Sie bislang alles gemacht haben? Ganz schön oft! Ist doch auch verständlich, denn schließlich sind Sie stolz darauf. Und genau deswegen gibt es Ihren Lebenslauf: Hier können Sie sich nach Lust und Laune austoben und Ihr potenzieller Arbeitgeber kann in aller Ruhe Ihre Werdegang konzentriert studieren. Im Anschreiben will er aber sehen, dass Sie ein interessanter Kandidat sind! Ah, jetzt erinnern Sie sich: die AIDA-Formel! Attention – Interest – Desire – Action. Das ist gefragt. In Kapitel 4, *Das wirkungsvolle Anschreiben* haben Sie ausführlich gelernt, wie Sie die AIDA-Formel umsetzen. Sie müssen innerhalb kürzester Zeit den Leser Ihres Anschreibens über die Gründe informieren, warum Sie der richtige Kandidat für den angebotenen Job sind. Das bedeutet, dass Sie anhand der Stellenanzeige prüfen, nach welchen Qualifikationen gefragt wird. Erklären Sie, warum Sie diese Qualifikationen haben, und zwar mit kurzen knackigen Sätzen. Schreiben Sie bitte keinen Roman! Bringen Sie Ihre Qualifikationen auf den Punkt. Genau das erwartet Ihr potenzieller neuer Arbeitgeber. Fragen Sie sich immer wieder, was für Ihren möglichen neuen Chef interessant ist. Werden in dem neuen Job spezielle Fähigkeiten und/oder Fachkenntnisse von Ihnen verlangt und Sie haben diese? Dann gehören die auf alle Fälle auch in Ihr Anschreiben, weil Sie ja damit dem Unternehmen das gewünschte fachliche Know-how bieten. Jetzt sind Sie auf der richtigen Schiene: Sie müssen dem neuen Chef klarmachen, welchen Nutzen er von Ihrer Mitarbeit hat und was Sie konkret zum Unternehmenserfolg beitragen können.

 Verzichten Sie also auf das Abschreiben ganzer Passagen aus Ihrem Lebenslauf. Zum einen wird Ihr Anschreiben ellenlang, zum anderen immer langweiliger, weil Sie dann gar nicht mehr auf die Anforderungen und Wünsche des Unternehmens eingehen, sondern permanent nur von sich erzählen. Ihre einzelnen beruflichen Stationen stehen wunderbar übersichtlich in Ihrem Lebenslauf. Dazu gehören auch Ihre beruflichen Vorerfahrungen wie zum Beispiel Praktika und Nebenjobs.

... und bitte nicht passiv formulieren!

Ihr Anschreiben soll interessant sein! Neugierig machen. Sie sitzen gerade am Schreibtisch und sind intensiv damit beschäftigt, Ihr Anschreiben zu formulieren. Sie selbst sind also aktiv! Warum schreiben Sie dann nicht auch so? Weil Sie sich schwer damit tun? Aber das ist doch ganz einfach: Stellen Sie sich vor, Ihr neuer Chef, den Sie ja gerade anschreiben, sitzt Ihnen gegenüber. Statt zu schreiben, reden Sie erst mal mit ihm. Natürlich in Gedanken. Wobei auch nichts dagegen spricht, wenn Sie laut mit sich selbst reden. Sie könnten ihn zum Beispiel als Erstes fragen: »Sie suchen einen kompetenten Mitarbeiter für Ihre Firma?« So, und jetzt ersetzen Sie einfach das *?* durch einen Punkt. Dann wird aus der Frage eine direkte Ansprache: »Sie suchen einen kompetenten Mitarbeiter für Ihre Firma.« Schon haben Sie Ihre erste aktive Formulierung. Machen Sie so weiter! Stellen Sie sich jetzt wieder Ihr fiktives Gespräch vor und erzählen Sie Ihrem neuen Chef, warum Sie dieser kompetente Mitarbeiter sind. Sagen Sie ihm, dass Sie zum Beispiel aufgrund Ihrer jahrelangen Berufserfahrung ein ausgeprägtes Spezialwissen in ... haben. Und genauso schreiben Sie dann auch: »Da ich seit vielen Jahren als ... arbeite, habe ich auf dem Gebiet der ... das entsprechende Spezialwissen.« Aha, so langsam verstehen Sie, was aktives Formulieren heißt! Es bedeutet, dass Sie Ihren fiktiven Gesprächspartner in Ihrem Anschreiben so einbeziehen, als würden Sie mit ihm reden. Weiter so!

Sie reden mit ihm in der Gegenwart. Also lassen Sie auch die Finger von jeglichem Konjunktiv in Ihrem Anschreiben. Sämtliche *ich könnte, hätte, sollte* vergessen Sie auf der Stelle! Sie schreiben nicht: *Ich könnte mir vorstellen, dass ...*

Sondern

>*Ich kann mir vorstellen, dass ...*

Nicht: *Ich würde mich freuen, wenn ich Ihr Interesse geweckt habe.*

Sondern

>*Ich freue mich, wenn ich Ihr Interesse geweckt habe.*

Warum nicht auch als Frage:

>*Habe ich Ihr Interesse geweckt? Dann freue ich mich über eine Einladung zum Vorstellungsgespräch.*

Merken Sie etwas? Ganz genau: Aktiv formulieren heißt auch in der Gegenwart schreiben.

Sie können es also doch: *aktiv formulieren*! Also nur keine Hemmungen: ran ans Anschreiben!

Weg mit unsinnigen Abkürzungen

U.A.w.g. bis ..., b.a.w., bzgl., betr. und und und. Kennen Sie diese Abkürungen? Nein? Teilweise? Also:

✔ Um Antwort wird gebeten bis ...

✔ Bis auf weiteres

✔ Bezüglich

✔ Betreffend

Wie wirken diese Abkürzungen auf Sie? Als ob der Schreiber gar keine Zeit hätte. Interessant. Was glauben Sie wohl, wie Sie wirken, wenn Sie in Ihrem Anschreiben solche oder ähnliche Abkürzungen verwenden? Ganz genau: als hätten Sie sich für das Anschreiben nicht die erforderliche Zeit genommen oder sogar nehmen wollen.

Lassen Sie doch mal die nachstehenden *Kürzel* auf sich wirken:

z. T.	zum Teil	beides wirkt doch ausgeschrieben viel schöner!
zzt.	zurzeit	
z. Hd.	zu Händen	ist völlig veraltet und wird nicht einmal mehr in Anschriften verwendet.
d. M.	dieses Monats	
d. J.	dieses Jahres	sorgt häufig für Verwirrung – besser ausschreiben

Irgendwie sind diese Kürzel alle nicht wirklich eindeutig. Das sollten Sie aber sein. Ausgeschrieben sind sie es auf alle Fälle!

Sie wollen doch, dass jeder Leser merkt, dass Sie sich gut überlegt haben, was Sie alles in Ihr Anschreiben packen. Dafür brauchen Sie Zeit. Und wenn Sie sich Zeit nehmen, können Sie jedes einzelne Wort doch auch ausschreiben. Warum also wollen Sie denn diese Abkürzungen überhaupt verwenden? Ach, Sie glauben, Sie wirken damit »modern«, solche Abkürzungen seien zeitgemäß, total »in«. Sind Sie sicher? Machen Sie jeden Trend mit, auch wenn die Gefahr besteht, dass Sie nicht verstanden oder sogar missverstanden werden? Glauben Sie, dass Ihr potenzieller neuer Chef weiß, was Ihre Abkürzung heißen soll? Nicht jeder beschäftigt sich mit dem Thema Abkürzungen.

Endlich verstehen Sie: Das Wichtigste ist doch, dass Ihr potenzieller neuer Chef sofort versteht, wovon Sie sprechen beziehungsweise schreiben! Wenn Sie mit ihm reden würden, kämen Sie niemals in Versuchung, in Abkürzungen zu reden. Das wäre alles andere als ein Gespräch. Das reinste Stottern käme dabei raus! Sie reden mit ganzen Worten in ganzen Sätzen. Verzichten Sie deshalb auch in Ihrem Anschrieben auf Abkürzungen! Sie beweisen damit einen richtig guten Stil!

Fachchinesisch - wen wollen Sie ansprechen?

In Ihrem Job sind Sie der Fachmann! Sie haben Ihren Beruf gelernt, sind in diesen hineingewachsen und damit auch mit den unterschiedlichsten Fachbegriffen großgeworden. Klar können Sie die eine oder andere berufstypische Formulierung verwenden, wenn sie wirklich in Ihr Anschreiben passt. Ist in der Stellenausschreibung konkret nach Fachkenntnissen gefragt worden? Prima, dann können Sie Ihre Fachkenntnisse in Ihrem Anschreiben auch zur Sprache bringen. Aber schreiben Sie jetzt nicht permanent über Ihr Wissen, sonst überladen Sie Ihr Anschreiben und das wollen Sie auf keinen Fall.

Zu viele Fachbegriffe müssen nicht unbedingt von Fachkompetenz zeugen. Überlegen Sie. Wo es bis vor wenigen Jahren einfache deutsche Begriffe gab, werden jetzt fast ausschließlich englische Ausdrücke verwendet. Was mal ein »einfacher« Betreuer war, ist jetzt ein CRM – ein Customer Relationship Manager. Schließlich muss sich auch ein Beruf den permanenten wirtschaftlichen und technischen Veränderungen anpassen. Da Englisch die Welthandelssprache schlechthin ist, ist es doch nur verständlich, dass Firmen ihre Berufsbilder entsprechend anpassen. Sie selbst passen sich natürlich genauso an, es ist schließlich Ihr Job und Sie müssen dafür sorgen, up to date zu sein. Es sind aber nicht nur diese Anglizismen. In Ihrem Beruf hantieren Sie tagtäglich gemeinsam mit Kollegen mit Fachausdrücken, weil die schlichtweg zu Ihrer Arbeit gehören, und jeder weiß, wovon die Rede ist.

Jetzt aber sitzen Sie an Ihrem Bewerbungsanschreiben. Sie bewerben sich auf eine Position, für die Sie Fachmann sind. Woher wollen Sie wissen, dass der Leser Ihres Anschreibens auch ein Fachmann ist? Ist es nicht in neunundneunzig Prozent so, dass ein Mitarbeiter der Personalabteilung sämtliche Bewerbungsschreiben studiert, ohne dass er eine konkrete fachliche Ahnung von der zu besetzenden Stelle hat? Genau so ist es! Was heißt das für Ihr Anschreiben? Richtig: Es muss klar verständlich formuliert sein! Mit Fachchinesisch kommen Sie nicht weit. Da fragt sich der Leser ganz schnell, wovon Sie schreiben. Mal ehrlich: Hätten Sie Lust, einen Bewerber kennen zu lernen, dessen Anschreiben Sie schon nicht verstehen? Nicht wirklich. Und nicht nur das: Ihre fachliche Kompetenz entnimmt der Personaler Ihrem Lebenslauf und kann Ihnen im Vorstellungsgespräch hier auf den Zahn fühlen. Da hat er dann nämlich einen Mitarbeiter der Fachabteilung an seiner Seite und der kann recht schnell beurteilen, ob Sie tatsächlich ein Fachmann in Ihrem Job sind. Warum also sollten Sie damit schon in Ihrem Anschreiben prahlen wollen? Das haben Sie doch gar nicht nötig.

Wenn Sie unsicher sind, ob Sie Ihr Anschreiben mit Fachausdrücken überladen haben oder nicht, lassen Sie doch einen guten Freund, der von Ihrem Job keine Ahnung hat, drüberlesen. Runzelt der permanent die Stirn und lässt sich von Ihnen einen Fachausdruck nach dem anderen erklären, überarbeiten Sie Ihr Anschreiben am besten gleich. So lange, bis es der »Nichtfachmann« beim ersten Lesen versteht. Sie können sicher sein, dass Ihr Anschreiben dann auch von allen anderen auf Anhieb verstanden wird. Und das ist schließlich Ihr Ziel.

Eigentlich mögen Sie nämlich auch keine Füllwörter

Wie oft benutzen Sie sie, diese Füllwörter? Laufend, nicht wahr? Keine Sorge, Sie verhalten sich damit völlig normal. Füllworte gehören einfach zu unserem alltäglichen Sprachgebrauch. Das ist so. Wenn Sie dieses Buch genau lesen, wird Ihnen *bestimmt* auffallen, dass *auch hier ab und an so manches* Füllwort auftaucht. Mal sehen, wie viele Sie kennen:

✔ allemal	✔ ein bisschen	✔ ja
✔ an sich	✔ ein wenig	✔ je
✔ auch	✔ einfach	✔ lediglich
✔ durchaus	✔ einmal	✔ mal
✔ eben	✔ freilich	✔ nämlich
✔ eigentlich	✔ halt	✔ quasi

✔ schlichtweg	✔ übrigens	✔ wohl
✔ schließlich	✔ völlig	✔ womöglich
✔ so	✔ wahrscheinlich	✔ ziemlich
✔ sogar	✔ wirklich	

Nicht schlecht, Sie kennen Füllwörter von A bis Z. Wie sehr stören Sie diese Wörter in Texten? Wenn sie am Fließband gebraucht werden, stören sie ganz gewaltig, weil sie die grundlegende Bedeutung und Aussage einzelner Sätze verwaschen. Sie machen die Sätze dann wachsweich und lassen keine konkrete Aussage zu.

Werden Füllwörter dagegen bewusst eingesetzt, wie zum Beispiel in diesem Buch, helfen sie, Texte und Inhalte leichter zu verstehen. Sie blähen die Texte nicht unnötig auf. Was heißt das nun konkret für Ihr Anschreiben? Dass Sie sämtliche Füllwörter streichen! Sie schreiben keinen komplizierten Bewerbungstext, den Sie mit Hilfe von Füllwörtern leichter verständlich machen, und Sie wollen Ihr Anschreiben auch nicht unnötig aufblähen. Also checken Sie Ihr Bewerbungsschreiben nochmals durch und weg mit diesen unnötigen Füllwörtern!

Der Rechtschreib-Teufel

Sie kennen das bestens: Da haben Sie stundenlang an Ihrem Text gefeilt, sich beim Schreiben richtig viel Mühe gegeben und haben jedes einzelne Wort vor Augen. Sie wissen genau, was Sie geschrieben haben. Deswegen lesen Sie auch, was Sie schreiben wollten. Haben Sie das alles auch tatsächlich so geschrieben? Weil Sie selbst Ihre Formulierungen so gut kennen, überlesen Sie noch beim hundertsten Mal Ihre Fehler! Nicht nur das: Plötzlich sind Sie unsicher, was die Komma-Regeln angeht, ab und an fehlt auch ein Satzzeichen. Und das ist völlig normal. Wie gut, dass es den PC mit seinen unbestechlichen Programmen gibt. Nutzen Sie das Rechtschreib-Korrektur-Programm von MS Word oder auch ein anderes auf alle Fälle. Das geht nämlich ganz einfach:

In der Menuleiste klicken Sie den Punkt *Extras* an und was steht dann ganz oben?

Richtig: *Rechtschreibung und Grammatik*. Das ist Ihr nächster Mausklick.

Bevor Sie das Programm arbeiten lassen, checken Sie die *Wörterbuchsprache*, die auf *Deutsch (Deutschland)* lauten sollte.

Haben Sie auch ein Häkchen bei *Grammatik überprüfen* gesetzt? Gut, das brauchen Sie nämlich, sonst gibt's keinen Grammatik-Check.

Machen Sie erst mal den Rechtschreib-Check:

✔ Das Programm gibt Ihnen im ersten Feld vor, was *nicht im Wörterbuch* steht und

✔ im zweiten Feld kommen dann *Vorschläge*, die Ihnen das Programm macht.

Was fangen Sie mit diesen Vorschlägen an? Sie können sie:

✔ **Ignorieren,** wenn Sie überzeugt sind, dass keiner der Vorschläge passt. Das ist zum Beispiel häufig bei Namen der Fall, da diese ganz selten im Wörterbuch vorkommen.

✔ **Nie ändern,** wenn Sie diese Begriffe mehrfach in Ihrem Anschreiben genutzt haben, dann setzen Sie hier Ihren Mausklick. Damit vermeiden Sie, dass das Programm Sie jedes Mal auf dieses Wort aufmerksam macht, wenn es in Ihrem Text erscheint.

✔ **Hinzufügen** klicken Sie an, wenn Sie der Meinung sind, der Vorschlag passt in Ihren Text.

✔ **Ändern,** wenn das Programm recht hat und Sie das Wort tatsächlich falsch geschrieben haben.

✔ **Immer ändern,** wenn Sie sicher sind, dass Sie das Wort mehrfach in Ihrem Text falsch geschrieben haben.

✔ **Autokorrektur** ändert mit einem Mausklick alle diese Wörter in Ihrem Text.

Wenn das nicht einfach ist! Und bei der Grammatik-Überprüfung sieht das ähnlich aus:

✔ Im ersten Feld stehen die _Grammatikfehler_, die das Programm in Ihrem Anschreiben erkannt hat und

✔ im zweiten Feld kommen dann die entsprechenden _Vorschläge mit Erklärung_, damit Sie begreifen, warum das Programm dies als Fehler ansieht.

Und jetzt? Sie haben die Wahl:

✔ **Ignorieren** Sie den Vorschlag, wenn er Ihrer Meinung nach nicht passt.

✔ **Regel ignorieren,** wenn Sie überzeugt sind, dass die vorgeschlagene Regel für Ihren Text unsinnig ist. Diese Regel wird dann für Ihr komplettes Anschreiben ignoriert.

✔ **Nächster Satz** hat denselben Effekt wie Ignorieren, Sie verändern nichts, checken aber Satz für Satz durch.

✔ **Ändern** klicken Sie an, wenn Sie den Vorschlag annehmen wollen.

Das Programm ist eine richtig gute Hilfe, nicht wahr? Jetzt wissen Sie, wie Sie damit umgehen, und können es in aller Ruhe über Ihre Anschreiben laufen lassen. Dennoch sollten Sie sich nicht zu sehr auf diese Programme verlassen. Das ein oder andere Wort sollten Sie in einem aktuellen Duden nachschlagen, denn die Rechtschreibung hat sich in letzter Zeit so oft geändert, dass die Programme gar nicht mitgekommen sind. Also, investieren Sie in einen neuen Duden und schlagen Sie auch Wörter nach, von denen Sie eigentlich überzeugt sind, dass sie so und nicht anders geschrieben werden.

Natürlich können Sie auch einen guten Freund über Ihr Anschreiben lesen lassen. Oder jemanden, der noch zur Schule geht und sich mit der neuen deutschen Rechtschreibung herumschlagen muss.

Je länger, desto langweiliger

Mögen Sie ellenlange Briefe lesen, bei denen Sie das Gefühl nicht loswerden, dass Sie im Grunde gar nicht verstehen, was der Schreiber Ihnen mitteilen will? Dann stehen da Sätze, die sich ohne Punkt und Komma über mehrere Zeilen ausdehnen und am Ende wissen Sie nicht mehr, was am Anfang stand. Das macht doch keinem Spaß! Was haben Sie in Kapitel 4, *Das wirkungsvolle Anschreiben* gelernt? Richtig: dass Sie auf den Punkt kommen müssen! Sie reden, nein schreiben nicht um den heißen Brei herum, sondern machen Ihrem potenziellen neuen Arbeitgeber klar, warum Sie sich bewerben und warum Sie der geeignete Kandidat für die offene Position sind. Und was Ihren Stil angeht, gibt Ihnen dieses Kapitel den letzten Schliff!

 Arbeiten Sie mit einfachen, kurzen und prägnanten Sätzen. Lieber setzen Sie öfter mal einen Punkt, als dass Sie zeilenlange Verschachtelungen anpreisen. Eine DIN-A4-Seite reicht dafür völlig aus. Sie wissen doch: »In der Kürze liegt die Würze«!

Die zehn wichtigsten Tipps für gute Bewerbungsgespräche

19

In diesem Kapitel

▶ Achten Sie auf Ihr Äußeres

▶ Unterschätzen Sie Ihre innere Ausstrahlung nicht

▶ Sie brauchen eine gute Konstitution

Ob ein Bewerbungsgespräch gut oder schlecht läuft, hängt nicht allein vom Gesprächsinhalt ab. Wenn sich Menschen begegnen, entsteht eine Atmosphäre. Die kann angenehm sein, so dass sich jeder wohl fühlt. Wo Menschen sich wohl fühlen, gehen sie entsprechend einfühlsam miteinander um und es entstehen richtig gute Gespräche. Ist die Atmosphäre dagegen unangenehm und zwar so unangenehm, dass alle froh sind, wenn sie sich wieder trennen können, wird kein vernünftiges Gespräch zustande kommen. Es macht dann nämlich keinen Spaß, sich mit den anderen zu unterhalten. Haben Sie eine Vorstellung, was alles zu einer guten Atmosphäre beitragen kann? Nein? Dann sind Sie in diesem Kapitel genau richtig. Lesen Sie einfach weiter.

Wie du kommst gegangen, so wirst du empfangen

Ausgerechnet *der* Spruch! Den können Sie nun wirklich nicht mehr hören. Und warum nicht? Weil er stimmt, nicht wahr? Wie geht's Ihnen, wenn Sie sich mit einem Menschen unterhalten sollen, der in seinen absolut letzten und völlig verlumpten Klamotten vor Ihnen steht? Aha, Sie fragen sich sofort: »*Den* soll ich einstellen?« Und wie lautet Ihre prompte Antwort? Niemals! So einen Mitarbeiter wollen Sie auf keinen Fall in Ihrer Firma haben.

Wie soll denn ein Bewerber Ihrer Meinung nach aussehen? Er soll ordentlich gekleidet sein. Dass müssen keine maßgeschneiderten Kleider oder Designerklamotten sein. Die Kleidung soll sauber sein und zu dem Träger passen.

Kann für die Kleiderauswahl auch entscheidend sein, wo Sie sich bewerben? Oh ja! In einem klassisch-konservativen Unternehmen wie zum Beispiel einer Bank werden Sie sicher nicht im Blaumann erscheinen und bei einem Handwerksbetrieb nicht unbedingt im Boss-Anzug. Es ist also sehr wichtig, dass Sie wissen, wie »modern« Ihr künftiger Arbeitgeber ist.

Gehören Sie zu denen, die jeden Modetrend mitmachen? Dann überlegen Sie bitte ganz genau, ob der gerade angesagte Mini-Rock oder die Knickerbocker wirklich zu Ihrem Job passen. Jetzt haben Sie es verstanden: Nicht alles, was trendy ist und Sie gerne tragen, kommt bei Ihrem neuen Arbeitgeber an – wichtiger als Ihre Wünsche sind die Erwartungen des Unternehmens! Daran orientieren Sie sich.

Achten Sie auch auf:

✔ Geputzte Schuhe, deren Absätze nicht abgelaufen sind

✔ Saubere und gefeilte Fingernägel

✔ Dezentes Parfüm bzw. Aftershave

Übrigens, wenn Sie mit Ihrer Kleidung gerade aus einer rauchvernebelten Kneipe kommen, brauchen Sie sich nicht zu wundern, wenn Ihr Gastgeber gleich die Nase rümpft. So intensiver Zigarettengeruch kann unmöglich ignoriert werden. Das gilt auch für extreme Essensgerüche, die sich (leider) in der Kleidung festsetzen, zum Beispiel Bratfettduft. Ist auch nicht gerade angenehm. Wenn Sie also eine gute »Duftnote« mit Ihrer Kleidung hinterlassen wollen, dann schnuppern Sie am besten selbst intensiv an Ihren Klamotten und wenn die merkwürdig riechen, ziehen Sie etwas anderes an.

Der Kampf gegen hektische Flecken

Ätzend, nicht wahr! Wenn jeder sofort Ihre Aufregung sieht, weil Sie hektische Flecken im Gesicht, an Hals und Dekolleté bekommen. Diese roten unübersehbaren Flecken. Die ärgern Sie immer wieder und Sie können machen, was Sie wollen, Sie kriegen die einfach nicht in den Griff! Na und? Warum kämpfen Sie gegen diese Flecken? Was signalisieren diese Flecken denn außer Ihrer Aufregung noch ganz deutlich? Dass Sie Gefühle haben. Aha! Finden Sie es nicht schön, zu wissen, wie viel Gefühl in Ihnen steckt? Sie sind aufgeregt! Ist doch klasse! Sie sind aufgeregt, weil Sie sich auf das Bewerbungsgespräch freuen, weil Sie neugierig sind, was nun alles auf Sie zukommt, und weil Sie auch ein bisschen die Sorge haben, Sie könnten sich irgendwie blamieren. Wie gut, dass Sie diese Gefühle haben! So bleiben Sie nämlich wachsam und nehmen Ihr Umfeld und vor allem Ihren Gesprächspartner aufmerksam wahr. Glauben Sie, es macht Spaß, ein Bewerbungsgespräch mit einem eiskalten und abgebrühten Bewerber, der keinerlei Gefühlsregung zeigt, zu führen? So emotionslos wie der Bewerber ist, so emotionslos läuft auch das Gespräch ab. Und das macht überhaupt keinen Spaß. Wie schön, dass Sie mit Ihren hektischen Flecken verraten, dass es in Ihnen ein bisschen brodelt. Freuen Sie sich, dass Ihr Körper in der Lage ist, Ihnen zu sagen: »Hey, Achtung, du bist aufgeregt! Nun pass mal auf, was jetzt kommt!« Sie leben! Akzeptieren Sie Ihre hektischen Flecken! Wegzaubern geht nicht. Und passen Sie auf, was passiert, wenn Sie Ihre Flecken als gegeben hinnehmen und sich sagen, ist nun mal so, ich kann's nicht ändern. Sie werden zunehmend weniger hektische Flecken kriegen, weil Sie sich immer weniger von denen gestört fühlen und sich immer weniger mit denen befassen. Mal sehen, ob Ihre Flecken irgendwann gar nicht mehr kommen.

Reden kann jeder

Manche etwas langsamer, andere wie ein Wasserfall. Das wissen Sie. Wie sieht das Reden in einem Bewerbergespräch aus? Schwierig zu sagen. Sie wollen einiges über den Job und die Firma erfahren, Ihr Gesprächspartner will jede Menge über Sie wissen. Es könnte also jeder einen gleich hohen Redeanteil an dem Bewerbungsgespräch haben. Tatsache ist, dass in jedem guten Bewerbungsgespräch der Bewerber einen wesentlich höheren Redeanteil hat. Jetzt überlegen Sie nicht gleich, wie Sie Ihre Antworten so ausdehnen, dass Sie die meiste Zeit reden. Das ist der falsche Weg. Fangen Sie ja nicht an, jetzt auch noch irgendwelche Rhetorik-Ratgeber zu wälzen. Sie müssen Ihren Gesprächspartner doch gar nicht mit rhetorisch hochtrabender Redegewandtheit einlullen! Ihr höherer Redeanteil ergibt sich automatisch durch die vielen verschiedenen offenen Fragen, die Ihnen Ihr Gesprächspartner stellt. Antworten Sie, wie Sie sind, natürlich und authentisch. Auf manche Fragen gibt es mehr, zu anderen eben weniger zu sagen. Wichtig ist, dass Sie wissen, was Sie sagen, und hinter Ihren Aussagen stehen. Und wenn Sie noch ein bisschen mehr zu den möglichen Fragen wissen wollen, dann lesen Sie Kapitel 11, *Fragen, auf die Sie vorbereitet sein sollten.*

... zuhören auch?

Wie oft hatten Sie schon das Gefühl, dass Ihnen jemand einen Redeschwall entgegenschleudert, ohne Ihre Frage tatsächlich zu beantworten? Oft. Sehr oft. Woran liegt das? Ganz klar, der andere hat Ihnen nicht richtig zugehört. Das ist offensichtlich. Was passiert, wenn ein Bewerber im Bewerbungsgespräch nicht richtig zuhört? Genau: Er gibt falsche und/oder unvollständige oder gar missverständliche Antworten und katapultiert sich damit selbst aus dem Rennen! Das passiert Ihnen nicht! Sie wissen, dass Sie Ihrem Gesprächspartner genau zuhören müssen, um eine passende Antwort geben zu können. Zuhören heißt aber nicht nur dasitzen und den anderen ausreden und seine Frage stellen lassen.

Dass Sie Ihrem Gesprächspartner konzentriert zuhören, signalisieren Sie bereits durch Ihre Körpersprache, indem Sie mit dem Kopf nicken.

Wie noch?

✔ Mit kleinen Worten, die Sie quasi in Ihren Bart murmeln: »Hmm. Ja. Aha. Genau. Ach so.«

✔ Sie können auch gerne rückfragen: »Habe ich Sie richtig verstanden, dass ...« oder »Wenn ich Ihre Frage richtig verstehe, möchten Sie wissen, ob ...«

Was machen Sie, wenn Sie Ihren Gesprächspartner nicht richtig verstanden haben und nicht wissen, worum es ihm gerade geht? Sie sagen die Wahrheit. Sie sagen ihm, dass Sie ihn gerade nicht richtig verstanden haben, und bitten ihn, seine Aussage und/oder Frage nochmals zu wiederholen. Auf keinen Fall stellen Sie irgendeine Antwort in den Raum. Hey! Sie haben es verstanden, klasse! Richtiges und gutes Zuhören ist die Voraussetzung für einen guten Dialog, ein gutes Gespräch, in dem die Gesprächspartner dann auch miteinander und nicht aneinander vorbei reden. Also hören Sie in Ihrem Bewerbungsgespräch aufmerksam und konzentriert Ihrem potenziellen neuen Arbeitgeber zu.

Wenn die Wellenlänge nicht stimmt

Es gibt Bewerbungsgespräche, bei denen Sie sich einfach unwohl fühlen. Woran das liegt, können Sie gar nicht konkret beschreiben.

✔ Haben Sie das Gefühl, dass der andere Sie einfach nicht mag?

✔ Dass Sie permanent aneinander vorbeireden?

✔ Dass Sie beide völlig verschiedene Auffassungen vertreten, andere Einstellungen haben?

✔ Dass so gar keine Gemeinsamkeiten vorhanden sind?

✔ Oder ist Ihnen Ihr Gesprächspartner aus welchen Gründen auch immer unsympathisch?

Fakt ist, dass Sie miteinander nicht wirklich »warm« werden. Das bremst Sie als Bewerber ein bisschen aus, weil Sie sich wegen dieses merkwürdigen Gefühls im Bewerbungsgespräch nicht so offen zeigen und geben, wie Sie das sonst tun, wenn Sie sich bei und mit Ihrem Gesprächspartner gut aufgehoben fühlen. Das heißt aber noch lange nicht, dass dies kein gutes Bewerbungsgespräch wird. Hören Sie auf, sich zu fragen, warum Sie sich jetzt so unwohl fühlen. Wenn Sie anfangen, der Ursache auf den Grund gehen zu wollen, driften Sie gedanklich in eine Analyse, die Ihre volle Aufmerksamkeit verlangt, und Sie werden ratzfatz gegenüber Ihrem Gesprächspartner unaufmerksam. Das ist unnötig! Sie werden während Ihres Gesprächs nicht ungedingt die Gründe für Ihr unbehagliches Gefühl herausfinden. Das ist ja aber auch gar nicht der Grund, warum Sie hier sind. Sie sind in Ihrem Bewerbungsgespräch! Nehmen Sie die Situation so, wie sie ist, und konzentrieren Sie sich auf das, was Ihr Gesprächspartner erzählt, und vor allem auf seine Fragen! Sie wissen doch, wie wichtig das ist!

Wenn Ihr Bewerbungsgespräch beendet ist und Sie noch immer interessiert sind, herauszufinden, warum die Wellenlänge bei Ihnen beiden nicht gestimmt hat, können Sie sich im Anschluss in Ruhe damit auseinandersetzen. Vielleicht lag es an der Art, wie Ihr Gesprächspartner auf Sie zugegangen ist oder mit Ihnen gesprochen hat. Möglicherweise erinnert er Sie an jemanden, den Sie absolut nicht ausstehen können. Und und und. Es kann unendlich viele Gründe geben. Machen Sie sich also keinen Kopf, wenn Sie keinen erklärbaren Grund finden. Hauptsache, Sie sind mit sich selbst und dem, was Sie gesagt haben, zufrieden.

Verbindlichkeit – das Zauberwort schlechthin

Was heißt das überhaupt? Wann strahlt ein Mensch für Sie Verbindlichkeit aus? Ist der besonders freundlich, höflich oder einfach nur angenehm? Auf alle Fälle vermittelt er Ihnen ein gutes Gefühl. Nämlich das Gefühl, dass Sie bei ihm gut aufgehoben sind:

✔ Dass er Sie respektiert und achtet

✔ Dass er ein offenes Ohr für Sie hat

✔ Dass er mit dem, was Sie ihm sagen, verantwortungsbewusst und vertraulich umgeht

✔ Dass Sie ihm also vertrauen können

✔ Dass er Ihnen gegenüber loyal ist, Sie nicht anlügt und nicht hinter Ihrem Rücken verkauft

Verbindlichkeit ist also eine Kombination aus vielen Eigenschaften. Wie signalisieren Sie als Bewerber in Ihrem Bewerbungsgespräch Ihre Verbindlichkeit? Durch eine Kombination vieler verschiedener Verhaltensweisen, die Sie zeigen:

✔ Sie *hören* Ihrem Gesprächspartner *aufmerksam zu*. Dadurch erkennt er, dass er für Sie wichtig ist.

✔ Sie fragen nach, wenn Sie Aussagen nicht verstehen. Sie zeigen ihm damit, dass Sie sich mit seinen Aussagen beschäftigen und ihn verstehen wollen.

✔ Sie reden in einem ruhigen Ton und geben ihm aussagekräftige und informative Antworten. Zum Teil sind Ihre Antworten sehr persönlich, Sie geben sozusagen Intimes von sich preis, Ihre Wünsche, Vorstellungen, Lebensziele, usw. Sie *bringen* Ihrem Gesprächspartner also *Vertrauen entgegen*. Er kann also im Umkehrschluss davon ausgehen, dass auch er Ihnen vertrauen kann.

✔ Das beweisen Sie noch einmal mehr, indem Sie zum Beispiel kein schlechtes Wort über Ihre alte Firma und Ihren derzeitigen Job verlieren. Sie sind also keine Tratschtante. Damit wird klar, dass Sie ein *loyaler* Mitarbeiter sind.

✔ Sie sind pünktlich, ordentlich gekleidet und gut vorbereitet zu Ihrem Bewerbungsgespräch erschienen. Das liegt daran, dass Sie mit Terminen *verantwortungsbewusst* umgehen.

Merken Sie etwas? Sie sind verbindlich, ohne dass Sie das bislang so bewusst wahrgenommen haben. Ist das nicht toll? Machen Sie sich noch mal in aller Ruhe klar, wie Sie sich in Ihrem Bewerbungsgespräch verhalten. Mit Sicherheit erkennen Sie noch viel mehr Verhaltensweisen und Eigenschaften, die Sie haben und zeigen, um Ihre Verbindlichkeit zu signalisieren.

Konzentration ist trainierbar

Sie lieben die Abwechslung und die Ablenkung. Vor allem, wenn Sie zu etwas keine Lust haben, nicht wahr? Das geht den meisten so und ist ein völlig natürliches Verhalten. Es hilft nur leider nichts, wenn Sie an Ihr Bewerbungsgespräch und auch an die vielen möglichen Tests denken. Da müssen Sie konzentriert sein. Sie wollen schließlich nicht im Bewerbungsgespräch damit auffallen, dass Sie nach jeder Frage Ihres Gesprächspartners sagen: »Was haben Sie gerade gesagt? Wie bitte ist Ihre Frage? Sorry, ich hab' Sie gerade nicht verstanden, können Sie Ihre Frage bitte noch mal wiederholen?« Das ist nicht nur für beide Parteien nervig, das ist letztendlich auch ein K.-o.-Kriterium für Sie! Wenn Sie schon im Bewerbungsgespräch so unkonzentriert sind, will keiner wissen, wie das bei Ihrer Arbeit aussieht. Sie brauchen dann ja ewig, bis Sie in die Gänge kommen und einen Auftrag erledigt haben. Mal ganz abgesehen davon, was alles passieren kann, wenn Sie so unkonzentriert an Maschinen arbeiten. Sie gefährden Ihre eigene Gesundheit und womöglich noch die anderer! Nicht auszudenken! So einen Mitarbeiter und Kollegen würden Sie auch auf keinen Fall »einkaufen«. Was bleibt also? Genau: Konzentrieren üben! Das ist nicht ganz leicht, aber lernbar.

✔ Als Erstes stellen Sie alle unnötigen »Nebengeräusche« ab. Das heißt Radio und Fernseher aus! Nein, da gibt's keine Diskussionen! Von wegen Sie lernen besser, wenn die Medien laufen. Das stimmt nicht! Sie warten nur drauf, dass was Interessantes kommt und Sie wieder mit Ihren Übungen aufhören können. Also ausmachen! Gut.

✔ Als Nächstes bitten Sie Partner, Ihre Kinder und alle, die sich in Ihrer Nähe aufhalten, dass sie Sie die nächste Stunde nicht stören. Auch nicht wegen irgendwelcher Anrufe.

✔ Schalten Sie Ihr Handy aus und das normale Telefon leise – noch besser: Aktivieren Sie Ihren Anrufbeantworter, sofern Sie einen haben.

✔ Nehmen Sie sich ein Glas Mineralwasser mit an den Tisch, an den Sie sich jetzt setzen, und holen Sie sich Ihre Übungen. Verzichten Sie am Anfang auf eine Stoppuhr. Sie brauchen nicht gleich den Zeitdruck im Nacken, wenn Sie Ihre Konzentrationsfähigkeit sukzessiv steigern wollen. Die Stoppuhr können Sie einsetzen, wenn Sie fit sind, um zu testen, wie konzentriert Sie auch unter Zeitdruck arbeiten können.

✔ Fangen Sie mit einfachen Übungen an: Nehmen Sie einen Konzentrationstest, bei dem Sie aus vorgegebenen Buchstabenreihen bestimmte Buchstaben rausstreichen, zum Beispiel b, p und q. Und los geht's. Wenn Sie mit der ersten Übung fertig sind, machen Sie eine kurze Pause. Fünf Minuten sind am Anfang völlig okay. Dann kommt die nächste Übung. Wie wäre es mit Rechenaufgaben? Gut. Legen Sie los. Fertig? Fünf Minuten Pause. Weiter geht's. Entscheiden Sie, welche Übungen Sie machen wollen. Im Anhang dieses Buches finden Sie Aufgaben zu den einzelnen Kapiteln des Buches, die Sie nutzen können.

Wichtig ist, dass Sie eine Zeiteinteilung planen, mit der Sie Ihre Konzentration Stück für Stück fordern. Das kann so aussehen:

1. und 2. Tag	20 Minuten Übungen	nach jeder Übung fünf Minuten Pause
3. und 4. Tag	30 Minuten Übungen	nach jeder Übung fünf Minuten Pause
5. und 6. Tag	40 Minuten Übungen	nach jeder Übung drei Minuten Pause
7. und 8. Tag	50 Minuten Übungen	nach jeder Übung drei Minuten Pause
9. und 10. Tag	60 Minuten Übungen	nach jeder Übung eine Minute Pause

Das ist ein ganz schönes Pensum! Übertreiben Sie es bitte nicht! Diese Zeiteinteilung ist lediglich ein Vorschlag. Sie können Ihre Übungsphasen und die Pausen variieren, wie Sie es brauchen.

Hüten Sie sich davor, auf die Pausen zu verzichten! Die sind wichtig und sinnvoll. Einmal, um Luft zu holen und die gerade absolvierte Übung zu verdauen. Und zum anderen, um den Kopf für die nächste Übung frei zu kriegen.

Wichtig ist, dass Sie zu dem Ziel kommen, 60 Minuten lang Übungen zu absolvieren und zum Übungswechsel nur eine Minute Pause zu brauchen. Ihre Konzentrationsfähigkeit ist dann bereits so gut, dass Sie vollkommen entspannt in Ihr Bewerbungsgespräch gehen können. Lassen Sie sich überraschen, ob Ihr Gesprächspartner genauso lange konzentriert bei der Sache ist wie Sie!

Ausdauer - nur wichtig für Sportler?

Auf keinen Fall! Sie brauchen für Ihr Bewerbungsgespräch und natürlich auch die Tests eine gute Ausdauer, teilweise sogar eine extrem gute Ausdauer. Nun erschrecken Sie nicht gleich wieder und denken, »oh je, das auch noch!« Sie sind doch schon kräftig dabei, Ihre Ausdauer zu trainieren. Und dazu brauchen Sie nicht mal Turnschuhe. Sie arbeiten mit Ihren Konzentrationsübungen. Ah, jetzt fangen Sie an, das Ganze zu verstehen. Je länger Sie konzentriert Ihre Aufgaben abarbeiten können, desto mehr nimmt auch Ihre Ausdauer zu. Es kann natürlich passieren, dass Sie bei all dem Lernen immer mal wieder an einen Punkt kommen, an dem nichts mehr geht. Dann haben Sie Ihr Lernplateau erreicht. Sie brauchen erst gar nicht zu versuchen, sich noch irgendetwas in den Kopf zu pauken – es geht nicht! Machen Sie jetzt was völlig anderes. Etwas, das Sie entspannt: Gehen Sie spazieren, trinken Sie einen guten Kaffee oder Tee, vielleicht haben Sie Lust, sich sportlich zu betätigen. Wichtig ist, dass Sie für eine Zeit lang Ihren Kopf nicht »beschäftigen«, sondern ausruhen lassen. Körperliche Aktivitäten sind also herzlich willkommen. Wenn Sie nach diesem Päuschen wieder mit Übungen weitermachen, wird es eine ganze Weile dauern, bis Ihnen Ihr Kopf erneut raucht.

Ausdauer heißt aber nicht nur, viele Übungen am Fließband absolvieren zu können. Überlegen Sie mal, was einen ausdauernden Menschen noch charakterisiert? Richtig:

✔ Dass er Biss zeigt, am Ball bleibt, insbesondere wenn schwierige Themen auftauchen

✔ Dass er auch Niederlagen einstecken kann und trotzdem weitermacht

✔ Dass er sich Gedanken macht, woran er gescheitert ist und was er in Zukunft besser machen kann

✔ Dass er sich über seinen Erfolg freut, aber sich nicht darin suhlt und ausruht, sondern daraus Kraft schöpft, um weiterzumachen.

Wird Ihnen langsam klar, warum Sie für ein Bewerbungsgespräch Ausdauer brauchen? Ganz genau:

✔ Weil Sie zum Beispiel mit schwierigen Fragen und/oder Übungen konfrontiert werden und diese beantworten bzw. bearbeiten müssen. Sie können ja nicht einfach aus Ihrem Bewerbungsgespräch flüchten, sonst sind Sie den Job los, ohne ihn je gekriegt zu haben.

✔ Weil es Ihnen passieren kann, dass Sie ein Bewerbungsgespräch nach dem anderen führen und eine Absage nach der anderen bekommen. Es hilft nichts, wenn Sie dann die Flinte ins Korn werfen. Sie müssen motiviert ins nächste Bewerbungsgespräch gehen und wieder Ihr Bestes geben. Dafür brauchen Sie einen ganz schön langen Atem! Ausdauer eben.

Ausdauer ist somit auch eng verknüpft mit Energie und Kraft, die Sie aufbringen, um zum gewünschten Ziel zu kommen. Und dass Sie Ausdauer haben, beweist schon alleine die Tatsache, mit welcher Energie Sie sich durch dieses Buch arbeiten. Weiter so!

In der Ruhe liegt die Kraft

Das sagt sich so einfach. Wie sollen Sie denn die Ruhe bewahren? Das Bewerbungsgespräch ist für Sie doch absolut wichtig. Sie sind aufgeregt. Nervös. Ruhig bleiben?! Das kann nur ein Scherz sein. Sie stehen total unter Strom! Und was passiert, wenn Sie so unter Strom stehend in Ihr Bewerbungsgespräch gehen?

Sie hören vor lauter Aufregung nicht wirklich, was der andere Ihnen erzählt und Sie fragt.

✔ Sie können sich kaum konzentrieren.

✔ Sie schaffen es nicht, Ihre Gedanken zu ordnen.

✔ Sie können keine klaren strukturierten Antworten geben.

Wie wollen Sie da ein gutes Gespräch führen? Das klappt beim besten Willen nicht. Es hilft also alles nichts: Sie müssen ruhiger werden! Keine Sorge, das schaffen Sie auch. Es ist nämlich gar nicht so schwer:

✔ Atmen Sie tief durch! Noch mal. Und noch zwei Mal. Gut so. Wenn Sie tief ein- und ausatmen, konzentrieren Sie sich auf Ihre Atmung und damit schon nicht mehr so intensiv auf Ihre Nervosität.

✔ Jetzt überlegen Sie: Was kommt gleich auf Sie zu? Richtig: Ihr Bewerbungsgespräch.

✔ Könnte irgendetwas kommen, was Sie völlig überraschen könnte? Irgendwelche Fragen vielleicht, schwierige Übungen? Klar könnten die kommen. Aber Sie wissen doch gar nicht, ob der Fall tatsächlich eintritt! Machen Sie sich immer Gedanken über Dinge, die vielleicht möglicherweise eventuell irgendwann mal passieren können? Nicht wirklich. Das ist doch viel zu anstrengend und nervt. Dann hören Sie jetzt bitte auch sofort auf, sich über irgendwelche Schwierigkeiten, von denen Sie gar nicht wissen können, ob die überhaupt auftreten werden, Gedanken zu machen.

✔ Haben Sie sich denn auf Ihr Bewerbungsgespräch vorbereitet? Oh ja! Sogar richtig intensiv. Das heißt, Sie wissen, dass nach einer netten Begrüßung und der Firmenvorstellung ganz viele Fragen kommen. Auf einige mögliche Fragen haben Sie sogar schon Ihre Antworten im Kopf, weil Sie sich auf die bereits vorbereitet haben. Gehen Sie die noch mal kurz durch.

✔ Was ist mit Ihrem Lebenslauf? Den können Sie vorwärts und rückwärts! Klasse! Also auch kein Problem.

Na, werden Sie schon ruhiger? Klar werden Sie das! Weil Sie sich nämlich nicht mehr auf sich und Ihre Gefühle konzentrieren, sondern auf Themen. Sie bereiten sich quasi nochmals in Gedanken auf Ihr Bewerbungsgespräch vor. Das kann dann auch ruhig kommen. Sie haben sich gesammelt, Ihre Gedanken sortiert und sind nicht mehr hypernervös. Also gehen Sie jetzt ruhig und kraftvoll in Ihr Gespräch. Sie werden staunen, wie gut das wird!

Ciao oder Adios

Wie? Was ist mit »Auf Wiedersehen«? Sie sagen doch nicht einfach _Ciao_ oder _Adios_, wenn Ihr Bewerbungsgespräch zu Ende ist. Wenn Sie nicht das klassische _Auf Wiedersehen_ aussprechen, dann noch eher _Tschüs_. Wie wirken denn diese einfachen kurzen Abschiedsworte auf Sie? Irgendwie flapsig, nicht wahr. _Ciao, Tschüs_ und _Adios_ nutzen Sie in erster Linie in Ihrem privaten Bereich, in der Familie, unter Freunden und Bekannten. Ab und an bestimmt auch im Geschäftsumfeld, wenn Sie sich von Kollegen verabschieden, die Sie doch schon ein Weilchen kennen. In Ihrem Bewerbungsgespräch begegnen Sie aber zum ersten Mal Ihrem potenziellen neuen Arbeitgeber. Da wollen Sie doch bis zum letzten Atemzug einen guten, nein, einen sehr guten Eindruck hinterlassen. Unterschätzen Sie deshalb die Verabschiedung am Gesprächsende nicht! Ein kurzes _Tschüs zusammen_, auf dem Absatz kehrtmachen und nix wie raus aus dem Besprechungszimmer! Au weia, Sie sind auf der Flucht, nicht wahr? So kommt's jedenfalls rüber. »Der war jetzt aber schnell weg. Dem hat das Gespräch wohl nicht gefallen. So wie der davongerannt ist«, das denken die anderen. Dabei haben Sie das gar nicht so gemeint! Aber jetzt ist es zu spät ...

Also bewahren Sie auch bei der Verabschiedung Ruhe und Haltung:

✔ Ist das Gespräch tatsächlich beendet und Ihre Gastgeber stehen auf? Dann stehen Sie ebenfalls auf.

✔ Warten Sie ab, ob doch noch die ein oder andere Frage kommt. Das kann durchaus passieren.

✔ Lassen Sie Ihren Gesprächspartnern den Vortritt und warten Sie, bis diese die Verabschiedung einleiten. Das ist einfach ein Gebot der Höflichkeit. Meistens kriegen Sie dann zu hören:

  »Herr/Frau ... Danke für das ausführliche Gespräch. Sie hören von uns.«

✔ Dann streckt man Ihnen die Hand zur Verabschiedung entgegen.

✔ Ergreifen Sie die Hand und vergessen Sie nicht, sich ebenfalls für das Gespräch zu bedanken:

✔ »Auch ich sage Danke für das interessante Gespräch. Und ich freue mich, von Ihnen zu hören.« Ein Lächeln dabei kann nicht schaden. Aber das wissen Sie ja.

✔ Und jetzt erst kommt »Auf Wiedersehen«. Schließlich haben Sie ja die Hoffnung auf eine Zusage und damit hoffen Sie auch, Ihre Gesprächspartner wiedersehen zu dürfen.

✔ Sofern Ihr Gastgeber Sie nicht zur Tür begleitet, was normalerweise üblich ist, drehen Sie sich um und verlassen Sie in normalem Tempo den Raum.

Ah, schön! Sie flüchten diesmal nicht! Sie wirken sicher und selbstbewusst. Mit Ihrer freundlichen Verabschiedung haben Sie zum Abschluss auch einen entsprechend freundlichen Eindruck hinterlassen. Ist doch schön!

Zehn gute Gründe, warum Sie sich bewerben sollten

20

In diesem Kapitel

▶ Es kann nicht immer nur gut laufen

▶ Bewerben hat viele Gesichter

▶ Sie lernen sogar neue Seiten an sich kennen

---

*W*ann bewerben Sie sich denn? Wenn Sie einen neuen Job suchen. Und dann geht's los: Jede Menge Arbeit steht ins Haus! Und erst die Hektik! Schließlich haben Sie sich seit Jahren nicht mehr beworben. Was brauchen Sie eigentlich alles? Das Ausarbeiten der schriftlichen Bewerbungsunterlagen dauert schon seine Zeit. Dann kommt die schier unendliche Wartezeit, bis eine Reaktion auf Ihre Bewerbung kommt. Werden Sie zum Gespräch und Test eingeladen, beginnt von neuem die Arbeit, denn Sie müssen sich ja gut vorbereiten. Könnten Sie sich vorstellen, sich auch mal »zwischendurch« zu bewerben? Das Thema so richtig entspannt angehen? Nicht so recht, nicht wahr? Zumindest im Moment nicht. Nun, dann denken Sie noch mal über diese Frage nach, wenn Sie dieses Kapitel gelesen haben. Ihre Antwort sieht garantiert anders aus.

Durch Absagen enttäuscht, na und?

Es ist schon bitter, wenn Sie sich bewerben und dafür Absagen kassieren. Ihre Bewerbung schütteln Sie nicht gerade mal einfach so aus Ihrem Ärmel, sondern bereiten sie gewissenhaft und ordentlich vor. Und dann so was: eine Absage! Womöglich noch in dem Tenor:

> *»Leider müssen wir Ihnen mitteilen, dass wir uns für einen anderen Bewerber entschieden haben. Wir wünschen Ihnen weiterhin viel Erfolg. Mit freundlichen Grüßen«*

Ganz schön makaber. Absage einerseits – Erfolgswunsch andererseits.

Welche Absagen-»Typen« können Ihnen denn begegnen?

✔ Sie haben Ihre Bewerbungsunterlagen an Ihrem Wunscharbeitgeber geschickt und bekommen nach kurzer Zeit Ihre Unterlagen mit einem freundlichen Absageschreiben zurück gesandt.

Das heißt, Sie haben aufgrund Ihrer schriftlichen Unterlagen nicht mal die Chance auf ein Bewerbungsgespräch bekommen. Das ist kein Grund, Ihre Unterlagen gleich in den Müll zu werfen. Ganz im Gegenteil! Knüpfen Sie sich Ihre Unterlagen einzeln vor. Woran kann es liegen, dass postwendend die Absage kam?

✔ Ihr Anschreiben passt nicht. Sie haben es ja in Kopie vorliegen. Lesen Sie es ganz genau!

- Es ist ein Roman, der zwar viel über Sie erzählt, aber dem Leser nicht klarmacht, warum Sie der geeignete Kandidat für die Stelle sind.

- Ihr Lebenslauf passt nicht.

- Steht da womöglich einiges drin, was so gar nicht zu der Stellenanzeige passt, womöglich sogar kontraproduktiv wirken kann?

- Liegt es an den Zeugnissen? Haben Sie viele schlechte Noten?

- Statt qualifizierter Zeugnisse haben Sie nur _einfache_ beigefügt?

- Haben Sie alle wichtigen Nachweise beigefügt bezüglich Ihrer Zusatzqualifikationen?

- Waren die Unterlagen ordentlich aufbereitet und gut sortiert weggeschickt worden oder herrschte sozusagen »Papierchaos«? Der Empfänger hatte sicher keine Lust, erst mal Ihre Unterlagen zu sortieren ... Das ist nicht _sein_ Job.

Haben Sie einen Grund gefunden, warum die Absage gekommen ist? Nein. Wie steht's mit Ihrem Alter? Fallen Sie in einen Altersbereich, bei dem neue Arbeitgeber nicht gerne den Zuschlag für einen Job erteilen? Je weiter die Vierzig überschritten sind, desto schwieriger ist es heutzutage, einen neuen Job zu bekommen. Die meisten Firmen rechnen bei älteren Arbeitnehmern mit höherem krankheitsbedingten Ausfall und haben keine Lust, Ihnen bis zu Ihrem Rentenalter »einen Überbrückungsjob« zu bezahlen. Auch wenn das überhaupt nichts mit Ihrer Leistung zu tun hat. Bei Frauen, die im so genannten gebärfähigen Alter sind – also mittlerweile bis zum vierzigsten Lebensjahr –, zucken neue Arbeitgeber ebenfalls gewaltig. Als potenzielle Mami können Sie bis zu drei Jahren ausfallen und dann womöglich nur noch als Teilzeitkraft arbeiten wollen. Dabei will Ihr neuer Arbeitgeber aber einhundert Prozent Ihrer Arbeitsleistung einkaufen. Das können durchaus Absagegründe sein.

Okay. Nächster Fall: Sie hatten Ihr Bewerbungsgespräch und jede Menge Tests. Erst danach kam die Absage. Hatten Sie eine Zusage erwartet, weil Sie der Meinung waren, es sei alles rund und gut gelaufen? Oder war Ihre Gefühlsmengenlage gleich bei einem: »Das war nix«? Gute Frage. Und was ist mit Ihrer Antwort? Die können Sie erneut wieder nur aus dem Bauch geben, vermuten halt mal, woran es gelegen haben könnte.

 Sagen Sie mal, warum greifen Sie nicht zum Telefonhörer und fragen ganz einfach bei der Firma nach? Wie, Sie trauen sich nicht? Warum denn nicht? Sie haben doch überhaupt nichts zu verlieren! Aber eine ganze Menge zu erfahren und zu lernen! Auf Ihrem Absageschreiben steht ein Ansprechpartner, meist sogar mit seiner Telefonnummer. Ansonsten können Sie sich über die Telefonzentrale mit ihm verbinden lassen. Bei Ihrem Gespräch und den Tests haben Sie sogar Ihren Ansprechpartner persönlich kennen gelernt. Rufen Sie ihn an. Bitten Sie ihn freundlich, dass er Ihnen erklärt, warum Sie nicht zum Gespräch geladen werden oder den Job nicht kriegen. Klar können Sie sagen, dass Sie enttäuscht sind. Machen Sie ihm klar, dass Sie hauptsächlich daran interessiert sind, bei der nächsten Bewerbungsrunde nicht in die gleichen Fettnäpfchen zu treten. Schließlich sind

Sie nicht der Typ, der wegen dieser Enttäuschung in Selbstmitleid verfällt und sich womöglich noch darin suhlt.

Was machen Sie im prallen Leben, wenn Sie enttäuscht werden? Sie lernen daraus! Genauso ist es hier auch! Lernen Sie aus den Absagen, was Sie besser machen können.

Auch gegen Bewerberfrust ist so manches Kraut gewachsen!

Das Gefühl kennen Sie sicher auch richtig gut: Frust! Bewerberfrust! Sie haben schon fast keinen Überblick mehr über Ihre Bewerbungen, bereiten sich trotzdem bei jeder aufs Neue gut vor, fragen nach, wenn eine Absage kommt, warum die kommt, um fürs nächste Mal zu lernen, und dennoch hagelt es eine Absage nach der anderen. Ihre Motivation ist definitiv am Nullpunkt. Wozu noch vorbereiten, sich Arbeit machen? Bringt doch eh nix – außer Absagen. Okay, vergraben Sie sich in Ihr Mauseloch, schütten Sie den Eingang zu und kommen Sie ja nicht mehr raus! Wie lange halten Sie es in Ihrem Mauseloch aus, ohne was zu tun? Lange, aber nicht ewig. Gut. Wenn Sie wieder Lust haben, »frische Luft zu schnappen«, dann fangen Sie an, frischen Wind in Ihr Bewerbungssystem zu bringen! Sie scheinen ja mächtig Chaos auf Ihrem Schreibtisch zu haben. Wie wär's mit ein wenig Ordnung? Gute Idee:

✔ Legen Sie zwei Ordner an: einen für *Absagen* und einen für *laufende Bewerbungen*.

✔ Strukturieren Sie die Ordner mit den Firmennamen, bei denen Sie sich beworben haben bzw. gerade bewerben, von A bis Z. Zwischen jede Firma kommt eine Trennlasche.

✔ Zu den einzelnen Firmen packen Sie die Bewerbungsunterlagen, die Sie dorthin geschickt haben, das kopierte Anschreiben inklusive und alle Unterlagen, die Sie von der Firma erhalten haben. Wenn bereits die Absage da ist, kommt die ebenfalls dazu. Ganz obenauf. Mit Ihren Anmerkungen, woran eine Einstellung laut der Firma gescheitert ist.

Aha, jetzt gibt's so langsam einen Überblick. Weiter geht's. Sind Sie am Computer fit? Dann machen Sie sich jetzt eine Tabelle mit vier Spalten. Natürlich geht das auch ebenso gut handschriftlich.

1. Spalte: *Gründe für die Absage*

2. Spalte: *Was ich das nächste Mal besser machen kann (meine Idee)*

3. Spalte: *Hat meine Idee funktioniert?*

4. Spalte: *Kann ich noch etwas anderes ausprobieren (neue Idee)*

Merken Sie etwas? Genau: Sie sind schon mitten in Ihrem Kräutergarten und sammeln viele Kräuter gegen Ihren Bewerberfrust!

 Ein *gutes Ordnungssystem*, *Überblick* und *Analyse* sind die ersten Hilfsmittel. Das wichtigste ist Ihre *Kreativität*.

Die Kreativität, die Ideen, die Sie entwickeln, wenn Sie die Gründe für die Absagen analysieren und überlegen, was Sie besser machen können. Wenn Ihre erste Idee nicht gleich fruchtet, überdenken Sie sie noch mal. Was fällt Ihnen anderes ein? Probieren Sie es beim nächsten Mal aus usw. Halten Sie fest, welche Ihrer Einfälle Ihnen weitergeholfen haben und welche nicht. So entwickeln Sie selbst Ihren persönlichen Kreativitätskatalog. Aus Ihrem Frust entstehen also neue Ideen! Prima! Worauf warten Sie? Testen Sie sie! Neues auszuprobieren macht schließlich Spaß!

Sie sind einzigartig!

Vergessen Sie das nicht! Sie sind einmalig auf dieser Welt, einmal als Persönlichkeit mit all Ihren Gefühlen, Verhaltensweisen und Ihrer persönlichen Einstellung, zum anderen durch Ihr Wissen, Ihren Beruf, den Sie erlernt haben, und all den Feinheiten, die Sie rund um Ihren Beruf beherrschen. Warum ist das für Ihre Bewerbungen so wichtig? Damit Ihnen bewusst wird, dass Sie einer neuen Firma ein einzigartiges Angebot machen: sich selbst! Sie haben eine Menge in sich investiert:

✔ Ihre Ausbildung

✔ eventuell Studium

✔ Ihre Berufserfahrung

✔ Zusatzqualifikationen

Sie sind an Ihrem Job interessiert. Und nicht nur das: Sie sind ebenso interessiert, einen guten Job zu machen, sich weiterzuentwickeln und somit Ihrem Arbeitgeber beständig ein Top-Know-how anzubieten. Lebenslanges Lernen ist für Sie nicht nur einfach ein Slogan, Sie leben es, es ist Ihr Lebensmotto.

Ihr Arbeitgeber kauft sich also keinen Mitarbeiter ein, der sich, hat er erst mal den Job, gemütlich darauf ausruht und an jedem 1. oder 15. des Monats sein Gehalt bekommt. Sie _verdienen_ Ihr Geld! Sie leisten dafür auch eine ganze Menge, Tag für Tag.

 Das heißt für Sie aber auch, dass Sie nicht einen einzigen Job Ihr ganzes Leben lang machen müssen. Ganz im Gegenteil. Wenn Ihnen Ihr jetziger Job nicht mehr gefällt, können Sie sich mutig nach einem neuen Betätigungsfeld umsehen.

Warten Sie auf keinen Fall, bis Ihr derzeitiger Arbeitgeber Sie nicht mehr gebrauchen kann oder will. Sie haben schließlich eine ganze Menge zu bieten. Studieren Sie Stellenangebote. Na, haben Sie was gefunden? Einen neuen interessanten Job, der Sie reizt? Worauf warten Sie? Bewerben Sie sich! Schließlich wissen Sie, wie es geht. Auf zu neuen Ufern!

Bewerben bildet

Kann doch gar nicht sein! Sie machen doch immer dasselbe, wenn Sie sich bewerben:

✔ Anschreiben verfassen

✔ Lebenslauf schreiben

✔ Unterlagen zusammenstellen und in die Post geben

✔ Bewerbungsgespräch führen

✔ Assessment-Center absolvieren

Sie haben schon recht: Der Ablauf ist immer der gleiche, aber wie sieht's mit dem »Inhalt« aus? Müssen Sie sich nicht permanent neuen Herausforderungen stellen und sich anpassen? Ah, jetzt begreifen Sie:

Sie bewerben sich bei verschiedenen Firmen. Jede Firma hat ihre eigene Firmenkultur. Sie befassen sich mit den Firmen und ihren Besonderheiten, weil Sie ja über Ihren künftigen Arbeitgeber Bescheid wissen wollen und außerdem im Bewerbungsgespräch auch Ihr Interesse an der Firma zeigen wollen. Sie lernen also bereits hier eine ganze Menge über die verschiedenen Firmen. Ohne Bewerbung wären Sie nicht unbedingt auf die Idee gekommen, sich für diese Firmen zu interessieren.

Beim Schreiben und Zusammenstellen Ihrer Bewerbungsunterlagen berücksichtigen Sie Firmenbesonderheiten. Das heißt, Sie müssen Ihre Unterlagen immer wieder anpassen und flexibel damit umgehen. Na, wieder was gelernt?

Wenn Ihr Vorstellungsgespräch vor der Tür steht, interessieren Sie sich ganz besonders auch für aktuelle Geschehnisse in aller Welt. Sie lesen aufmerksam die Zeitung, hören intensiv Nachrichten und studieren womöglich auch die ein oder andere Fachzeitschrift. Ihre Allgemeinbildung profitiert gar nicht so schlecht von Ihren Bewerbungsvorbereitungen, nicht wahr?

Und was ist mit den Tests, den Assessment-Centern? Hier werden Sie doch permanent mit den unterschiedlichsten Situationen konfrontiert. Sie müssen selbstständig Aufgaben lösen, kreativ und einfallsreich sein. Sie bekommen aber auch Lösungswege von anderen gezeigt. Vielleicht ist so manche »andere« Idee gar nicht mal so schlecht. Im Gegenteil: Sie bekommen sogar einige gute Anregungen für das nächste Assessment-Center.

Können Sie sich vorstellen, dass die Erfordernisse, die im Zusammenhang mit Ihrer Bewerbung stehen, Sie auch bilden? Wo ist denn die Firma, die Sie kennen lernen möchte? Kommen Sie da bequem und staufrei mit dem Auto hin oder ist eher Zugfahren angesagt? Sie müssen also Ihre Reise planen und zwar gut, denn Sie wollen auf keinen Fall zu spät kommen. Wenn Sie nun eine Reise auf sich nehmen – womöglich zum Teil auch noch eine ganz schön weite Anreise –, wäre es da nicht interessant, zu schauen, was es in der dortigen Region für Besonderheiten oder auch Sehenswürdigkeiten gibt? Vielleicht gibt es ein Museum, das Sie schon immer mal kennen lernen wollten, oder es ist gerade Weihnachtszeit und das wäre _die_ Gelegenheit, einen tollen Weihnachtsmarkt zu besuchen, und und und.

Jetzt wissen Sie, wie vielseitig der Bildungsprozess beim Bewerben ist. Schon faszinierend, nicht wahr? Mal sehen, woran Sie bei Ihrer nächsten Bewerbung noch so alles denken.

Die Schule der Kommunikation heißt »Bewerben«

Das können Sie nur bestätigen! Wenn es das Lerninstrument schlechthin für Kommunikation gibt, dann sind das Bewerbungsgespräche. Je mehr Sie führen, desto größer wird auch der Lernerfolg. Warum wohl? Nun, Sie haben immer wieder neue Gesprächspartner gegenübersitzen, auf die Sie sich einstellen müssen. Sie stellen sich permanent aufs Neue die Fragen: »Was will der jetzt wissen? Was interessiert den Chef ganz besonders?« und Ihre Antworten sehen nahezu jedes Mal anders aus. Klar, weil Ihre Gesprächspartner unterschiedliche Erwartungen an Sie haben. Der eine will alles über Ihre Stärken wissen, der andere fragt nach all Ihren Schwächen. Im nächsten Gespräch müssen Sie Ihren Lebenslauf bis ins kleinste Detail erläutern, im darauf folgenden Dialog werden Sie nur sporadisch nach Lebenslauf-»Highlights« gefragt. Sie lernen also, verbal auf die Bedürfnisse und Wünsche des anderen einzugehen.

Verstehen Sie jedes Mal, was der andere von Ihnen wissen will? Das kommt darauf an, nicht wahr? Auf was? Wie Ihre Empfangsantenne eingestellt ist. Sie kennen doch diese Sender-Empfänger-Modelle. Der Sender sagt was und je nachdem welches Ohr der Empfänger gerade offen hat, kommt die gesendete Botschaft bei ihm an. Am Beispiel des Modells »Vier Seiten einer Nachricht« lässt sich die Vielseitigkeit und auch die Schwierigkeit von Kommunikation ganz einfach darstellen:

Nehmen Sie eine Autofahrt, Sie stehen an der roten Ampel und Ihr Partner sagt: »Die Ampel ist grün.« Wie kommt das bei Ihnen an? Das kann ganz unterschiedlich sein:

1. Als Tatsache: Aha, grüne Ampel, ich kann fahren.

2. Als Appell Ihres Partners: Fahr los!

3. Als Selbstaussage Ihres Partners: Der ist also schon ungeduldig, weil Sie immer noch an der Ampel stehen, und will, dass Sie losfahren

4. Als Ihre persönliche Empfindung: Was soll das denn, was denkt mein Partner eigentlich von mir? Ich seh' doch auch, dass die Ampel grün ist. So ein unnötiger Kommentar!

Wie reagieren Sie jetzt? In allen vier Fällen fahren Sie mit Sicherheit los, aber Ihre persönliche Gefühlslage ist definitiv viermal anders!

1. Im ersten Fall fahren Sie entspannt los, weil Sie die Aussage als völlig wertneutral aufgefasst haben.

2. Im zweiten Fall geben Sie mit Sicherheit schon etwas schneller Gas, weil der Appell sozusagen als Losfahraufforderung bei Ihnen ankommt.

3. Im dritten Fall fahren Sie los, schütteln aber innerlich den Kopf über die Ungeduld Ihres Partners. Dem geht's mal wieder nicht schnell genug.

4. Und im letzten Fall? Sie fühlen sich angegriffen, Ihr Adrenalinpegel steigt und Ärger ist vorprogrammiert.

Das kommt Ihnen alles bekannt vor, nicht wahr. Kann es im Bewerbungsgespräch genauso leicht zu unterschiedlichen Wahrnehmungen kommen? Oh ja! Ihr Gesprächspartner sagt: »Sie haben häufig den Arbeitgeber gewechselt.« Wie gehen Sie mit der Aussage um?

✔ Sie sagen: »Stimmt.« Mehr nicht. Weil es für Sie eine Tatsache ist und Sie keine Veranlassung haben, diesen Tatbestand zu begründen.

✔ Drückt diese Aussage für Sie einen Appell aus? Werden Sie hier zu einer konkreten Aussage aufgefordert? Dann reagieren Sie sicherlich mit einer Begründung, warum Sie sich beruflich häufig verändert haben.

✔ Offenbart Ihr Gesprächspartner mit dieser Aussage Ihnen gegenüber, was er gerade selbst denkt? Sie könnten den Eindruck haben, dass er damit sagen will: »Ich überlege, ob ich Sie einstelle oder nicht, schließlich will ich mir keinen Mitarbeiter einkaufen, der in Kürze schon wieder weg ist.« Hier könnte Ihre Antwort anstelle einer *neutralen* Begründung dann sogar schon eher in eine Rechtfertigung ausarten, damit Ihr Gesprächspartner den Eindruck kriegt, dass Sie auf keinen Fall die Flucht ergreifen werden.

✔ Wie steht's mit Ihrer persönlichen Empfindung? Denken Sie: »Das weiß ich doch selbst. Brauchst du mir nicht zu sagen. Ist halt so. War halt noch kein Traumjob dabei«? Je nachdem wie cool Sie bleiben können, lautet Ihre Antwort schlicht und einfach auch hier »Stimmt.« Sie kann aber auch anders aussehen. Wenn Sie sich getroffen fühlen, könnten Sie sagen: »Das ist richtig. Ist das ein Problem für Sie?« Dann ist zumindest Ihr Gesprächspartner wieder an der Reihe und muss reagieren.

Ihre Gespräche leben also von Fragen und Antworten. Auf beiden Seiten. Sie führen Dialoge. Diese Dialoge sind kommunikativ, weil Sie beständig Informationen austauschen, sachlich wie auch gefühlsmäßig. Je häufiger Sie Bewerbungsgespräche führen, desto mehr Übung bekommen Sie. Sie fangen sukzessiv an, eigene Gesprächstechniken zu entwickeln:

✔ Wie Sie die Begrüßung erwidern

✔ Wie Sie Ihren Lebenslauf schildern

✔ Wie sehr Sie auf Ihre Stärken und gegebenenfalls auch auf Ihre Schwächen eingehen

✔ Wie Sie auf Fragen reagieren und antworten

✔ Welche Fragen Sie Ihrem Gesprächspartner stellen werden

✔ Wie Sie sich verabschieden

Dabei schulen Sie nicht nur Ihre verbale Kommunikation, sondern auch Ihre nonverbale. Einmal achten Sie auf die Verhaltensweisen Ihres Gesprächspartners und lernen immer besser, diese zu deuten und zu beurteilen. Signalisiert seine Körperhaltung, dass er Ihnen gegenüber offen ist? Oder wirkt er mehr zurückhaltend? Sogar ablehnend? Aber Vorsicht: Das sind jetzt gerade Ihre persönlichen Empfindungen! Es muss nicht sein, dass einer, der auf Sie ablehnend wirkt, nicht ein vollkommen offenes Ohr für Sie hat. Aha, Sie merken, was Sache ist: Sie deuten zwar die Körpersprache des anderen, aber die bringt Sie keineswegs aus Ihrem Konzept!

Gut so. Viel wichtiger ist nämlich, dass Ihnen Ihre eigenen Körpersprache zunehmend bewusster wird:

✔ Wie begrüßen Sie?

✔ Wie ist Ihr Händedruck?

✔ Wie sitzen Sie während des Gesprächs da?

✔ Wie und wie oft verändern Sie Ihre Körperhaltung?

✔ Wie verabschieden Sie sich?

Sie werden also durch die Bewerbungsgespräche daran gewöhnt, zu kommunizieren. Diese Kommunikation heißt für Sie, dass Sie sich mit Ihrem Gesprächspartner verständigen und zwar verständlich, so verständlich, dass jeder versteht, wovon der andere spricht. Faszinierend! Und Spaß macht das allemal! Passen Sie gut auf, ob Sie nicht auch im Alltagsleben Ihre Kommunikation aufgrund der Erfahrungen, die Sie in den Bewerbungsgesprächen machen, verändern.

Bewerben fördert logisches Denken

Und ob! Sind Sie sicher? Was ist logisches Denken überhaupt? Logik kommt aus dem Griechischen und heißt nichts anderes als *folgerichtiges Denken*. Sie haben also recht: Bewerben fördert Ihre Fähigkeit, folgerichtig zu denken.

Das beginnt bereits beim Schreiben Ihres Lebenslaufs und Anschreibens. Sie studieren die Stellenanzeige so genau, dass Sie wissen, was Ihr potenzieller neuer Chef von Ihnen erwartet. Ihr Lebenslauf und Anschreiben orientieren sich an diesen Erwartungen und was ist die Folge? Wenn Sie richtig gedacht und mit Ihrem Lebenslauf und Anschreiben den Kern getroffen haben, werden Sie zum Vorstellungsgespräch eingeladen.

Für Ihr Vorstellungsgespräch bereiten Sie sich intensiv vor, damit Sie logischerweise nicht ins kalte Wasser springen müssen, sondern eine Vorstellung davon haben, was Sie alles erwartet. Sie kennen den Ablauf eines Vorstellungsgespräches, befassen sich mit den Fragen, die Ihnen gestellt werden können, überlegen sich, was Sie anziehen und wie Sie sich präsentieren. Folglich sind die Aussichten, dass Sie ein gutes Bewerbungsgespräch absolvieren, sehr gut.

Dann kommen die verschiedenen Testverfahren. Gruppeninterview. Assessment-Center. Dafür üben Sie mit den unterschiedlichsten Aufgaben. Sie fangen mit leichten Übungen an, steigern sukzessiv den Schwierigkeitsgrad bis hin zu richtig schweren Problemstellungen. Sie lernen, sich auf völlig verschiedene Aufgaben und Situationen flexibel einzustellen und für Probleme die richtigen Lösungen zu finden. So bauen Sie Ihre Übungs- und Vorbereitungsphase logisch auf. Was ist die Folge? Sie können ruhig und entspannt in die verschiedenen Firmen-Tests gehen, weil Sie sich sehr gut vorbereitet haben. Mit Überraschungen müssen Sie zwar immer mal wieder rechnen, aber selbst auf die können Sie neugierig sein.

Also jetzt noch mal der Reihe nach:

✔ Ausarbeiten der schriftlichen Bewerbungsunterlagen

✔ Bewerbungsgespräch führen

✔ Tests, Gruppeninterview und Assessment-Center erfolgreich absolvieren

Was ist abschließend die logische Konsequenz? Richtig: dass Sie einen neuen Job kriegen! Sie lernen schnell!

Wie Bewerben flexibel macht

Sie beweisen permanent, dass Sie flexibel sind, indem Sie sich bei jedem Bewerbungsverfahren aufs Neue auf die unterschiedlichen Wünsche möglicher Chefs und die verschiedenen Testverfahren einstellen. Sie werden immer wieder mit fremden Menschen und unterschiedlichen Aufgaben konfrontiert. Davonlaufen geht nicht, schließlich sind Sie flexibel! Was machen Sie? Sie passen sich der neuen Situation an und machen das Beste daraus. Flexibilität bedeutet also, anpassungsfähig sein.

Müssen Sie sich »nur« wechselnden Situationen anpassen, wenn's darum geht, Ihre schriftlichen Bewerbungsunterlagen auszuarbeiten, Ihr Bewerbungsgespräch zu führen und Tests zu absolvieren? Oder geht Ihre Flexibilität noch viel weiter? Ja. Aha, wieso ja? Weil Sie bei dem ganzen »Drumherum« auch ständig mit neuen Situationen konfrontiert werden und flexibel reagieren müssen. Wie kann das aussehen?

Nehmen wir an:

1. Sie haben verschlafen und kommen definitiv nicht rechtzeitig zu Ihrem Bewerbungsgespräch oder Test.

2. Sie sind auf dem Weg zu Ihrem Bewerbungsgespräch oder Test und landen im Stau beziehungsweise Ihr Zug oder Bus hat Verspätung.

3. Nehmen wir an, Sie sind am Tag Ihres Bewerbungsgesprächs oder Tests krank.

Drei verschiedene Situationen, in denen Sie sicherlich jedes Mal eines gleich machen: zum Telefonhörer greifen und die Betroffenen informieren, dass Sie nicht oder später kommen. Aber: Ihre Begründung, warum Sie nicht oder später kommen, ist jedes Mal eine andere! Logisch: Die Ursache ist schließlich jedes Mal eine andere. Und was machen Sie? Sie passen Ihre Begründung den verschiedenen Ursachen an.

Wenn Ihre Wunschfirma ihren Sitz Hunderte von Kilometern entfernt hat, müssen Sie wieder Ihre Flexibilität unter Beweis stellen. Sie müssen nämlich Ihre Hin- und Rückreise organisieren. Fahren Sie mit dem Auto oder dem Zug? Wie sieht die Fahrtstrecke aus? Brauchen Sie Verpflegung für unterwegs? Müssen Sie eventuell übernachten? Wenn ja, wo? Und und und. Womöglich bewerben Sie sich nicht nur bei einer Firma, die von Ihrem Zuhause weit weg ist, sondern bei mehreren? Folglich müssen Sie jede Ihrer »Bewerber-Reisen« neu organisieren und koordinieren. Eine bessere Schule für Ihre Flexibilität gibt's nicht.

Betriebsblindheit hat keine Chance

Wie auch? Sie lernen schließlich immer wieder neue Unternehmen kennen. Wissen Sie eigentlich, was Betriebsblindheit ist? Dass Sie mit geschlossenen Augen durch Ihre Firma laufen. Nein, das heißt es nicht. Überlegen Sie mal. Sie machen seit Jahren den gleichen Job, Ihre Arbeitsweise wird zunehmend routinierter und geht letztendlich sprichwörtlich in Fleisch und Blut über. Sie sind vollkommen zufrieden mit Ihrer Arbeitsweise und sehen überhaupt keine Veranlassung, Ihre Vorgehensweise zu überdenken, ob nicht doch womöglich der eine oder andere »Handgriff« verändert werden sollte, um noch besser zu werden. Selbstkritik ist Ihnen vollkommen fremd. Veränderungsmöglichkeiten sehen Sie auch keine. Was passiert, wenn nun andere in Ihrem Job anders arbeiten? Effektiver arbeiten? »Moderner« arbeiten, indem sie Arbeitsprozesse straffen, neue Maschinen einsetzen und und und? Die werden Sie »überrollen« und Sie geraten ins Hintertreffen! ... und bis Sie merken, woran deren Erfolg liegt, haben Sie bereits einen erheblichen Wettbewerbsnachteil. Und das sogar in Ihrem Job, den Sie so lieben.

Jetzt bewerben Sie sich. Befassen sich mit der Unternehmenskultur anderer Firmen. Lesen erst mal, was die so alles machen. Und erkennen plötzlich, dass die offensichtlich einiges anders machen. Besser? Nun, das können Sie nicht so einfach sagen.

Sie kriegen eine Einladung zum Bewerbungsgespräch. Während des Gesprächs wird Ihnen die Firma und Ihr möglicher neuer Job vorgestellt. Sie haben die Chance, Fragen zu stellen. Worauf warten Sie? Fragen Sie alles, was Sie rund um den Job interessiert. Warum was wie gemacht wird. Welchen Erfolg diese Vorgehensweise der Firma bringt. Sind die Antworten interessant? Bringen Sie Ihnen neue Erkenntnisse? Oder klingt Ihnen das alles zu theoretisch?

Wie auch immer. Sie werden auf alle Fälle über die Antworten nachdenken. Und selbst wenn Sie den neuen Job nicht kriegen, werden Sie anfangen, über Ihren derzeitigen Job nachzudenken. Gibt es da doch Möglichkeiten, um den interessanter zu machen? Was kann denn verändert werden? Aha, Sie reflektieren Ihre Arbeitsweise. Genau das ist es! Damit verhindern Sie, dass Sie betriebsblind werden!

 Sie schauen auch mal rechts und links von Ihrem Job und verschließen sich nicht gegenüber der Möglichkeit, Dinge zu verändern und neue Arbeitstechniken anzuwenden. Im Gegenteil: Sie sind offen für Neues und damit kann Ihnen Ihr Job absolut nicht langweilig werden!

Hätten Sie gedacht, dass ein ganz einfaches Bewerbungsgespräch Ihnen solch einen Input liefern kann? Wenn das kein weiterer guter Grund ist, sich »mal« zu bewerben!

Ich will wissen, was ich wert bin – Bewerben als Selbsttest

Reizt es Sie, wenigstens ab und an mal zu testen, wie Ihr »Marktwert« ist? Auch wenn Sie mit Ihrem Job ganz zufrieden sind und die Bezahlung okay ist, wäre es doch schön zu wissen, welche Anforderungen andere Firmen in diesem Job haben und was die dafür zahlen. Immerhin besteht die Möglichkeit, dass Sie für den gleichen Job woanders mehr Geld bekommen. Und womöglich würde diese andere Firma Sie sogar mit Handkuss nehmen! Oder Sie bekämen dort das gleiche Geld für einen viel interessanteren Job! Für einen Job, der Ihnen mehr Spaß machen würde. Klar, es kann auch sein, dass andere Firmen für den gleichen Job oder anspruchsvollere Jobs weniger zahlen. Aber vielleicht wäre die Karriereleiter bei der anderen Firma wesentlich leichter und schneller zu erklimmen. Finden Sie es doch heraus. Bewerben Sie sich. Einfach mal so. Das ist kein Scherz! Was vergeben Sie sich denn, wenn Sie sich »nur mal so bewerben«? Gar nichts. Ganz im Gegenteil:

✔ Sie müssen sich ja erst mal wieder mit dem Thema »Bewerben« befassen. Schließlich liegt Ihre letzte Bewerbung schon ein paar Tage zurück. Bis Sie alle schriftlichen Bewerbungsunterlagen zusammengestellt haben, werden Sie mit Sicherheit einige Schweißtropfen verlieren.

✔ Ob Ihre Bewerbungsunterlagen gut ankommen, merken Sie an der Einladung zum persönlichen Gespräch. Für Ihr Bewerbungsgespräch bereiten Sie sich natürlich vor, aber: Sie haben doch einen entscheidenden Vorteil! Sie können total entspannt und relax ins Gespräch gehen, völlig ohne Aufregung, denn Sie haben ja überhaupt nichts zu verlieren! Läuft Ihr Gespräch miserabel, macht das gar nichts. Sie haben schließlich einen sicheren Job. Läuft es gut, bleibt es spannend für Sie: Müssen Sie Tests absolvieren, ein Assessment-Center durchlaufen? Prima! Auch hier können Sie locker und gelöst antreten. Geht's schief, haben Sie die Erfahrung gewonnen, was im Bewerbungsverfahren auf Sie zukommen kann. Läuft's perfekt, kommen Sie womöglich ins Finale und kriegen einen neuen Job angeboten! Und selbst jetzt haben Sie die Wahl: Wenn Ihnen das Angebot gefällt, greifen Sie zu und ansonsten können Sie es lächelnd ablehnen.

Diese Möglichkeiten haben Sie definitiv nicht, wenn Sie gezwungen sind, einen neuen Job zu finden.

Stellen Sie sich vor, Sie haben zu Ihren ganz persönlichen Übungszwecken und um Ihre Neugierde zu befriedigen, ob und wie Sie bei anderen Firmen ankommen, immer mal wieder die eine und andere Bewerbung losgejagt, Bewerbungsgespräche geführt, Tests bis hin zu echt schwierigen Assessment-Centern absolviert, und plötzlich kriegen Sie von Ihrem jetzigen Arbeitgeber die Info, dass Sie zum Beispiel aufgrund von Restrukturierungsmaßnahmen und damit verbundenen Personaleinsparmaßnahmen kurzfristig gekündigt werden. Kann Sie das dann so richtig schockieren? Auf der einen Seite ja, weil Sie im Grunde Ihren »Noch«-Arbeitgeber ungern verlassen, aber was das Bewerben angeht, verfallen Sie auf keinen Fall in Panik. Im Gegenteil: Sie wissen, wie es geht, und sind in Übung! Eine bessere Vorbereitung auf den möglichen Ernstfall gibt es nicht!

 Denken Sie daran, in Ihren Bewerbungsanschreiben deutlich zu machen, dass Sie in einem ungekündigten Arbeitsverhältnis stehen und Ihre Bewerbung vertraulich zu behandeln ist. Das kann ausformuliert auch genauso lauten: »Ich bitte Sie, meine Bewerbung vertraulich zu behandeln, da ich in einem ungekündigten Arbeitsverhältnis stehe.«

Nicht, dass Ihr potenzieller neuer Chef Ihren derzeitigen Chef kennt und gleich zum Telefonhörer greift, um zu erfahren, wer Sie sind. Das könnte Ihr bestehendes Arbeitsverhältnis doch ganz gewaltig trüben! Aber keine Sorge: Ein Kündigungsgrund wäre das definitiv nicht.

Bewerben macht Spaß!

Nein. sagen Sie jetzt? Wie bitte? Das ist nicht Ihr Ernst, oder? Dann lesen Sie doch einmal dieses ganze Buch. Von Anfang bis Ende. Sie lernen so viel Neues über sich selbst:

Bei der Erstellung Ihres Persönlichkeitsprofils haben Sie mit Sicherheit viele Ihrer Eigenschaften und Vorlieben erkannt, die Ihnen bislang verborgen waren. Sie sind sich richtig darüber klar geworden, was Sie wollen. Vor allem wissen Sie jetzt genau, was Ihnen wirklich Spaß macht!

Dann mussten Sie diesen lästigen Lebenslauf erstellen. Das war schon Arbeit, klar. Aber eine, die sinnvoll ist: Ihr Lebenslauf hat Ihnen nämlich geholfen, einen Überblick zu kriegen, was Sie schon alles gemacht haben. Beim Schreiben all dieser Lebensstationen haben Sie sich auch daran erinnert, was Ihnen denn alles bereits Spaß gemacht hat und womöglich noch immer Freude bereitet oder mal wieder Spaß machen würde.

Beim Verfassen Ihres Anschreibens konnten Sie kreativ sein und haben gelernt, sich jedes Mal aufs Neue auf die gewünschten Anforderungen einzustellen. Macht es Ihnen echt keinen Spaß, so leicht Ihre Flexibilität unter Beweis zu stellen?

Endlich sind Sie Herr über die vielen Papierberge im Schrank geworden, denn zum Zusammenstellen Ihrer schriftlichen Bewerbungsunterlagen mussten Sie ja Ordnung schaffen. Sie wissen nun, wohin Sie greifen müssen, um das gesuchte Papierchen zu finden. Vor Ihrer Bewerbungsorgie mussten Sie sich durch Ihr Papier-Chaos wühlen – das hat garantiert wenig Spaß gemacht!

Die Vorbereitung auf Ihr Vorstellungsgespräch war zwar anstrengend, aber ohne die wüssten Sie zum Beispiel bis heute nicht, wie Ihre ganz persönliche Körpersprache aussieht und wie Sie optimal damit umgehen. Sie hätten nicht einen Hauch von Ahnung, was ein gutes Bewerbungsgespräch ausmacht. Klar, dass Ihnen dann Bewerben keinen Spaß macht.

Das Vorstellungsgespräch bringt doch jedes Mal Überraschungen: Sie lernen immer wieder neue Menschen kennen, schulen Ihre Kommunikationsfähigkeit und Ihre Flexibilität. Womöglich haben Sie auch Gesprächspartner, mit denen Sie herzlich lachen können! Lachen macht immer Spaß!

Die verschiedenen Tests und die Assessment-Center sind die pure Herausforderung. Ständig neue Übungen, mal leicht, mal zum Zähne-Ausbeißen, permanent neue Partner an Ihrer Seite, mit denen Sie gemeinsam Lösungen erarbeiten. Manche sind Ihnen mit Sicherheit sehr sympathisch. Vielleicht begegnen sie Ihnen ja irgendwo anders mal wieder oder es entwickeln sich sogar echte Freundschaften. Das macht auf alle Fälle Spaß! Wie können Sie also sagen, Bewerben würde Ihnen keinen Spaß machen? Was? Das war ein Scherz?! Na, der ist Ihnen gelungen!

Top Ten für eine Bewerbung auf Englisch

21

In diesem Kapitel:

▶ Ist bewerben auf Englisch tatsächlich so »strange«?

▶ Anschreiben oder Lebenslauf – »wer« die Hauptrolle spielt

▶ Was auf alle Fälle gut ankommt

S ich auf Englisch zu bewerben ist heutzutage schon fast normal. Insbesondere, wenn Sie sich bei international ausgerichteten Unternehmen bewerben. Denken Sie nur an die vielen Investment-Banken, da geht ohne Englisch – schriftlich und mündlich – gar nichts mehr. Englisch ist und bleibt die Weltsprache Nummer eins. Daran führt kein Weg vorbei. Wenn Sie sich im englischsprachigen Ausland, also Australien, Großbritannien, Kanada und USA, bewerben, gibt es zusätzlich noch nationale Usancen zu beachten. Auf diese im Detail einzugehen, würde allerdings den Rahmen dieses Buches sprengen. Die nachstehenden Ausführungen machen Ihnen insbesondere den Unterschied zur deutschen Bewerbung klar und zeigen Ihnen, wo die wesentlichen Schwerpunkte einer englischen Bewerbung liegen.

Being different – warum nicht auf Englisch bewerben?

Wie? Sie haben das letzte Mal englisch gesprochen bzw. geschrieben, als Sie noch in der Schule waren? Oh je, das ist ja unter Umständen schon eine ganze Weile her. Aber kein Problem:

✔ Es gibt mit Sicherheit auch in Ihrer Nähe eine Abendakademie oder Volkshochschule, die entsprechende Englisch-Aufbau- beziehungsweise -Auffrischungskurse anbieten.

✔ Learning by doing mittels PC-Programmen ist ebenfalls möglich. Allerdings haben Sie hier nicht unbedingt die Kontrolle, ob Sie auch sprachlich wieder den richtigen Einstieg finden. Dann müssen Sie schon zu Sprachlern-Programmen greifen.

Sie sehen, Rausreden gilt nicht! Sie haben viele Möglichkeiten, Ihre Englischkenntnisse wieder auf Vordermann zu bringen. Das ist zwar erst mal Arbeit, aber geben Sie zu: Es macht Ihnen doch auch Spaß!

Außerdem stärkt es Ihr Selbstwertgefühl ungemein, wenn Sie von sich sagen können: »Auf Englisch bewerben? Kein Problem. Hab' ich auch schon gemacht. Da muss man halt nur auf einige Besonderheiten achten, aber ansonsten ist das eine ganz einfache Geschichte.« Wenn das nicht gut tut!

Stellen Sie sich vor, in Ihrem deutschen Bewerbungsgespräch werden Sie von Ihrem potenziellen neuen Chef gefragt, wo Sie sich denn noch oder zuletzt beworben haben? Und Sie sagen: »Bei einem großen internationalen Konzern.«. Was glauben Sie, welch große Augen der machen wird, wenn Sie dann auf seine weitergehende Frage, »Internationaler Konzern? Wie haben Sie sich denn da beworben? Auf Englisch?«, schlicht und einfach: »Ja« sagen! Sie brauchen ja nicht ungedingt anzugeben, dass Sie womöglich bereits eine Absage erhalten haben. Sagen Sie einfach, eine Antwort stünde noch aus. Merken Sie was? Das wirkt schon, das *auf Englisch bewerben*. Na, kriegen Sie langsam Lust?

Well prepared - Gute Vorbereitung ist auch hier das A & O!

Das ist nichts Neues für Sie. Was das deutsche Bewerbungssystem angeht, sind Sie mittlerweile Profi. Investieren Sie jetzt ein wenig Zeit, um sich in die »englischen Gepflogenheiten« einzuarbeiten. Lösen Sie sich davon, alles, was Sie nun an »Andersartigkeiten« erfahren, permanent mit Ihrem Wissen bezüglich der deutschen Bewerbungen zu vergleichen. Lassen Sie sich völlig unbefangen und interessiert auf dieses Neuland ein.

Ganz entscheidend für eine gute Bewerbung auf Englisch ist die Tatsache, dass nicht Sie als Person, sondern Ihre bisherigen arbeitsrelevanten Leistungen im Vordergrund stehen. Diese Leistungen sind es auch, die Sie für den gefragten Job qualifizieren. Deshalb müssen sie kurz und knackig, aber dennoch qualifiziert auf den Punkt gebracht werden.

Wenn Sie nun glauben, dass es ausreicht, Ihre Arbeitszeugnisse einzureichen, irren Sie. Ausgerechnet Ihre Arbeitszeugnisse gehören ebenso wenig in die englische Bewerbung wie Ihr Bewerbungsfoto. Sie lesen richtig! Beides ist nicht gewünscht. Arbeitszeugnisse bekommt Ihr potenzieller neuer Arbeitgeber nur, wenn er diese auch explizit von Ihnen verlangt. Es kann aber auch anders kommen: Erschrecken Sie nicht gleich, wenn Ihr potenzieller Arbeitgeber sich mit Ihrem »Noch«-Arbeitgeber telefonisch in Verbindung setzt, um sich über Sie zu erkundigen. Das ist in diesem Fall völlig normal!

Als ebenso selbstverständlich für eine gute Vorbereitung und damit gute Bewerbung wird Ihr persönlicher Anruf bei Ihrem »Wunscharbeitgeber« angesehen. Überlegen Sie sich im Vorfeld Ihre Fragen. Stellen Sie Fragen zu der vakanten Position. Gibt es da Aussagen oder Beschreibungen, was Ihre zukünftige mögliche Stelle von Ihnen verlangt oder zu bieten hat? Hinterfragen Sie diese ruhig am Telefon. Vergessen Sie auch hier auf keinen Fall, sich den Namen Ihres Gesprächspartners zu notieren. Sie werden mit Sicherheit noch auf ihn zurückkommen, sei es beim Abfassen Ihres Anschreibens oder wenn Sie sich nach einer kurzen Wartezeit nach dem Stand Ihrer Bewerbung erkundigen wollen. Dieses »Am Ball«-Bleiben, was hierzulande eher als aufdringlich eingestuft wird, gehört im englischsprachigen Raum zum guten Ton:

✔ Einige Tage, nachdem Sie Ihre Bewerbungsunterlagen weggeschickt haben, können Sie telefonisch Kontakt aufnehmen und nachfragen, ob Ihre Unterlagen eingegangen sind.

✔ Bieten Sie an, falls noch Unterlagen gewünscht werden, diese umgehend zuzusenden.

✔ Ein paar Tage später sollten Sie erneut anrufen. Bitte mit einem guten Grund.

Worum geht es? Logisch: darum, sich permanent dem Unternehmen ins Gedächtnis zu rufen und sehr großes Interesse an dem Job zu zeigen. In diesem Fall mit freundlicher Penetranz.

Ihr Lebenslauf - auf Englisch so anders?

Keine Sorge, so kompliziert ist es gar nicht mit dem englischen Lebenslauf.

 Es ist das wichtigste Dokument für Ihren potenziellen Arbeitgeber und der will so genau wie möglich wissen, ob Sie tatsächlich der optimale Kandidat für die zu besetzende Stelle sind!

Das kann er natürlich nur entscheiden, wenn Sie die wesentlichen Daten zu Ihrem bisherigen beruflichen Werdegang gut strukturiert, chronologisch und übersichtlich präsentieren. Setzen Sie Ihre Schwerpunkte auf:

✔ Ihre Berufserfahrung

✔ Ihre Ausbildung

✔ Ihre besonderen Kenntnisse und Fähigkeiten in Bezug auf Ihren Beruf

Formulieren Sie auf keinen Fall in epischer Breite Ihre persönlichen Interessen. Klar können Sie Ihre Hobbys oder Freizeitaktivitäten nennen – mehr aber auch nicht.

Achten Sie auf eine übersichtliche, gut lesbare Darstellung. Das wirkt! Und Sie erhöhen so die Chance, dass Ihre Bewerbung »auf den ersten Blick« interessant wirkt. Sie kommen in die nähere Auswahl! Das ist doch schon mal was.

Übrigens heißt der Lebenslauf im Englischen entweder *Curriculum Vitae* oder *Personal Resume*. In Großbritannien spricht man eher vom Curriculum Vitae, in den USA vom Personal Resume. Aber im Grunde ist beides das Gleiche.

Es gibt drei verschiedene Varianten:

Reverse chronological

Das ist der chronologische Lebenslauf. Den kennen Sie bereits als *amerikanischen Lebenslauf*. Klingelt's bei Ihnen? Genau: Das ist der Lebenslauf, der mit Ihrer letzten bzw. aktuellen beruflichen Station beginnt und quasi »rückwärts« bis zu Ihrer Schulzeit Ihre Daten präsentiert. Das ist schon clever gemacht, denn so erfährt der Leser sofort, welche Erfahrungen und Kenntnisse bei Ihnen up to date sind. Außerdem zeigt sich mit dieser chronologischen Auflistung, ob Sie im Laufe Ihrer Beschäftigung zunehmend verantwortungsvollere Aufgaben übernommen haben.

Optisch sieht das Ganze so aus:

Curriculum Vitae

Personal Details (Persönliche Angaben)

Vor- und Nachname

Adresse – Telefon – Handy – E-Mail-Adresse

Geburtsdatum (wird im **Personal Resume** weggelassen)

Job Objective (Berufsziel)

Auf welchen Job bewerben Sie sich?

Was möchten Sie in Ihrem neuen Job erreichen?

Personal Profile (Persönliches Profil)

Was sind Ihre wichtigsten Qualifikationen, Erfahrungen und Kenntnisse für die zu besetzende Stelle?

Work Experience (Berufliche Erfahrungen)

Wenn Sie frisch von der FH oder Uni kommen, starten Sie hier logischerweise mit Ihrem Abschluss. Ansonsten stehen:

Name Ihres derzeitigen Arbeitgebers, Ort

Ihre Berufs- bzw. Aufgabenbezeichnung

Die wichtigsten Aufgaben und Erfolge, wenn diese zu der angebotenen Stelle passen

Auch Ihre Praktika und beruflichen Erfahrungen können Sie hier der Reihe nach einordnen.

Education (Hochschulbildung, Schulbildung)

Name der Uni, Fächer, Thema der Abschlussarbeit, eventuell Note, Titel

Name der Schule und/oder Schultyp, Ort, Abschluss eventuell mit Note

Personal Training (Weiterbildung)

Bei Weiterbildung nennen Sie nur das, was in Zusammenhang mit Ihrer beruflichen Tätigkeit steht. Auf alles andere verzichten Sie hier. Sofern dadurch Lücken in Ihrem Lebenslauf entstehen, macht das nichts, weil die Erklärung ja logischerweise lautet, dass Sie sich auf Ihre für den angebotenen Job relevanten Weiterbildungen beschränkt haben.

Additional Skills (Besondere Kenntnisse und Fähigkeiten)

Sprachen (mit Levelangabe)

EDV

Führerschein (der ist von nicht geringer Bedeutung im Ausland, beweist er doch Ihre Mobilität)

References (Referenzen)

Sofern Sie »Empfehlungsschreiben« haben, die Ihre Qualifikation für die angebotene Stelle unterstreichen, sollten Sie diese hier aufführen.

Nennen Sie mindestens einen konkreten Ansprechpartner bei jeder Adresse, die Sie angeben. Ihr Ansprechpartner sollte Auskunft geben können über Ihre beruflichen und eventuellen akademischen Leistungen.

Personal Interests (Freizeitaktivitäten)

Sport etc.

Umfangreich, aber dennoch schön übersichtlich. Mal sehen, ob das bei den anderen beiden Formen auch der Fall ist.

Functional Curriculum Vitae

Das ist im Grunde eine konzentrierte Form des chronologischen Lebenslaufes, weil Sie sich hier noch stärker auf Ihr Können fokussieren. Diese Form des Lebenslaufes eignet sich insbesondere für Führungskräfte und Fachkräfte, die bereits mehrere Positionen mit ähnlichen Aufgaben begleitet haben. Ihre wichtigsten Fähigkeiten wie zum Beispiel »Sales Skills«, »Marketing Experience« werden deutlich hervorgehoben.

 Haben Sie den gleichen Job mit der gleichen Aufgabenstellung bei verschiedenen Arbeitgebern gemacht, führen Sie in diesem Lebenslauf nur einen, nämlich den letzten Arbeitgeber an. Alle anderen fallen sprichwörtlich unter den Tisch.

Warum wohl? Ganz einfach: Es gibt damit keine lästigen und langweiligen Wiederholungen Ihrer Tätigkeit. Der *functional Curriculum Vitae* ist deswegen auch prädestiniert für so genannte »Patchwork-Lebensläufe« mit häufigen Arbeitgeberwechseln oder gar Lücken im Lebenslauf. Beides lässt sich elegant verpacken.

So sieht dieser Lebenslauf im Überblick aus:

Functional Curriculum Vitae

Personal Details (Persönliche Daten)

Vor- und Nachname

Adresse – Telefon – Handy – E-Mail-Adresse

Geburtsdatum (wird im **Presonal Resume** weggelassen)

Job Objective (Berufsziel)

Auf welchen Job bewerben Sie sich?

Was möchten Sie in Ihrem neuen Job erreichen?

Summary (Zusammenfassung)

Hier schreiben Sie einige Zeilen, mit denen Sie begründen, warum Sie sich für den passenden Kandidaten für die angebotene Position halten. Bringen Sie hier Ihre Fähigkeiten und Kenntnisse auf den Punkt!

Qualifications (berufliche Kenntnisse und Fähigkeiten)

Zählen Sie Ihre Jobs auf, die für die zu besetzende Stelle passen – vergessen Sie den Firmennamen und die Ortsangabe des Sitzes der Firma nicht.

Work Experience (Berufliche Erfahrungen)

Weitere Jobs (Firma, Ort, Aufgabenbeschreibung)

Ausbildung

Education (Hochschulbildung, Schulbildung)

Name der Uni, Fächer, Thema der Abschlussarbeit, eventuell Note, Titel

Name der Schule und/oder Schultyp, Ort, Abschluss eventuell mit Note

References (Referenzen)

Sofern vorhanden

Schon komprimierter, nicht wahr? Persönliche Interessen bleiben hier völlig außen vor. Einzig und allein Ihr Wissen und Können in und rund um Ihren Beruf sind wichtig. Das ist schon anders als in Deutschland. Da wird schon mal ein ganz genauer Blick auf Ihre Hobbys geworfen, um Sie näher und besser kennen zu lernen. Schließlich erhofft man sich aufgrund Ihrer Hobbys auch gewisse Grundeigenschaften, die berühmten Schlüsselqualifikationen, die im deutschen Bewerbungssystem eine ausgesprochen große Rolle spielen. Im Englischen redet an dieser Stelle keiner davon!

Jetzt fehlt noch die dritte Variante, wie ein englischer Lebenslauf aussehen kann.

Customized Resume

Dieser Lebenslauf ist eine Mischung aus chronologischem und funktionalem Lebenslauf. Er besteht aus zwei Teilen, nämlich einem chronologischen Teil und einem gesonderten Teil, in dem Sie Ihre beruflichen Erfahrungen, Kenntnisse und Fähigkeiten ausführlicher darstellen.

Im *chronologischen Teil* stehen zum Beispiel:

✔ Personal Details

✔ Education

✔ Additional Skills

✔ Personal Interests

✔ References

Der *zweite Teil* umfasst ausführlich sämtliche Angaben, die Sie als den optimalen Kandidaten für den angebotenen Job präsentieren:

✔ Job Objective

✔ Personal Profile

✔ Work Experience

✔ Personal Training

Was meinen Sie? Das ist doch auch eine nette Variante, sich auffallend gut darzustellen. Probieren Sie diese letzte Variante doch mal aus. Warum nicht auch mal für eine deutsche Bewerbung? Reizt es Sie nicht, so mal zu testen, wie diese Form des Lebenslaufes hierzulande ankommt? Doch. Na, worauf warten Sie? Testen Sie's! Wenn Sie erst mal Ihren Lebenslauf auf Deutsch in einer solch »ungewöhnlichen« Form geschrieben haben, ist die Übersetzung ins Englische ein Kinderspiel für Sie!

Very effective – Ihr wirkungsvolles Anschreiben auf Englisch

Keine Angst! Die Unterschiede zu Ihrem deutschen Anschreiben sind hier nicht so gewaltig wie beim Lebenslauf. Das englische Anschreiben heißt *Cover Letter* oder auch *Covering Letter*. Beim *Cover Letter* gilt ebenfalls die AIDA-Formel. Sie wissen doch noch: Attention – Interest – Desire – Action. Geben Sie dem Leser einen kurzen Überblick über Ihre wichtigsten Erfahrungen und Kenntnisse und vor allen Dingen verdeutlichen Sie Ihre Motivation, damit Ihr potenzieller neuer Arbeitgeber auch richtig Lust bekommt, Ihre Bewerbung intensiv zu lesen. Wissen Sie noch, was Ihr potenzieller Arbeitgeber unbedingt noch lesen möchte? Richtig: welchen Nutzen ausgerechnet Ihre Qualifikationen und Fähigkeiten dem Unternehmen bringen!

 Legen Sie dabei den Fokus darauf, *warum* gerade Sie diese Stelle bekommen sollen. Sie wissen bereits aus dem Lebenslauf wie wichtig dieses *Warum* für Ihren potenziellen Arbeitgeber ist. Je besser Sie das in Ihrem Anschreiben rüberbringen, desto größer ist die Chance, dass er Sie unbedingt kennen lernen möchte!

Feste Normen gibt es für den Cover Letter genauso wenig wie für ein deutsches Anschreiben. Lediglich ein paar Formalitäten sollten Sie beachten:

✔ Der Text umfasst inklusive der Anschriftenfelder nicht mehr als eine DIN-A4-Seite.

✔ Wählen Sie eine bekannte Schriftart, zum Beispiel Times New Roman oder Arial.

✔ Strukturieren Sie Ihr Anschreiben übersichtlich.

✔ Vergessen Sie Ihre Unterschrift und den Verweis auf Ihre Anlagen nicht.

Optisch kann Ihr Cover Letter zum Beispiel so aussehen wie in Abbildung 21.1 auf der nächsten Seite.

Sieht doch gut aus, nicht wahr? Und ist gar nicht so schwierig, wie Sie geglaubt haben.

 Checken Sie zum Abschluss Ihr Anschreiben auf Rechtschreib- und Satzzeichenfehler. Sie wissen ja, wie es geht: MS Word bietet Ihnen mit seinem Rechtschreibprogramm die Möglichkeit, unter der *Wörterbuchsprache* die passende Fremdsprache auszuwählen. Also nur keine Hemmungen: Nutzen Sie dieses geniale System!

Worauf Sie auf alle Fälle vorbereitet sein sollten

Sie werden es kaum schaffen, auf alle Eventualitäten vorbereitet zu sein. Was Ihr Job-Interview und Assessment-Center betrifft, bereiten Sie sich so gründlich vor, dass Sie auf alle Fälle mit der nötigen Ruhe und einer guten Portion Gelassenheit beides angehen können. Bleiben Sie auch hier authentisch! Sie überzeugen mit Ihrer eigenen Persönlichkeit.

Oftmals ist das Schwierigste, mit den schriftlichen Bewerbungsunterlagen überhaupt ein Entree zu bekommen. Erschrecken Sie also nicht, wenn Sie häufig Ihre Unterlagen postwendend wieder zurückkriegen. Viele Firmen im englischsprachigen Ausland arbeiten mit Standards für ihr Bewerberauswahlverfahren, weil damit die Vergleichbarkeit der Kandidaten für sie einfacher wird. Grundlage ist ein Bewerbungsformular, das Ihnen entweder papierhaft oder online zur Verfügung gestellt wird. Diese *Application Form* besteht in aller Regel aus drei Teilen:

✔ Angaben zu Ihrer Person

✔ Ihre Erfahrungen, Qualifikationen, Fähigkeiten und Kenntnisse

✔ Ihr Interesse an dem angebotenen Job

Ihr Name

Straße, Hausnummer — Postleitzahl, Ort — Germany

E-Mail-Anschrift — Telefon- und/oder Handy-Nummer (»Mobile«)

Datum in Englisch: Day/Month/Year

Mr/Mrs/Ms Ansprechpartner

Firma

Firmenanschrift

Dear Mr/Mrs/Ms …,

RE: hier steht der Betreff, zum Beispiel die Stellenanzeige aus einer Tageszeitung. Dieser Betreff kann durchaus fett geschrieben oder unterstrichen werden

Ihr Text ...

Grußformel, zum Beispiel:

Sincerely oder Yours faithfully oder Yours Sincerely oder Best regards oder Kind regards,

Ihr Name mit Vor- und Nachname

Enclosure (Anlagen)

Abbildung 21.1: Ein Cover Letter

Konzentriertes Ausfüllen ist angesagt! Der erste Teil ist no Problem für Sie. Bei Teil zwei konzentrieren Sie sich wieder darauf, Ihre für den Job relevanten Qualifikationen top zu präsentieren. Wie Sie Ihr Interesse an dem angebotenen Job demonstrieren, wissen Sie mittlerweile bestens.

Rechnen Sie damit, dass Sie gebeten werden, zusätzliche Unterlagen wie Lebenslauf oder Referenzen ebenfalls via Mail an die Firma schicken zu müssen. Was heißt das? Das Sie diese Unterlagen leserlich einscannen müssen. Vermeiden Sie daher alles, was einen Scanner »verwirren« könnte: Unterstreichungen, Tabellen, Schattierungen, bunte Grafiken und und und. Sie wissen doch: Klar strukturierte Unterlagen kommen am besten an!

Wenn Sie Ihre *hard* und *soft skills* besonders hervorheben möchten, können Sie diese in Form einer *Key Word-Liste* am Anfang Ihres Lebenslaufes beschreiben. So stechen Ihre Qualifikationen Ihrem potenziellen Arbeitgeber auf alle Fälle auf einem Blick ins Auge! Und Sie wissen ja, wie sehr die gefragt sind.

Denken Sie also an die Online-Kompatibilität Ihrer Bewerbungsunterlagen:

✔ Verwenden Sie weißes Papier, das nur einseitig bedruckt ist.

✔ Die optimale Schriftgröße liegt zwischen 10 und 14 pt.

✔ Finger weg von spezifischen Abkürzungen, Sonderzeichen und deutschen Umlauten!

✔ Ihr Bewerbungsanschreiben gehört in das Textfeld Ihrer E-Mail.

✔ Sämtliche Anhänge verschicken Sie am besten entweder als PDF- oder RTF-Datei.

So. Nun kann nichts mehr schiefgehen. Das Einzige, worauf Sie jetzt noch vorbereitet sein sollten, ist eine Einladung zum Job-Interview! Viel Erfolg!

Job-Interview – Was macht den Unterschied zum »Vorstellungsgespräch«?

Glauben Sie, dass es einen Unterschied gibt? Ja? Wieso denn? Weil Sie bereits beim Ausarbeiten von Lebenslauf und Anschreiben festgestellt haben, dass:

✔ Ihre Qualifikationen für den Job

✔ Ihr Wissen und Können in dem Job

✔ und Ihr Interesse rund um den Job

die wichtigsten Auswahlkriterien für Ihren potenziellen neuen Chef sind! Es geht also auch hier wieder darum, Ihren Wunsch-Arbeitgeber davon zu überzeugen, dass Sie der optimale Kandidat für die angebotene Stelle sind. Das kennen Sie doch schon aus Ihrem deutschen Bewerbungsgespräch oder nicht? Doch. Gut. Also gibt's hier keinen Unterschied.

Wie bereiten Sie sich vor? Intensiv, sehr intensiv. Das ist ja klar. Und womit? Wie gehabt:

✔ Sie analysieren die Stellenausschreibung und checken nochmals haargenau, welche konkreten Qualifikationen und Fähigkeiten von Ihnen gefordert sind.

✔ Sie machen sich eine Übersicht, welche zusätzlichen Qualifikationen Sie haben, die für diesen Job interessant sind.

✔ Sie frischen Ihre Informationen über das Unternehmen auf.

✔ Sie bereiten sich auf mögliche Fragen vor. Nehmen Sie die Fragen aus Kapitel 11, *Fragen, auf die Sie vorbereitet sein sollten.* Alle Fragen rund um den Job werden Ihnen garantiert in gleicher oder ähnlicher Form im Job-Interview gestellt. Wie gut, dass Sie hier schon sozusagen die passenden »Steilvorlagen« haben!

✔ Seien Sie keinesfalls enttäuscht, wenn sich Ihr Gesprächspartner so gar nicht oder nur ganz wenig für Ihr Privatleben interessiert. Schließlich ist Ihnen klar, dass in erster Linie Ihre Arbeitskraft gefordert ist.

Worauf sollten Sie noch achten? Auf »Äußerlichkeiten«! Noch mehr als in Deutschland wird im englischsprachigen Raum Wert gelegt auf:

✔ Ihr freundliches Wesen

✔ Ihre guten Umgangsformen

✔ Ihre optisch ansprechende Erscheinung

Was Ihre Schlüsselqualifikationen angeht, wird Ihr Gesprächspartner auf zwei besonders achten:

✔ Ihre *schnelle Auffassungsgabe*, weil sich die Anforderungen an den angebotenen Job aufgrund des permanenten technischen und wirtschaftlichen Wandels auch genauso schnell verändern können und kein Arbeitgeber die Zeit hat, Ihnen diese Veränderungen in epischer Breite zu erklären. Sie müssen Veränderungen rasch erkennen und nach dem Motto »learning by doing« weitestgehend selbst rational umsetzen.

✔ Ihren *Teamgeist*, weil Sie sich in aller Regel mit Jobantritt in ein bereits bestehendes Team integrieren müssen und nicht unbedingt erwarten können, von allen Teammitgliedern mit offenen Armen empfangen zu werden. Das bedeutet für Sie, dass Sie sich flexibel und dennoch freundlich, kompromissbereit auf andere einstellen können müssen. Eben teamfähig sein.

Das war's auch schon. Mal ehrlich: So riesengroße Unterschiede gibt es doch nicht. Sie können also guten Gewissens und gelassen in Ihr Job-Interview gehen! Lassen Sie sich überraschen, wie viel Ihnen aufgrund Ihrer Bewerbungsgespräche bekannt vorkommt.

 Eines spielt allerdings eine gewichtige Rolle: Ihr Englisch! Diese Fremdsprache müssen Sie schon fließend beherrschen, denn beim Bewerbungsgespräch mehrfach ins Stottern zu geraten oder so gar keine Worte zu finden, ist definitiv ein K.-o.-Kriterium!

Und das Assessment-Center läuft auch anders ab?

Was meinen Sie? Bis jetzt haben Sie doch schon einige Unterschiede zwischen deutschen und englischen Bewerbungen kennen gelernt. Viele sind es aber nicht. Aha. Dann liegen logischerweise zwischen einem deutschen und englischen Assessment-Center auch keine Welten. Der markanteste Unterschied ist die Sprache! Ist ja klar: Wenn Sie ein englisches Assessment-Center absolvieren, sprechen alle, also auch die Bewerber, nur Englisch. Das bedeutet für Sie üben, üben, üben! Sie müssen schließlich Ihre Gesprächspartner verstehen und sich mit Ihnen unkompliziert unterhalten können. Es wäre doch mehr als peinlich, wenn Sie bei jedem zweiten Satz Ihr Gegenüber bitten müssten, das eben Gesagte nochmals zu wiederholen, oder womöglich sagen zu müssen: »Sorry, ich weiß beim besten Willen nicht, wovon Sie sprechen. Erklären Sie es mir mal auf Deutsch.« Was passiert dann? Richtig: Sie sind aus dem Rennen! Und das schlagartig! Deshalb ist intensives Üben so wichtig. Reden Sie so viel wie möglich auf Englisch. Lesen Sie zur Vorbereitung auf Ihr englisches Assessment-Center zusätzlich englische Literatur. Ob das Unterhaltungsliteratur oder »schwere Kost« ist, ist Ihre Entscheidung. Hauptsache, Sie beschäftigen Ihren Kopf mit der englischen Sprache. Wenn Sie anfangen, auf Englisch zu träumen, haben Sie es geschafft! Ehrlich! Dann ist Ihnen diese Sprache sozusagen in Fleisch und Blut übergegangen. Aber keine Panik! Selbst wenn Sie nie auf Englisch träumen, heißt das nun nicht, dass Sie in Ihrem Assessment-Center versagen werden. Schließlich üben Sie genug!

Was die einzelnen Bausteine des Assessment-Centers angeht, so ist der Aufbau identisch mit dem, was Sie bereits aus Ihren deutschen Assessment-Centern kennen:

✔ Gestartet wird mit der _Vorstellungsrunde_. Hier kann es durchaus passieren, dass Sie nicht sich selbst präsentieren dürfen, sondern als geduldiger aufmerksamer Zuhörer gefragt sind. Ein Unternehmensvertreter stellt Ihnen die Firma mit Produktpalette und der zu vergebenden Position vor. Anschließend dürfen Sie Fragen stellen. Aus Ihren Fragen schließen die Beobachter bereits auf Ihr Interesse und Ihre Motivation. Was ist also wieder wichtig? Na? Richtig: deutlich und mit Nachdruck Ihr Interesse an und rund um den Job zu bekunden! Sie lernen schnell!

✔ Dann kann eine _Postkorbübung_ folgen. Die kennen Sie ja nun bereits bestens. Was wird mit dieser Übung bezweckt? Genau: Die Beobachter wollen herausfinden, wie Sie mit Zeitdruck klarkommen. Können Sie schnell und überlegt Entscheidungen treffen, delegieren, organisieren und analytisch denken? Können Sie! Sie haben schließlich fleißig geübt.

✔ Übungen wie _Präsentationen_ oder _Kurzvorträge_ sind ebenfalls recht beliebt. Sie bekommen die Aufgabe, nach kurzer Vorbereitungszeit über ein bestimmtes Thema einen fünfminütigen Vortrag zu halten. Hier wird gecheckt, wie gut Sie die Inhalte präsentieren, wie gut Sie mit Rhetorik und Überzeugungskraft das Thema anschaulich rüberbringen. Für Sie kein Problem.

✔ In den anderen Ihnen bekannten Übungen wie _Gruppendiskussion_ und _Rollenspiel_ müssen Sie deutlich Ihre Teamfähigkeit, Kommunikations- und Kompromissfähigkeit unter Beweis stellen. Und auch das können Sie mittlerweile aus dem Effeff.

✔ Die einzige Unbekannte ist eine *schriftliche Einzelübung*. Meist wird von Ihnen verlangt, dass Sie ein Konzept entwerfen, um eine schwierige Unternehmenssituation in den Griff zu kriegen. Hier zeigt sich, ob Sie mit komplizierten wirtschaftlichen Problemstellungen systematisch und lösungsorientiert umgehen können. Ganz besonders wird bei dieser Übung deutlich, ob Sie die englische Sprache tatsächlich nicht nur in Wort, sondern auch insbesondere in Schrift beherrschen! Üben Sie das Schreiben und schriftliche Formulieren! Sie wissen ja, wie sehr sich Englisch und Deutsch gerade in der Grammatik voneinander unterscheiden.

Übrigens, was hindert Sie denn daran, sämtliche in Kapitel 16 und 17 vorgestellten Übungen ins Englische zu übersetzen? Nichts? Prima, denn man los! Vergessen Sie nicht, Ihre Antworten genauso zu übersetzen. Einfacher geht's nicht!

✔ Zum Abschluss des englischen Assessment-Centers kann noch eine gemeinsame *gesellige Runde* folgen. Ein gemeinsames Essen, bei dem der Nachmittag oder Abend gemütlich ausklingen wird. Ihr gesellschaftliches Auftreten und Ihre Manieren werden so auf Herz und Nieren geprüft! Was darf Ihnen also auf keinen Fall passieren? Ganz genau: dass Sie anfangen, Deutsch zu reden! Sie sind ja immer noch in Ihrem englischen Assessment-Center! Bleiben Sie deshalb weiterhin konzentriert und wachsam.

Und Vorsicht: Lassen Sie sich von nichts und niemandem dazu verführen, eine Aussage über das Assessment-Center zu machen! Auch nicht »im Vertrauen«. Hier können Sie sich mit einer Äußerung blitzschnell selbst aus dem Rennen katapultieren und schließlich ist das Assessment-Center noch immer nicht vorbei!

Sie dürfen erst wieder Luft holen, wenn Sie tatsächlich von Ihren Gastgebern verabschiedet wurden. Dann haben Sie auch diese Hürde genommen und müssen sich ein wenig in Geduld üben, bis Sie Ihre Zusage bekommen. Was vergessen Sie nicht? Klaro: Ihr Dankesschreiben für die Teilnahme am Assessment-Center! Mensch! Sie haben ja wirklich schon viel gelernt! Weiter so!

Assessment-Center auf Englisch durchzuführen, ist heutzutage auch bei deutschen Firmen nichts Ungewöhnliches mehr. Je internationaler ein Unternehmen ausgerichtet ist, desto größer ist die Wahrscheinlichkeit, dass Ihr Assessment-Center in englischer Sprache stattfindet. Also wenn in einer Stellenbeschreibung oder -anzeige »perfekte Englischkenntnisse in Wort und Schrift« verlangt werden, sollten Sie sich entsprechend gut vorbereiten. Ihr potenzieller Arbeitgeber wird angenehm überrascht sein, mit welcher Perfektion Sie die gestellten Aufgaben meistern. Und genau das wollen Sie doch auch: Beeindrucken auf ganzer Linie!

Auf keinen Fall – the absolutely don'ts

Es gibt in jedem Land Usancen, die Sie beachten müssen, damit Sie nicht in das berühmte »Fettnäpfchen« treten. Auf die Besonderheiten der verschiedenen englischsprachigen Länder einzugehen, gäbe genügend Stoff, um ein weiteres Buch zu schreiben. Auf alle Fälle sollten Sie zumindest die folgenden *absolutely don'ts* vermeiden:

✔ Achten Sie bei Ihrem Anschreiben und Lebenslauf sorgfältig darauf, Rechtschreib-, Interpunktions- und Grammatikfehler auszumerzen. Das Word-Rechtschreibprogramm hilft Ihnen dabei. Noch besser wäre es, wenn Sie einen Muttersprachler Ihre Werke lesen lassen könnten. Sie können dann sogar noch die Verständlichkeit hinsichtlich Ihrer Formulierungen checken lassen. So wären Sie auf der sicheren Seite, dass auch inhaltlich Ihre Absichten deutlich zur Sprache kommen.

✔ Neben der Papierqualität sorgen Sie dafür, dass Ihre Bewerbung nicht »abgegriffen« aussieht! Eselsohren, Fettflecken, Griffspuren und Ähnliches sind tabu! Sie wollen schließlich mit Ihren Bewerbungsunterlagen den Eindruck eines sorgfältigen und gewissenhaften potenziellen Mitarbeiters erwecken!

✔ Finger weg von einer Bewerbung mit unpersönlicher Anrede. Startet Ihr Anschreiben mit *Dear Sir or Madam,* können Sie davon ausgehen, dass Sie Ihre Bewerbungsunterlagen postwendend wieder im Briefkasten haben. Ihre Bewerbung muss immer an einen konkreten Ansprechpartner gerichtet sein. Wenn Sie im Internet oder der Stellenanzeige nicht fündig werden, rufen Sie bei der Firma an. Lassen Sie sich den Namen buchstabieren. Wäre doch peinlich, wenn Sie schon nachfragen und dann den Namen im Anschreiben falsch schreiben. Die Blöße müssen Sie sich nicht geben.

✔ Achten Sie darauf, den Firmennamen korrekt geschrieben zu haben. Aber das ist für Sie ja selbstverständlich.

✔ Wenn Ihre Gehaltsvorstellung gefordert ist und Sie nicht so recht wissen, welche Summe Sie angeben sollen, dann verweisen Sie lieber mit einer charmanten Formulierung auf Ihr Job-Interview. Sie wissen doch noch, was Sie in Ihren deutschen Bewerbungsunterlagen hier geschrieben haben:

Meine gehaltliche Vorstellung würde ich gerne bei meinem Vorstellungsgespräch mit Ihnen behandeln.

Nennen Sie bloß keine falschen Gehaltsvorstellungen, sonst landet Ihre Bewerbung blitzartig auf dem Absagestapel!

✔ Versuchen Sie in Ihrem Job-Interview nicht, Ihre Freizeitaktivitäten und außerberuflichen Interessen in den Vordergrund zu stellen. Auch wenn diese Dinge für Sie wichtig sind, so wissen Sie doch mittlerweile, dass Sie bei Ihrem neuen Chef damit nicht punkten können.

✔ Ein ungepflegtes rüpelhaftes Auftreten ist im Ausland ebenso wenig erwünscht wie in Deutschland. Aber so verhalten Sie sich ja auch nicht. Sie überzeugen mit Ihrem gepflegten Erscheinungsbild, Ihrer Freundlichkeit und insbesondere Ihrem Lächeln!

Das ist schon eine ganze Menge, die Sie berücksichtigen müssen. Aber keine Sorge: Mit der notwendigen Übung und dem Wissen treten Sie nun definitiv in keins der Fettnäpfchen mehr!

... but pretty interesting - nicht zu vergessen!

War doch klar, dass das jetzt kommt. Nachdem Sie wissen, was Sie unbedingt vermeiden müssen, wollen Sie schließlich auch erfahren, worauf Sie ganz besonders zu achten haben. Da gibt's nun ein paar Kleinigkeiten, die mitunter eine große Wirkung haben:

✔ Was die Anrede in Ihrem Anschreiben angeht, sind Ihre potenziellen neuen Arbeitgeber recht sensibel. Bei den Herren steht grundsätzlich *Mr* und sein Nachname. Reden Sie eine unverheiratete Frau an, schreiben Sie *Miss* und ihren Nachnamen. Woher wissen Sie denn nun aber, dass die Dame tatsächlich noch ledig ist, wenn Sie sich nicht kennen? Sie wollen Ihr die Frage hoffentlich nicht am Telefon stellen ... Verwenden Sie lieber, wie im Deutschen die Anrede Frau, die englische Formulierung *Mrs* und ihren Nachnamen. *Fräulein* sagt heutzutage auch niemand mehr zu den Damen. Nach *Mr* und *Mrs* steht kein Punkt! Achten Sie bitte darauf.

✔ Wenn Sie ans Ende Ihres Anschreibens gelangen und Ihren Abschiedsgruß formuliert haben, kommt nach diesem immer ein Komma! Also: *Yours sincerely,* oder *best regards,* und so weiter.

✔ Unterschreiben Sie Ihr Anschreiben wie im Deutschen mit Ihrem Vor- und Nachnamen und zwar mit Füller! Eine Unterschrift mit Kugelschreiber wird als stillos angesehen.

✔ Auch im Englischen sind individuelle Anschreiben gefragt! Kein Standardanschreiben für alle Ihre Bewerbungen! Schließlich müssen Sie sich auch hier bei den unterschiedlichen Bewerbungen auf die speziell geforderten Kenntnisse, Erfahrungen und Qualifikationen für den jeweiligen Job fokussieren. Nur so kann Ihr potenzieller Arbeitgeber erkennen, ob Sie der richtige Kandidat sind.

✔ Werden Sie in dem Stellenangebot aufgefordert, Ihren frühestmöglichen Eintrittstermin zu nennen, sollten Sie das auch unbedingt tun. Prüft Ihr potenzieller Arbeitgeber nämlich, ob Sie in Ihrem Anschreiben alle geforderten Angaben gemacht haben, wäre es doch mehr als ärgerlich, wenn Sie wegen dieser Kleinigkeit auf dem Absagestapel landen würden.

✔ Schreiben Sie auf alle Fälle nach Ihrem Job-Interview einen Dankesbrief an Ihren Gesprächspartner – unabhängig davon, ob Sie den Job bekommen oder nicht. Das gehört hier schlichtweg zum guten Ton! Und wird auch erwartet, denn damit bekunden Sie nochmals verstärkt Ihr Interesse an dem angebotenen Job.

✔ Das gilt auch, wenn Sie Ihr Assessment-Center absolviert haben. Auch wenn Sie womöglich gemischte Gefühle haben, wie gut oder schlecht es für Sie gelaufen ist, zeigen Sie mit einem freundlichen Dankesbrief Charakter! Sie werden erneut einen sehr positiven Eindruck machen.

Wenn Sie sämtlich To-dos während Ihrer Bewerbungsphase beachten, kann nichts mehr schiefgehen.

Na, fühlen Sie sich nun *well prepared* für Ihre englische Bewerbung? Schön. Aber bevor Sie jetzt gleich loslegen, lesen Sie bitte auch noch den letzten Absatz.

You never get a second chance to make the first impression!

Es ist einfach so: Der erste Eindruck, den Sie machen, ist entscheidend! Wie beeindrucken Sie denn?

✔ Nun erst mal mit Ihren schriftlichen Bewerbungsunterlagen. Die sind perfekt aufbereitet und inhaltlich komplett auf die erforderlichen Qualifikationen abgestimmt. Das ist schon mal prima.

✔ Im Job-Interview und Assessment-Center setzen Sie sich selbst qualifiziert in Szene. Ihr Outfit stimmt, dass Sie sich darin wohl fühlen, merkt auch Ihr potenzieller Arbeitgeber auf Anhieb. Ihre Umgangsformen lassen nichts zu wünschen übrig und im Interview bestechen Sie durch die Art und Weise, wie Sie Ihre Qualifikationen für den angebotenen Job auf den Punkt bringen.

✔ Das Assessment-Center selbst absolvieren Sie gewissenhaft und beweisen hier vor allem Ihre unvergleichliche Teamfähigkeit.

Sie haben alle Chancen auf diesen Job! Lassen Sie sich auf keinen Fall durch irgendwelche Verhaltensweisen oder verbalen Äußerungen Ihres Gesprächspartners aus dem Konzept bringen. Sie wissen doch ganz genau, was Sie alles können und was Sie dem Unternehmen zu bieten haben. Geizen Sie nicht damit! Beweisen Sie, dass Sie wissen, wovon Sie reden. Machen Sie sich keinen Kopf, wenn Sie nicht gleich beim ersten Mal den Zuschlag kriegen, das nächste Unternehmen wartet schon auf Sie! Und für Ihre englischen Bewerbungen gilt das Gleiche wie in Deutschland: Mit jeder Bewerbung kriegen Sie mehr Übung! Es ist noch kein Profi vom Himmel gefallen. Denken Sie nur an erfolgreiche Sportler: Die werden Profis, indem sie trainieren, trainieren und nochmals trainieren! Betrachten Sie Ihre Bewerbungen sportlich: Üben Sie, so viel Sie können, und Sie werden überrascht sein, wie schnell Sie Profi werden!

Übungsaufgaben

S ie wurden bereits in Kapitel 10, Kapitel 13, Kapitel 14, Kapitel 16 und in Kapitel 17 mit einigen Übungsaufgaben konfrontiert, die Ihnen in Ihrem Vorstellungsgespräch gestellt werden können. In den einzelnen Kapiteln haben Sie sich intensiv mit diesen Übungen auseinandergesetzt und unterschiedliche Lösungsstrategien kennen gelernt.

Was erwartet Sie wohl jetzt noch in diesem Kapitel? Na klar: jede Menge weiterer Übungen. Schließlich sind Sie ja ganz heiß drauf, nach so viel Theorie endlich mal selbstständig üben zu können. Bevor Sie gleich loslegen, lesen Sie bitte zum besseren Verständnis der Aufgaben noch die nachstehenden Infos:

✔ Es ist egal, ob Sie die Übungen nacheinander »abarbeiten« oder lieber nach Lust und Laune üben. Wichtig ist, dass Sie die Zeitvorgaben auf alle Fälle einhalten, unabhängig davon, ob Sie mit der Übung fertig sind oder nicht. Wenn Ihnen die vorgegebene Zeit für eine Übung nicht ausreicht, müssen Sie eben diese Übung so lange wiederholen, bis Sie die Zeitvorgabe »geknackt« haben. In Ihrem Bewerberauswahlverfahren gibt es schließlich auch keine Zeitzugeständnisse über die Zeitvorgabe hinaus. Also achten Sie darauf.

✔ Wundern Sie sich nicht, dass es nur für die Konzentrationsübungen Lösungen gibt und ansonsten nicht. Warum ist das wohl so? Ganz klar: Jetzt ist es Zeit, dass Sie selbst kreativ werden. Versuchen Sie immer, die optimale Lösung zu finden. Diskutieren Sie mit Freunden, Bekannten und Verwandten Ihre Lösungsvorschläge. Warum nicht auch mal deren Ideen aufnehmen? Sie wissen doch: Je besser Sie in der Lage sind, eine gestellte Aufgabe von vielen Seiten zu beleuchten, desto einfacher und treffender wird auch Ihre Lösung sein.

✔ Für psychologische Tests gibt es in diesem Buch neben einigen praktischen Übungen eine Übersicht über nützliche Internet-Links und gute Literatur. Probieren Sie ruhig das eine oder andere aus und lassen Sie sich überraschen, wie Sie am Ende in der Auswertung »charakterisiert« werden. Das ist nicht nur interessant, sondern macht auch Spaß!

 Übrigens, für alle, die nun die Seiten dieses Buches nicht zerschneiden wollen, damit sie die Übungen einzeln in Händen halten, noch ein kleiner Tipp: Sie finden alle Übungen zum Download unter:

`http://www.wiley-vch.de/publish/dt/books/ISBN3-527-70325-X`

So, nun ist es so weit. Worauf warten Sie? Fangen Sie endlich an zu üben! Viel Spaß dabei!

Übungen zur persönlichen Vorstellung

Die nachstehenden Übungen dienen ebenso als Vorbereitung für das Vorstellungsgespräch wie auch für Ihr Gruppeninterview und Assessment-Center.

Übung 1

Eine Form der persönlichen Vorstellung ist die *Selbst-Präsentation*. Ihre Präsentation soll »Eigenwerbung« sein, quasi wie ein guter Werbespot im Fernsehen. Das heißt, Sie müssen sich nun kreativ selbst »vermarkten«. Lassen Sie Ihrer Fantasie freien Lauf! Wenn konkrete Angaben von Ihnen verlangt werden, also zum Beispiel »Präsentieren Sie uns in drei Minuten Ihren beruflichen Werdegang und Ihre Hobbys«, dann beschränken Sie sich auf diese geforderten Angaben. Mehr wollen die Beobachter nicht von Ihnen wissen. Gibt es keine festgelegten Vorgaben, außer der Zeit, dann vergessen Sie bitte nicht, dass Sie nicht nur sagen:

✔ wer Sie sind

✔ was Sie bislang beruflich gemacht haben

sondern auch:

✔ warum Sie sich für diesen Job interessieren

✔ warum Sie der Meinung sind, dass Sie sich für diesen Job eignen

Wenn Ihnen die vorgegebene Zeit ausreicht, können Sie auch gerne etwas zu Ihrem Familienstand und zu Ihren Hobbys sagen.

Versuchen Sie es mal. Arbeiten Sie Ihre Selbst-Präsentation aus und »führen« Sie diese vor Freunden, Bekannten oder Verwandten auf. So erfahren Sie, wie Sie wirken. Und wie gesagt: im Werbestil! Also denn man los: Wie hört sich Ihre Strategie an?

Es kann Ihnen ebenso gut passieren, dass Sie sich selbst präsentieren und Ihre Präsentation »visualisieren« müssen. Dafür stehen Ihnen ein Flipchart und verschieden farbige Moderationsstifte zur Verfügung. Werden Sie kreativ! Malen Sie Ihr Zuhause, Ihre Hobbys, Ihren Beruf und und und. Sie haben zwanzig Minuten Zeit, um Ihr »Selbstbildnis« auszuarbeiten.

Übung 2

Das *Partnerinterview* ist angesagt. Sie werden in Zweiergruppen eingeteilt und bekommen eine Vorbereitungszeit von fünfzehn Minuten, die wie folgt eingeteilt ist:

✔ die ersten fünf Minuten interviewen Sie Ihren Partner

✔ die nächsten fünf Minuten interviewt Ihr Partner Sie

✔ während der letzten fünf Minuten bereiten Sie sich beide gedanklich auf die Präsentation Ihres Partners vor. Notizen dürfen keine gemacht werden. Sie haben im Anschluss drei Minuten Zeit, um Ihren Interview-Partner ausführlich vorzustellen.

Übung 3

Eine *Gruppenvorstellung* ist angesagt. Sie werden mit drei weiteren Kandidaten in eine Klein-gruppe eingeteilt und erhalten Flipchart und Moderationsstifte. Erarbeiten Sie innerhalb von zwanzig Minuten gemeinsam ein Schaubild, das Ihre persönlichen Charakteristika ebenso fest-hält wie die Gemeinsamkeiten der Gruppe. Dieses Schaubild präsentieren Sie dann gemeinsam. Für die gemeinsame Präsentation haben Sie acht Minuten Zeit.

Postkorbübungen

Übung 1

Für die nachstehende Übung haben Sie Papier und Stifte als Hilfsmittel zur Verfügung. Für die Ausarbeitung Ihrer Lösung haben Sie dreißig Minuten Zeit und für Ihre anschließende Lösungspräsentation zehn Minuten.

Sie, Ottmar Glück, sind Hauptgeschäftsführer des Wirtschaftsverbandes für Rheinland-Pfalz. Sie haben eine einwöchige Reise für alle führenden Vertreter von Unternehmen und Wirtschaftsverbänden durch Russland organisiert. Auf dieser Reise sind Sie nicht erreichbar. Heute ist Montag, 02. Mai. Um 8.30 Uhr treffen Sie sich mit allen Beteiligten am Flughafen in Frankfurt am Main. Jetzt ist es 7.00 Uhr und Sie sind bereits in Ihrer Fir-ma, um die aufgelaufene Post in den nächsten dreißig Minuten abzuarbeiten. Um 7.30 Uhr holt Sie ein Taxi an der Firma ab und bringt Sie zum Flughafen. Sie kommen am Sonntag, 08. Mai, von Ihrer Reise zurück.

Sie haben einen persönlichen Assistenten, Rolf Meier, der Sie ebenso bei Ihrer täglichen Arbeit unterstützt wie Ihre Sekretärin, Angelika Dohm.

Nehmen Sie zu den in Ihrer Post befindlichen Nachrichten Stellung, soweit es Ihrer Mei-nung nach notwendig ist, und beschreiben Sie stichwortartig, was zu tun ist.

Dokument 1

Persönlicher Brief

Lieber Ottmar,

hiermit lade ich Dich herzlich zu unserem 20-jährigen Abi-Nachtreffen ein. Wir feiern am 28. Mai in der Stadthalle, die Party steigt ab 19.00 Uhr. Bitte lasse mich wissen, ob Du kommst.

Viele Grüße

Daniela

Dokument 2

Anruf des Geschäftsführers des Wirtschaftsverbandes Hessen

> Er kann leider nicht mit auf die Reise. Eine schwere Grippe hat ihn bis auf Weiteres außer Gefecht gesetzt.
>
> Er bittet, ihn entsprechend zu entschuldigen.
>
> Angelika Dohm

Dokument 3

Brief des Präsidenten des Wirtschaftsverbandes Hessen

> Sehr geehrter Herr Glück,
>
> leider muss ich den ursprünglich für 10. Mai angesetzten Gesprächstermin verschieben. Gerne stehe ich Ihnen kurzfristig am 04. Mai von 10.00 bis 11.30 Uhr zu einem Gedankenaustausch zur Verfügung. Wir treffen uns im Magistratsgebäude, 6. OG, Raum 6.11.
>
> Beste Grüße
>
> Präsident des Wirtschaftsverbandes Hessen

Dokument 4

Info Ihrer Sekretärin

> Der Personalleiter hat sich telefonisch beschwert, dass Sie ihm noch immer keine Antwort auf seine vor zwei Wochen eingereichte Anfrage für einen Praktikumsplatz seiner Tochter geäußert haben. Er ist sehr verärgert und erwartet umgehend Ihren Anruf.
>
> Angelika Dohm

Dokument 5

Notiz Ihres Assistenten

> Unsere EDV-Anlage fällt permanent aus. Eine Überprüfung ergab, dass unsere Systeme dauernd überlastet sind. Wir müssen uns dringend ein komplett neues Softwaresystem einkaufen. Was meinen Sie?
>
> Rolf Meier

Dokument 6

Anschreiben des Unternehmerverbandes

Sehr geehrter Herr Dohm,

wir freuen uns, dass Sie sich bereit erklärt haben, als Gastredner für unsere Veranstaltung »Unternehmen verändern die Wirtschaft« zur Verfügung zu stehen. Die Veranstaltung findet am Montag, 09. Mai, von 10.00 bis 16.00 Uhr statt. Ihr Part ist für 11.00–12.00 Uhr angedacht. Bitte senden Sie mir Ihre Präsentation bis zum 05. Mai zu, damit wir Gelegenheit haben, diese für Ihren Vortrag aufzubereiten. Besten Dank.

Mit freundlichen Grüßen

Leitung Unternehmerverband

Dokument 7

Brief des Wirtschaftsmagazins

Sehr geehrter Herr Glück,

Sie haben die Möglichkeit, Ihren Verband in unserer Juli-Ausgabe mit einem mehrseitigen Artikel vorzustellen. Lassen Sie uns doch freundlicherweise im Mai einen Termin für ein Informationsgespräch vereinbaren. Mein Sekretariat wird in Kürze auf Sie zukommen.

Freundliche Grüße

Bernd Hoffmeister

Leitung Wirtschaftsmagazin

Dokument 8

Fax der Möbelagentur Brix

Sehr geehrter Herr Glück,

Sie wollten sich bis 30. April für eine unserer Sitzgarnituren für Ihren Empfangsbereich entschieden haben. Bitte lassen Sie uns bis spätestens 02. Mai wissen, mit welcher Sitzgarnitur wir Ihr Haus erfreuen dürfen. Bis zum 02. Mai garantieren wir Ihnen unseren genannten Vorzugspreis. Beachten Sie bitte, dass Bestellungen nach dem 02. Mai zu den regulären Verkaufspreisen abgerechnet werden.

Möbelagentur Brix

Dokument 9

Telefonnotiz

Anruf Ihres Zahnarztes: Sie dürfen auf keinen Fall vergessen, spätestens am 02. Mai zur Nachkontrolle Ihrer Zahn-OP zu kommen. Die Fäden müssen unbedingt gezogen werden, das wäre eine Sache von gut zehn Minuten. Außerdem brauchen Sie noch mal ein Rezept für Antibiotika, da der Entzündungsherd noch nicht ganz abgeklungen ist. Zur Erinnerung: die Zahnarztpraxis ist von 7.00 bis 19.00 Uhr durchgehend geöffnet.

Rolf Meier

Dokument 10

Terminvereinbarung

Es gibt fünf Bewerber auf die ausgeschriebene Position des Marketingleiters unseres Hauses. Folgende Termine habe ich für die Vorstellung der Bewerber vereinbart:

Montag, 09. Mai:

Bewerber 1: 09.00–10.00 Uhr

Bewerber 2: 10.00–11.00 Uhr

Bewerber 3: 11.00–12.00 Uhr

Bewerber 4: 13.00–14.00 Uhr

Bewerber 5: 14.00–15.00 Uhr.

Soll ich noch den Betriebsrat informieren?

Angelika Dohm

Dokument 11

Bestätigung

Sehr geehrter Herr Glück,

wir freuen uns über Ihre Anmeldung zum Fortbildungslehrgang »Wirtschaftswissenschaften I«, der vom 03. bis 06. August in Bad Schönborn stattfindet. Die Seminarunterlagen gehen Ihnen rechtzeitig vor Beginn der Veranstaltung zu.

Mit freundlichen Grüßen

Seminarleitung

Dokument 12

Europäischer Wirtschaftskongress

Sehr geehrter Herr Glück,

auch in diesem Jahr findet der Europäische Wirtschaftskongress in der Woche vom 16. bis 20. Mai in Ulm statt. Wir haben Ihre Teilnahme bereits vorgemerkt. Bitte informieren Sie unser Sekretariat unter 0212-1123 bis 06. Mai, ob und wie viele Übernachtungen Sie wünschen.

Beste Grüße

Kongressleitung

Dokument 13

Telefonnotiz

Anruf des Verbandssekretärs: Er wartet noch auf die von Ihnen zugesagte Tagesordnung für die Ausschuss-Sitzung am 03. Mai. Aus Zeitgründen sollte die Tagesordnung sich auf die derzeit wesentlichen Themen konzentrieren.

Angelika Dohm

Dokument 14

Bestätigungsschreiben

Wir bestätigen die Anmeldung Ihrer Sekretärin, Frau Angelika Dohm, für den Fortbildungskurs »PowerPoint für Fortgeschrittene« vom 01. bis 03. Juni. Der guten Ordnung halber bitten wir Sie, dieses Schreiben mit Ihrer Unterschrift, die wir gleichermaßen als Disposition anerkennen, zu versehen und an uns zurückzuschicken.

Mit freundlichen Grüßen

Seminarleitung

Dokument 15

Postkarte

Hallo Ottmar,

sonnige Grüße aus Mallorca senden Dir Deine »wilden Kumpel«! Schade, dass Du nicht mit dabei bist – hier ist es einfach herrlich!

Bis bald

Deine Kumpel

Dokument 16

Telefonnotiz

Ihr Bankberater rief an: Ihr Festgeld ist am 05. Mai fällig – soll es verlängert werden? Wenn ja, wie lange? Oder möchten Sie das Geld lieber in einen Wertpapierfonds investieren?

Rolf Meier

Übung 2

Sie heißen Bernd Berger und sind Lehrer an einer Realschule. Es ist Dienstagmorgen, 7.30 Uhr, Sie sind gerade ins Lehrerzimmer gekommen. Ihr Unterricht beginnt um 8.15 Uhr. Dienstags haben Sie nonstop Unterricht bis 13.15 Uhr. Der Nachmittag ist unterrichtsfrei. Mittwochs und donnerstags erteilen Sie von morgens 8.15 Uhr bis in den späten Nachmittag um 17.15 Uhr Unterricht. Zusätzlich haben Sie mittwochs die Pausenaufsichten zu führen. Montags beginnt Ihr Unterricht erst um 10.00 Uhr und dauert bis 15.00 Uhr. Freitags leiten Sie ab 14.00 Uhr eine Leichtathletik-AG bis 16.30 Uhr. Samstag ist unterrichtsfrei.

Auf Ihrem Platz stapeln sich einige Notizen von letzter Woche, die Sie unbedingt noch vor der ersten Unterrichtsstunde heute sichten wollen. Die einzige für alle Lehrer zuständige Sekretärin, Anita Wolters, hat heute frei und ist erst morgen wieder da. Notieren Sie stichwortartig auf den einzelnen Unterlagen, was damit geschehen soll.

Sie haben für Ihre Entscheidungsfindung zwanzig Minuten Zeit, für die anschließende Präsentation Ihrer Lösungsvorschläge stehen Ihnen zehn Minuten zur Verfügung.

Dokument 1

Notiz

Hallo Herr Berger,

Herr Sohl hat mich gestern Abend angerufen, er fällt die nächsten beiden Wochen wegen Grippe aus. Bitte übernehmen Sie seine Unterrichtsstunden:

Dienstags 15.00–17.15 Uhr, freitags 08.15–13.00 Uhr und montags 08.15–10.00 Uhr.

Gruß

Ihr Direktor

Dokument 2

Telefonnotiz von 7.15 Uhr

Anruf Ihrer Frau, Sie mögen bitte daran denken, dass Ihre Schwiegermutter heute Geburtstag hat und Sie heute Nachmittag um 15.00 Uhr mit Ihrer Frau zum Kaffee erwartet. Sie möchten bitte auf dem Heimweg, wenn Sie Ihre Frau abholen, die bestellten Blumen in dem Blumenhaus gleich noch mit abholen. Ihre Frau ist ab 7.30 Uhr in einer Veranstaltung und erst wieder um 14.30 Uhr erreichbar.

Gruß Ihr Kollege

Dokument 3

Telefonnotiz von letztem Freitag

Ihr Sohn rief an und bittet Sie daran zu denken, dass Sie ihn am Montag um 16.30 Uhr vom Fußball-Training abholen.

Gruß Ihre Kollegin

Dokument 4

Lehrgangsbestätigung

Sehr geehrter Herr Berger,

wir bedanken uns für Ihre Anmeldung zum Lehrgang »Moderne Unterrichtsformen«. Die Veranstaltung findet kommendes Wochenende von Samstag, 08.30 bis Sonntag, 18.00 Uhr statt. Einzelheiten entnehmen Sie dem beigefügten Programm. Wir freuen uns auf Ihr Kommen.

Mit freundlichen Grüßen

Seminarleitung

Dokument 5

Eilt-Notiz

Liebe Kolleginnen und Kollegen,

aufgrund krankheitsbedingter Ausfälle einiger Kollegen müssen wir kurzfristig die Änderungen der Unterrichtsplanung abstimmen. Wir treffen uns hierzu am Mittwoch in der ersten Pause im Lehrerzimmer.

Beste Grüße

Direktor

Dokument 6

Mahnung

Sehr geehrter Herr Berger,

wir haben am 30. des letzten Monats die neuen Multimedia-Lernprogramme für Ihre Schüler an Ihren Lern-Computern installiert. Leider konnten wir bis dato nicht den Eingang des uns zustehenden Betrages in Höhe von 1.568,-- Euro feststellen. Bitte überweisen Sie den ausstehenden Betrag bis spätestens Freitag kommender Woche.

Besten Dank und freundliche Grüße

Ihr Computerspezialist

Dokument 7

Umlauf

Liebe Kolleginnen und Kollegen,

unser Direktor feiert in Kürze seinen 50. Geburtstag. Wir wollen ihn nicht nur mit Geschenken, sondern auch mit Ideen überraschen. Also spendet erst mal Euren Euro-Obulus in den beiliegenden Umschlag und ruft mir Eure Ideen so schnell wie möglich zu.

Grüße

Anita Wolters

Dokument 8

Telefonnotiz von letztem Freitag

Herr Wolf von der hiesigen Polizeiinspektion hat zugesagt, in Ihren Unterrichtsstunden am Montag von 10.00 bis 11.45 Uhr zum Thema »Verkehrssicherheit« zu referieren. Er wird um 9.30 Uhr hier sein, damit Sie beide noch Feinheiten für den Unterrichtsablauf festlegen können.

Anita Wolters

Dokument 9

Telefonnotiz

Anruf der Mutter Ihres Schülers Peter Hilf. Er hat die Magen- und Darmgrippe und muss diese Woche zu Hause bleiben. Das ärztliche Attest bringt er nächste Woche mit.

Anita Wolters

Dokument 10

Infobrief

Sehr geehrter Herr Berger,

es ist wieder so weit: Die Auffrischung Ihrer Erste-Hilfe-Kenntnisse ist angesagt! Die Schulung findet am Freitagvormittag von 8.00 bis 12.00 Uhr in unserer Rot-Kreuz-Dienststelle statt. Wir freuen uns auf Ihr Kommen!

Grüße

Leitung Rot-Kreuz-Dienststelle

Problemlösungsaufgaben

Übung 1

Die Logo-Übung

Sie sind Schreinermeister und Inhaber einer kleinen Schreinerei. Eigentlich läuft Ihr Betrieb ganz gut, aber Sie glauben, es könnte weitaus besser sein, nämlich mit der richtigen Werbung. Sie brauchen ein Logo und zwar ein wirkungsvolles. Ein Logo, das auf Ihrem Kleintransporter genauso ins Auge sticht wie auf Ihren Briefbögen. Entwerfen Sie skizzenhaft innerhalb von zehn Minuten ein pfiffiges Logo. Auf geht's!

Übung 2

Gruppenübung: Konstruktionsübung

Eierfall

Sie haben ein rohes Ei, fünf Strohhalme, eine mittelgroße Plastiktüte und eine Rolle Klebeband. Ihre Gruppe soll eine Konstruktion entwickeln, die es möglich macht, das rohe Ei aus einer Höhe von zwei Metern fallen zu lassen, ohne dass es beschädigt wird. Sie haben zehn Minuten Zeit, um Ihre Konstruktion zu entwickeln.

Übung 3

Sie unternehmen mit 17 anderen Personen, die Sie alle nicht kennen, eine Bus-Safari durch Kenia. Mitten im Busch fällt plötzlich der Motor des Busses aus. Eine Weiterfahrt ist unmöglich. Der nächste Ort ist ca. 35 km entfernt. Es ist tagsüber eine unerträglich schwüle Hitze und nachts sehr kalt. Sie haben wie die anderen Ihr Reisegepäck dabei. Neben der Kleidung, die Sie eingepackt haben, sind in Ihrem Reisegepäck:

✔ ein Toilettenbeutel mit den nötigen Waschutensilien

✔ eine Wolldecke

✔ ein Schlafsack

✔ ein Notfallset mit Verbandsmaterial

✔ 20 Aspirin-Tabletten

✔ 5 Äpfel

✔ 2 Bananen

✔ ein Kompass

✔ eine Sonnenbrille

✔ eine Flasche Schnaps

✔ ein Fotoapparat

✔ ein Feuerzeug

✔ ein Taschenmesser

Im Bus sind außerdem:

✔ 2 Kanister mit frischen Wasser à 20 Liter

✔ 1 Ersatzkanister mit 10 Liter Benzin

✔ 1 Verbandkasten.

Unter Ihren Mitreisenden sind der Busfahrer, 4 Teenager, 3 Kinder, 5 Erwachsene mittleren Alters und 5 ältere Herrschaften. Eine leichte Panik macht sich bereits breit, vor allem weil es bereits später Nachmittag ist und viele sich vor der Nacht fürchten.

Finden Sie gemeinsam eine Lösung, um möglichst schnell alle Reisenden zu retten. Sie haben 50 Minuten Zeit.

Zu Ihrer Information:

Ähnliche und beliebte weitere »Katastrophen«-Übungen sind:

✔ Eine Fahrt im Heißluftballon mit sechs bis acht weiteren Personen. Die Gaszufuhr fällt plötzlich aus und der Ballon droht abzustürzen. Ergreifen Sie Maßnahmen, damit es nicht zu dem möglichen Absturz kommt.

✔ Ein Segeltörn, bei dem Sie in ein Unwetter geraten und das Boot samt acht bis zehn Insassen vor dem Untergang bewahren müssen.

✔ Ein Flug mit einer Passagiermaschine, elf Mann Besatzung und achtundachtzig Passagieren, darunter zwölf Kinder, eine herzkranke Frau, ein Diabetiker und eine hochschwangere Frau. Plötzlich fallen die Triebwerke aus, das Flugzeug stürzt auf eine Insel, glücklicherweise überleben alle. Aber nun beginnt der eigentliche Kampf ums Überleben: Alle wollen gerettet werden. Was ist zu tun?

Übungen zur mündlichen Kommunikation

Für die Vorbereitung Ihrer Rede haben Sie jeweils fünfzehn Minuten Zeit. Ihre Rede selbst darf maximal zehn Minuten dauern.

Übung 1

Allgemeine Themen:

✔ Halten Sie einen Vortrag über die Wichtigkeit gesunder Ernährung in unserer heutigen Zeit.

✔ Erläutern Sie die Wichtigkeit sozialen Engagements.

✔ Was verstehen Sie unter *Beruf*: Job oder Berufung?

Übung 2

Politisch-gesellschaftliche Themen:

✔ Soziale Gerechtigkeit: nur eine Floskel?

✔ Euro versus DM – war die DM wirklich so viel besser?

✔ Die dominante Rolle der Überalterung unserer Gesellschaft

Übung 3

Persönliche Themen:

✔ Wenn ich drei Wünsche hätte …

✔ Mein Leben im Alter.

✔ Auswandern – die ultimative Alternative?

Übung 4

Nachdenklich-Philosophisches:

✔ Es ist schön zu leben, weil leben anfangen ist, immer, in jedem Augenblick. (Cesare Pavese)

✔ Eine Fähigkeit, die nicht zunimmt, geht täglich zurück. (Chinesische Weisheit)

✔ Man durchschneide nicht, was man lösen kann. (Joseph Joubert)

Übung 5

Firmen-Themen:

für die Ausarbeitung Ihres Vortrages stehen Ihnen jeweils fünfzehn Minuten zur Verfügung

✔ Das Unternehmen, bei dem Sie sich gerade vorstellen, soll in Kürze verkauft werden. Entwerfen und halten Sie einen ansprechenden Verkaufsvortrag.

✔ Sie möchten in unserem Unternehmen die Eigenverantwortung unserer Mitarbeiter fördern. Überzeugen Sie uns mit einer guten Strategie.

✔ Sie sind Leiter der Verkaufsabteilung unseres Unternehmens und möchten mit einer neuen, aufwendigen Verkaufsstrategie unsere Produktpalette weltweit bekannt machen. Dazu brauchen Sie allerdings mehr personelle und insbesondere finanzielle Unterstützung. Überzeugen Sie mit Ihrem Vortrag den hier anwesenden Vorstand, damit er Ihnen die gewünschten Mittel bewilligt.

✔ Was glauben Sie, wo das Unternehmen, bei dem Sie sich gerade vorstellen, in zehn Jahren stehen wird? Erarbeiten Sie einen ansprechenden Kurzvortrag.

Rollenspiele

Übung 1

Bei den folgenden Aufgaben wird Ihnen jeweils eine konkrete Rolle zugeteilt, auf die Sie sich fünf Minuten lang vorbereiten können. Ein Beobachter übernimmt die Rolle Ihres Gegenspielers. Im Anschluss an Ihre Vorbereitungszeit findet ein zehnminütiges Rollenspiel statt, in dem Sie die Ihnen gestellte Aufgabe lösen müssen.

✔ Sie sind Abteilungsleiter und beschäftigen drei Projektleiter und eine Abteilungsassistentin. Einer Ihrer Projektleiter schüttet permanent die Abteilungsassistentin mit seinen Schreib- und Konzeptarbeiten zu. Die Arbeiten der beiden anderen Projektleiter bleiben liegen. Die beiden Projektleiter beschweren sich bei Ihnen hierüber und bitten Sie um ein klärendes Gespräch mit dem anderen Projektleiter.

✔ Sie sind Versicherungsmakler und auf dem Weg zu einem Kunden. Ihr Kunde hat drei schulpflichtige Kinder, die noch nicht zusatzversichert sind. Ihr Gesprächsziel ist der Abschluss dieser drei Zusatzversicherungen.

✔ Sie sind seit über zwanzig Jahren als Fachabteilungsleiter in der xy-Firma tätig. Von Kollegen erfahren Sie, dass Ihr Chef hinter Ihrem Rücken Ihre Frühpensionierung vorbereitet. Sie halten sich für eine der besten Führungskräfte, sind überzeugt, dass Sie unersetzbar sind, und außerdem sehr sauer auf Ihren Chef. Sie suchen ein klärendes Gespräch, in dem Sie das Thema Frühpensionierung ein für alle Mal vom Tisch fegen wollen.

Übung 2

Bei der folgenden Aufgabe werden Sie in eine Gruppe von vier Kandidaten eingeteilt. Jeder bekommt eine feste Rolle vorgegeben. Sie alle haben fünf Minuten Zeit, um sich auf Ihre Rolle vorzubereiten. Danach kommt es zwischen Ihnen und den drei anderen Kandidaten zu drei Zweiergesprächen, die jeweils fünf Minuten dauern.

> Sie sind Leiter der Firmenkundenabteilung eines großen Finanzdienstleisters. Sie haben die Position Ihres Stellvertreters zu besetzen und können zwischen drei Kandidaten wählen. Alle Kandidaten haben sich auf die Stelle beworben und rechnen fest damit, dass sie den Zuschlag bekommen. Sie haben sich für Herrn Schuler entschieden und müssen erst Herrn Flieger und im Anschluss Frau Hecht erklären, dass beide für die Position nicht in Frage kommen. Das Gespräch mit Herrn Schuler wird Ihr letztes sein:
>
> Heinrich Flieger ist fünfundvierzig Jahre alt, verheiratet und hat drei Söhne, alle im schulpflichtigen Alter. Er wechselte vor einem Jahr aus einem mittelständischen Unternehmen in Ihre Firma und ist als Senior-Berater äußerst erfolgreich. Von Kunden und Kollegen wird er gleichermaßen geschätzt und genießt eine große Akzeptanz. Er ist überzeugt, von allen Kandidaten die besten Voraussetzungen für Ihre Stellvertretung mitzubringen.
>
> Mark Schuler ist seit sechs Jahren Vertriebsassistent und äußerst erfolgreich. Er ist zweiunddreißig Jahre und ledig. Bei den Kollegen ist er beliebt, ab und an tritt er Ihrer Meinung nach ein wenig zu forsch auf. Seine besonderen Stärken liegen in seiner verkäuferischen Kompetenz, seiner guten Organisation und seiner ausgeprägten Ziel- und Ergebnisorientierung.
>
> Sibylle Hecht ist seit drei Jahren Assistentin der Geschäftsleitung. Sie ist seit dreizehn Jahren in der Firma. Eine gewissenhafte, sehr zuverlässige und loyale Mitarbeiterin, die allerdings immer mal wieder wegen ihrer vierjährigen Tochter recht flexibel mit ihrer Arbeitszeit umgehen muss. Sie ist geschieden und alleinerziehend. Ihre besondere Stärke ist ihre Kreativität, wobei sie ab und an das Tagesgeschäft zugunsten anstehender Projekte vernachlässigt.

Übung 3

Bei der folgenden Aufgabe wird Ihnen und einem weiteren Kandidaten jeweils eine Rolle zugewiesen. Sie haben drei Minuten Zeit, um sich mit Ihrer Rolle zu identifizieren, danach findet ein fünfzehnminütiges Gespräch zwischen Ihnen beiden statt:

Sie heißen Fritz Schlosser, sind Teamleiter in einer Zweigstelle der xy-Bank und haben Ihren Mitarbeiter Gerd Magnus zu einem klärenden Gespräch gebeten. Herr Magnus ist achtunddreißig Jahre alt, verheiratet und hat einen dreizehnjährigen Sohn. In der letzten Zeit erscheint Herr Magnus unkonzentriert und fahrig. Seine Kontodispositionen sind häufig fehlerhaft und die kleinste Kleinigkeit lässt ihn aus der Haut fahren. So kennen Sie Herrn Magnus aus der Vergangenheit überhaupt nicht. Er war immer sehr ausgeglichen und hat sorgfältig, konzentriert und fehlerfrei seine Arbeit erledigt. Sie machen sich Sorgen um ihn, aber auch um seine Kollegen, die bereits eifrig hinter seinem Rücken tuscheln. Sprechen Sie mit Herrn Magnus und klären Sie die Situation.

Sie sind Gerd Magnus, achtunddreißig Jahre alt, verheiratet und haben einen dreizehnjährigen Sohn, der die Realschule besucht. Er war schon immer ein eher mittelmäßiger Schüler, ist aber in den letzten Monaten völlig abgerutscht. Vor drei Wochen hatten Sie ein Gespräch mit der Direktorin der Realschule, die Ihnen nahe gelegt hat, Ihren Sohn in die benachbarte Hauptschule zu geben. Gespräche mit Ihrem Sohn enden in Streitereien. Die Schule ist Ihrem Sohn völlig egal, er hat nur seine Freunde im Kopf, mit denen er seit Wochen jeden Tag bis spät in die Nacht irgendwo rumhängt. Ihre Frau lässt ebenso wenig mit sich reden, im Gegenteil, sie wirft Ihnen vor, dass Sie sich sowieso viel zu wenig um die Familie kümmern.

Sie hatten Ihrem Chef gegenüber diese Thematik schon mal erwähnt, aber der war wie immer zu beschäftigt, weil der Job vorgeht. Privates wird aus der Arbeit herausgehalten. Außerdem ist Ihr Verhältnis zu Ihrem Chef recht distanziert. Und jetzt die Einladung zu einem persönlichen Gespräch. Was da wohl kommt?

Führerlose Gruppendiskussionen

Übung 1 »Kundengewinnaktion«

Sie alle sind Mitarbeiter in einem kleinen mittelständischen Unternehmen, einem Getränkehandel. Seit mehreren Wochen sind Ihre Umsatzzahlen gesunken. Der Winter steht vor der Tür, so dass Sie auch nicht auf heißes Wetter und den damit einhergehenden höheren Absatz Ihrer Getränke hoffen können. Sie brauchen eine Idee, eine gute Idee, um wieder mehr Kunden anzulocken. Sie inserieren wöchentlich im Stadtanzeiger und lassen Werbeprospekte in Briefkästen verteilen. Das scheint irgendwie nicht mehr auszureichen. Ein Knaller muss her, Kunden müssen auf Sie aufmerksam werden! Der Knaller darf aber so gut wie nichts kosten! Schließlich haben Sie eh schon finanzielle Einbußen zu verzeichnen. Entwickeln Sie gemeinsam mit Ihrer Gruppe diesen kostengünstigen Knaller.

Sie haben zwanzig Minuten Zeit, Ihre Strategie auszuarbeiten. Im Anschluss dürfen Sie Ihre Strategie innerhalb von fünf Minuten präsentieren.

Übung 2 »Integration von Hauptschule in Realschule«

Wie stehen Sie zu diesem Thema? Diskutieren Sie Pro und Contra in Ihrer Gruppe und formulieren Sie gemeinsam eine abschließende Empfehlung. Bestimmen Sie ein Gruppenmitglied, das am Ende Ihr Ergebnis vorstellt.

Für die Diskussion und Ausarbeitung Ihrer Empfehlung haben Sie insgesamt fünfundzwanzig Minuten Zeit. Für die Präsentation Ihres Ergebnisses stehen Ihnen fünf Minuten zur Verfügung.

Übung 3 »Abschaffung der Berufsfeuerwehr? Nur noch Freiwillige Feuerwehr? Wie sehen Sie die Zukunft der Feuerwehr in Deutschland?«

Diskutieren Sie dieses Thema in Ihrer Gruppe. Es wird am Ende Ihrer Diskussion eine gemeinsame Stellungnahme erwartet.

Für die Diskussion und Vorbereitung Ihrer Stellungnahme haben Sie zwanzig Minuten Zeit. Für die Präsentation Ihrer gemeinsamen Stellungnahme stehen Ihnen zehn Minuten zur Verfügung.

Geführte Gruppendiskussionen

Übung 1

Die Ostblockstaaten drängen immer intensiver in den Welthandel. Welche Chancen und Risiken sehen Sie in dieser Entwicklung für den deutschen Absatzmarkt?

Diskutieren Sie dieses Thema in Ihrer Gruppe und bereiten Sie eine Ergebnispräsentation vor. Bestimmen Sie vorab einen Moderator, der die Diskussion leitet, und ein Gruppenmitglied, das Ihre Präsentation vorträgt.

Für die Diskussion und Vorbereitung der Ergebnispräsentation haben Sie dreißig Minuten Zeit. Für die Ergebnispräsentation stehen Ihnen fünf Minuten zur Verfügung.

Übung 2

Ihre Gruppe hat eine neue Suchmaschine für das Internet generiert. Sie wollen damit nun an den Markt und haben sich einen der größten Finanzdienstleister ausgeguckt, der Ihr Werbebanner auf seiner Internet-Startseite schalten soll. Sie müssen den Vorstand dieses Finanzdienstleisters nur noch überzeugen, dass er das auch tut.

Erarbeiten Sie Ihre Überzeugungsstrategie und präsentieren Sie diese. Bestimmen Sie vorab einen Moderator, der die Diskussion leitet, und zwei Gruppenmitglieder, die Ihre Strategie präsentieren.

Für die Ausarbeitung der Strategie haben Sie dreißig Minuten Zeit, für die Präsentation der Strategie zehn Minuten.

Übung 3

Ihre Firma will eine andere Firma kaufen. Die Preisverhandlungen liefen bislang gut. Die Firma, die Sie kaufen wollen, hat ein Produkt entwickelt, das demnächst auf den Markt kommen soll. Sie haben diese Markteinführung schon groß angekündigt und nun verzögert sich die Markteinführung. Außerdem fahren sich die Preisverhandlungen fest. Ob Sie die andere Firma tatsächlich kaufen können, ist nun fraglich. Um Ihren eigenen Schaden möglichst gering zu halten, wollen Sie eine Presseerklärung abgeben.

Erarbeiten Sie gemeinsam innerhalb von fünfundzwanzig Minuten die Presseerklärung. Bestimmen Sie vorab einen Moderator, der die Diskussion leitet, und ein Gruppenmitglied, das die Presseerklärung innerhalb von fünf Minuten im Anschluss an Ihre Ausarbeitungszeit abgibt.

Psychologische Testverfahren

Multiple Choice

Übung

Ihre Meinung ist gefragt. Entscheiden Sie mit Ihrem »Kreuzchen«, ob die Aussage auf Sie zutrifft oder nicht. Sie haben zwei Minuten Zeit.

Frage	Trifft zu	Weiß nicht	Trifft nicht zu
Was andere von mir denken, ist mir egal.			
Ich erfinde oft Dinge, um andere zum Lachen zu bringen.			
Tagträume finde ich faszinierend.			
Fremde Menschen spreche ich nicht an.			
Es fällt mir schwer, mit Fremden ins Gespräch zu kommen.			
Vor neuen Situationen bin ich immer aufgeregt.			
Wenn ich aufgeregt bin, werde ich kopflos.			
Ich mag aufregende Jobs lieber als eintönige.			
Wenn ich andere verunsichern kann, finde ich das lustig.			
Ich teste gerne, ob andere mich überheblich finden.			
Ich arbeite gerne mit vielen Menschen zusammen.			
Wenn Streit droht, versuche ich zu schlichten.			
Ich gehe lieber Kompromisse ein als zu streiten.			
Harmonie ist auch im Job für mich absolut wichtig.			
Eine Welt ohne Freunde ist für mich eine verlorene Welt.			
Meine Familie ist mir genauso wichtig wie mein Job.			
In meiner Freizeit will ich nichts von meinem Job wissen.			
Meine Freizeit gehört ausschließlich meiner Familie.			
Ich arbeite, um zu leben. Ich lebe nicht, um zu arbeiten.			
Meine Arbeit ist mir wichtig, damit ich reich werde.			

Im Internet unter `www.focus.de` finden Sie hierzu einige weitere »nette« Aufgaben (siehe Abbildung A.1).

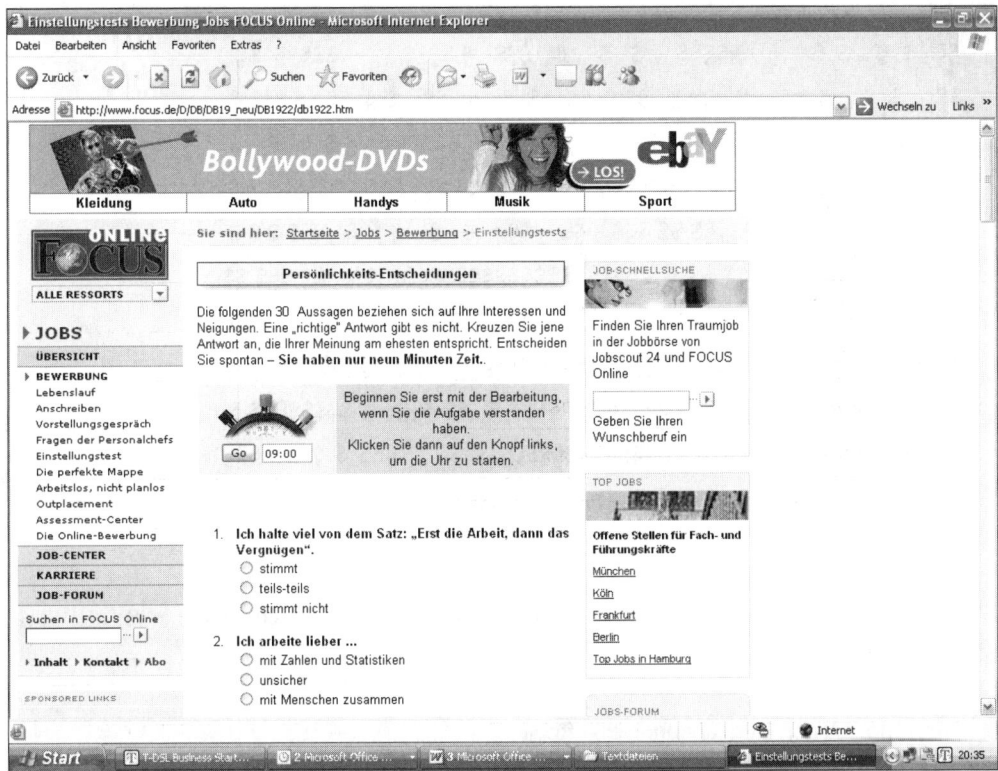

Abbildung A.1: Viel Spaß beim Testen!

Konzentrationsübungen

Übung 1

Streichen Sie innerhalb von einer Minute alle $-Zeichen aus den nachstehenden Zeichenreihen:

§§ $ § $ $ § §§§§ $ $ $ $$$ § §§ § § $$§ § $§

$$ $ § § §§ $ § § $ $ §§ $ §§ § §§ $ § §§ $ $$$ §

§§§§§ $ § § §§$ § §§ § $ § §§ § $ $§§ $$§§ § $ § $§ $

$§$§$$§§§§§ $§§§§§§ $$§§§§$§§ $§§§ $§§§ $§§ $§§$ §§

$§$§§§§§§§§§$§§§§§§§ §§ $§ §§§ §§ §§§ §§ $ § § § $$$§

§ § §§§§ $ $ $$$ §§ § $ §§§§§§§§§§§§§§§§§§§§§§§§$§§ §§ $§§ §§

$§§§§§§§§§§§§§§ $$$§§§§§ $§§$§§ $§§§§§§ $§§§ $§§§

§§$§ §§§$§ §§§§§§§§§ §§§ §§§§§§ §§§ §§§§§ $§§§§§

§§$§§§§§§§§§§§§§§§§§§§§§§§§§ §§§ §§§§ $ $$ §§§§ $ $$$§§§§§§§ §

§§§§§ $§§§§§§§§§ §§§ §§§§§§ $§§§§§§§§§ §§§ $ § $ § §§§

Übung 2

Streichen Sie innerhalb von dreißig Sekunden jeden Begriff, der nicht in die jeweilige Wortgruppe passt:

Flugzeug, Flieger, Flugkapitän, Heißluftballon

Joggen, Schwimmen, Segeln, Tauchen

Kirsche, Apfel, Pflaume, Mirabelle

Socken, Seidenstrümpfe, Leggins, Kniestrümpfe

Katze, Hund, Pferd, Fuchs, Tiger

Waschmaschine, Spülmaschine, Wäschetrockner, Bügeleisen

Zeitung, CD, Zeitschrift, Skript

Fahrrad, Auto, Motorrad, Vespa

Hockey, Polo, Tennis, Eishockey

Brief, Paket, Postkarte, Päckchen

Übung 3

Vervollständigen Sie innerhalb von einer Minute die nachstehenden Zahlenreihen:

30	45	60	70	80	85	...		
2	3	4	9	6	12	...		
6	16	8	18	9	...			
98	88	79	71	...	...			
68	34	102	51	...				
4	8	12	6	12	18	...	...	...

Schauen Sie doch mal im Internet unter www.focus.de. Sie finden dort weitere Konzentrationsübungen und können sogar kostenlos üben. Schauen Sie sich Abbildung A.2 an.

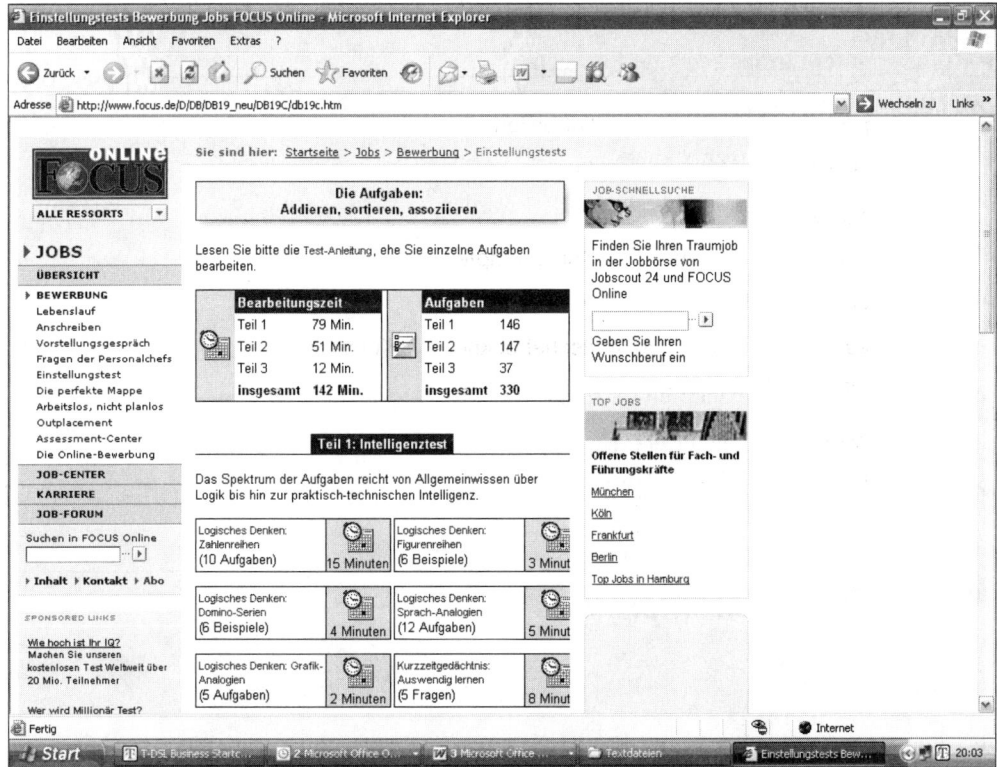

Abbildung A.2: Sie wissen ja: Konzentration ist alles!

Sätze vervollständigen

Übung

Für die gesamte Übung haben Sie fünf Minuten Zeit:

- ✔ In drei Jahren möchte ich …
- ✔ Meine größte Stärke ist …
- ✔ Von meinen Schwächen kann ich am wenigsten leiden …
- ✔ Den Höhepunkt meines Lebens sehe ich …
- ✔ Wenn ich nur noch ein halbes Jahr zu leben hätte …
- ✔ Mein größter Fehler in meinem Leben war bis jetzt …
- ✔ Am meisten bereue ich …
- ✔ Mein größtes Abenteuer war …
- ✔ Mein persönliches Vorbild ist …
- ✔ Freiheit heißt für mich …
- ✔ Ein vereintes Europa bedeutet für mich …
- ✔ Mutter Theresa ist für mich …
- ✔ Umweltkatastrophen entstehen …
- ✔ Klimaveränderungen können verhindert werden …
- ✔ Soziale Gerechtigkeit ist wichtig …
- ✔ Firmen sollen vermehrt Teilzeitjobs anbieten …
- ✔ Hierarchie-Ebenen in Unternehmen sollen abgeschafft werden …
- ✔ Autofreie Sonntage bedeuten für mich …
- ✔ Die Fahrpläne öffentlicher Verkehrsmittel können optimiert werden …
- ✔ Windräder sind nicht nur was für Don Quichote …

Persönliche Statements

Übung

Begründen Sie, warum Sie den nachstehenden Aussagen zustimmen oder nicht. Sie haben für diese Übung fünfzehn Minuten Zeit:

✔ Bin ich von einem Produkt überzeugt, verwende ich es mein Leben lang.

✔ Guter Geschmack ist teuer.

✔ Reden ist Silber, Schweigen ist Gold.

✔ Für eine wichtige Aufgabe nehme ich mir Zeit.

✔ Ich lasse mich bei einer wichtigen Aufgabe von nichts und niemandem unterbrechen.

✔ Ich klöne gerne mit anderen Menschen.

✔ Andere von meiner Meinung zu überzeugen, macht mir Spaß.

✔ Ein Sieg ist mehr wert als jeder Kompromiss.

✔ Nach oben buckeln, nach unten treten, ist ein gutes Karriererezept.

✔ Könnte ich die letzten fünf Jahre noch einmal von vorne anfangen, würde ich vieles anders machen.

Lösungen:

Konzentrationsübungen

Übung 1

Sie müssen insgesamt *197* $-Zeichen gestrichen haben, die sich wie folgt auf die einzelnen Zeilen verteilen:

Zeile 1: 13 $-Zeichen

Zeile 2: 14 $-Zeichen

Zeile 3: 14 $-Zeichen

Zeile 4: 21 $-Zeichen

Zeile 5: 23 $-Zeichen

Zeile 6: 24 $-Zeichen

Zeile 7: 22 $-Zeichen

Zeile 8: 17 $-Zeichen

Zeile 9: 31 $-Zeichen

Zeile 10: 18 $-Zeichen

Übung 2

Folgende Begriffe passen nicht in die jeweilige Wortgruppe:

Zeile 1: Heißluftballon

Zeile 2: Joggen

Zeile 3: Apfel

Zeile 4: Leggins

Zeile 5: Pferd

Zeile 6: Spülmaschine

Zeile 7: CD

Zeile 8: Auto

Zeile 9: Tennis

Zeile 10: Postkarte

Übung 3

Folgende Zahlen sind richtig:

Zeile 1: 90

Zeile 2: 36

Zeile 3: 19

Zeile 4: 64, 58

Zeile 5: 153

Zeile 6; 8,16,24

Literatur- und Internet-Hinweise

Bücherauswahl

Testen Sie sich selbst. Psychologische Tests mit aufschlussreichem Hintergrund von Hubert Happel, Verlag: Heyne, ISBN-10: 3453410912, ISBN-13: 978-3453410916, Preis 4,40 Euro

Psychologische Tests im Bildungswesen von Henning Haase, 350 Seiten, ISBN-10: 3801700941, ISBN-13: 978-3801700942, Preis: 33,98 Euro

Theorie und Praxis Objektiver Persönlichkeitstests von T. M. Otner, K. D. Kubinger, R. T. Proyer, 273 Seiten, Verlag Huber, Bern, ISBN-10: 3456843070, ISBN-13: 978-3456843070, Preis: 34,95 Euro

Tests unter der Lupe 5 Aktuelle psychologische Testverfahren – kritisch betrachtet von Ernst Fay, 139 Seiten, Verlag: Vandenhoeck & Ruprecht, ISBN-10: 3525462395, ISBN 13: 978-3525462393, Preis: 19,90 Euro

Psychologische Interpretationen. Biographien – Texte – Tests von Jochen Fahrenberg, 500 Seiten, Verlag: Huber, Bern, ISBN 10: 3456838972, ISBN 13: 978-3456838977, Preis: 49,95 Euro

Recruiting und Assessment im Internet mit CD-ROM, von H. Wottawa, C. Kirbach, C. Montel, 221 Seiten, Verlag: Vandenhoeck & Ruprecht, ISBN-10: 3525490712, ISBN-13: 978-3525490716, Preis: 49,90 Euro

Im Internet

Erinnern Sie sich noch an die eine oder andere Internet-Adresse, die in diesem Buch verwendet wird? Nicht so richtig? Kein Problem. Sie bekommen jetzt und hier noch mal einen Überblick. Fangen wir von vorne an:

Wie Sie Ihr Bewerbungsvideo gestalten können, erfahren Sie unter:

✔ www.cvone.de.

Über Jobangebote können Sie sich informieren unter:

✔ www.arbeitsagentur.de

✔ www.jobscanner.de

✔ www.stepstone.de

✔ www.jobscout24.de

✔ www.monster.de

✔ www.jobonline.de

✔ www.it-jobtreff.de

✔ www.itsteps.de

✔ www.jobware.de

✔ www.consultants.de

✔ www.branchenbuch.de

Ob Sie die richtigen Gehaltsvorstellungen haben, erfahren Sie hier:

✔ www.sueddeutsche.de

✔ www.monster.de

✔ www.staufenbiel.de

✔ www.lohnspiegel.de

✔ www.finanzpartner.de

Sie wollen Ihre Handschrift analysieren lassen? Viel Spaß mit:

✔ www.graphologies.de

Ob Sie Recht haben oder nicht, lesen Sie hier nach:

✔ www.bundesrecht.juris.de

✔ www.familienratgeber.dfv-nrw.de

✔ www.betriebliche-altersvorsorge24.de

✔ www.schwerbehindertengesetz.de

✔ www.umwelt-online.de

Und hier können Sie sich selbst noch mal nach Lust und Laune testen:

 Bevor Sie im Internet einen Test absolvieren, achten Sie bitte darauf, ob und was dieser Test Sie eventuell kostet. Nicht alle Online-Anbieter stellen ihre Tests kostenlos zur Verfügung. Geben Sie keine horrenden Summen aus – absolvieren Sie lieber erst entweder kostenlose oder kostengünstige Tests bis maximal 30 Euro. Für diesen Preis muss Ihnen auf alle Fälle als Testergebnis ein aussagekräftiges Profil erstellt und zugesandt werden.

Unter www.stern.de finden Sie gute Übungen. Diese Tests kosten Sie zwischen 15 und 25 Euro. Sie können die Tests online absolvieren und erhalten Ihre persönliche Auswertung innerhalb von fünf Arbeitstagen postalisch zugesandt.

Wie wäre es mit www.hr-diagnostics.de (siehe Abbildung B.1).

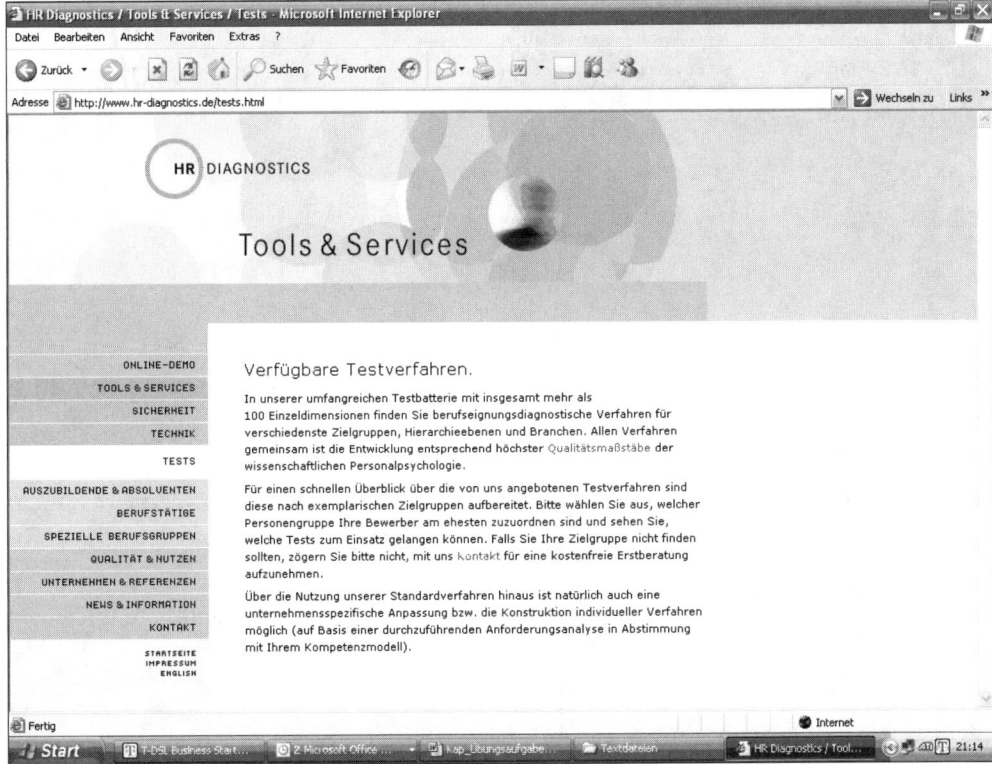

Abbildung B.1: Probieren geht über Studieren.

Da hier keine konkreten Preisangaben gemacht sind, vergessen Sie bitte nicht, erst mal Kontakt mit dem Anbieter aufzunehmen. Das gilt auch für folgende Links: www.bewerberauswahl.de (siehe Abbildung B.2).

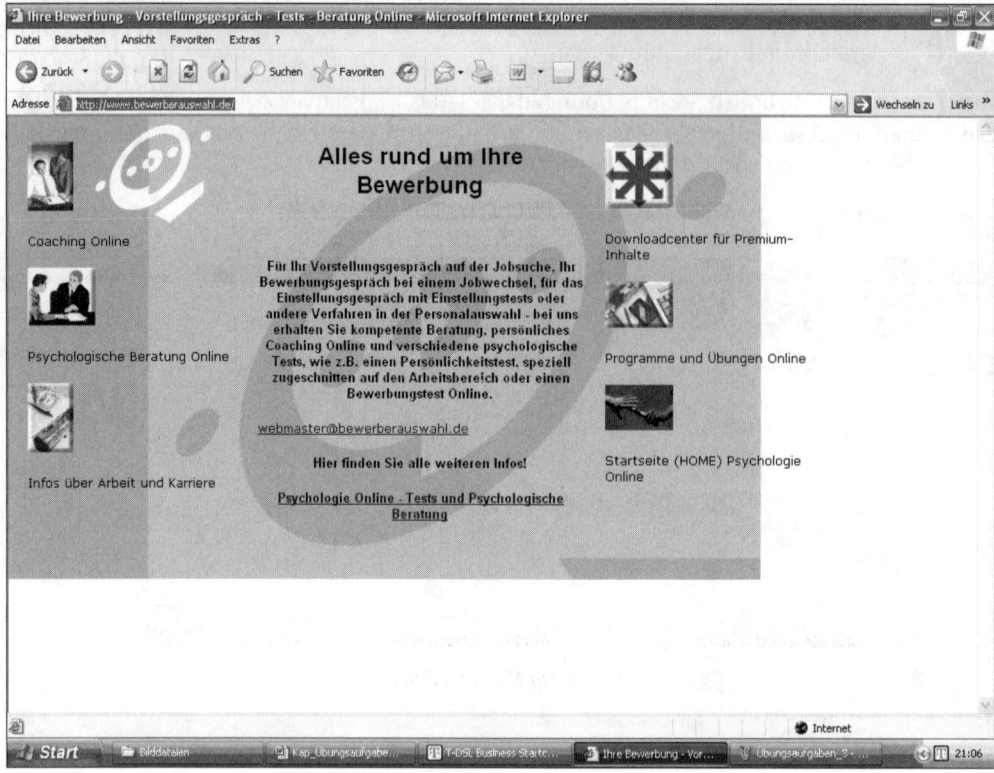

Abbildung B.2: ... vergessen Sie nicht, die Kostenfrage zu klären

Auch unter www.success-and-career.ch können Sie interessante Testangebote finden, die zum Teil sogar kostenlos sind (siehe Abbildung B.3).

✔ www.coachteam.de/persönlichkeitstest-persönlichkeitsanalyse

✔ http://neher.piranho.de/EnneagrammTypTest.html

✔ www.hazweioh.de/pdf-lager/ganzhirnkonzept/HDIformular.pdf

✔ http://www.strategie-b.de/h-d-i/hdi-fragebogen.html

✔ http://www.typefocus.de/

✔ www.stangl-taller.at

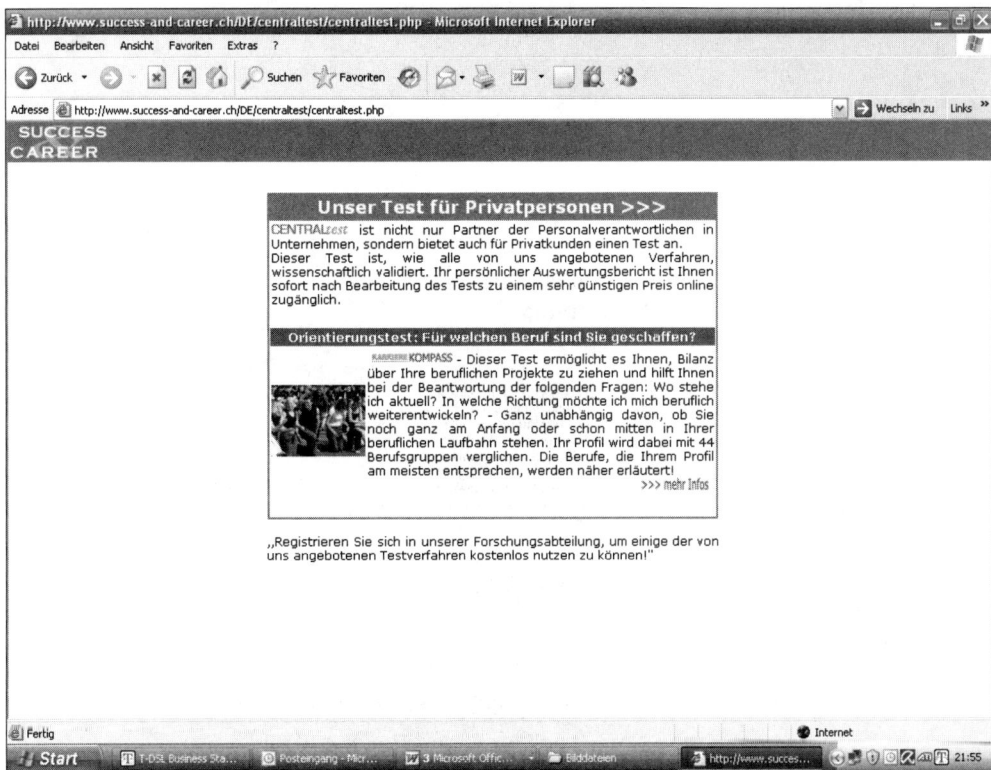

Abbildung B.3: Viel Erfolg!

Stichwortverzeichnis